PX4 系统飞控开发指南
——基于无人固定翼飞行器

张培田　韩意新　赵志俊　陈永亮　编著

U0195349

西北工业大学出版社

西　安

【内容简介】 随着嵌入式软、硬件技术的发展,低成本、高性能的无人飞行控制(简称飞控)系统发展迅速且日趋完善,以 PX4 系统为代表的开源飞控系统已经能够完成各类复杂的自动飞行任务。PX4 系统是目前无人机行业最受欢迎、最为专业的开源飞控系统,由来自业界和学术界的世界级开发者共同开发与维护,得到全球工业界、学术界以及网络活跃社区的支持。本书以无人固定翼飞行器为例,系统介绍了飞控系统的开发流程,补充了飞控系统开发的原理,软、硬件及通信基础知识,并对 PX4 系统核心源码进行了分析与注解,从而帮助读者更好地了解 PX4 系统的功能、架构和实现过程。

本书可供无人机爱好者自学,也可供无人机飞控系统开发与应用的技术人员、爱好者参考学习,还可供普通高等院校相关专业作为教学参考资料。

图书在版编目(CIP)数据

PX4 系统飞控开发指南:基于无人固定翼飞行器 / 张培田等编著. — 西安:西北工业大学出版社,2024. 9. — ISBN 978-7-5612-9447-5

Ⅰ. V279-62

中国国家版本馆 CIP 数据核字第 2024XW9569 号

PX4 XITONG FEIKONG KAIFA ZHINAN ——JIYU WUREN GUDINGYI FEIXINGQI

PX4 系统飞控开发指南——基于无人固定翼飞行器

张培田　韩意新　赵志俊　陈永亮　编著

责任编辑:李阿盟　刘　敏	策划编辑:杨　军	
责任校对:杨　兰	装帧设计:高永斌　李　飞	

出版发行:西北工业大学出版社

通信地址:西安市友谊西路 127 号　　邮编:710072

电　　话:(029)88491757,88493844

网　　址:www.nwpup.com

印 刷 者:陕西奇彩印务有限责任公司

开　　本:787 mm×1 092 mm　　　1/16

印　　张:27.25

字　　数:680 千字

版　　次:2024 年 9 月第 1 版　　2024 年 9 月第 1 次印刷

书　　号:ISBN 978-7-5612-9447-5

定　　价:109.00 元

前　　言

　　无人机的"大脑"被称为飞控系统,它是运行在嵌入式硬件上的应用软件系统。近年来,随着无人机及嵌入式软、硬件技术的发展,低成本、高性能无人飞控系统发展迅速且日趋完善,以 PX4 系统为代表的开源飞控项目引起广泛关注,并被大量应用于各类小型无人机的飞行控制,能够完成各类复杂的自动飞行任务。PX4 系统是目前无人机行业最受欢迎,也是最为专业的开源飞控系统,其得到来自全球工业界、学术界以及网络活跃社区的支持。PX4 系统最初由苏黎世理工计算机视觉与几何实验室的软、硬件项目 Pixhawk 演变而来,目的是为学术界、爱好者和相关工业团体提供一款低成本、高性能的高端自动驾驶仪。

　　PX4 系统是与硬件平台解耦的飞控系统软件(或称为固件),它和地面站、飞控硬件设备、其他支持配套协议的软、硬件一起构成无人机自动驾驶系统,PX4 系统在整个大系统中占核心地位。

　　PX4 系统的主要功能特点包括以下几点。

　　(1)支持多种类型的无人驾驶设备,包括飞行器(多旋翼飞行器、固定翼飞行器、垂直起降飞行器等)、地面车辆和水下航行器等。

　　(2)可移植性高,能够运行于开源 Pixhawk 系列控制器/传感器,以及很多AutoPilot 硬件支持厂家的设备上。

　　(3)具有丰富的软件包,包括各种传感器驱动、姿态融合算法、控制律和地面仿真软件等。

　　(4)采用多任务、模块化解耦设计,代码风格统一,方便用户进行维护和二次开发。

　　(5)遵循伯克利软件发行版(Berkeley Software Distribution,BSD)协议,二次开发后的飞控固件可用于商业用途。

　　全书内容安排如下。

　　本书以无人固定翼飞行器为例,通过对 PX4 系统源码的分析,讨论飞控系统开发的基础和实现过程,内容涵盖 PX4 系统无人固定翼飞行器飞控开发的完整过程。全书分为 3 篇 16 章以及附录。

　　第 1 篇为 PX4 系统开发基础,主要介绍 PX4 系统开发所需的基本知识以及为飞控核心模块提供服务的辅助模块的使用及其实现原理,包括 PX4 系统总体介绍、PX4 系统开发的一般过程、PX4 系统开发基本组件、PX4 系统的任务间通信、PX4 系统的数据存取和 PX4 系统外部通信 6 章。

第 2 篇为飞控系统开发，主要介绍 PX4 系统飞控开发所需的基本知识，并沿控制数据流依次介绍飞控核心模块的实现过程和原理，包括飞行力学与飞行控制基础、commander 模块、导航模块、位置控制和姿态控制 5 章。

第 3 篇为飞控系统的输入与输出，主要介绍 PX4 系统飞行控制部分的数据来源以及执行机构控制等输入输出模块，包括设备驱动、手动操纵输入、传感器、姿态和位置估计及执行机构输出 5 章。

附录给出了 PX4 系统启动脚本的注释。

笔者对阅读本书的入门读者的建议如下。

1. 熟悉 Linux 环境和开发特点

PX4 系统的开发环境构建、源码下载与编译、仿真测试的整个过程都需要在 Linux 操作系统环境下完成，开发过程中还会频繁使用 Linux 命令行（Shell），因此，读者需要掌握一定的 Linux 基本操作。此外，由于 PX4 系统是基于嵌入式操作系统开发的，对其开发、调试也会频繁使用与 Linux 操作类似的命令，所以，掌握一定的 Linux 基础知识对 PX4 系统的开发会有很大帮助。

2. 具备一定的 C/C++ 编程基础

PX4 系统是一个开源项目，其源码主要使用 C/C++ 编写，编写过程中大量使用了相对复杂的继承关系、容器、模板等编程语言的高级特性，理解上有一定难度。本书虽然主要面向初学者，但毕竟不是编程基础类书籍，不会介绍 C/C++ 基础知识，因此，不建议没有编程基础的读者直接学习 PX4 源码。本书默认读者具备一定的 C/C++ 基础知识，尤其是了解 C 中的内存管理、数组与指针、函数指针，C++ 中的类与对象、封装、继承等知识。此外，读者最好能对基本的数据结构也有一定的理解。

3. 初步了解嵌入式开发过程

PX4 系统是运行在嵌入式硬件上的软件，本书的内容可能会涉及寄存器、中断等基本概念。Pixhawk 飞控板主核使用的是 STM32 系列微控制单元（Micro Control Unit，MCU），因此，了解一定的诸如单片机或者 STM32 之类 MCU 的嵌入式开发过程，会对 PX4 系统的理解有比较大的帮助。网络上嵌入式开发板以及配套的教程很多，读者可以自行学习。

4. 掌握基本的飞行力学知识

飞控系统分析和设计的理论基础是飞行力学，因此，掌握常用坐标系、运动参数、飞机动力学模型、基本控制过程等方面的知识无论是对于理解 PX4 系统实现过程，还是进一步开发和优化控制律结构与参数都有很大帮助。本书对与 PX4 系统开发相关的基本飞行力学知识会有概括性的介绍，但受限于篇幅和主题,并不能展开进行讨论,建议读者参考相关的飞行力学书籍。

网络上关于 PX4 系统的资料非常多,但一方面比较零碎,且很多是讲解 PX4 系统如何使用的,对源码系统性的深入介绍极为少见,难以窥见 PX4 系统开发的全貌;另一方面,网络上很多都是讨论多旋翼飞行器的,关于无人固定翼飞行器飞控实现的分析很少。虽然这两种飞行器之间有很多相似性,但它们的控制原理和实现过程还是存在较大差异的。本书编写团队成员从 2015 年开始接触开源飞控系统,从最开始的 APM 系统转换到后来的 PX4 系统,为了弄清楚无人飞控系统的实现过程,当时一边查找资料,一边修改部分控制源码并利用航模飞机进行相关验证,中间也走了很多弯路,但这一过程对笔者深入理解 PX4 系统有很大帮助。笔者学习 PX4 系统是从给源码写注释开始的,编写本书本质上也是对学习笔记的一次系统性整理,希望本书能对读者有所帮助。

PX4 系统内容庞大且复杂,源码行数达到百万数量级,本书受篇幅限制只能对其主要框架并择其要点进行讨论。此外,实现无人固定翼飞行器飞行控制的方式和开发样式多种多样,本书只讨论 PX4 系统实现过程及原理,并不评价其实现方式的优劣,也不与其他实现方式做对比。

本书由张培田责全书架构设计,张培田、韩意新、赵志俊和陈永亮共同编著。其中第 1 章和第 15 章由张培田编著,第 4~6、8~11 章及附录由韩意新编著,第 12~14 章由赵志俊编著,第 2~3、7、16 章由陈永亮编著。全书由韩意新进行统稿,陈永亮对部分图片进行了加工,并对全书进行了校对。

编写本书花费了笔者大量的业余时间,得到了家人的理解和大力支持,他们默默分担了很多本该由笔者承担的家庭责任。在 PX4 系统源码学习和验证过程中得到了很多同事、朋友的指导,特别是参考了很多网络上的专业博客、评论和论贴,这里无法一一列出帮助者的姓名。借此机会特别对笔者的家人、提供帮助的同事、朋友以及网络上诸多无法一一列举的博主们表示衷心的感谢。另外,在编写本书的过程中,还得到了出版社编辑老师的帮助,在此一并表示感谢。

在编写本书的过程中,笔者参考了大量文献与资料,在此向这些作者表示感谢。

由于笔者水平有限,本书难免会存在各种疏漏和不妥之处,敬请广大读者朋友批评指正。

编著者

2024 年 3 月

目　　录

第 1 篇　PX4 系统开发基础

目 录

第 1 篇　PX4 系统开发基础

　　本篇共 6 章，主要介绍 PX4 系统开发所需的基本知识以及为飞控核心模块提供服务的辅助模块的使用及其实现原理。第 1 章介绍 PX4 系统开发环境的准备，并总体介绍 PX4 系统的顶层架构。第 2 章以"Hello Sky!"为例讨论 PX4 系统开发的一般过程，包括应用程序的编写、注册、编译和执行，命令行的使用以及启动脚本等。第 3 章讨论 PX4 系统的开发基础，即如何使用操作系统提供的任务、线程、队列、文件系统等基本服务。第 4 章讨论肩负整个 PX4 系统各模块间通信任务的 uORB 模块的使用及其实现原理。第 5 章讨论飞行任务参数、配置参数和飞行日志等各类数据存取模块的使用及其实现原理。第 6 章讨论 PX4 系统与外界通信的 Mavlink 模块的使用及其实现原理。

第1章　PX4系统总体介绍

1.1　开　发　准　备

1.1.1　开发平台

PX4系统支持在Windows、Linux和MacOS环境下进行开发。鉴于很多读者没有运行MacOS的设备,而在Windows环境下开发,一方面编译速度较慢,另一方面对JMAVSim、Gazebo等仿真工具的支持也不理想,因此,PX4系统官方推荐使用一个以桌面应用为主的Linux发行版操作系统Ubuntu作为标准开发环境。

本书使用运行在虚拟机(VirtualBox)上的Linux系统(Ubuntu LTS 20.04)作为开发平台。安装完成后需要确保虚拟机可以正常连接互联网。有关虚拟机及Ubuntu系统的安装和使用,网络上相关资料很多,读者可自行搜索,本书不再赘述。另外,读者需要尽快熟悉Ubuntu系统的基本操作和相关命令的使用。

1.1.2　源码准备

1. 源码下载

1)安装git工具。PX4系统源码存储在github上,是通过git工具进行管理的。因此,在下载源码前,需要先安装git工具。git工具的安装命令为

```
sudo apt install git
```

2)PX4系统源码下载。本书的介绍是基于PX4系统的V1.13.3版本,其源码下载命令为

```
git clone - b v1.13.3 https://github.com/PX4/PX4 - Autopilot.git -- recursive
```

2. 源码编译工具

PX4系统源码提供了Shell脚本用于开发工具的一键式安装,脚本位于源码目录的./Tools/setup子目录下。首先,通过cd命令进入PX4系统源代码根目录(本书默认源码目录在用户家目录下,即源码根目录为/home/XXX/PX4-Autopilot),然后输入如下命令即

可完成开发工具的安装。

```
./Tools/setup/ubuntu.sh
```

开发工具安装完成后需要重新启动虚拟机。

注意：

1）PX4 系统源码和编译工具需要从国外网站下载，可能会花费比较长的下载时间，请读者耐心等待。下载安装过程中，由于网络的原因，其部分工具可能会出现安装失败的现象，读者可以重复执行上述脚本直至全部安装成功。

2）本书默认读者在进行相关操作前，已通过 cd 命令进入 PX4 系统源码根目录，后续将不再赘述此步骤。

3. 源码编辑工具

Visual Studio Code（简称 VSCode）是微软公司推出的一款功能强大的代码编辑、阅读工具，也是 PX4 系统官方推荐的源码编辑器。本书是在 Windows 环境下安装 VSCode，并通过 Remote-SSH 插件远程登录到 Ubuntu 系统进行代码查看和编辑的。

有关 VSCode 及其插件的安装和使用不在本书讨论范围，请读者自行查阅相关资料。为方便后续开发，除安装上述 Remote-SSH 插件外，还建议安装以下两个插件：

1）C/C++：C/C++代码提示、补全、错误检测等；

2）CMake：CMake 文件关键字彩色提示。

注意：以上插件除安装到 Windows 本地环境外，还需安装到 Ubuntu 远程开发环境中。

1.1.3　开发配套工具

1. 飞控硬件

本书使用的飞控硬件是 X7+ Pro，它是由广州雷迅创新科技股份有限公司（CUAV）针对行业和工业领域应用开发的自动驾驶仪，主要面向工业无人机。不同的硬件在编译命令、固件存放位置等方面略有区别，但不影响对本书的理解，读者可以使用任意 Pixhawk 系列的兼容硬件。CUAV X7+Pro 的飞控硬件平台如图 1-1 所示，其硬件参数见表 1-1。

图 1-1　CUAV X7＋ Pro 飞控硬件平台

表 1-1　CUAV X7＋Pro 飞控硬件参数

处理器	
处理器	STM32H743
传感器	
加速度计	ADIS16470/ICM-42688-P/ICM-20689
陀螺仪	ADIS16470/ICM-42688-P/ICM-20689
磁罗盘	RM3100
气压计	MS5611×2
接口	
UART 串口	5
I2C	6(4 个单独的 I2C 接口,两个集成在 GPS/uart 4 接口)
PWM 输出	14(其中 12 路支持 dshot 协议)
遥控器输入	1 个,支持 PPM/SBUS/DSM
RSSI 输入	PWM 或 3.3 V 模拟电压
CAN 标准总线	2
Power 输入	2(Power A 为普通 ADC 电源检测接口;Power C 为 CAN 电流计接口)
安全开关	1
GPS 接口	2
ADC	1
Debug	1
JTAG	1
USB 接口	1
工作环境及物理参数	
PM 工作电压	4.5～5.5 V
USB 电压	4.75～5.25 V
伺服输入	0～10 V
工作温度	-20～85 ℃
工作湿度	5%～95%(不凝结)
质量	101 g

注:串口通信(Universal Asynchronous Receiver/Transmitter,UART);集成电路总线(Inter-Integrated Circuit,I2C);脉冲宽度调制(Pulse Width Modulation,PWM);控制器局域网络(Controller Area Network,CAN);接收的信号强度指示(Received Signal Strength Indicator,RSSI);全球定位系统(Global Positioning System,GPS);模数转换(Analog-to-Digital Converter,ADC);联合测试行为组织(Joint Test Action Group,JTAG);通用串行总线(Universal Serial Bus,USB);脉冲调制(Pulse Modulation,PM)。

2. 地面站

地面站是 PX4 系统开发、使用过程中必不可少的核心工具，其核心功能主要包括以下几点。

1）飞行监控：地面站通过数据链与飞控系统连接，并按照一定的数据通信协议传输飞行数据、图像和控制指令等各类信息，地面站解析这些数据并以图形化方式显示无人机当前的高度、速度、位置、系统状态等，供用户实时监控无人机状态。

2）航前检查：地面站可接收飞控传感器、遥控器、飞行模式等各类数据，并对这些数据进行分析、处理和显示，方便用户进行航前检查，确保无人机以健康状态起飞。

3）飞行计划：地面站可用于规划飞行航线及任务计划，用户通过地面站界面设定无人机目标航点、起降方式、任务机动、载荷使用等，为无人机自动飞行准备相关数据。同时，用户还可以通过地面站随时接管无人机控制权限，并根据任务需要手动控制无人机执行临时任务或更改航线。

4）用户参数配置：在 PX4 系统中定义了大量可更改的参数，通过设置这些参数用户可以灵活设定无人机行为表现，如控制律 PID［Proportion（比例）、Integration（积分）、Differentiation（微分）］参数等，用户可通过地面站对这些参数进行增、删、改、查等操作。

5）数据记录与分析：地面站一般具备遥测数据记录功能，这些数据可供用户分析和评估无人机性能、系统故障状态和任务执行情况。此外，地面站一般还有集成机载数据下载、管理等功能。

6）飞控开发调试：地面站提供飞控固件上传功能，并集成类似 Linux Shell 的命令行功能，方便用户调试飞控应用程序。

PX4 系统默认配套的地面站是 QGroundControl。飞控硬件连接计算机后，需要通过虚拟机将其连接到 Ubuntu 系统中。地面站连接飞控硬件后的主界面如图 1-2 所示。

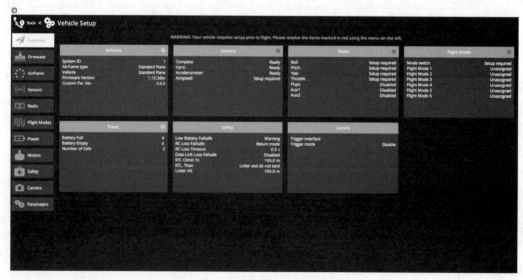

图 1-2　QGroundControl 主界面

1.2　带操作系统的飞控系统开发

1.2.1　飞控系统开发模式比较

嵌入式系统开发主要有两种模式,一种是前后台模式;另一种是基于实时操作系统的模式。前后台模式是早期使用的较为简单的飞控程序开发模式,也称为"超循环"模式,其后台程序称为任务级程序,一般是在主函数中采用无限循环轮询系统,通过调用不同子函数实现相应功能的。前台程序称为中断级程序,指的是采用中断服务程序处理异步触发事件。通常情况下,在采用此种模式开发的飞控程序中,中断处理程序仅标记传感器数据更新等事件的发生,然后再交由后台程序调度处理。这种开发模式的主要优点如下。

1)编程类似单片机,按照中央处理器(Central Processing Unit,CPU)编程手册就能编写一些简单的飞控程序。

2)没有操作系统带来的资源消耗,对 CPU 的性能要求以及对只读存储器(Read-Only Memory,ROM)和随机存取存储器(Random Access Memory,RAM)容量的要求都相对较低,执行速度较快。

3)所有功能都在主循环中执行,即整个系统只运行一个"任务",无须实现复杂的任务同步和数据交互功能。

但相比这些优点,其缺点更加明显,最主要有如下两个缺点。

1)实时性差。飞行控制对嵌入式系统的实时性有极高的要求,如果控制逻辑或代码运行时序出现偏差,可能会出现飞机失控等严重后果。因此,像失控保护、姿态解算等重要任务必须要能抢占数据记录等重要性不高的任务。采用前后台系统设计的飞控系统,其实时性是难以得到保证的,存在较大的安全隐患。因为在这种模式下,飞控系统的任务是按顺序执行的,也就是所有任务是平等的,即使出现紧急情况,相应的失控保护任务也必须等待前面所有的非紧急任务的代码执行完成后才能得到执行机会。此外,中断服务程序给出的信息也一直要等到后台程序的主循环执行到相应的代码时才能得到处理,最差的情况下,任务的响应时间取决于整个后台程序主循环的执行时间,而循环的执行时间并不是常数,这样就带来了任务执行时间的不确定性。

2)移植性和扩展性差。飞控系统的各种任务是通过在主循环中调用相关子函数实现的,任务间耦合非常严重,程序的可读性差。随着系统任务逐渐增加,任务管理难度也会极大增加,这是需要用户自行管理和维护的,尤其在飞控程序改动或者升级的时候,代码维护工作将会非常烦琐、复杂,系统逻辑正确性和稳定性也难以得到保证。此外,系统中的驱动程序与上层应用程序都混在用户空间,这样飞控系统就必须和具体的硬件绑定到一起,很难移植到新硬件平台上,或者移植的工作量相当大。

随着传感器信息的丰富、多种传感器冗余、组合导航技术融入、先进控制算法引入等,飞控软件变得越来越复杂,前后台开发模式中后台循环时间越来越难以准确计算,并且这些也不利于软件模块化与团队协同开发。在开发这类复杂的飞控系统程序时,采用前后台模式很难保证飞控系统的实时性、准确性和可靠性。此时可采用基于实时操作系统的开发模式,这种开发模式的优点正好弥补了前后台模式的缺点。采用基于实时操作系统的开发模式具有如下几个优点。

1)由实时操作系统对所有任务进行调度,其优先级管理机制可以保证系统运行的实时性、稳定性和可靠性,如低优先级任务不会因为自身的异常影响高优先级任务的运行,这样能够保证关键或者紧急任务能够得到及时、有效执行。

2)操作系统提供了任务管理、同步、通信、内存管理和中断管理等服务,极大地简化了多任务的开发难度。因此,用户可以将复杂的飞行控制功能分解为多个并行执行的简单任务,每个任务独立负责自身数据处理工作,实时操作系统通过剥夺低优先级任务的 CPU 使用权来为整个飞控系统提供调度,并为每个任务提供丰富的操作系统接口服务,使得单个任务的功能更加聚焦,源码的结构更加清晰,同时提升了系统的维护性和扩展性。

3)操作系统对底层硬件进行抽象,屏蔽了不同硬件平台接口的差异性。使用操作系统提供的统一编程接口,硬件驱动和任务模块分离,可以方便用户添加新的功能或移植到新的硬件设备上。

综上所述,如果只是开发功能简单的飞控程序,而不需要考虑代码的维护与升级的话,采用单片机开发通常使用的前后台模式也没什么不好。但如果需要开发系统复杂、周期长、多人协作并考虑后期升级、维护的项目,则最好采用基于实时操作系统的开发模式,这也是目前飞控系统开发的主流。

1.2.2　操作系统的主要服务

操作系统作为上层功能应用和底层驱动的桥梁,在整个飞控系统中起承上启下的作用,对上层提供底层硬件设备的操作接口,完成任务管理和调度。对下层完成设备驱动程序的注册、终端挂载和管理。操作系统主要由任务调度、内存管理、文件系统和输入/输出(Input/Output,I/O)系统四大模块组成。对于主流的操作系统而言,这四者缺一不可。一些简单的实时操作系统(如 UC/OS 系统)可能只包含任务调度和内存管理,更多时候并不把它们归为操作系统,而是称为实时内核。

1. 任务调度

这里以 Windows 桌面操作系统的任务调度为例,Windows 系统上有各式各样的进程可以同时运行,如一边进行 QQ 聊天,一边听歌。假设计算机的 CPU 是单核的,每个时刻只能运行一个进程,那怎么实现同时运行多个进程呢?这就得归功于操作系统的任务调度机制。由于进程大部分时间是在等待输入和输出,这个时候可以把它们挂起来,从而将 CPU使用权让给别的任务,所以,实际上是多个进程在轮流使用 CPU,但是由于切换的速度极快,用户感觉计算机是在"同时"执行这些进程的。这就是操作系统任务调度模块为用户提供多进程"同时"运行的机制,称为并发机制。简单来说,任务调度是用于确定哪个进程在什么时候使用 CPU,即按照某种调度算法,从就绪队列中选取进程并为其分配 CPU 使用权。任务调度的目标是最大限度地利用 CPU 的时间。以 PX4 系统为例,其将飞控功能划分为多个模块,由实时操作系统调度并执行。

2. 内存管理

程序的运行需要内存空间,简单来说内存管理的作用是决定哪些任务可以驻留在内存,哪些任务必须离开内存。如果 CPU 只运行单个任务,那么整个内存想怎么用就怎么用。可是在引入操作系统后,需要对多个任务进行调度,多个任务同时运行时内存怎么利用、各个任务能利用多少容量、任务在内存中的位置、任务利用完成后内存如何释放等就构成了操作系统内存管理的基本内容。

3. 文件系统

读者可能比较熟悉文件系统,如 Windows 系统的新技术文件系统(New Technology File System,NTFS)文件系统、Linux 的 exFat4 文件系统。试想直接采用裸机编程的方式将数据挨个写到闪存(Flash EEPROM Memory,Flash)中的情况,数据量少时可以随意保存,而当数据量很大时,程序员必须仔细考虑每个数据在 Flash 中的存储位置,这会导致数据的查找、删除、修改变得非常麻烦。但在文件系统的帮助下,程序员只要对文件系统进行标准的操作即可(如通过文件路径使用标准接口对文件进行读写等),不用关心数据在 Flash 上是如何存储的。

4. I/O 系统

I/O 系统可简单理解为驱动管理系统。CPU 是不能独立存在的,必须和周围的设备交互才能完成用户期望的任务。对 PX4 系统而言,I/O 设备有很多,如磁罗盘、陀螺仪、气压计等。在单片机开发方式中,驱动开发就是针对不同的设备编写不同的操作函数,应用程序通过直接调用这些函数实现对设备的操作。在包含操作系统的嵌入式开发过程中,对外围设备的操作方式会有很大的不同。类 Unix 操作系统下"一切皆文件",这里说的文件除了最常见的、存储在安全数字卡(Secure Digital Card,SD 卡)等设备上实实在在的文件外,还包括从硬件抽象出来的文件,这类文件称为设备文件。对于运行在操作系统上的应用程序而言,硬件设备是不可见的,实际上它们也不关心硬件是如何工作的。驱动程序和虚拟文件系统(Virtual File System,VFS)将具体硬件抽象成文件,应用程序通过对设备文件进行读写等操作来使用、操控硬件设备,虚拟文件系统会将应用程序的上述标准调用转为执行硬件驱动程序提供的对应函数,从而实现应用程序与驱动程序的分离。由于应用程序不再与硬件直接打交道,只通过标准接口访问硬件,所以程序的可移植性极大增强。I/O 系统的引入使得驱动程序成了连接硬件和操作系统内核的桥梁,这会增加驱动开发的复杂性,因为驱动程序中除了有实现驱动硬件工作的代码外,还必须有实现由操作系统规定的接口。实际上,驱动程序是通过增加自身的复杂性来实现应用程序开发的便利性的。以读写飞控的传感器数据为例,飞控应用程序只是想获取飞控计算所需的数据,并不关心提供数据的设备是怎么工作的。飞控程序和硬件的交互方式变成读写同一文件的模式,传感器不断更新文件中的数据,飞控程序则只是读取文件中的内容。当然,PX4 系统是利用 uORB 模块实现传感器与飞控任务之间的数据交互的,而 uORB 模块底层也是通过 I/O 方式实现的。

PX4 系统是支持多硬件的平台,针对不同的硬件,PX4 可以运行在 Linux、macOS、NuttX 或 QuRT 等 POSIX API 操作系统上。为了达到合理调度多任务、充分利用系统资源的目的,本书使用的硬件借助实时操作系统 NuttX 来保证多任务执行的实时性、可靠性和可扩展性。后续的讨论默认 PX4 系统均基于 NuttX 操作系统。NuttX 操作系统是一个开源的实时操作系统,具有占用空间小、操作系统工具丰富、高度可扩展、符合可移植操作系统接口(Portable Operating System Interface,POSIX)和美国国家标准学会(American National Standards Institute,ANSI)标准、实时性好等的特点。NuttX 系统中集成了 Shell,可进行操作系统的命令请求操作,其使用和 Linux 系统类似。针对不同的操作系统接口,PX4 系统采用中间转换层,为应用程序提供了一系列类似 px4_xxx 形式的标准 PX4 系统接口,从而实现应用程序的跨平台兼容。NuttX 系统在多任务调度、内存管理和文件系统方面的特点如下。

1)任务调度:NuttX 系统中的任务是独立存在的线程,对于线程的调度引入了完全抢占的机制,当新加入的任务优先级比当前运行任务的优先级高时,CPU 会被新加入的任务抢占。

2)内存管理:NuttX 系统内存管理模块利用相关算法解决了产生内存碎片的问题。此外,NuttX 系统没有使用虚拟内存管理机制,避免了产生随机 I/O 阻塞时间使得系统运行时间无法确定,从而保证了系统的实时性。

3)I/O 系统:NuttX 系统采用类 Linux 的虚拟文件系统,其最大的优势是既支持多种文件系统,同时又能保证上层应用接口的统一性。NuttX 的根文件系统是伪文件系统,一直运行在系统内存中。

1.3 PX4 系统的总体架构

1.3.1 总体架构与主要模块

PX4 系统采用模块化架构,对所有类型载具(如无人机、无人车、无人船等)都使用同一代码库。PX4 系统开发者在其官网给出了系统的总体架构图,如图 1-3 所示。

PX4 系统总体构架分为上下两部分:下半部分为飞行控制系统,PX4 系统官方称其为飞行控制栈;上半部分是为飞行控制系统提供支持的服务层,PX4 系统官方称其为中间件层。具体来说,PX4 系统在设计上分为以下几个部分:①消息总线(Message Bus);②外部通信(External Connectivity);③数据存取(Storage);④驱动程序(Drivers);⑤飞行控制栈(Flight Control Stack)。本章将对这几个部分作简要说明,后续章节会逐一进行详细介绍。

1. 消息总线

消息总线也称为 uORB(Micro Object Request Broker)。uORB 是 PX4 系统中非常关键的模块,位于系统框图的中心位置,肩负着整个系统的数据传输任务。PX4 系统的核心思想就是去耦合。所有的传感器(驱动)数据、外部通信数据在获取后,均通过 uORB 传输到飞行控制系统的各个模块进行计算处理,各个模块之间以及数据存储与其他模块的通信也是通过 uORB 来完成的,这些任务彼此之间并不直接进行数据交互。

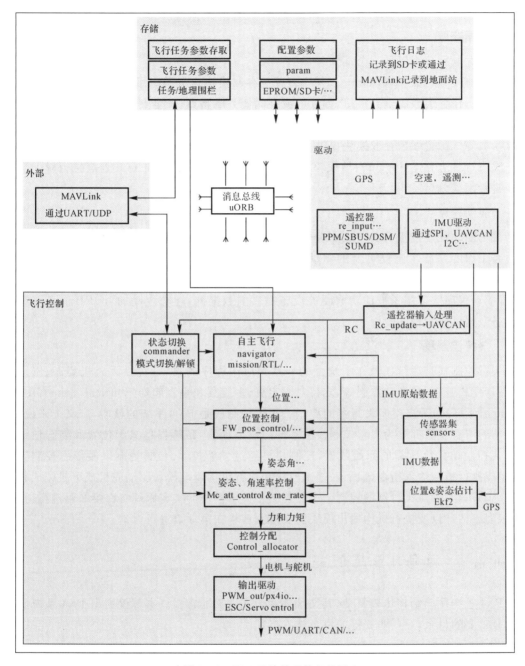

图 1-3　PX4 系统的总体架构图

2. 外部通信

PX4 系统与外部的通信采用微型飞行器链路(Micro Air Vehicle Link,MAVlink)通信协议 V2.0 版,它是在串口通信(也支持网络通信)基础上发展起来的一种更高层级的开源、轻量级通信协议。外部通信在 PX4 系统中用于无人机与地面站之间,以及无人机相互之间的通信。

3. 数据存取

数据存取又分为以下三个部分。

1）飞行任务参数存取（dataman）：飞行任务存取模块为上层应用提供了可随时读取、存储指定飞行任务参数的函数接口，如读取或存储任务航路点、安全点和地理围栏等参数。

2）配置参数存取（param）：PX4 系统定义了大量的配置参数，如飞行控制参数、传感器校准参数等。配置参数存取模块提供了用于读写配置参数的接口。

3）飞行日志存储（logger）：该模块用于记录飞行日志，通常是将 uORB 消息记录下来供用户进行离线分析。

4. 驱动程序

硬件驱动程序位于 PX4 系统的底层，是上层飞控应用程序获取外围设备数据、驱动输出设备工作的基础。比较重要的驱动程序有惯性测量单元（Inertial Measurement Unit，IMU）传感器驱动、GPS 驱动、遥控器输入驱动、舵机输出等。这里的驱动程序是较为广义的，即驱动程序除了用于被动获取硬件设备提供的数据外，还会主动向 uORB 消息总线发布设备数据供应用程序使用。

5. 飞行控制栈

飞行控制栈是运行在操作系统上的一系列应用程序的集合，包括无人机姿态/位置估计、飞行模式管理、导航和控制等，支持对固定翼、多旋翼和垂直起降（Vertical Take Off and Landing，VTOL）等多类型飞行器的控制。飞行控制栈是 PX4 系统的核心，广义上来说，上述介绍的所有模块都是为飞行控制栈服务的。总体而言，传感器信息经位置和姿态估计模块生成控制律计算所需的原始数据，控制律再经过导航控制、位置控制以及姿态控制等环节，生成执行机构输入指令，最后经输出模块和执行机构驱动模块驱动舵机或电机完成相应的操纵动作，实现对飞行器的控制。飞行控制相关子模块的实现原理将在第 2 篇进行讨论，位置、姿态估计以及执行机构输出模块的实现原理将在第 3 篇进行讨论。

1.3.2 源码目录简介

PX4 系统源码结构比较复杂，其文件夹和子文件夹非常多。本节仅列出 PX4 系统源码中比较重要的目录，一些非关键的目录被省略了。

1. board 目录

board 目录用于存放与具体硬件平台特性相关的配置文件、源码文件、编译脚本文件和启动子脚本文件。例如，本书使用硬件对应的子目录为 ./boards/cuav/x7pro。在该目录下的 ./Nuttx-config/nsh/defconfig 文件为操作系统及硬件配置文件，操作系统相关功能的添加、删减可通过修改该文件实现。

2. build 目录

build 目录是编译目标目录，是源码编译后生成的，刚下载的源码是没有该目录的。此目录用于存放编译过程中产生的各类中间文件、目标文件和最终生成的目标固件等。执行不同的编译选项时,这些编译文件会存放在不同的子目录下。此外,build 目录还用于存放经 PX4 系统工具"翻译"产生的源码文件,例如,在编译目录的. /msg/topics_sources 子目录中存放着与. /msg 目录中消息对应的源码文件。

3. cmake 目录

cmake 目录用于存放 PX4 系统的 cmake 编译规则。

4. msg 目录

msg 目录用于存放与 uORB 主题相关的数据定义,也就是 uORB 模块通信时需要定义的数据格式,以. msg 后缀结尾。当用户想自定义 uORB 主题时,需要在该目录下添加对应的. msg 文件。PX4 系统工具会在固件编译过程中将. msg 文件"翻译"成对应的. h 和. cpp 源码文件,生成的源码文件保存在. /build 目录中的特定位置。

5. platforms 目录

platforms 目录用于存放系统平台实现的文件,其. /Nuttx 子目录用于存放 NuttX 操作系统源码,. /common/include 子目录用于存放 PX4 系统常用的头文件,很多头文件是对操作系统提供接口的再次封装,添加类似 px4_的前缀,从而屏蔽不同操作系统的差异。

6. ROMFS 目录

ROMFS 是 ROM File System(只读文件系统)的缩写,ROMFS 目录主要用于存放启动脚本文件。例如,其子目录. /px4fmu_common/init. d 用于存放 PX4 系统的启动脚本,即一系列的启动过程和系统配置。

7. src 目录

src 目录是 PX4 系统中与飞控开发有关的最重要的目录,它主要包括如下几个子目录。

1)drivers:驱动程序子目录,用于存放所有传感器的驱动代码。

2)examples:PX4 系统提供的一些简单的示例代码存放在该子目录下,本书编写的示例代码也将存放在该子目录下。

3)include:其. /containers 子目录下用于存放 PX4 系统中链表等常用的数据容器。

4)lib:PX4 系统标准库子目录,用于存放飞控开发通用库函数,如坐标转换、矩阵计算、PID 控制器、L1 控制器函数等。

5)modules:PX4 系统上层应用任务的代码实现子目录,飞控相关模块都存放在此目录下,该子目录下的源码将是本书讨论的重点。

8. Tools 目录

Tools 目录是主机工具目录,该目录下存放很多采用 Python 编写的工具或是使用 Shell 脚本的编译工具,如固件烧写工具、仿真工具等。

第 2 章　PX4 系统开发的一般过程

学习一门编程语言通常是从"Hello World!"的经典示例程序开始的,本章从"Hello Sky!"例程开始介绍 PX4 系统的开发之旅,这个简单的程序实现类似桌面计算机下"Hello World!"的功能。通过这个例程初步探索 PX4 系统开发的一般过程,包括程序编写、注册、编译与执行,以及命令行和启动脚本的使用。

2.1　Hello Sky! 例程

PX4 系统是构建于嵌入式实时操作系统上的,可以像 Windows 操作系统那样运行应用程序,但其开发方法与通常单片机或桌面计算机下程序开发方法有所不同。本示例是一个可以在 PX4 系统上运行的最简单的应用程序,其开发过程比一般计算机的"Hello World!"程序要复杂一些。通过这个例程可以了解如何在 PX4 系统中添加并实现自己的应用程序,从而熟悉最基本的开发流程。PX4 系统在 ./src/examples 目录下提供了一些示例代码,读者可以参考学习。本书的很多例程也是参考官方的例程。

注:本书并不严格区分模块、应用程序、App 这几者之间的关系,一般会混合使用,认为其含义基本相同。

2.1.1　源码编写

·步骤 1:编写源码文件

先在 ./src/examples 目录下新建子目录 test_app,然后在此目录下新建源码文件 test_app_main.cpp,其完整清单如下。

例 2.1　test_app_main.cpp 源码

```
#include<px4_log.h>                                              (1)
extern "C" __EXPORT int test_app_main(int argc, char * argv[]);  (2)
int test_app_main(int argc, char * argv[])                       (3)
{
    PX4_INFO("Hello Sky!");                                      (4)
    return 0;
}
```

（1）代码中的函数 PX4_INFO 需要包含头文件＜px4_log.h＞。

（2）PX4 系统所基于的编译器语法规则比较严格，因此在编写函数之前，必须声明该函数，不然编译会报错。__EXPORT 声明的函数一般作为应用程序的入口函数，且必须采用＜module_name＞_main 的格式命名。习惯桌面计算机端程序开发的读者可能会有疑惑，程序怎么不是从 main 函数开始的？因为 PX4 系统不是普通的单片机程序，而是构建在实时操作系统上的，所以无论是操作系统本身还是各个应用程序，均不是从 main 函数启动的。

（3）argc 和 argv 分别是主函数的形参，它们是向应用程序传递的命令参数。agrc 是参数个数，包括应用程序自身路径和程序名；argv 是字符指针数组类型的参数向量，数组中每一个元素指向命令行中的一个命令字符串。主函数是供操作系统调用的，其参数只能由操作系统提供。

（4）PX4_INFO 相当于 C 语言中的 printf 函数（实际上 PX4_INFO 就是基于 printf 封装的），是 PX4 系统下信息级别的日志函数，用于在命令行窗口显示输出信息。日志函数包含了 PX4_LOG_LEVEL_DEBUG、PX4_LOG_LEVEL_INFO、PX4_LOG_LEVEL_WARN、PX4_LOG_LEVEL_ERROR、PX4_LOG_LEVEL_PANIC 等不同等级，适应不同紧急程度的输出需求，对应的日志函数分别为 PX4_DEBUG、PX4_INFO、PX4_WARN、PX4_ERR、PX4_PANIC。PX4_INFO 是 PX4 系统开发过程中常用的、非常有效的调试函数。注意：日志函数会自动换行，无须用户添加换行符"\n"。应用程序被操作系统执行后，会打印出"Hello Sky!"字符串。

2.1.2　源码编译

• 步骤 2：编写编译控制文件

PX4 系统编译与链接的大致过程如下：CMake 工具先将 CMakeLists.txt 文件转为 Makefile 文件，然后 Make 工具读取 Makefile 文件，最后根据其指定的编译规则调用编译器，将源码编译链接为可执行程序。为了将应用程序编译进最终的固件，需要编写对应的 CMakeLists.txt 文件，并完成向操作系统的注册工作。

在 2.1.1 节创建的 test_app 目录下新建 CMakeLists.txt 文件，其完整的内容清单如下。

例 2.1　CMakeLists.txt 内容

```
px4_add_module(
    MODULE examples__test_app                              (1)
    MAIN test_app                                          (2)
    COMPILE_FLAGS
    SRCS
        test_app_main.cpp                                  (3)
    DEPENDS
    )                                                      (4)
```

（1）模块名。命名规则：通过"__"分隔文件路径，注意中间是两个下画线。起始路径是./src，无须给出。例如，本示例中的 examples__test_app 表示本程序位于./src/examples/test_app 目录下。

（2）用于确定程序的主函数。命名规则：主函数名去掉后缀_main。例如，本示例中的 test_app 表示应用程序的主函数为 test_app_main。

（3）程序需要用到的源文件。

（4）程序依赖项。本示例没有依赖项，此处为空。

• 步骤 3：向操作系统注册应用程序

在 test_app 目录下新建 Kconfig 文件，其完整的内容清单如下。

例 2.1   Kconfig 内容

```
menuconfig EXAMPLES_TEST_APP
    bool "test_app"
    default n
    ———help———
        Enable support for test_app
```

修改文件./boards/cuav/x7pro/default.px4board，在文件末尾添加如下内容。

例 2.1   default.px4board 修改内容

```
CONFIG_EXAMPLES_TEST_APP=y
```

• 步骤 4：固件编译

对于不同的硬件平台，编译时需使用对应的编译选项，如 Pixhawk4 对应的编译选项为 px4_fmu-v5。PX4 系统开发者在官网上列出了 Pixhawk 系列硬件对应的编译选项，也可通过如下命令打印出 PX4 系统支持的所有硬件的编译选项。

```
make list_config_targets
```

本书所采用硬件平台对应的编译选项为 cuav_x7pro，即执行以下命令编译固件。

```
make cuav_x7pro
```

编译成功后，Ubuntu 系统命令行将给出如下类似的输出结果。

```
［1144/1144］Creating /home/XXX/PX4...v_x7pro_default/cuav_x7pro_default.px4
```

同时会在./build/cuav_x7pro_default/目录下生成名为 cuav_x7pro_default.px4 的文件，该文件即需要烧写到飞控硬件中的固件，其他的编译选项也会生成对应的目录和固件。

在 PX4 系统首次编译前，建议执行一次彻底的清理，对应的命令为

```
make distclean
```

后续在固件编译或仿真编译过程中，如果出现某些奇怪的问题，除仔细检查代码的修改情况外，有许多构建问题可能是由不匹配的子模块或未完全清理的构建环境引起的，可以尝试清理一下工程，其命令为

```
make clean
```

2.1.3　上传固件

· 步骤 5:固件上传命令

将飞控硬件连接计算机后,输入如下命令可将固件上传。

```
make cuav_x7pro upload
```

固件上传成功后,会输出如下类似结果。

```
Erase  :[====================] 100.0%
Program:[====================] 100.0%
Verify :[====================] 100.0%
Rebooting. Elapsed Time 31.042
```

QGroundControl 地面站也集成了固件上传功能,可以使用其进行图形化操作,操作过程如图 2-1 所示。

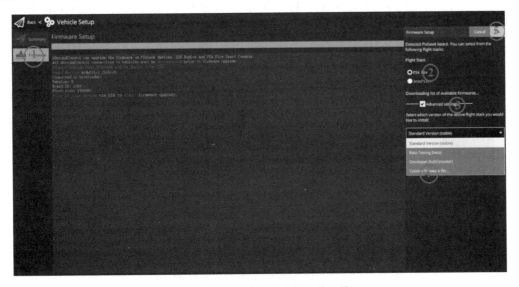

图 2-1　利用地面站上传飞控固件

2.1.4　运行程序

· 步骤 6:使用终端运行应用程序

NuttX 操作系统提供了类似 Linux Shell 的工具,称为 NuttX Shell,简称 NSH。在代码调试阶段,可以通过 NSH 运行程序。QGroundControl 地面站集成了 NSH 终端,如图 2-2 所示。

运行应用程序的命令为

```
test_app
```

应用程序运行成功后,NSH 终端会显示如下结果。

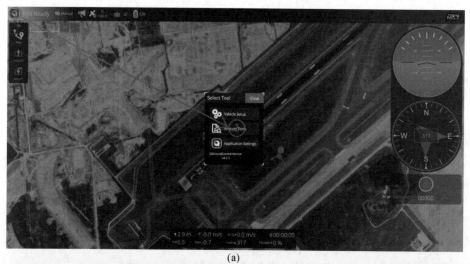

(a)

(b)

图 2 - 2　QGroundControl 地面站集成的 NSH 终端

NuttShell（NSH）NuttX－11.0.0	(1)
nsh＞ test_app	(2)
INFO　［test_app］Hello Sky！	(3)
nsh＞	(4)

（1）打印出了 NuttX 操作系统版本号，仅在飞控硬件重新启动后打印一次。

（2）运行应用程序的命令。

（3）输出字符串中的 INFO 表示日志等级，［test_app］表示应用程序的名称，接下来是用户打印的信息。从字符串"Hello Sky！"中可以看出，应用程序得到了正确编译并注册到操作系统中。

（4）应用程序执行完毕，等待用户输入新的命令。

2.2   NSH 命令

2.2.1   命令使用

上一节已经通过 NSH 终端启动了"Hello Sky!"应用程序。NSH 的作用和 Linux Shell 一样,输入命令就可执行对应的应用程序,完成相应的功能。与 Linux 命令一样,NSH 命令的一般形式为

```
命令名   参数1   参数2  …   参数 n
```

其中:命令名和各参数之间用空格分隔(参数可缺省)。

1. 内置命令

help 命令用于获取系统中所有命令的信息。

```
nsh> help
help usage：  help [－v] [<cmd>]
    .          cd      echo      free      mkfatfs    rm      test      usleep
    [          cp      exec      help      mount      rmdir   time
    ?          date    exit      kill      mv         set     true
    break      df      export    ls        ps         sleep   umount
    cat        dmesg   false     mkdir     pwd        source  unset
Builtin Apps：
    sh                          rgbled_pwm
    sercon                      rm3100
    ads1115                     roboclaw
    (中间信息省略)
    test_app                    motor_test
    (以下信息省略)
```

终端的输出信息分为两个部分,上半部分是 NuttX 操作系统内置的命令,下半部分 Builtin Apps 为运行在 PX4 系统上的应用程序(由此可见 PX4 系统并不是一个单独的程序,而是由这些独立的应用程序共同组成的),包括前面编译进固件的 test_app,NSH 本身也是作为一个应用程序存在的。

用过 Linux 的读者应该很快就知道内置命令的作用,如 ls、cd、pwd、echo、free 等命令和 Linux 命令的用法相似。

2. 系统信息查看命令

嵌入式系统开发过程一般比较关心系统状态以及资源的使用情况等信息。下面介绍几个常用的信息查看命令,这些命令实际上也都是运行在 PX4 系统上的应用程序。

(1)ver 命令。ver 命令需要带参数,这里测试一下带 all 参数的 ver 命令,其作用是打印

出 PX4 系统相关的软硬件版本信息。

```
nsh> ver all
HW arch：CUAV_X7PRO
FW git-hash：1c8ab2a0d7db2d14a6f320ebd8766b5ffaea28fa
FW version：1.13.3 0 (17629952)
OS：NuttX
OS version：Release 11.0.0 (184549631)
OS git－hash：4a1dd8680cd29f51fb0fe66dcfbf6f69bec747cf
Build datetime：Mar 14 2023 12：49：32
Build uri：localhost
Build variant：default
Toolchain：GNU GCC，9.3.1 20200408（release）
PX4GUID：000600000000003331393232305104001c002c
MCU：STM32H7[4|5]xxx, rev. V
```

从输出结果可以看出，操作系统是 NuttX V11.0.0，PX4 系统固件版本为 1.13.3，飞控核心处理器是 STM32H7 系列。

（2）free 命令。free 命令用于显示系统内存的使用情况。注意：与 Linux 的 free 命令不同，PX4 系统的 free 命令不支持命令参数。

```
nsh> free
```

	total	used	free	largest	nused	nfree
Umem：	967872	297008	670864	476544	1118	61
Prog：	2097184	1946272	150912	113600	60821	4716

其中：total 表示内存容量；used 表示已使用内存；free 表示剩余内存；largest 表示剩余最大内存块大小，它们的单位均为字节。

（3）top 命令。top 命令相当强大，可将其视为 PX4 系统的"任务管理器"。它能够动态地查看运行的任务及其 CPU 占用情况、堆栈使用情况、优先级和状态，通常在调试阶段帮助用户获取系统上当前正在执行的任务（线程和队列任务）的相关信息。top 命令默认情况下会周期性地打印最新信息，这会一直占用着 NSH 终端，用户可随时按下回车键退出 top 命令。或者在其后面加上命令参数"once"，这样信息就仅显示一次。

```
nsh> top
```

PID COMMAND	CPU(ms)	CPU(%)	USED/STACK	PRIO(BASE)	STATE	FD
0 Idle Task	1809419	66.160	272/ 512	0（ 0）	READY	3
1 hpwork	0	0.000	332/ 1264	249 (249)	w：sig	3
2 lpwork	0	0.001	844/ 1616	50（ 50）	w：sig	3
（中间信息省略）						
952 logger	96	0.178	2564/ 3648	230 (230)	w：sem	3
983 mavlink_if1	2574	4.748	1860/ 2824	100 (100)	READY	6
986 mavlink_rcv_if1	96	0.180	1604/ 4712	175 (175)	w：sem	6
1011 top	337	0.627	1964/ 4080	237 (237)	RUN	3

```
Processes：30 total，3 running，27 sleeping
CPU usage：32.54% tasks，1.32% sched，66.15% idle
DMA Memory：5120 total，1024 used 1536 peak
Uptime：2617.003s total，1834.673s idle
```

其中：PID 表示任务 ID(包括下一章将要介绍的任务、线程以及工作队列)；COMMAND 表示程序名；CPU(ms)表示占用的 CPU 时间；CPU(%)表示 CPU 利用率；USED 表示使用的堆栈大小(单位为字节)；STACK 表示分配的堆栈大小(单位为字节)；PRIO(BASE) 表示优先级；STATE 表示程序状态；FD 表示任务使用的文件句柄数。

其他命令的使用本书就不再详细介绍，读者可以自己尝试使用。相比 Linux 而言，NuttX 系统毕竟是个轻量级操作系统，有些命令功能不如 Linux 强大，有些命令用法也有少许不同。有关 NuttX 操作系统内置命令的解释，请读者自行查看官方在线文档。

2.2.2　系统文件简介

上一章讨论操作系统时指出，类 Unix 操作系统下的一切皆文件，NuttX 操作系统也不例外。通过 ls 命令可以查看 NuttX 操作系统中包含的文件和目录。

```
nsh> ls
/:
 bin/
 dev/
 etc/
 fs/
 obj/
 proc/
```

从终端的输出结果可以看出，PX4 系统根目录下包含 5 个目录。输入如下命令可查看各目录下的子目录或文件。

```
ls <dir>
```

命令中的 dir 参数表示文件路径。下面分别对这几个目录进行简要介绍。

1. dev 目录

该目录下的文件是被操作系统抽象出来的驱动，其文件称为设备驱动节点，即驱动程序在操作系统注册的设备文件，应用程序可以像使用文件一样来使用这些驱动设备。例如，以字符串 tty 开头的文件表示串口，读取这些文件的内容就可以获取相关串口收发的数据。

```
nsh> ls /dev
/dev:
 console
 console_buf
 led0
 mmcsd0
```

```
mtdblock0
（中间信息省略）
ttyACM0
ttyS0
ttyS1
ttyS2
ttyS3
ttyS4
ttyS5
uavcan/
```

2. etc 目录

该目录下保存的是用户的配置文件和一些 NSH 脚本。例如，init. d 子目录下保存着系统启动脚本。

```
nsh> ls /etc
/etc：
.
extras/
init. d/
mixers/
```

3. fs 目录

该目录下的一个重要的子目录是 microsd，飞控硬件上的 SD 卡就被操作系统挂载到该子目录下。通常情况下，系统启动后会默认进入目录/fs/microsd，也就是应用程序默认的当前目录。

```
nsh> ls /fs
/fs：
bbr0
bbr1
bbr2
bbr3
microsd/
mtd_params
mtd_waypoints
```

在 microsd 子目录下，存放着有一些重要的文件或目录，如文件 dataman 保存着航点等飞行任务参数，log 目录下存放着相关的飞行数据（或者称为飞行日志）。

```
nsh> ls /fs/microsd
/fs/microsd：
dataman
ufw/
uavcan. db/
```

```
log/
parameters_backup. bson
logdata. txt
```

4. obj 目录

本书后面将会着重介绍 PX4 系统中重要的任务间通信模块 uORB,它的底层实现就是操作 obj 目录下的文件。

```
nsh> ls /obj
/obj：
actuator_armed0
actuator_outputs0
actuator_outputs1
adc_report0
（以下信息省略）
```

5. proc 目录

该目录与 Linux 目录类似,系统运行的信息记录在该目录的文件中,用户可以通过访问该目录下的文件获取对应的系统信息。例如,以数字开头的子目录代表当前运行在操作系统上的任务;meminfo 文件记录当前内存的使用信息,前述 free 命令会访问该文件来获取内存的空闲和已使用数量。

```
nsh> ls /proc
/proc：
0/
1/
（中间信息省略）
249/
250/
meminfo
fs/
partitions
self/
uptime
version
```

2.3　仿真目标

2.3.1　仿真目标编译

地面仿真是一种能够在真实飞行之前快速、简单、安全测试 PX4 系统源码的方法。借助仿真手段可直观看到程序的运行效果,加快飞控应用程序的开发速度,因此,仿真是非常重要的调试手段之一。PX4 系统支持"软件在环路"(Software in the Loop,SITL)仿真(其中飞行控制程序在桌面计算机上运行)和"硬件在环路"(Hardware in the Loop,HITL)仿真(飞行控制程序在飞控硬件上运行,屏蔽传感器测量)两种仿真模式。

SITL 仿真是通过网络通信连接桌面计算机的飞行动力学数学模型、视景画面显示和飞控程序模块,模拟包括无人机起飞、航线任务、着陆等正常飞行过程以及环境异常、传感器故障、通信链接断开等各类异常过程,方便用户测试和验证飞控系统各种功能、性能,并据此优化处置策略。

SITL 仿真固件是基于 Posix 标准的应用程序,其虽然不是基于 NuttX 操作系统开发的,但正如上一章所述,对于应用程序开发而言,使用的接口是经过 PX4 系统转换的,其上层应用程序是源码兼容的。为了快速调试代码,本书在后续不涉及硬件的章节,都会使用 SITL 仿真环境展开讨论。

PX4 系 统 支 持 Gazebo、jMAVSim、AirSim、FlightGear 等多种仿真环境,其中 jMAVSim 是最简单的多旋翼仿真环境,能够提供可视化的仿真界面供用户直观查看飞行器状态。在 Linux 终端输入如下命令可编译并启动 jMAVSim 仿真目标。

```
# 设置飞行器起始位置
export PX4_HOME_LAT=34.4384
export PX4_HOME_LON=108.7404
# 编译仿真目标
make px4_sitl jmavsim
```

注意:以"#"开头的语句是关于命令的注释语句,本身不是命令,会自动被终端忽略。PX4_HOME_XXX 表示无人机初始位置的经纬度,用户可自由给定,本书给定的起始位置位于某机场的跑道端头。为避免每次启动仿真目标时都重复设置无人机的起始位置,可以将命令(修改环境变量)添加到用户目录下的. profile 文件中。Ubuntu 系统中与 Windows 下"记事本"类似的图形化文件编辑软件是 gedit,可使用如下命令编辑文件。

```
gedit . profile
```

然后将上述 export 开头的两条命令添加到文件末尾即可。

编译完成后,会在. /build 目录下生成可在桌面计算机上运行的程序并自动执行,其运行效果如图 2-3 所示,表示仿真目标编译成功。

通过<CTRL + C>的组合键(或 shutdown 命令)可停止仿真。jMAVSim 仿真系统仅支持四旋翼这一种飞行器类型,Gazebo 仿真系统支持多种仿真对象(多旋翼、直升机、固定翼飞行器等),PX4 系统官方建议使用 Gazebo 仿真系统。Gazebo 仿真系统的缺点是其图形界面非常消耗资源,很难在虚拟机环境下流畅运行。好在 Gazebo 仿真系统支持仅启动仿真内核,而不启动图形界面的模式。这种模式是一种启动速度快、使用的系统资源少的轻量级仿真方法,其启动命令格式为

```
HEADLESS=1 make px4_sitl gazebo_<vehicle-model>
```

其中:参数 vehicle-model 表示特定的飞行器类型,有 plane(固定翼)、standard_vtol(垂直起降飞行器)、rover(汽车)等几种类型,参数缺省情况下表示四旋翼飞行器。

图 2 - 3　jMAVSim 仿真界面

本书第 2 篇的飞控系统开发是围绕固定翼飞行器展开的,因此本书后续会使用如下命令编译并启动 Gazebo 固定翼飞行器仿真环境。

```
HEADLESS=1 make px4_sitl gazebo_plane
```

正如前面讲述过的,上述命令不会启动 Gazebo 仿真环境的图形界面,不能像 jMAVSim 仿真系统一样可以直观观察到飞行器的姿态和位置。如果读者想使用 Gazebo 的图形界面,建议不要通过虚拟机,而是在图形性能较好的计算机上直接安装 Ubuntu 系统。

2.3.2　将应用程序编译到仿真目标

从本节开始,示例代码的框架、执行流程以及函数命名规则会逐渐向 PX4 系统的飞控模块靠拢,这样读者在阅读本书第 2 篇时就不会对 PX4 系统的处理太陌生。

1. Hello Sky! 程序修改

NSH 会将命令参数转换为应用程序主函数的调用参数。一般应用程序至少应提供对 start(开始)、status(状态显示)、stop(停止)等标准命令的响应。下面修改 test_app_main. cpp 的源码,使其能够响应标准命令。修改后的源码如下。

例 2.2　test_app_main. cpp 源码

```
# include <string. h>
# include <px4_log. h>
extern "C" __EXPORT int test_app_main(int argc, char * argv[]);
static int is_running = 0;
int start_command_base(int argc, char * argv[])
{
```

```
    is_running = 1;
    PX4_INFO("Hello Sky!");
    for (unsigned int i = 0; i != 5; ++i)
    {
        PX4_INFO("%d", i);
    }
    return 0;
}
int status_command()
{
    if (is_running == 1)
    {
        PX4_INFO("app is runing!");
    }
    else
    {
        PX4_INFO("app not running!");
    }
    return 0;
}
int stop_command()
{
    is_running = 0;
    PX4_INFO("app stopped!");
    return 0;
}
int custom_command(int argc, char * argv[])
{
    PX4_ERR ("unknown command!");
    return 0;
}
int print_usage()
{
    PX4_INFO("This is a test app!");
    return 0;
}
int test_app_main(int argc, char * argv[])
{
    if (argc<= 1 || strcmp(argv[1], "-h") == 0 || strcmp(argv[1], "help") == 0 ||
        strcmp(argv[1], "info") == 0 || strcmp(argv[1], "usage") == 0)
    {
```

```
        return print_usage();
    }
    if (strcmp(argv[1], "start") == 0)
    {
        return start_command_base(argc - 1, argv + 1);
    }
    if (strcmp(argv[1], "status") == 0)
    {
        return status_command();
    }
    if (strcmp(argv[1], "stop") == 0)
    {
        return stop_command();
    }
    int ret = custom_command(argc - 1, argv + 1);
    return ret;
}
```

示例代码本身依然非常简单,入口函数会根据不同的命令参数调用相应的子函数,命令为空时默认调用 print_usage 函数。通过 start 命令参数可启动程序,执行 5 次信息打印。示例代码是参考源码文件./platforms/common/include/px4_platform_common/module.h编写的,在 module.h 文件中定义了 ModuleBase 类。在后续的讨论中,读者可以观察到几乎所有的应用程序都是从该类派生的。

本章第 1 节曾指出,应用程序编写完毕后,需要向系统进行注册才能编译进固件。不同编译目标的注册文件是不同的。对于仿真目标,需要修改的注册文件为./boards/px4/sitl/default.px4board。

2. 仿真命令行

仿真固件使用的命令行是 PX4 Shell,后续简称 PXH。PXH 除了不提供 NuttX 操作系统的内置命令外,对于应用程序的使用命令和 NSH 几乎一致。本书后续不再区分 NSH 和 PXH,即使是仿真固件的命令行也称其为 NSH。仿真命令行终端使用 Ubuntu 终端。这里测试一下应用程序的启动功能,即命令含 start 参数,终端输出结果如下。

```
pxh>test_app start
INFO  [test_app] Hello Sky!
INFO  [test_app] 0
INFO  [test_app] 1
INFO  [test_app] 2
INFO  [test_app] 3
INFO  [test_app] 4
```

读者可自行测试该程序的其他命令。

2.3.3　启动脚本

嵌入式系统开发过程中,非常重要的一环就是控制应用程序的启动。读者可能会有疑惑,难道每个应用程序都需要从终端"手动"启动吗? 显然不是,应用程序明显是"自动"启动的,因为在使用 PX4 系统控制飞行时,并不需要手动输入命令启动应用程序。实际上,在操作系统启动完成后,应用程序有两种启动方式,一种是已经介绍过的通过终端命令启动,另一种是通过启动脚本启动,即通过预先编写好的脚本启动应用程序,后一种方式更为常见。

此处读者需掌握如何在启动脚本中加入自定义程序的启动项。仿真目标对应的主启动脚本是. /ROMFS/px4fmu_common/init. d-posix/rcS,可以在该文件中加入示例程序的启动命令,即在文件末尾添加如下内容。

```
test_app start
```

重新编译仿真固件,在仿真目标启动过程中,会自动打印出如下内容:

```
INFO  [test_app] Hello Sky!
INFO  [test_app] 0
INFO  [test_app] 1
INFO  [test_app] 2
INFO  [test_app] 3
INFO  [test_app] 4
```

读者应该能够想到不同固件的启动脚本应该是不一样的,非仿真目标的主启动脚本是. /ROMFS/px4fmu_common/init. d/rcS。在该启动脚本中还会调用其他子脚本,如固定翼飞行器控制模块的子启动脚本 rc. fw_apps。

第 3 章　PX4 系统开发基本组件

本书第 1 章曾介绍过,操作系统主要由任务调度、内存管理、文件系统和 I/O 系统四大模块组成。内存管理在应用程序开发过程中不太涉及。系统调用是操作系统内核提供给应用程序的编程接口,本章讨论如何通过系统调用来使用操作系统提供的各种服务,这些是 PX4 系统开发的基础。当然,本章的讨论仅限于服务的使用,并不会涉及其实现的原理。

3.1　实时多任务

3.1.1　任务基础

一般情况下,操作系统任务调度的基本单元是进程。NuttX 操作系统是固定地址操作系统,因此,它不像 Linux 那样支持"标准"进程的概念。NuttX 操作系统调度程序的基本单元是任务,任务是在相同地址空间中具有一定程度独立性的执行单元。

1. 任务调度方式

只要任务的数目比 CPU 核心数多,就注定每个时刻总会有一些任务不能得到执行。如果同时有两个任务都要求使用 CPU,那任务调度该怎么处理呢? 大致有两种处理方式,一种是采用时间片轮转方式,每个任务分配一定的时间片,时间片用完后,该任务让出 CPU 使用权,下一任务得到执行。另一种是基于优先级,任务按照优先级排序,高优先级的任务可以随时打断低优先级任务的执行,直到其被阻塞才让出 CPU 使用权,此时低优先级任务才能得以继续执行。其实第二种调度方式也是实时操作系统与非实时操作系统的基本区别。NuttX 是实时操作系统,这就决定了其任务调度方式必然包含基于优先级的抢占式调度方式,这样才能对高优先级任务进行优先响应。NuttX 操作系统的默认调度策略是基于任务优先级的,优先级相同的任务按"先入先出"的调度策略运行。

任务在运行过程中通常存在如下几种基本状态。

(1)执行:当前任务正在 CPU 上运行。

(2)就绪:满足被 CPU 调度的所有条件,但此时并没有被调度执行,只要得到 CPU 使用权就能够直接运行。

(3)阻塞:表示任务正在等待除 CPU 之外的其他资源,即使当前 CPU 资源可以使用,该任务也无法运行。有一种特殊的阻塞状态即延迟,表示任务在其执行期间主动放弃 CPU

资源,并处于等待延迟时间的状态,这种任务不需要获取任何资源,所需要等待的仅仅是一段时间而已。

2. 任务上下文

操作系统会设计一个数据结构以包含应用程序运行的信息,主要包括 CPU 寄存器的值、函数调用过程中的参数及局部变量、定时信息、文件描述符列表以及其他各种辅助信息等,通常将这些信息称为任务上下文,任务上下文保存在任务堆栈中。NuttX 操作系统无法预先掌握具体任务所需堆栈的大小,用户在创建任务时需指定其堆栈大小,并且一旦任务创建后其任务堆栈大小不能改变。因此,对于存在很多递归调用或大量局部变量的任务,在创建时通常需指定比较大的堆栈,防止在运行过程中发生堆栈溢出错误。

3.1.2　编程接口

1. 任务创建

本书第 2 章的 test_app 程序有个小毛病,就是在其运行时始终占用 NSH,即在其运行过程中 NSH 终端不能输入任何内容的命令。在实际开发中,一般是通过"标准"接口创建后台运行应用程序,从而不影响其他应用程序对 NSH 的使用,同时也方便操作系统对应用程序的状态进行监控和管理。在任务管理头文件<px4_platform_common/tasks.h>中给出了任务创建接口。

```
px4_task_t px4_task_spawn_cmd(const char * name,          (1)
                              int scheduler,              (2)
                              int priority,               (3)
                              int stack_size,             (4)
                              px4_main_t entry,           (5)
                              char * const argv[])        (6)
```

与著名的实时操作系统 VxWorks 类似,任务创建接口并不是标准的 Posix 接口。该接口调用后会创建并激活具有指定优先级的新任务,正常返回值为操作系统分配的非零任务 ID,发生错误会返回相应的错误码。任务 ID 是 PX4 系统某一任务的唯一标识,可用于任务管理,top 命令中的 PID 就是任务 ID。函数调用完毕后,创建的任务会立即开始与其他任务竞争 CPU 使用权。

(1)任务名字符串。可以给每个任务取一个名字。

(2)任务优先级相同时的任务调度策略,只能在 SCHED_FIFO 或 SCHED_RR 之间二选一。SCHED_FIFO 表示先入先出的调度策略;SCHED_RR 表示时间片轮转的调度策略。通常使用系统默认的调度方式 SCHED_DEFAULT,本书硬件对应的默认调度方式为SCHED_RR。

(3)任务优先级。数值越高优先级越高,这点和 Linux、VxWorks 等操作系统不同,请读者注意。系统通过宏定义了一些默认优先级,包括 SCHED_PRIORITY_MAX(最高优先级)、SCHED_PRIORITY_DEFAULT(默认优先级)及 SCHED_PRIORITY_MIN(最低优先级)等,通常用与这些宏的相对值来定义任务的优先级。

(4)任务堆栈大小,单位为字节。通常很难在任务创建时就给出合理的堆栈大小,一般在刚开始时会给出较大的任务堆栈值,在调试过程中通过 top 命令观察任务堆栈的使用情况,并根据显示结果调整堆栈大小。堆栈一般应超过使用过程最大值的 $10\%\sim15\%$。注意:仿真固件不支持 top 命令。

(5)任务运行函数的入口地址。px4_main_t 是函数指针,其定义为 typedef int (∗ px4_main_t)(int argc, char ∗ argv[])。

(6)传递给运行函数的参数数组。数组元素为指向参数字符串的指针,数组应以空指针结尾。如果不需要任务参数,则数组可直接为空。

任务执行函数通常有两种形式,一种是类似"HelloSky!"执行到底后自动结束,一般用于资源初始化、对命令的响应、新建其他任务等情况。但更多情况下,任务执行函数被设计成无限循环模式,即只要系统不断电,任务就一直执行。这两种模式执行函数的伪代码如下。

```
执行到底退出模式:
void fn(void ∗ para)
{
    任务执行代码
}
无限循环模式:
void fn(void ∗ para)
{
    初始化代码
    while(真)
    {
        任务循环代码
    }
}
```

2. 任务延时

这里讨论应用程序"Hello Sky!"的另一个问题,即该任务没有"休眠"功能,在其执行过程中,比其优先级低的任务完全得不到执行的机会。前面在测试该应用程序时之所以并未暴露该问题,是因为"Hello Sky!"执行时间极短,问题被掩盖了而已。使任务进入休眠状态的方法很多,其中最简单的是使用延时函数。任务在延时过程中会主动放弃 CPU 使用权,退出系统调度队列,直到休眠结束,在其休眠过程中低优先级任务得到执行的机会。PX4系统提供了如下两个延时函数。

```
int px4_usleep(useconds_t usec)
unsigned int px4_sleep(unsigned int seconds)
```

它们的函数功能分别是以微秒和以秒为单位的任务延时。使用以上两个函数需要包含头文件<px4_platform_common/time.h>。延时函数还有一种特殊的使用方式,即以参数 0 调用,这种方式主要是在非 SCHED_RR 调度策略情况下,给相同优先级的任务一次运行的机会。

3. 任务管理函数

任务管理头文件中还给出了一些其他的任务管理函数。

```
int px4_task_delete(px4_task_t pid)
```

- 功能:删除任务,其任务堆栈占用空间将被释放。
- 参数:任务创建函数返回的任务 ID。
- 说明:该函数必须谨慎使用,如果被删除的任务拥有资源(如分配的内存),则可能导致这些资源无法使用。

```
void px4_task_exit(int ret)
```

- 功能:任务退出函数,其任务堆栈将被释放,文件描述符被关闭,文件流被刷新。一般无需显式调用该函数,任务执行完毕后会隐式调用该函数。

```
void px4_show_tasks()
```

- 功能:显示系统正在运行的任务信息,一般用于开发调试。更常用的做法是使用前面介绍的 top 命令显示任务信息,但 top 命令不适用于仿真目标。

```
bool px4_task_is_running(const char * taskname)
```

- 功能:判断任务是否正在执行,其参数 taskname 为任务名称。

```
const char * px4_get_taskname()
```

- 功能:获取当前任务的任务名。

3.1.3 使用示例

继续修改"Hello Sky!"应用程序,使其变成可在后台执行,并能被操作系统管理的任务。

例 3.1 任务示例源码

```
# include <string. h>
# include <px4_log. h>
# include <px4_platform_common/tasks. h>
# include <drivers/drv_hrt. h>                                    (1)
using namespace time_literals;                                    (2)
extern "C" __EXPORT int test_app_main(int argc, char * argv[]);
static px4_task_t task_id = -1;
static bool _task_should_exit = false;
bool is_running()                                                 (3)
{
    return task_id ! = -1;
}
```

```
void run()                                                            (4)
{
    PX4_INFO("Hello Sky!");
    while (!_task_should_exit)
    {
        hrt_abstime now = hrt_absolute_time();                        (5)
        PX4_INFO("PX4 running time is %u (s).", (unsigned int)(now / 1_s));
        hrt_abstime time_count = hrt_elapsed_time(&now);              (6)
        px4_usleep(1_s - time_count);                                 (7)
    }
}
int run_trampoline(int argc, char * argv[])                           (8)
{
    _task_should_exit = false;
    run();
    return PX4_OK;
}
int task_spawn(int argc, char * argv[])                               (9)
{
    task_id = px4_task_spawn_cmd("test_app", SCHED_DEFAULT, SCHED_PRIORITY_MIN +
5, 1024, (px4_main_t)&run_trampoline, (char * const *)argv);
    if (task_id < 0)
    {
        task_id = -1;
        return -1;
    }
    return 0;
}
int start_command_base(int argc, char * argv[])                       (10)
{
    int ret = 0;
    if (is_running())
    {
        ret = -1;
        PX4_INFO("Task already running!");
    }
    else
    {
        ret = task_spawn(argc, argv);
        if (ret < 0)
```

```
            {
                PX4_ERR("Task start failed (%i)", ret);
            }
        }
        return ret;
}
int status_command()
{
        if (is_running())
        {
            PX4_INFO("app is runing!");
        }
        else
        {
            PX4_INFO("app is not running!");
        }
        return 0;
}
int stop_command()                                                    (11)
{
        _task_should_exit = true;
        px4_sleep(2);
        task_id = -1;
        PX4_INFO("app stopped!");
        return 0;
}
…(以下源码省略,与例 2.2 相同)
```

（1）高精度计时器接口头文件,后面的 hrt_absolute_time 函数需要使用。该头文件已包含头文件<px4_platform_common/time.h>,因此延时函数可以直接使用。

（2）在命名空间 time_literals 中分别定义了"XX_s""XX_ms""XX_us"等宏,方便用户使用的同时还增强了程序的可读性。例如,1_s = 1000000,1_ms = 10000。

（3）通过任务 ID 是否等于-1 来判断当前任务是否正在运行。

（4）任务实际的执行函数,其功能是通过变量_task_should_exit 来判断任务是否应该执行此循环,并每隔 1 s 打印一次信息。

（5）hrt_absolute_time 函数在应用程序中使用非常频繁,用于获取 PX4 系统运行的时间,单位为 μs,即微秒。

（6）函数 hrt_elapsed_time 用于计算程序从 now 执行到此处所消耗的时间。

（7）通过延时控制程序循环的周期为 1 s。

（8）任务执行函数。实际调用 run 函数,这里的处理是为了和 px4_module.h 保持一致。函数定义应与函数指针 px4_main_t 保持一致。

（9）任务创建。为了不影响其他正常任务的执行，测试任务的优先级设置得比较低。任务也不处理复杂的工作，因此，任务堆栈设置的也不大（1 kb）。优先级和堆栈需要根据实际情况调整，堆栈调整的方法在上一节中已经给出。

（10）任务启动。和上一例程相比，加入了一些判断和错误处理。如果任务已经在运行，就不会重复创建。

（11）停止任务。变量_task_should_exit 置为真，任务循环结束，并在等待 2 s 后将任务 ID 置为−1。

编译该应用程序并运行，test_app 将作为操作系统上一个单独的任务在后台运行。PX4 系统的任务都是以后台方式运行的。这里简单测试一下该应用程序的功能，通过 test_app start 命令启动该应用程序，在其执行过程中，可以随时按回车键后输入新的命令；通过 test_app stop 命令停止该应用程序的执行。NSH 终端显示结果如下。

```
pxh>test_app start
pxh> INFO  [test_app] Hello Sky!
INFO  [test_app] PX4 running time is 18（s）
INFO  [test_app] PX4 running time is 19（s）

pxh>test_app stop
INFO  [test_app] app stopped!
pxh>
```

重新将程序编译并运行到飞控硬件上，通过 top 命令观察程序堆栈的占用情况。

```
nsh> top
    PID COMMAND        CPU(ms)   CPU(%)   USED/STACK PRIO(BASE) STATE FD
      0 Idle Task       17790    73.424    264/512    0 (0)        READY  0
    （中间信息省略）
   1013 test_app           0     0.007    588/992    6 (6)        w:sig  3
    （以下信息省略）
```

任务占用的堆栈空间会有一定的波动，当前时刻的堆栈占用为 588 b，规划的堆栈大小能满足应用程序的需求。

3.2　任务同步与互斥

NuttX 是多任务操作系统，会存在多个任务共同操作同一段内存（数据）或者设备的情况。多个任务或者中断都能访问的资源叫作共享资源。在 PX4 系统开发中要注意对共享资源并发访问的保护。因为在某些情况下，如果以一种没有逻辑的顺序操作共享资源，可能会导致意想不到的结果。举个简单的例子，如果系统有两个任务 A 和 B 都想向某个字符数组 str 写入字符串，任务 A 想写入"ABC"，任务 B 想写入"123"，用户期望任务 A 和 B 顺序写入，即 str 的结果是"ABC123"。但如果两个任务同时写入，则 str 可能会出现类似

"A1B23C"这样用户不期望的结果。包含共享数据的代码段称为"临界区",对临界区进行保护的目的是保护共享资源不被无序访问,即临界区必须保证每次只能有一个任务或线程访问,这就是所谓的任务"互斥"。有很多方法可以用于不同层级的临界区保护,如关闭中断、关闭任务调度、原子变量、线程锁、信号量等。在 PX4 系统开发过程中常用的是信号量和原子操作。

任务除了"互斥"操作外,还存在"同步"操作,就是在任务 A 完成某项操作后向任务 B 发出通知,任务 B 通常处于阻塞状态,接到任务 A 的通知后解除阻塞进入就绪状态,也即任务 A 与 B 在通知点"同步"。一种典型的情况是任务 A 获取到传感器数据后发出通知,任务 B 处于阻塞状态,等待传感器数据,一旦接到任务 A 的通知后,会立即对传感器数据进行进一步处理。任务"同步"操作可避免等待资源的任务不断"轮询"造成的系统资源浪费。在 PX4 系统开发过程中常用信号量实现任务同步。

3.2.1 信号量

1.概述

信号量是 NuttX 操作系统中任务同步和互斥的基础。任务获取信号量资源,会对信号量的值执行减 1 操作。当信号量的值等于零时,任务申请信号量会失败并进入阻塞状态。对于信号量的释放操作,会对信号量值执行加 1 操作。当信号量可用(信号量值大于零)时,阻塞在此信号量上的任务会被操作系统唤醒。由于使用信号量时无需轮询检测其状态,所以不会造成系统资源的浪费,但由于申请信号量会引起阻塞,所以信号量申请操作不能在中断服务函数中使用。

信号量对临界区的保护主要是通过互斥操作来进行,即在访问临界区代码前需要申请信号量、临界区代码执行结束后释放信号量,其他想进入该临界区代码段的任务必须等待,直到占用该信号量的任务释放信号量。

信号量除了可用于资源的互斥访问外,还可用于任务之间的同步。其基本思路是,信号量作为全局变量,由一个任务负责释放,另一个任务负责获取。相当于负责信号量释放的任务会通知等待信号量的任务,从而实现任务同步。

2.编程接口

信号量的使用需要包含头文件<px4_platform_common/sem.h>,使用前需要先定义并初始化。常用的信号量操作接口包括如下几个。

```
int px4_sem_init(px4_sem_t * sem, int pshared, unsigned int value)
```

- 功能:信号量初始化。
- 参数:sem 表示待初始化的信号量;pshared 未被使用;value 表示信号量的初始值。

```
int px4_sem_wait(px4_sem_t * s)
```

- 功能:申请信号量,或称为获取信号量。如果信号量的值大于 0,则信号量会申请成功,其值会减去 1,任务继续执行并占有此信号量;如果信号量的值等于 0,则调用的任务会被阻塞,直到信号量被其他任务(或线程、中断)释放。

・参数：s 表示指向信号量的指针（下同，不再说明）。

```
int px4_sem_timedwait(px4_sem_t * sem, const struct timespec * abstime)
```

・功能：在上一个函数的基础上加入延时退出等待功能。如果任务等待信号量的时间超过 abstime，则等待将终止，即任务会退出阻塞。

```
int px4_sem_trywait(px4_sem_t * sem)
```

功能：尝试获取信号量，如果能获取到信号量就获取，并且返回值为 0；如果不能获取到信号量就直接返回，并且返回值为 −1。该接口调用不会导致任务阻塞。

```
int px4_sem_post(px4_sem_t * s)
```

・功能：释放信号量。调用后信号量的值会加 1。

```
int px4_sem_getvalue(px4_sem_t * s, int * sval)
```

・功能：把获取的信号量的值赋给 * sval。

```
int px4_sem_destroy(px4_sem_t * s)
```

・功能：销毁信号量。需要注意的是，只能销毁 sem_init 后的信号量，否则会导致不可预知的结果。此外，被销毁的信号量不能被继续使用，否则也会导致不可预知的结果。

信号量用于互斥操作的伪代码如下。

```
px4_sem_t sem;
px4_sem_init(&sem, 0, 1);
fun
{
    ...
    px4_sem_wait(&sem);
    临界区代码
    px4_sem_post(&sem);
    ...
}
```

信号量用于同步操作的伪代码如下。

```
px4_sem_t sem;
px4_sem_init(&sem, 0, 1);
任务 A
funA()
{
    任务 A 代码
    px4_sem_post(&sem);
}
任务 B
funB()
```

```
{
    px4_sem_wait(&sem);
    任务 B 代码
}
```

3. 使用示例

本示例程序在主任务中创建了两个子任务。两个任务执行同一个函数，该函数执行一个循环，在循环中利用信号量对同一全局变量 cnt 的累加操作进行保护。主任务等待子任务执行结束后将变量 cnt 的值打印出来。

例 3.2　信号量示例源码

```
# include <string. h>
# include <px4_log. h>
# include <px4_platform_common/tasks. h>
# include <px4_platform_common/sem. h>
extern "C" __EXPORT int test_app_main(int argc, char * argv[]);
static px4_task_t task_id = -1;
static bool _task_should_exit = false;
static const unsigned int MAX_CNT = 100000;
static unsigned int cnt = 0;
static px4_sem_t sem;
bool is_running()
{
    return task_id != -1;
}
int run2(int argc, char * argv[])
{
    for (unsigned int i = 0; i < MAX_CNT; ++i)
    {
        px4_sem_wait(&sem);                                              (1)
        unsigned int local_cnt = cnt;
        ++local_cnt;
        cnt = local_cnt;
        px4_sem_post(&sem);
        px4_sleep(0);                                                    (2)
    }
    return PX4_OK;
}
int run()
{
    px4_sem_init(&sem, 0, 1);
    px4_task_spawn_cmd("test_app2", SCHED_DEFAULT, SCHED_PRIORITY_MIN + 10, 1024,
```

```
                            (px4_main_t)&run2, nullptr);
    px4_task_spawn_cmd("test_app3", SCHED_DEFAULT, SCHED_PRIORITY_MIN + 10, 1024,
                            (px4_main_t)&run2, nullptr);
    while (!_task_should_exit)
    {
        if (!px4_task_is_running("test_app2") && !px4_task_is_running("test_app3"))     (3)
        {
            PX4_INFO("cnt = %d", cnt);
        }
        px4_sleep(1);
    }
    px4_sem_destroy(&sem);
    return PX4_OK;
}
…(以下源码省略,与例 3.1 相同)
```

（1）在信号量的保护下对共享资源（全局变量 cnt）的操作进行保护。

（2）让出 CPU 使用权,使同优先级的任务得到执行的机会,也就创造了不同任务竞争访问共享资源的机会。

（3）等待子任务结束后打印全局变量 cnt 的值。

在终端输入命令启动应用程序,执行结果如下。

```
pxh> test_app start
pxh> INFO  [test_app] cnt = 200000
```

从输出的结果可以看出,变量 cnt 在信号量的保护下被正确累加了 200 000 次。但如果将 run2 函数中信号量获取和释放的两条语句删除后再重新编译执行,结果如下。

```
pxh> test_app start
pxh> INFO  [test_app] cnt = 198790
```

从输出的结果可以看出,变量 cnt 的值并不是用户期望的值。其实这里就出现了共享资源（全局变量 cnt）在并发访问时数据不一致的问题,也就是 run2 函数中对于变量 cnt 的读、改、写等操作并不是原子操作,读完后可能被另外的任务对变量 cnt 执行了写操作,而原任务对 cnt 的累加是在其原值基础上进行的,这样就导致最终 cnt 的值不正确。

4. SmartLock 类

PX4 系统通过对信号量的封装形成 SmartLock 类,简化了用户对任务互斥的操作。SmartLock 类的头文件为＜px4_platform_common/sem.hpp＞。当用户创建 SmartLock 类对象（即调用构造函数）时,任务阻塞等待信号量；当代码离开 SmartLock 类对象的作用域（如函数执行完毕）,即调用析构函数时,自动释放信号量。其互斥操作的伪代码如下。

```
px4_sem_t my_lock;
int ret = px4_sem_init(&my_lock, 0, 1);
fun()
```

```
{
    …
    SmartLock smart_lock(my_lock);
    临界区代码
}
```

3.2.2 原子变量

原子变量是指对其操作不能被进一步分割，用于实现对单变量数据操作的保护。例如，在对某个类型数据读的过程中，不允许其他任务对其进行读、写等操作。PX4 系统使用 atomic 模板类定义原子变量，使用该类的接口对变量进行原子操作。atomic 类头文件为＜px4_platform_common/atomic.h＞，主要接口包括如下几个。

atomic(T value)
- 功能：定义原子变量并初始化。
- 参数：value 表示变量的初值（下同，不再赘述）。

T load() const
- 功能：读取原子变量的值。

void store(T value)
- 功能：向原子变量写入值。

T fetch_add(T num)
- 功能：对原子变量的值加上 num。需要原数据类型支持加操作，一般用于整形变量（下同，不再赘述）。

T fetch_sub(T num)
- 功能：对原子变量的值减去 num。

T fetch_and(T num)
- 功能：原子变量的值与 num 执行"与"操作。

T fetch_xor(T num)
- 功能：原子变量的值与 num 执行"异或"操作。

T fetch_or(T num)
- 功能：原子变量的值与 num 执行"或"操作。

T fetch_nand(T num)
- 功能：原子变量的值与 num 执行"与后取反"操作，即 $\sim$(_value & num)。

bool compare_exchange(T * expected, T num)
- 功能：原子变量的值与 num 执行"比较并交换"操作。将原子变量的值与 * expected 进行比较，如果它们相等，则将 num 写入原子变量的值；如果它们不相等，则将原子变量的值写入 * expected。

3.3　线　　程

线程是操作系统提供的另一种可并发执行的调度机制。在同一任务中创建的多个可并行执行的调度单元即线程。线程会共享任务的内存资源,每个线程也会有独立的栈空间。

3.3.1　编程接口

线程编程需包含头文件<px4_platform_common/posix.h>,操作接口与同名的 Posix 接口是兼容的。与任务讨论一样,首先给出线程创建接口。

```
int pthread_create(pthread_t * thread,                        (1)
                   const pthread_attr_t * attr,               (2)
                   pthread_startroutine_t startroutine,       (3)
                   pthread_addr_t arg)                        (4)
```

(1)线程标识符,也称为线程 ID。该参数为指向用户定义变量的指针,用于存储函数调用成功后由操作系统设置的线程 ID。

(2)线程属性。定义了线程所使用的线程栈内存、调度优先级等属性,一般通过下文的属性管理接口来设置线程属性。参数为空表示使用默认属性创建线程。

(3)线程执行函数的入口地址。

(4)传递给执行函数的参数数组。

一旦线程创建成功,新线程就会加入系统调度队列中,获取到 CPU 使用权之后就会立即从 start_routine 函数开始运行该线程的任务。

通常主任务在结束自身运行前需要阻塞并等待其创建线程的结束,然后回收线程资源,俗称"收尸",函数接口如下。

```
int pthread_join(pthread_t thread, pthread_addr_t * retval)
```

参数 thread 为等待结束的线程标识符;retval 为用户定义的指针,用于存储被等待线程的返回值。调用该函数时,如果线程已经结束,则该函数会立即返回,否则调用它的任务将被阻塞直至线程结束,然后将被等待线程的资源收回。

与任务创建不一样的是,在使用线程前一般需要配置线程属性。以下为 PX4 系统中常用的线程属性管理接口。

```
int pthread_attr_init(pthread_attr_t * attr)
```

• 功能:初始化线程属性,即使用默认值初始化线程属性对象。

• 参数:attr 为用户指定的线程属性对象指针(下同,不再赘述)。属性对象主要包括堆栈大小、优先级等。

```
int pthread_attr_setstacksize(pthread_attr_t * attr, size_tstacksize)
```

• 功能:设置线程堆栈大小。

- 参数：stacksize 为堆栈大小，单位为字节。

```
int pthread_attr_getschedparam(const pthread_attr_t * attr, struct sched_param * param)
```

- 功能：获取线程调度参数。

```
int pthread_attr_setschedparam(pthread_attr_t * attr, const struct sched_param * param)
```

- 功能：设置线程调度参数，一般用于设置线程优先级。

```
int pthread_attr_destroy(pthread_attr_t * attr)
```

- 功能：当不再需要线程属性对象时（一般在线程创建后），会调用该函数将其销毁。

3.3.2　线程同步与互斥

与多任务编程中信号量既可以用于同步又可以用于互斥不同的是，线程使用不同的对象分别用于同步与互斥。互斥锁 pthread_mutex_t 用于线程间的互斥，条件变量 pthread_cond_t 用于线程间的同步。

1. 互斥锁

互斥锁从字面理解就是控制共享资源访问的一把锁，在访问共享资源之前对互斥锁进行加锁，在访问完成后释放互斥锁（解锁）。互斥锁加锁之后，任何其他试图再次加锁的线程都会被阻塞，直到当前线程解锁，从而实现共享资源保护。互斥锁常用接口如下。

```
int pthread_mutex_init(pthread_mutex_t * mutex,   const pthread_mutexattr_t * attr)
```

- 功能：互斥锁初始化。
- 参数：mutex 为待初始化的互斥锁（下同，不再赘述）；attr 为指定互斥锁的属性，一般为空，即使用默认属性。
- 说明：有两种方法初始化互斥锁，静态方式和动态方式。上述方式为互斥锁的动态初始化。POSIX 定义了一个宏用于静态初始化：pthread_mutex_t mutex ＝ PTHREAD_MUTEX_INITIALIZER。

```
int pthread_mutex_destroy(pthread_mutex_t * mutex)
```

- 功能：销毁互斥锁。

```
int pthread_mutex_unlock(pthread_mutex_t * mutex)
```

- 功能：解锁，类似于释放信号量。

```
int pthread_mutex_lock(pthread_mutex_t * mutex)
```

- 功能：加锁，类似于申请信号量。通常情况下，加锁和解锁需要是同一线程。

2. 条件变量

条件变量是线程同步的一种机制。条件变量用于自动阻塞线程，直到满足某个特定条件为止，而另一个线程负责当条件满足时发出通知。条件变量常用接口如下。

```
int pthread_cond_init(pthread_cond_t * cond, const pthread_condattr_t * attr)
```

- 功能：条件变量初始化。

• 参数：cond 为待初始化的条件变量（下同，不再赘述）；attr 为指定条件变量的属性，一般为空，即使用默认属性。

• 说明：与互斥锁一样，也有两种方法初始化条件变量，即静态方式和动态方式。采用宏方式的静态初始化为 pthread_cond_t cond ＝ PTHREAD_COND_INITIALIZER。

```
int pthread_cond_destroy(pthread_cond_t * cond)
```

• 功能：销毁条件变量。

```
int pthread_cond_broadcast(pthread_cond_t * cond)
```

• 功能：唤醒所有被 pthread_cond_wait 函数阻塞在某个条件变量上的线程。

```
int pthread_cond_signal(pthread_cond_t * cond)
```

• 功能：唤醒被阻塞在指定条件变量上的一个线程。

```
int pthread_cond_wait(pthread_cond_t * cond, pthread_mutex_t * mutex)
```

• 功能：解锁参数 mutex 指向的互斥锁，并使当前线程阻塞在参数 cond 指向的条件变量上。

注意：必须在互斥锁的保护下使用相应的条件变量，否则对条件变量的解锁有可能发生在锁定条件变量之前，从而造成死锁。

3. LockGuard 类

PX4 系统对线程互斥锁封装形成 LockGuard 类以简化用户操作，使用时需要包含头文件＜containers/LockGuard.hpp＞。LockGuard 类用法与 SmartLock 类似，类对象创建时阻塞等待互斥锁，当代码离开 LockGuard 类对象的作用域时自动解锁。

3.3.3　使用示例

本示例演示了线程的创建过程以及两线程之间通过条件变量实现同步。示例是在例 3.1 代码基础上修改的，增加了相应的头文件、互斥锁、条件变量和线程运行函数，修改了 run 函数，其余相同的源码就不在该清单中列出。

例 3.3　线程示例源码

```
# include <px4_platform_common/posix. h>
pthread_mutex_t mutex = PTHREAD_MUTEX_INITIALIZER;                       (1)
pthread_cond_t cond = PTHREAD_COND_INITIALIZER;
void * thread_loop1(void * arg)                                          (2)
{
    px4_prctl(PR_SET_NAME, "test_thread1", px4_getpid());               (3)
    while (!_task_should_exit)
    {
        PX4_INFO("thread1 is running!");
        pthread_cond_broadcast(&cond);                                  (4)
        px4_sleep(1);
```

```
        }
        return nullptr;
    }
    void * thread_loop2(void * arg)
    {
        px4_prctl(PR_SET_NAME, "test_thread2", px4_getpid());
        while (!_task_should_exit)
        {
            pthread_mutex_lock(&mutex);                                    (5)
            pthread_cond_wait(&cond, &mutex);
            pthread_mutex_unlock(&mutex);
            PX4_INFO("thread2 is running!");
        }
        return nullptr;
    }
    void run()
    {
        PX4_INFO("Hello Sky!");
        pthread_t pth1, pth2;
        pthread_attr_t pth_attr;                                          (6)
        pthread_attr_init(&pth_attr);
        pthread_attr_setstacksize(&pth_attr, 64);
        struct sched_param param;
        pthread_attr_getschedparam(&pth_attr, &param);
        param.sched_priority = SCHED_PRIORITY_MIN + 5;
        pthread_attr_setschedparam(&pth_attr, &param);
        pthread_create(&pth1, &pth_attr, thread_loop1, nullptr);          (7)
        pthread_create(&pth2, &pth_attr, thread_loop2, nullptr);
        pthread_attr_destroy(&pth_attr);                                  (8)
        pthread_join(pth1, nullptr);                                      (9)
        pthread_join(pth2, nullptr);
    }
```

（1）使用静态方式初始化线程互斥锁和条件变量。

（2）线程 1 运行函数。每隔 1 s 打印一次信息，打印完成后通过条件变量通知线程 2。

（3）设置线程名称。用于在 top 命令的输出结果中观测该线程信息。

（4）通过条件变量唤醒线程 2，也即实现线程同步。

（5）线程 2 阻塞等待线程 1 发出的通知。此处条件变量在互斥锁的保护下使用。

（6）设置线程属性：线程堆栈大小为 64 b，优先级与主任务一致。

（7）创建线程，执行线程运行函数。

（8）线程创建完毕后，销毁线程属性对象。

(9)主任务等待线程结束。

在终端输入命令启动应用程序,执行结果如下。

```
pxh> test_app start
pxh> INFO  [test_app] Hello Sky!
INFO  [test_app] thread1 is running!
INFO  [test_app] thread2 is running!
INFO  [test_app] thread1 is running!
INFO  [test_app] thread2 is running!
```

从结果可以看出,线程 1 和线程 2 的信息依次被打印出来,两线程的同步工作正常。

3.4　工　作　队　列

3.4.1　NuttX 工作队列

1.概述

应用程序可以以任务或线程的方式运行,其具有独立的堆栈和优先级。操作系统在创建任务和线程时,需要消耗掉一些额外的内存空间。对于嵌入式操作系统而言,内存资源非常有限。为了减少内存开销,同时又可以让某些功能能够像任务或线程一样并行执行,NuttX 操作系统提供了工作队列(work_queue)机制。工作模块在共享工作队列上运行,与队列中的其他模块共享堆栈和工作队列线程优先级。在大多数情况下,PX4 系统使用工作队列方式创建应用程序,因为这能够最大限度地减少内存资源的使用。

工作队列实际是内核存放线程的队列,用户将工作交由内核线程去执行,即向工作队列中注册需要运行的函数。工作队列可以将用户工作推后执行,即函数会延迟一段时间后再执行。在工作队列执行完任务函数之后,操作系统就会将其移出队列,不再执行。但更常见的情况是,需要让某个函数以一定的周期重复执行,这就需要在函数的正常功能执行完毕后,再将其本身重新加入工作队列。

NuttX 操作系统为用户提供了三种优先级的工作队列,分别为高优先级队列、低优先级队列和用户优先级队列。用户优先级队列在 PX4 系统中几乎没有使用,本书也不再讨论。高优先级工作队列常用于中断处理函数中的延迟处理,如设备驱动程序的底半部。通常情况下,高优先级工作队列是系统中最高优先级的线程。低优先级工作队列更适合于具备扩展性的、面向应用程序处理的场景,由于优先级会低一些,所以不适合用作驱动程序的处理。除优先级外,它与高优先级内核工作队列基本相似。

在工作队列上运行模块的优点是需要较少的内存以及更少的任务切换,但缺点是不允许工作队列任务调用任何会使其进入阻塞等待的函数,如调用休眠、等待某个信号量、读取文件函数。对于运行时间比较长的任务应该使该任务运行在独立的工作队列中。

2. 编程接口

NuttX 工作队列的使用很简单,使用时需要包含头文件＜px4_platform_common/workqueue.h＞,通过 work_queue 函数向操作系统工作队列注册执行函数,如需周期性地循环执行函数,需要在执行函数的末尾再次调用 work_queue 函数将其自身再次注册。下面给出 work_queue 函数的原型。

```
int work_queue(int qid,                                    (1)
            struct work_s * work,                          (2)
            worker_t worker,                               (3)
            void * arg,                                    (4)
            clock_t delay)                                 (5)
```

(1)工作队列 ID,即选择前面讨论的高优先级或低优先级队列。一般使用宏 HPWORK(高优先级队列)和 LPWORK(低优先级队列)作为参数。

(2)工作队列结构体。由用户初始化为零,运行过程中其值由系统管理,用户不应修改。

(3)需要执行的工作函数。

(4)传递给工作函数的参数。

(5)工作延迟执行的时间。以系统心跳 TICK 为单位。一般通过宏 USEC2TICK 将以 μs 为单位的时间转为系统心跳 TICK,参数取零代表立即执行。

3. ModuleBase 模板类

本书第 2 章曾提到,在 PX4 系统上运行的大部分应用程序都是从头文件＜px4_platform_common/module.h＞定义的 ModuleBase 模板类派生的。通过本章前面的讨论,读者应该能读懂 ModuleBase 类的源码,它和本书提供的示例功能类似,但细节处理更加完善和丰富。ModuleBase 类是将每个应用程序都需要的公共操作封装在一起,如对标准命令的响应过程(提供了安全的应用程序启动/停止方法)、对程序退出时资源的清理、输出标准帮助信息等。由于应用程序仅需关注自身功能的实现,所以简化了开发者的重复性工作,规范了应用程序的编写,使得应用程序的开发更加"标准",便于代码阅读、维护和管理。但该类仅支持单实例,不能应用于类似 Mavlink 模块这样需要多实例的应用程序中。利用 ModuleBase 模板类启动任务模块的调用关系如图 3-1 所示。

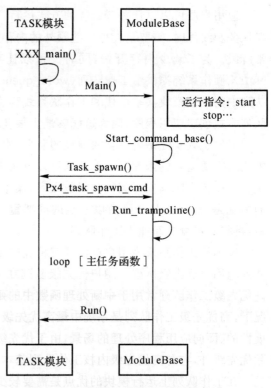

图 3-1 利用 ModuleBase 模板类启动任务模块的调用关系图

4. 使用示例

下面给出工作队列的示例程序,该程序源码就是从 ModuleBase 类派生的,后续的应用程序示例源码也都默认从 ModuleBase 类继承。程序实现的功能是通过工作队列周期性地打印固定信息。首先在示例代码的目录下添加头文件 test_app_main. h,源码如下。

例 3.4　test_app_main. h 源码

```
# pragma once
# include <px4_platform_common/module. h>                              (1)
# include <px4_platform_common/workqueue. h>                           (2)
class TestApp : public ModuleBase<TestApp>                             (3)
{
public：
        TestApp();
        virtual ~TestApp() = default;
        static int task_spawn(int argc, char * argv[]);
        static TestApp * instantiate(int argc, char * argv[]);         (4)
        static int custom_command(int argc, char * argv[]);
        static int print_usage(const char * reason = nullptr);
        void run()override;
private：
        static void cycle_trampoline(void * arg);                      (5)
        static work_s _work;                                           (6)
};
```

(1)头文件<px4_platform_common/module. h>除定义模板类 ModuleBase 外,还包含<px4_platform_common/tasks. h>、<px4_log. h>、<px4_platform_common/time. h>等常用头文件。

(2)NuttX 工作队列需要包含的头文件。

(3)从 ModuleBase 类派生,ModuleBase 是模板类,需要指明类型参数。

(4)task_spawn、instantiate、custom_command、print_usage 和 run 是由 ModuleBase 规定的,需在派生类实现的函数。task_spawn 一般用于程序工作的创建,如创建任务、本示例中的工作队列注册等;instantiate 用于创建类实例供父类调用;custom_command 用于对程序自定义的非标准命令的响应;print_usage 用于打印程序帮助信息;run 是程序完成工作的主体。

(5)ModuleBase 类规定 task_spawn 是静态函数,cycle_trampoline 供函数 task_spawn 调用,因此必须是静态类型。

(6)工作队列结构体,仅需用户初始化为空值即可,无须更多操作,是由系统负责管理的。与 cycle_trampoline 函数一样,该函数也必须是静态类型,然后修改 test_app_main. cpp 文件,源码如下。

例 3.4   test_app_main.cpp 源码

```
#include "test_app_main.h"
extern "C" __EXPORT int test_app_main(int argc, char * argv[]);
work_s TestApp::_work = {};                                              (1)
void TestApp::cycle_trampoline(void * arg)                               (2)
{
    TestApp * obj = (TestApp * )arg;
    obj->run();
}
TestApp::TestApp(){}
void TestApp::run()                                                     (3)
{
    if (should_exit())
    {
        exit_and_cleanup();
        return;
    }
    PX4_INFO("This is a Nuttx work queue test app!");
    work_queue(LPWORK, &_work, (worker_t)&TestApp::cycle_trampoline, _object.load(),
            USEC2TICK(1000000u));                                       (4)
}
int TestApp::task_spawn(int argc, char * argv[])
{
    TestApp * instance = instantiate(argc - 1, argv + 1);
    _object.store(instance);
    if (instance)
    {
        _task_id = task_id_is_work_queue;                              (5)
        int ret = work_queue(LPWORK, &_work, (worker_t)&TestApp::cycle_trampoline,
                        _object.load(), 0);                            (6)
        if (ret < 0)
        {
            delete instance;
            _object.store(nullptr);
            _task_id = -1;
            return PX4_ERROR;
        }
        else
        {
            return PX4_OK;
        }
    }
}
```

```cpp
    else
    {
        PX4_ERR("failed to instantiate object");
        _task_id = -1;
        return PX4_ERROR;
    }
}
TestApp * TestApp::instantiate(int argc, char * argv[])
{
    TestApp * instance = new TestApp();
    if (instance == nullptr)
    {
        PX4_ERR("alloc failed");
        return nullptr;
    }
    return instance;
}
int TestApp::custom_command(int argc, char * argv[])
{
    return print_usage("unknown command!");
}
int TestApp::print_usage(const char * reason)
{
    if (reason)
    {
        PX4_WARN("%s\n", reason);
    }
    PRINT_MODULE_DESCRIPTION(
        R"DESCR_STR(
        ### Description
        test_app
        )DESCR_STR");
    PRINT_MODULE_USAGE_NAME("test_app", "test");
    PRINT_MODULE_USAGE_COMMAND("start");
    PRINT_MODULE_USAGE_DEFAULT_COMMANDS();
    return 0;
}
int test_app_main(int argc, char * argv[])
{
    return TestApp::main(argc, argv);
}
```

（7）

（1）编译器不允许静态变量在类内初始化。

（2）按照 PX4 系统模块的习惯，任务真正的执行一般放在 run 函数中，这是一个类内非静态函数，而 work_queue 函数的参数 worker 不支持这种函数类型，因此需要通过类内静态函数 cycle_trampoline 进行"中转"，实际最终还是调用 run 函数执行。此外，类内静态函数也是不能直接调用非静态函数的，这里 cycle_trampoline 函数对 run 函数的调用是通过类实例间接调用的，因此，cycle_trampoline 函数的参数是类实例指针。总之，这样的实现方式是为了 work_queue 函数能够最终调用 run 函数这个类内非静态函数。

（3）工作队列实际的任务执行函数，其功能是周期性地打印固定信息。

（4）任务执行函数的末尾需将该任务重新加入工作队列，这样才能实现周期性的调用，本程序的调用周期为 1 s。

（5）ModuleBase 类需要使用 _task_id 进行任务管理。如果在 task_spawn 中创建任务，则 _task_id 等于任务 ID；如果是本例中的情况，则应将 _task_id 赋值为 task_id_is_work_queue。

（6）向工作队列注册任务执行函数，延迟时间为 0 s，即任务函数注册后会立即得到运行。

（7）通常使用 PRINT_MODULE_DESCRIPTION 打印程序的描述信息，参数最前面的 R 表示字符串采用非转义形式。PRINT_MODULE_DESCRIPTION 及后续以 PRINT_ MODULE 开头的函数都是用于打印程序帮助信息的，请读者自行查阅相关函数的定义。

通过终端输入命令以启动程序，输出结果如下。

```
pxh>test_app start
pxh> INFO  [test_app] This is a Nuttx work queue test app!
INFO  [test_app] This is a Nuttx work queue test app!
```

3.4.2 PX4 系统工作队列

1.概述

PX4 系统还提供了一种称为 WorkQueue 的工作队列，其借鉴 NuttX 内核工作队列的思路，即用户向系统创建的队列线程注册需要执行的函数，从而避免创建任务或线程带来的内存开销。与 NuttX 工作队列不同的是，PX4 系统工作队列的优先级是可以随意设置的，而 NuttX 工作队列仅提供了三种优先级。PX4 系统不同工作队列项对应创建不同线程，允许多个应用程序使用同一工作队列项，即多个应用程序在同一线程执行其功能。同 NuttX 工作队列一样，当工作队列执行完函数之后，默认会将其移出队列，不再执行。如果需要让某个函数以一定的周期重复执行，有如下两种处理方式。

（1）在任务初始化过程中调用函数（ScheduleOnInterval）设置调度间隔。

（2）同 NuttX 工作队列一样，在函数的正常功能执行完毕后，再将其本身重新加入工作队列（ScheduleNow、ScheduleDelayed 函数）。

PX4 系统工作队列在系统中的使用是非常广泛的。PX4 系统工作队列通常会和下一章将讨论的 uORB 结合在一起,实现任务触发和周期执行的功能。

2. 使用方法

PX4 系统任务队列的使用比 NuttX 任务队列要稍微复杂一些,需要如下几个步骤。

1)向系统中添加工作队列项。在头文件＜px4_platform_common/px4_work_queue/WorkQueueManager. hpp＞命名空间 wq_configurations 中添加 wq_config_t 类型的静态、常量任务配置项。wq_config_t 类型的定义如下。

```
struct wq_config_t                                              (1)
{
    const char  * name;
    uint16_t stacksize;                                        (2)
    int8_t relative_priority;                                  (3)
};
```

(1)任务配置项的名称,通常以字符串"wq"开头。

(2)任务执行函数使用的函数堆栈大小。函数中如果存在临时变量、嵌套调用层数多的情况,该值应当适当取大一些。

(3)相对系统中最高优先级线程的优先级。因此,该值需取非正值,0 表示最高优先级。

2)实现工作队列项的工作任务。NuttX 的工作任务就是任务执行函数,但 PX4 系统的工作任务是 WorkItem 类,即需要用户编写从 WorkItem 类继承的子类,通常就是应用程序类本身。在类中实现"初始化"功能的函数中调用父类的 ScheduleNow 接口,该函数类似 NuttX 队列的 work_queue 函数,用于向系统注册任务,也可调用 ScheduleOnInterval 函数(需要从 ScheduledWorkItem 类派生,该类是 WorkItem 类的子类),同时实现任务注册和调度周期设置。

3)实现父类的虚接口 Run 函数。Run 函数即提交给任务队列的任务处理函数。正如上一步所述,任务处理函数是 WorkItem 类指定的,只能是 Run,不能随意取名。注意:Run 函数不允许阻塞,也即不能调用 px4_sleep 之类的休眠函数或者普通的文件 I/O 函数。如需等待,只能使用工作队列提供的 ScheduleDelayed 函数。

3. 使用示例

例 3.5　向系统添加的任务配置项源码

```
static constexpr wq_config_t test{"wq:test", 1024, 0};
```

例 3.5　test_app_main. h 源码

```
# pragma once
# include ＜px4_platform_common/module. h＞
# include ＜px4_platform_common/px4_work_queue/ScheduledWorkItem. hpp＞
class TestApp : public ModuleBase＜TestApp＞, public px4::ScheduledWorkItem    (1)
{
public:
    TestApp();
    virtual ～TestApp() = default;
```

```
static int task_spawn(int argc, char * argv[]);
static TestApp * instantiate(int argc, char * argv[]);
static int custom_command(int argc, char * argv[]);
static int print_usage(const char * reason = nullptr);
void Run() override;                                              (2)
void init();
};
```

（1）从 ModuleBase 类和 WorkItem 类多重继承的类，表明 TestApp 既是工作队列的工作项，同时也是 App 的"主"类。px4 是命名空间的名字。

（2）任务队列的执行函数，必须实现。

例 3.5　test_app_main.cpp 源码

```
# include "test_app_main.h"
extern "C" __EXPORT int test_app_main(int argc, char * argv[]);
TestApp::TestApp() : px4::ScheduledWorkItem (MODULE_NAME, px4::wq_configurations::
test) {}                                                          (1)
void TestApp::init()                                              (2)
{
    ScheduleOnInterval(5000000, 5000000);
}
void TestApp::Run()                                              (3)
{
    PX4_INFO("This is a PX4 work queue test app!");
}
int TestApp::task_spawn(int argc, char * argv[])
{
    TestApp * instance = instantiate(argc - 1, argv + 1);
    _object.store(instance);
    if (instance)
    {
        _task_id = task_id_is_work_queue;
        instance->init();
        return PX4_OK;
    }
    else
    {
        PX4_ERR("failed to instantiate object");
        _task_id = -1;
        return PX4_ERROR;
    }
}
…(以下源码省略，与例 3.4 相同)
```

（1）通过构造函数添加工作项，即将类自己添加到工作队列中。

（2）初始化函数。调用 ScheduleOnInterval 函数，向系统注册任务执行函数并设置调度间隔。

（3）任务执行函数，其功能是打印固定信息。

通过终端输入命令以启动程序，输出结果如下。

```
pxh>test_app start
pxh> INFO ［test_app］ This is a PX4 work queue test app!
INFO ［test_app］ This is a PX4 work queue test app!
```

还可通过"work_queue status"命令查看系统中工作队列，命令的输出结果如下。

```
pxh> work_queue status
         Work Queue：8 threads          RATE          INTERVAL
|__ 1) wq：test
|   \__ 1) test_app                     0.2 Hz        4345334 us
（后面省略）
```

从结果可以看出，系统中存在多个应用程序使用同一工作队列项的情况，也存在应用程序独占工作队列，还可以看出，test_app 工作项的运行频率是 0.2 Hz，与程序设定的 5 s 时间间隔是一致的。

3.5　I/O 与文件系统

3.5.1　NuttX 驱动程序开发概述

本书第 2 章曾讨论过，I/O 系统简单来说就是驱动管理系统。NuttX 支持如下几种设备驱动。

（1）字符设备驱动：串口设备、ADC/DAC、I2C、PWM、CAN 等。

（2）块设备驱动：SD 卡等。

（3）网络设备驱动。

（4）其他类型设备驱动：USB、LCD 等。

总的来说，NuttX 的驱动管理机制相对来说比较简单，它并没有提供像 Linux 系统那样复杂的驱动模型机制，比如 Device、Driver、Bus、Class 等。NuttX 驱动类似于 Linux 下最简单的字符驱动。在介绍驱动开发之前，先简单地介绍一下

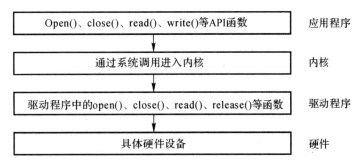

图 3 - 2　NuttX 操作系统下应用程序对驱动程序的访问流程

NuttX 下的应用程序是如何调用驱动程序的，如图 3 - 2 所示。

正如第 2 章所讨论的,NuttX 操作系统下一切皆为文件,驱动加载成功以后会在相应的目录下生成文件,应用程序通过文件名进行相应操作即可实现对具体硬件设备的操作。

对于驱动开发而言,需要通过驱动注册接口将驱动注册进文件系统中,并实现 file_operations 操作函数集,上层应用便能通过标准的文件系统调用访问底层驱动。本章并不详细讨论驱动开发的细节,只是为了内容的连续性与完整性,同时也为了方便下一章对 uORB 实现原理的讨论。下面通过一个简单的、虚拟的驱动(与 uORB 一样,不涉及硬件操作)示例来演示 NuttX 驱动开发以及应用程序对驱动程序的访问过程。

与 PX4 系统为应用程序开发提供了 ModuleBase 基类的基本框架一样,PX4 系统为字符设备驱动提供了基本框架,即 CDev 基类(./src/lib/cdev/CDev.hpp)。简单来说,同 ModuleBase 类一样,CDev 类将 NuttX 定义的字符驱动框架(如驱动注册、销毁等工作)实现了,具体的驱动只需继承 CDev 基类,并在其中实现 CDev 类提供的文件操作接口(如 open、read、write 等)即可。

3.5.2 驱动程序与应用程序 I/O 接口

1. 驱动接口

CDev 类已经实现了 NuttX 字符驱动框架,因此这里讨论的驱动接口并不是 NuttX 为驱动程序开发提供的原始接口,仅讨论 CDev 基类中声明的、需要在驱动类中实现的常用接口。

(1)构造函数。

```
CDev(const char * devname)
```

驱动类需要通过基类的构造函数注册驱动文件的文件名,参数 devname 为驱动对应的文件名。

(2)初始化函数。

```
int init()
```

在驱动程序"初始化"过程中,需要调用驱动类提供的 init 函数用于驱动程序的注册。类 CDev 的 init 函数已经实现了驱动注册的功能(通过调用函数 register_driver 实现),驱动类的 init 函数实现过程中需调用基类的同名函数,或者可以直接使用基类的 init 的函数而不必重新实现。

(3)打开/关闭函数。

```
int open(file_t * filep)
int close(file_t * filep)
```

用户在使用某个设备之前必须打开这个设备,使用完毕后通常也需要将其关闭。应用程序调用文件操作函数 open/close 时会调用驱动类的同名函数,用于硬件的初始化/关闭操作。

函数参数 filep 表示文件结构指针,操作系统会将此参数传递给驱动类的其他操作函数。filep 里有名为 f_priv 的成员变量,一般在驱动类的 open 函数中会将 filep→f_priv 指向驱动的私有数据,在 read、write、close、ioctl 等其他操作函数中通过参数 filep 访问该私有数据。

filep 中的成员变量 f_oflags 对应应用程序传入的文件操作模式,NuttX 操作系统提供了包括 O_RDONLY、O_APPEND 等十几种模式供用户选择,详细内容见./platforms/nuttx/NuttX/nuttx/include/fcntl.h。但字符驱动程序一般不用提供这么多文件打开模式,通常仅需提供 PX4_F_RDONLY 表示只读模式、PX4_F_WRONLY 表示只写模式,0 表示与文件模式无关。

在驱动类的 open、close 函数实现最后需调用基类的同名函数,用于完成一些资源的申请和销毁工作。后续介绍的驱动类中的函数都对应应用程序的同名函数,这里就不再赘述。

(4)读/写函数。

```
ssize_t read(file_t * filep, char * buffer, size_t buflen)
ssize_t write(file_t * filep, const char * buffer, size_t buflen)
```

read/write 函数分别用于从驱动获取数据和向驱动写入数据。read 函数的参数 filep 与 open/close 的含义相同;参数 buffer 是用户内存的地址,从驱动读取到的数据存储在 buffer 中;参数 buflen 是期望读取的字节数,正常返回值是实际读取的字节数。与 Linux 驱动不同的是,NuttX 不区分用户态和内核态,因此可以直接调用 memcpy 函数将驱动数据拷贝至用户提供的内存地址。write 函数与 read 函数是类似的,只是方向相反,是将用户数据传入驱动程序。

(5)控制函数。

```
int ioctl(file_t * filep, int cmd, unsigned long arg)
```

控制函数用于操作驱动程序执行特定的命令,如设置硬件设备的属性。其参数 filep 是文件 file 指针;参数 cmd 是应用程序请求的控制命令;参数 arg 是控制命令的参数,如果参数 arg 为指针,还可用于输出驱动状态。

(6)轮询函数。

```
int poll(file_t * filep, px4_pollfd_struct_t * fds, bool setup)
```

驱动类的 poll 函数与应用程序的同名函数相对应,驱动基类已经实现了 poll 函数,驱动派生类一般不重新实现。驱动类中 poll 函数的具体实现方式不在此处讨论。

此外,驱动类的析构函数需要调用基类的 unregister_driver_and_memory 函数用于驱动程序的注销和资源清理,驱动类的文件指针移动函数 seek 在字符驱动中几乎不会使用。

2. 应用程序接口

应用程序接口就是标准的文件操作接口,NuttX 提供的文件操作接口与类 Unix 系统的标准文件操作函数一致,如 open、read、write、close、ioctl 和 poll 等。PX4 系统为了风格统一和跨操作系统,采用宏定义方式为这些函数起了别名,即在文件标准操作函数名前加上前缀"px4_"。推荐读者使用 PX4 提供的文件调用函数。应用程序常用文件操作接口如下(见头文件<px4_platform_common/posix.h>)。

```
int px4_open(const char * path, int flags, ...)
```

· 功能:打开文件。

· 参数:path 为需要打开或创建的文件,可以包含绝对路径或相对路径;flags 为文件操作模式,具体模式参见驱动函数的描述。

- 返回值：正常返回非零整数，称为文件描述符 fd，后续所有文件操作接口均依赖文件描述符。

```
int px4_close(int fd)
```

- 功能：关闭文件。在对文件的操作完成之后，后续无需进一步操作时，需要将文件关闭。
- 参数：fd 为 px4_open 函数返回的文件描述符（下同，不再赘述）。

```
ssize_t px4_read(int fd, void * buffer, size_t buflen)
```

- 功能：从文件中读取数据。
- 参数：buffer 为从文件读取的数据存放在 buffer 指向的缓冲区中；buflen 为期望读取数据的字节数。
- 返回值：实际读取数据的字节数。实际读取到的字节数可能会小于 buflen，也可能会等于零，但返回值小于零则表示读取发生错误。

```
ssize_t px4_write(int fd, const void * buffer, size_t buflen)
```

- 功能：向文件中写入数据。函数使用、参数含义及返回值与 px4_read 函数类似，只是方向相反而已。

```
int px4_ioctl(int fd, int req, unsigned long arg)
```

- 功能：文件操作函数，一般用于驱动文件的操作，即操作驱动程序执行特定的命令。
- 参数：req 为请求的控制命令，此参数与具体要操作的对象有关，没有统一值；arg 为控制命令的参数，可使用指针来读取驱动状态。

```
int px4_poll(struct pollfd * fds, nfds_t nfds, int timeout)
```

- 功能：在指定的时间内轮询一组文件描述符，监视其中是否有准备好执行请求的 I/O 操作的文件，如驱动文件是否已准备好数据供应用程序读取。如果所有的请求都未发生（且没有错误、未超时），则 poll 函数将阻塞应用程序，直到对某个文件请求的 I/O 操作已准备好。
- 参数 fds 为待监视的文件描述符结构 pollfd 的数组地址。PX4 系统还为 pollfd 类型起了别名：px4_pollfd_struct_t。pollfd 类型有 6 个成员变量，前 3 个是标准成员变量，后 3 个仅供 NuttX 操纵系统内部使用。3 个标准成员变量分别是：fd 为待监视的文件描述符；events 为在 fd 上请求监视的 I/O 输入事件，事件一般用宏表示，常用的宏有 POLLIN 表示数据可读、POLLOUT 表示数据可写，监视多个事件可以将宏按位"或"；revents 为在 fd 上请求监视的 I/O 输出事件。
- 参数 revents 由系统进行修改，用于向应用程序通知 fd 上实际上发生的事件。
- 参数 nfds 为 fds 列表的条目数。
- 参数 timeout 为指定任务在 poll 函数上阻塞的时间上限（单位：ms），该参数取负值表示一直等待直到事件发生，取 0 表示 poll 函数将立即返回，应用程序无须等待。

poll 函数的使用稍微复杂一些，表 3-1 给出使用 poll 函数对单个驱动文件进行读访问监视的操作伪代码。监视多个文件和多个事件的方法是类似的。

表 3 - 1　poll 函数使用的伪代码

```
int fd = px4_open(filename, PX4_F_RDONLY);
struct px4_pollfd_struct_t fds[1];              // 可以监视多个文件描述符,这里仅监视一个
fds.fd = fd;
fds.events = POLLIN;                            // 监视的 I/O 操作为读操作,即监视文件是否可读
int poll_ret = px4_poll(fds, 1, 延时时间);
if (poll_ret&& (fds[0].revents& POLLIN))  // 驱动文件可读取
{
    ...
    px4_read(fds, xxx);          // 读取文件数据
    ...
}
else if (poll_ret == 0)          // 超时
{
    超时处理
}
else if (poll_ret< 0)            // 发生错误
{
    错误处理
}
```

3.5.3　驱动开发示例

下面通过一个简单的示例演示驱动开发的一般过程。该驱动是一个虚拟的驱动,仅用于在应用程序和驱动程序之间传递数据,并不操作实际的硬件。

1. 示例驱动程序

在./src/examples 目录下新建 test_cdev 子目录,以这个目录作为测试驱动程序的目录。现在回想一下,最初的"Hello Sky!"程序是如何构建的。首先应该在 test_cdev 目录下新建三个文件:CMakeLists.txt、test_cdev_main.h 和 test_cdev_main.cpp,其完整清单如下。

例 3.6　test_cdev/CMakeLists.txt 内容

```
px4_add_module(
    MODULE examples__test_cdev
    MAIN test_cdev
    COMPILE_FLAGS
    SRCS
        test_cdev_main.cpp
    DEPENDS
    )
```

对于 CMakeLists.txt 文件,例 3.1 已经解释很清楚了,这里不再赘述。

例 3.6　test_cdev/test_cdev_main.h 源码

```
# pragma once
# include <lib/cdev/CDev.hpp>
class TestCdev : publiccdev::CDev                                                    (1)
{
public:
      TestCdev(const char * devname);
      virtual ~TestCdev();
      int open(cdev::file_t * filep) override;
      int close(cdev::file_t * filep) override;                                      (2)
      ssize_t read(cdev::file_t * filp, char * buffer, size_t buflen) override;
      ssize_t write(cdev::file_t * filp, const char * buffer, size_t buflen) override;
};
```

（1）本实例是从 cdev::CDev 类派生的,使用 CDev 类需要包含头文件 <lib/cdev/CDev.hpp>。

（2）open、close、read、write 等函数是 CDev 类申明的标准驱动访问虚接口。这里仅讨论驱动编写的方法,没有实现所有的驱动接口。

例 3.6　test_cdev/test_cdev_main.cpp 源码

```
# include "test_cdev_main.h"
# define DEV_PATH "/dev/testCDev"
extern "C" __EXPORT int test_cdev_main(int argc, char * argv[]);
TestCdev::TestCdev(const char * path) : CDev(path) {}                                (1)
TestCdev::~TestCdev()                                                                (2)
{
    CDev::unregister_driver_and_memory();
}
int TestCdev::open(cdev::file_t * filep)                                             (3)
{
    PX4_INFO("Function : TestCdev::%s has been called!", __func__);
    return CDev::open(filep);
}
int TestCdev::close(cdev::file_t * filep)
{
    PX4_INFO("Function : TestCdev::%s has been called!", __func__);
    return CDev::close(filep);
}
ssize_t TestCdev::read(cdev::file_t * filp, char * buffer, size_t buflen)            (4)
{
    PX4_INFO("Function : TestCdev::%s has been called!", __func__);
```

```
    char rbuf[] = "This is read test! \0";
    memcpy(buffer, rbuf, strlen(rbuf));
    return strlen(rbuf);
}
ssize_t TestCdev::write(cdev::file_t * filp, const char * buffer, size_t buflen)
{
    char wbuf[50];
    memcpy(wbuf, buffer, buflen + 1);
    PX4_INFO("Function：TestCdev::%s has been called!", __func__);
    PX4_INFO("Write buflen is：%lu, and content is：%s", buflen, wbuf);
    return buflen;
}
int test_cdev_main(int argc, char * argv[])                                (5)
{
    PX4_INFO("This is a cdev test!");
    TestCdev * cdev = new TestCdev(DEV_PATH);
    cdev->init();
    return PX4_OK;
}
```

（1）注册驱动文件名为/dev/testCDev。

（2）调用 unregister_driver_and_memory 函数完成驱动注销和资源清理。

（3）示例驱动程序比较简单（仅打印被调用的信息用于测试），只是想演示驱动和应用程序的关系，因此并未使用参数 file_t 的成员变量 f_priv。这里提个小细节，__func__ 是编译器定义的常用于调试的标准宏，用于输出调用它的函数的函数名。与此类似的宏还有 __FILE__、__LINE__，分别用于输出源码文件名和文件行，读者可自行测试。

（4）示例驱动程序的 read 函数是将固定的字符串提供给应用程序用于测试，write 函数的作用正好与之相反。

（5）驱动程序"初始化"过程中，调用驱动类的 init 函数用于驱动程序注册。

源码编辑完成后，还需向 NuttX 系统注册，这一步工作交由读者自行完成。应用程序编写完成后，需要编写用于测试的应用程序。

2. 示例应用程序

示例源码由例 3.4 修改而来。test_app_main.h 有两处修改，一处是删除工作队列头文件，另一处是删除类内私有变量，其详细清单就不再给出。修改后的 test_app_main.cpp 源码如下。

例 3.6　test_app/test_app_main.cpp 源码

```
#include "test_app_main.h"
#include <px4_platform_common/posix.h>
#define DEV_PATH "/dev/testCDev"
extern "C" __EXPORT int test_app_main(int argc, char * argv[]);
```

```
TestApp::TestApp()
{
}
void TestApp::run()
{
    int fd = px4_open(DEV_PATH, 0);
    char rbuf[50];
    char wbuf[] = "This is write test! \0";
    while (!should_exit())
    {
        unsigned int rlen = px4_read(fd, rbuf, 50);
        PX4_INFO("Read buflen is: %u, and content is: %s", rlen, rbuf);
        px4_write(fd, wbuf, strlen(wbuf));
        px4_sleep(1);
    }
    px4_close(fd);
}
int TestApp::task_spawn(int argc, char * argv[])
{
    _task_id = px4_task_spawn_cmd("test_app", SCHED_DEFAULT, SCHED_PRIORITY_MIN +
5, 1024, (px4_main_t)&run_trampoline, (char * const * )argv);
    if (_task_id< 0)
    {
        _task_id = -1;
        return PX4_ERROR;
    }
    return 0;
}
…(以下源码省略,与例 3.4 相同)
```

应用程序非常简单,主要演示了 px4_open 等文件操作接口,并通过信息打印展示了应用程序与驱动程序之间的交互过程。

3. 测试

在执行程序前,需要执行 test_cdev 命令加载驱动,执行结果如下。

```
pxh>test_cdev
INFO  [test_cdev] This is a cdev test!
```

通过 test_app start 命令启动程序,测试驱动读写功能;通过 test_app stop 命令停止程序,测试文件关闭功能,执行结果如下。

```
pxh>test_app start
pxh> INFO  [test_cdev] Function : TestCdev::open has been called!
```

```
INFO   [test_cdev] Function : TestCdev::read has been called!
INFO   [test_app] Read buflen is：18, and content is：This is read test!
INFO   [test_cdev] Function : TestCdev::write has been called!
INFO   [test_cdev] Write buflen is：19, and content is：This is write test!


pxh>test_app stop
INFO   [test_cdev] Function : TestCdev::close has been called!
```

重新将程序编译并运行到飞控硬件上，然后查看飞控系统/dev 目录下的文件，可以看到驱动程序定义的 testCDev 文件，说明驱动程序就是将硬件操作转换为文件读写等标准操作。

```
nsh> ls /dev
/dev：
  console_buf
  （中间信息省略）
  testCDev
  （以下信息省略）
```

第 4 章　PX4 系统的任务间通信

本章所指的任务间通信并不是狭义的、由操作系统提供的消息队列、共享内存等任务间通信方式,而是本书第 3 章提到的 uORB 模块。uORB 是 PX4 系统中非常重要且关键的一个模块,主要用于解决不同任务间同步/异步通信问题,是一套跨任务的任务间通信模块,肩负了整个系统的数据传输任务。几乎所有的传感器数据、I/O 指令以及控制/状态量都通过 uORB 模块将数据传输到各个应用模块进行处理和解算。由于 uORB 模块在 PX4 系统中的重要性,所以本章除了讨论 uORB 模块的使用方法外,还将详细讨论其底层实现原理,以便读者准确、高效地使用该模块。

4.1　概　　述

uORB 是 PX4 系统中一个特殊的模块,它负责在不同的模块(应用程序)之间传递数据。PX4 系统软件架构的核心思想是模块解耦,PX4 系统中运行有一百多个不同的模块,所有功能均独立以任务模块为单位并行工作,各个任务间需要复杂的数据交互关系,而任务模块相互独立的基础是任务间异步通信。所谓异步是指:在通信过程中,发送模块只负责发送数据,而不关心哪个模块或哪些模块在什么时刻会接收这些数据,并且不保证所有数据都可以被接收到;对于接收模块而言,也不关心数据是由哪个模块在什么时刻发送的。异步通信实现了发送模块与接收模块的分离,从而实现模块解耦。PX4 系统的优势通过 uORB 模块得到充分体现,应用程序无须以任何方式与传感器驱动程序进行交互,也无须在更换主板或传感器时更新应用程序。

uORB 就是以异步通信为原则实现的,其提供了一套"多对多"的"广播"通信机制,这里的"多"是指同一消息可以由多个任务模块发送,也可以被多个模块接收,任务间通信是复杂的多对多关系。正如上文所述,uORB 模块的发送"源"不用考虑用户是否可以收到消息或什么时刻接收这条消息,仅需通过 uORB 这个"广播"将最新数据发布出去。对于 uORB 用户而言,最重要的是收听的消息是最新,对于由谁"广播"并不关心。

uORB 模块采用多任务打开同一虚拟设备文件并通过该文件进行数据交互和共享,从而实现 PX4 系统各独立工作模块的数据实时、高效交互,其通信关系如图 4-1 所示。任务通过命名的"广播"交换的消息称之为"主题(topic)"。主题一般被定义成类似"飞机姿态"或"空速"的消息通道,每个主题仅包含一种消息类型,如 airspeed 主题仅包含飞机空速数据结构(指示空速、真空速等)。每个任务可以"订阅(subscribe)"或者"发布(publish)"多个主题,也可以有多个模块"发布"同一主题,但始终只"广播"最新的一条消息。这种通信机制显著地提高了源码架构的逻辑性和可控性,对应用扩展、数据修改更新、传感器添加以及多人协同等场景的开发优势明显。传统的大型复杂多任务程序在修改某处参数或任务应用时,可能对整个系统产生较大范围影响,甚至导致系统崩溃。

图 4 - 1　uORB 通信示意图

在 PX4 系统中,几乎所有的应用程序都遵循这样的"套路":订阅自己关心的主题、对主题数据进行处理、发布主题供其他模块使用。uORB 主题构成应用程序输入、输出信息流。本书第 2 篇讨论飞控程序时,很重要的一项工作就是通过订阅/发布的 uORB 主题分析程序的主要功能。

4.2　模　块　使　用

4.2.1　使用命令

1. 系统命令

(1)ls 命令。本书第 2 章曾讨论过,uORB 实际上是多个模块打开同一个字符驱动文件,每条 uORB 消息对应一个形如"/obj/主题名"的文件。可以通过如下命令查看 uORB 驱动文件(只能用于 NSH,不能用于 PXH,关于 NSH 和 PXH 的区别见本书第 3 章)。

```
ls /obj
```

(2)listener 命令。listener 命令用于监听某个 uORB 主题的当前信息,然后将对应主题的数据打印出来。该命令是非常有效的调试应用程序的方法。listener 命令的命令格式如下。

```
listener <topic_name><num_msgs>
```

其中:命令参数 topic_name 表示 uORB 主题名称;num_msgs 为可选参数,表示需要打印的消息数目,缺省值为 1。例如:

```
pxh> listener vehicle_global_position
TOPIC：vehicle_global_position
vehicle_global_position
        timestamp：36428000 (0.004000 seconds ago)
```

```
timestamp_sample：36428000 (0 us before timestamp)
lat：34.4384
lon：108.7404
alt：488.0598
alt_ellipsoid：488.1599
delta_alt：0.0000
eph：1.1173
epv：1.0562
terrain_alt：nan
lat_lon_reset_counter：2
alt_reset_counter：233
terrain_alt_valid：False
dead_reckoning：False
```

主题 vehicle_global_position 用来保存飞行器的当前位置信息。从输出的经度 lon、维度 lat 的数值来看,和给定的初始坐标位置(如启动仿真程序的语句:export PX4_HOME_LAT=34.4384 及 export PX4_HOME_LON=108.7404)是一致的。

2. uORB 模块命令

uORB 模块的入口是文件. /src/systemcmds/uorb/uorb.cpp 中的函数 uorb_main。从此函数中可以看出,uORB 模块支持命令:start、status 和 top,这三个命令均不带命令参数。

(1)status 命令。该命令用于查看系统中的 uORB 主题,信息仅显示一次。

```
pxh> uorb status
TOPIC NAME                      INST  #SUB    #Q   SIZE   PATH
actuator_armed                   0     14      1    16    /obj/actuator_armed0
actuator_controls_0              0      6      1    48    /obj/actuator_controls_00
actuator_controls_status_0       0      0      1    24    /obj/actuator_controls_stat
…(以下内容省略)
```

其中:TOPIC NAME 表示主题名;INST 表示多 uORB 主题实例的索引号;#SUB 表示订阅者数量,#Q 队列大小(通常为1);SIZE 表示消息包大小(单位为字节);PATH 表示对应的驱动文件路径。

(2)top 命令。该命令也用于查看系统中的 uORB 主题信息。top 命令显示的信息比 status 命令显示的信息更加丰富一些,其命令格式如下。

```
uorb top [命令参数]
<-a>        打印系统中所有主题的信息(以一定的周期循环显示,可随时输入任意字符键退出循环显示)
<-1>        与命令参数-a不同,仅打印一次
[<topic1> … <topicN>] 显示用户指定的 uORB 主题信息,也是循环显示。此处的 topic 表示匹配
            模式,即主题名以该字符串开头的所有 uORB 主题。
```

这里测试一下带缺省参数的 top 命令,显示信息如下。

```
pxh>uorb top
update：1s, topics：207, total publications：13313, 1106.2 kB/s
```

TOPIC NAME	INST	#SUB	RATE	#Q	SIZE
actuator_armed	0	14	1	1	16
actuator_controls_0	0	6	249	1	48
actuator_outputs	0	5	249	1	80
airspeed	0	8	10	1	32
…（以下内容省略）					

从显示的信息中可以看出，显示内容和 status 命令给出的信息类似，其中 RATE 表示消息速率（单位为 Hz）。

（3）start 命令。该命令用于启动 uORB 模块。该命令通常会写入系统启动脚本。

4.2.2 基本接口

发布者发布 uORB 主题数据需要的操作有：①公告 uORB 主题；②填充数据结构体；③发布 uORB 数据。接收者接收 uORB 主题数据需要的操作有：①订阅 uORB 主题；②检查订阅主题数据是否更新；③将订阅数据拷贝至本地缓存。源码文件./platforms/common/uORB/uORB.h 给出了 uORB 模块使用基本接口，典型接口说明如下。

```
orb_advert_t orb_advertise(const struct orb_metadata * meta, const void * data)
```

- 功能：公告 uORB 主题。在发布主题前必须先公告主题，仅需调用一次。
- 参数：meta 为 uORB 主题句柄，一般通过宏"ORB_ID（主题名）"给出（下同，不再赘述）；data 为指向待公告的原始数据的指针。
- 返回值：uORB 主题公告句柄。

```
int orb_publish(const struct orb_metadata * meta, orb_advert_t handle, const void * data)
```

- 功能：发布 uORB 主题。可以在系统的任何位置调用该接口，包括中断服务函数。
- 参数：handle 为 uORB 主题公告接口返回的句柄；data 为指向待发布数据的指针。
- 返回值：正常返回值为 0，否则返回错误码。

```
int orb_subscribe(const struct orb_metadata * meta)
```

- 功能：订阅 uORB 主题。在拷贝主题数据前必须先订阅主题，仅需调用一次。即使订阅的主题没有被公告，也能订阅成功，但无法获取 uORB 数据，直到主题被公告。
- 返回值：uORB 主题订阅句柄。

```
int orb_check(int handle, bool * updated)
```

- 功能：检查 uORB 主题是否发生更新。
- 参数：handle 为 uORB 主题订阅返回的句柄；updated 为主题是否更新标志，通常用作输出。
- 返回值：正常返回值为 0，否则返回错误码。

```
int orb_copy(const struct orb_metadata * meta, int handle, void * buffer)
```

· 功能：拷贝 uORB 主题数据。在拷贝主题数据前必须先订阅该主题，订阅接口仅需调用一次。

· 参数：handle 为 uORB 主题订阅返回的句柄；buffer 为主题数据结构体变量指针，从 uORB 主题拷贝的数据将放到 buffer 指向的内存中。

· 返回值：正常返回值为 0，否则返回错误码。

4.2.3　使用示例

1. 添加新的 uORB 主题

PX4 系统定义了大量默认的 uORB 主题，应用程序可以使用这些系统自带的主题，也可自定义新的 uORB 主题。自定义的新的 uORB 主题需要在 ./msg 目录中创建新的 .msg 文件，并将文件名添加到 ./msg/CMakeLists.txt 的 set 列表中（在列表中可以看到 PX4 系统已经存在的 uORB 主题）。下面添加用于测试的 uORB 主题，文件名为 test_topic.msg。

例 4.1　test_topic.msg 内容

uint64 timestamp	(1)
uint64 data	(2)
uint8 TEST_CONST_DATA = 0	(3)
# TOPICS test_topic test_topic_x	(4)

（1）对于每个 uORB 主题，必须添加 uint64_t 类型的 timestamp 成员，该成员用于日志模块记录数据，通常情况下需要在发布消息时给该成员赋值。需要注意的是，.msg 文件并不是源码文件，因此变量定义之间无须分号分隔符；变量类型是 uint64，并不是 C/C++ 语法中的 uint64_t，其他类型也类似；变量名不能以大写字母开头。

（2）实际通过该主题传递的数据，可以传递多种类型的多个数据，还可以传递数组。例如，用"float32[8] data"表示容量为 8 的 32 位浮点数组。

（3）如果在 .msg 文件中给数据赋值，则表示该数据为常量，在程序中不可改动，一般用于表示主题内某个变量的枚举值。例如，本示例中 TEST_CONST_DATA 表示常量 0。

（4）以字符串"# TOPICS"开头表示添加数据类型相同的多个独立主题，后面以空格隔开的为主题名，如示例程序添加了名为 test_topic、test_topic_x 的两个主题。也可以不用添加该内容，系统默认会生成与文件名同名的 uORB 主题。如果在 .msg 文件中添加了以字符串"# TOPICS"开头的内容，则第一个主题必须与 .msg 文件同名，否则编译会报错。

2. 示例程序

示例程序实现同一任务下两个相互独立的线程 pth_receive 和 pth_send，线程 pth_send 模拟发送者发送 uORB 主题的情景，线程 pth_receive 模拟接收者接收 uORB 主题的情景。程序主体结构如图 4-2 所示，源码清单如下。

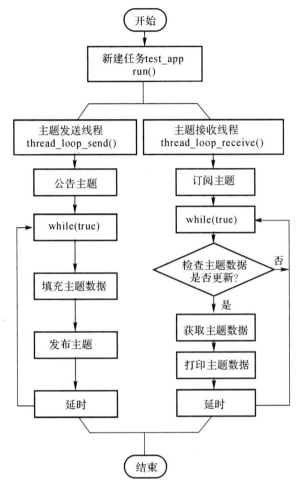

图 4 - 2　示例 4.1 程序的主体结构

例 4.1　test_app_main.cpp 源码

```cpp
# include "test_app_main. h"
# include <px4_platform_common/posix. h>
# include <drivers/drv_hrt. h>
# include <uORB/topics/test_topic. h>                                    (1)
static bool thread_should_exit = false;
extern "C" __EXPORT int test_app_main(int argc, char * argv []);
void * thread_loop_send(void * arg)                                       (2)
{
    test_topic_s test_data = {};
    orb_advert_t test_pub = orb_advertise(ORB_ID(test_topic_x), &test_data);
    uint64_t cnt = 0;
    while (!thread_should_exit)
    {
        test_data. timestamp = hrt_absolute_time();
```

```
        test_data. data = cnt;
        orb_publish(ORB_ID(test_topic_x), test_pub, &test_data);
        ++cnt;
        px4_sleep(1);
    }
    return nullptr;
}
void * thread_loop_receive(void * arg)                                    (3)
{
    int test_sub = orb_subscribe(ORB_ID(test_topic_x));
    bool updated;
    test_topic_s test_data = {};
    while (!thread_should_exit)
    {
        orb_check(test_sub, &updated);
        if (updated)
        {
            orb_copy(ORB_ID(test_topic_x), test_sub, &test_data);
            PX4_INFO("uorb topic send time is %lu s", test_data. timestamp / 1000000u);
            PX4_INFO("test data is cnt = %lu", test_data. data);
        }
        px4_sleep(1);
    }
    return nullptr;
}
TestApp::TestApp{}
void TestApp::run()
{
    PX4_INFO("start!");
    pthread_attr_t pth_attr;
    pthread_attr_init(&pth_attr);
    pthread_attr_setstacksize(&pth_attr, 64);
    struct sched_param param;
    pthread_attr_getschedparam(&pth_attr, &param);
    param. sched_priority = SCHED_PRIORITY_MIN + 5;
    pthread_attr_setschedparam(&pth_attr, &param);
    pthread_t pth_send;
    pthread_create(&pth_send, &pth_attr, thread_loop_send, nullptr);
    pthread_t pth_receive;
    pthread_create(&pth_receive, &pth_attr, thread_loop_receive, nullptr);
    pthread_attr_destroy(&pth_attr);
```

```
    while (!should_exit())
    {
        px4_sleep(1);
    }
    thread_should_exit = true;
    pthread_join(pth_send, nullptr);
    pthread_join(pth_receive, nullptr);
}
…(以下源码省略,与例 3.6 相同)
```

(1)使用 uORB 主题需包含相应的头文件<uORB/topics/XXX.h>,这是 PX4 系统根据 msg 文件自动生成的。

(2)线程 pth_send 模拟每秒发布一次 uORB 主题。uORB 主题数据发送一般需要完成主题公告、填充数据、主题发布等步骤,其中主题公告仅需执行一次。test_topic_s 是根据 msg 文件生成的结构体类型,其内容和 msg 文件定义的变量一一对应。

(3)线程 pth_receive 模拟每秒接收一次 uORB 主题。uORB 主题数据接收一般需要完成主题订阅、检查更新、拷贝数据等步骤,其中主题订阅同样仅需执行一次。

关于 uORB 主题公告、订阅、发布等接口的详细解释将在本章下一节给出,这里读者仅需熟悉 uORB 模块的大概使用流程即可。通过命令启动测试程序,输出结果如下。

```
pxh>test_app start
pxh> INFO  [test_app] start!
INFO  [test_app] uorb topic send time is 17 s
INFO  [test_app] test data is cnt = 0
```

4.3　实　现　原　理

4.3.1　实现概述

正如前文所述,uORB 实际上是多个应用程序打开同一个字符驱动文件,类似于类 Unix 操作系统的命名管道。从本质上来说,整个 uORB 源码就是对 uORB 底层字符驱动接口的多次封装,从而便于用户应用程序的使用。

1. 源码文件简介

uORB 源码目录为./platforms/common/uORB,在源码目录下的 uORB.h(.cpp,下面不区分文件后缀)中定义了 uORB 的使用接口(公告、订阅、发布和检查等),文件 uORBDeviceNode、uORBDeviceMaster 和 uORBManager 中分别定义了 DeviceNode、DeviceMaster 和 Manager 三个类,是整个 uORB 模块实现的主体。

（1）Manager 类：uORB 顶层管理类。uORB.h 中声明的接口实际都是间接调用 Manager 的类内函数。

（2）DeviceNode 类：继承自 CDev 类的 uORB 驱动类，是一个虚拟字符设备。每发布/订阅一个 uORB 主题就会创建一个字符驱动文件，也即 DeviceNode 类对象。驱动文件支持 open、close、read、write、ioctl、poll 等操作，应用程序之间通过驱动文件进行数据交互和共享。

（3）DeviceMaster 类：管理 DeviceNode。uORB 消息的创建、参数检查、记录都是由其负责的。

2. uORB 主题的定义与声明

系统在编译过程中会调用./msg/tool 目录下的 python 脚本 px_generate_uorb_topic_files.py（脚本不在本书讨论范围内）读取消息定义.msg 文件内容，并根据预定义的模板生成与消息同名的 C/C++头/源码文件，分别位于目录./build/xxx/uORB/topics 和./build/xxx/msg/topics_sources 下。头/源码文件中比较重要的内容如下（删除条件编译、参数正确性检查、错误处理等不影响功能实现的内容，后续本书对源码文件的引用均作此处理）。

```
                          test_topic.h 部分源码
struct test_topic_s                                                    (1)
{
    uint64_t timestamp;
    uint64_t data;
    static constexpr uint8_t TEST_CONST_DATA = 0;
};
ORB_DECLARE(test_topic);                                               (2)
ORB_DECLARE(test_topic_x);

                          test_topic.cpp 部分源码
constexpr char __orb_test_topic_fields[] = "uint64_t timestamp;uint64_t data;";
ORB_DEFINE(test_topic, struct test_topic_s, 16, __orb_test_topic_fields,
            static_cast<uint8_t>(ORB_ID::test_topic));                 (3)
ORB_DEFINE(test_topic_x, struct test_topic_s, 16, __orb_test_topic_fields,
            static_cast<uint8_t>(ORB_ID::test_topic_x));
```

（1）对于每个 uORB 主题，头文件中会自动生成名为".msg 文件名+_s"的结构体，结构体中的数据即.msg 文件中定义的数据，包括变量和常量。

（2）宏 ORB_DECLARE 用于申明一个 uORB 主题，每个声明对应于.msg 文件中以字符串"♯ TOPICS"开头的一个主题。如果.msg 文件中不包含这样的字符串，则系统默认会声明与.msg 文件同名的 uORB 主题。

（3）宏 ORB_DEFINE 用于定义一个 uORB 主题。请读者注意声明和定义的区别，在整个程序中，数据定义只能出现一次，而声明可以多次出现。关于宏 ORB_DECLARE 及 ORB_DEFINE 下文会进一步讨论。

　　uORB 主题是通过宏 ORB_DEFINE 定义、通过宏 ORB_DECLARE 声明的,这两个宏在文件 uORB. h 中给出,uORB 主题实际是 orb_metadata 类型的结构体变量。uORB 主题句柄是 orb_metadata 类型变量的首地址,uORB 的订阅、发布、拷贝等所有操作接口均依赖于 uORB 主题句柄,其也在文件 uORB. h 中通过宏 ORB_ID 进行了封装。orb_metadata 结构体类型定义如下。

```
struct orb_metadata
{
    const char  * o_name;                                        (1)
    const uint16_t o_size;                                       (2)
    const uint16_t o_size_no_padding;                            (3)
    const char  * o_fields;                                      (4)
    uint8_t o_id;
};
```

　　(1)主题名字符串。

　　(2)主题数据长度,单位为字节。

　　(3)主题序列号,该变量为枚举值。PX4 系统会自动统计系统中 uorb 主题,按字母顺序自动生成主题对应的枚举值。

　　(4)o_size_no_padding 及 o_fields 用于占位;几乎不使用。

　　宏 ORB_DEFINE 用于 uORB 主题定义;ORB_DECLARE 用于 uORB 主题申明;ORB_ID 用于 uORB 主题句柄定义,它们的具体定义如下。

```
# define ORB_DEFINE(_name, _struct, _size_no_padding, _fields, _orb_id_enum)    \
    const struct orb_metadata __orb_ # # _name = {                              \
    # _name,                                                                     \
    sizeof(_struct),                                                             \
    _size_no_padding,                                                            \
    _fields,                                                                     \
    _orb_id_enum};                                                               \
    struct hack

# define ORB_DECLARE(_name) extern "C" const struct orb_metadata __orb_ # # _name __EXPORT

# define ORB_ID(_name) &__orb_ # # _name
_name:主题名
```

　　uORB 主题的定义和申明已经在自动生成的头/源码文件中给出,在应用程序中仅需使用宏 ORB_ID 封装的 uORB 主题句柄。

3. 模块启动

　　在系统启动过程中会调用 uORB. h 文件中的函数 uorb_start 启动 uORB 模块。下面给出函数 uorb_start 的源码,函数源码清单除略去错误处理等内容外,还略去与功能实现不相关的代码。本书后续关于 PX4 系统源码的介绍均遵循此约定,不再赘述。启动函数的主要工作是分别实例化两个顶层管理类 Manager 类和 DeviceMaster 类对象,这两个类在系统中是唯一的。

```
int uorb_start(void)
{
    uORB::Manager::initialize();                                    (1)
    g_dev = uORB::Manager::get_instance()->get_device_master();     (2)
    return OK;
}
```

(1)创建 Manager 类的实例,指向实例的指针为_Instance,Manger 类是 uORB 外部接口的管理器。

(2)创建 DeviceMaster 类的实例,指向实例的指针为_device_master,DeviceMaster 类是 uORB 内部驱动节点的管理器。_instance 和_device_master 在系统中是唯一的。

4.3.2 基本接口的实现原理

4.3.2.1 主题公告

uORB 主题公告接口的函数调用关系(略去了部分不太重要的函数调用关系)如图 4-3 所示,每个方框内第一行代表文件名(略去文件名后缀及 uORB 前缀),第二行代表函数名(如果是类内函数,则略去类名),第三行的数字对应需要给出源码进行讨论的函数序号。

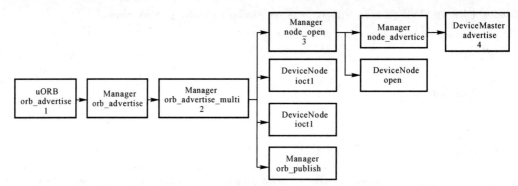

图 4-3 uORB 主题公告接口的函数调用关系

主题公告接口是比较复杂的接口,其总体实现思路是:①使用主题名称构造驱动文件名/obj/xxx;②创建驱动程序 DeviceNode 类实例并注册驱动;③打开主题对应的驱动文件,并通过 ioctl 函数获取主题句柄用于后续数据发布等操作,主题句柄实际是驱动类(DeviceNode 类)对象指针;④发布初始数据。由于主题公告实现过程中使用了 open 等系统调用,可能会引起阻塞,所以不能在中断服务函数中使用该接口。下面详细讨论主题公告接口的实现过程。

1. orb_advertise 函数

```
orb_advert_t orb_advertise(const struct orb_metadata * meta, const void * data)
{
    return uORB∷Manager∷get_instance()->orb_advertise(meta, data);
}
```

外部函数调用 uORB 模块接口时都会通过 Manger∷get_instance 函数获取 Manger 的实例指针,即 uORB 模块启动时创建的实例指针_Instance,orb_advertise 接口也不例外。也就是说,当外部函数调用 uORB 接口时,实际是通过系统唯一的 Manger 实例指针来间接调用 Manger 类内函数的。

2. orb_advertise_multi 函数

```
orb_advert_t uORB∷Manager∷orb_advertise_multi(const struct orb_metadata * meta, const void *
                                    data, int * instance, unsigned int queue_size)
{
    int fd = node_open(meta, true, instance);                                (1)
    int result = px4_ioctl(fd, ORBIOCSETQUEUESIZE, (unsigned long)queue_size);  (2)
    orb_advert_t advertiser;
    result = px4_ioctl(fd, ORBIOCGADVERTISER, (unsigned long)&advertiser);    (3)
    px4_close(fd);                                                           (4)
    result = orb_publish(meta, advertiser, data);                           (5)
    return advertiser;                                                      (6)
}
```

(1)该函数是主题公告接口的核心,接下来还会进一步详细讨论其实现。总的来说,node_open 函数主要完成以下工作:①使用主题名称构造驱动文件名/obj/xxx;②创建驱动程序 DeviceNode 类的实例并注册驱动;③打开主题对应的驱动文件,返回文件句柄供后续 px4_ioctl 函数使用。参数 instance 为空指针。

(2)通过操作系统的 I/O 模块调用 uORB 虚拟字符驱动程序(DeviceNode 类)的 ioctl 函数,其命令为 ORBIOCSETQUEUESIZE,命令参数为 queue_size,其功能是用于设置队列大小,即将 DeviceNode 类的成员变量_queue_size 设置为 1。

(3)通过 ioctl 函数获取 uORB 主题公告句柄 advertiser,该句柄实际是 DeviceNode 类对象指针。

(4)关闭驱动文件。后续对 uORB 模块接口的操作不依赖于该文件句柄,即不依赖于文件系统提供的"中间桥梁",而是通过 DeviceNode 类对象指针直接调用相关函数的。

(5)发布原始数据。有关发布接口的实现后续会详细讨论。

(6)返回 uORB 主题公告句柄,供后续数据发布等接口使用。再次说明,主题公告句柄实际就是 uORB 驱动类(DeviceNode 类)对象指针。

3. node_open 函数

```
int uORB::Manager::node_open(const struct orb_metadata * meta, bool advertiser, int * instance)
{
    char path[orb_maxpath];
    int fd = -1;
    int ret = PX4_ERROR;
    if (!instance || !advertiser)                                            (1)
    {
        ret = uORB::Utils::node_mkpath(path, meta, instance);                (2)
        fd = px4_open(path, advertiser ? PX4_F_WRONLY : PX4_F_RDONLY);       (3)
    }
    else
    {
        * instance = 0;
    }
    if (fd < 0)
    {
        if (get_device_master())                                            (4)
        {
            ret = _device_master->advertise(meta, advertiser, instance, priority);  (5)
        }
        ret = uORB::Utils::node_mkpath(path, meta, instance);               (6)
        fd = px4_open(path, (advertiser) ? PX4_F_WRONLY : PX4_F_RDONLY);    (7)
    }
    return fd;                                                              (8)
}
```

(1)此处参数 instance 为 nullptr，因此该条件为真。

(2)node_mkpath 函数用于根据 uORB 主题名和 instance 构造 uORB 驱动文件路径 path。其生成路径的规则是"obj/主题名＋instance"。如果 instance 为空，则路径为"obj/主题名"，此处就是这样的情况。

(3)这里按照 uORB 主题先公告后订阅的时序，且不存在多次公告的情况下讨论源码的实现，即此时驱动尚未注册，因此 px4_open 函数会调用失败，即调用后 fd 小于零。需要注意的是：①应用程序调用 uORB 模块接口时无需考虑 uORB 主题公告和订阅的时序，可以是 uORB 主题公告任务先执行，也可以是订阅任务先执行，这极大地方便了应用程序的开发；②系统也不限制 uORB 主题公告的次数，可以在不同的任务公告同一个 uORB 主题。如果 uORB 主题先订阅后公告，或者并非首次公告该 uORB 主题，则此处 px4_open 函数会调用成功，node_open 函数返回相应的文件句柄。

(4)函数 get_device_master 用于获取 DeviceMaster 类实例指针_device_master。该实例在 uORB 模块启动时创建。

（5）调用 DeviceMaster 类接口函数 advertise，用于创建 uORB 虚拟字符驱动程序 DeviceNode 类实例，并完成驱动程序注册。接下来会给出源码清单并讨论。

（6）再次构造 uORB 驱动文件路径，路径为"obj/主题名"。

（7）以只写模式（PX4_F_WRONLY）打开驱动文件，操作系统会间接调用驱动程序的 open 函数，即 DeviceNode 类的 open 函数。此外，open 函数的实现很简单，调用函数 mark_as_advertised 将类内成员变量 _advertised 设置为真，就表示该 uORB 主题已公告，同时调用基类的 open 函数。

（8）返回调用 px4_open 函数得到的文件句柄。

4. advertise 函数

```
int uORB::DeviceMaster::advertise(const struct orb_metadata * meta,  bool is_advertiser,
                                  int * instance)
{
    int ret = PX4_ERROR;
    char nodepath[orb_maxpath];
    ret = uORB::Utils::node_mkpath(nodepath, meta, instance);                    (1)
    const unsigned max_group_tries = (instance != nullptr) ? ORB_MULTI_MAX_INSTANCES : 1;
                                                                                 (2)
    unsigned group_tries = 0;
    SmartLock smart_lock(_lock);                                                 (3)
    do
    {
        uORB::DeviceNode * node = new uORB::DeviceNode(meta, group_tries, nodepath);  (4)
        ret = node->init();                                                      (5)
        if (is_advertiser)
        {
            node->mark_as_advertised();                                          (6)
        }
        _node_list. add(node);                                                   (7)
        _node_exists[node->get_instance()]. set((uint8_t)node->id(), true);
        group_tries++;
    } while (ret != PX4_OK && (group_tries<max_group_tries));
    return ret;
}
```

（1）同上，构造的 uORB 驱动文件路径为"obj/主题名"。

（2）此处 instance 为空，则 max_group_tries 为 1。变量 max_group_tries 和 group_tries 用于多重公告的情形，此处不讨论多重公告。

（3）本书第 3 章介绍的 SmartLock 类，用于临界区资源保护，保护范围是从此处直至函数结尾。

（4）uORB 模块的本质是虚拟字符驱动。此处创建驱动程序类 DeviceNode 的实例，注册驱动文件名为 nodepath,也即"obj/主题名"。

(5)向操作系统注册该 uORB 主题的虚拟字符驱动程序。

(6)将 DeviceNode 类内成员变量_advertised 设置为真,表示该 uORB 主题已公告。

(7)DeviceMaster 类内变量_node_list 是个顺序容器(单向链表),该语句用于向_node_list 添加节点。_node_list 通常用于 uORB 多重公告的多节点的管理。需要说明的是,DeviceNode 类是从 CDev 类及 IntrusiveSortedListNode 类双重派生的,即该类除表示驱动程序外,还表示其是顺序容器的节点(单向链表节点)。

4.3.2.2 数据发布

相比于主题公告接口,数据发布接口的实现要简单得多。其总体思路是:通过 uORB 主题公告句柄 handle(正如在讨论主题公告接口实现过程中指出的,handle 实际是 DeviceNode 类实例指针)直接调用驱动类的 write 接口向类的数据缓冲区写入数据,并向阻塞在该 uORB 主题的任务发出数据更新通知。由于这种调用是不经过操作系统的,所以不会发生阻塞等情况,即除了可在任务上下文调用外,还可用于中断上下文(中断服务函数)。除该接口外,其余常用接口一般都不能用于中断上下文。其函数调用关系如图 4-4 所示。

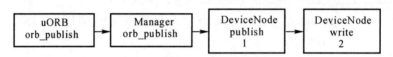

图 4-4 uORB 主题数据发布接口的函数调用关系

1. publish 函数

```
ssize_t uORB::DeviceNode::publish(const orb_metadata * meta, orb_advert_t handle,
                                  const void * data)
{
    uORB::DeviceNode * devnode = (uORB::DeviceNode * )handle;
    int ret = devnode->write(nullptr, (const char * )data, meta->o_size);
    return PX4_OK;
}
```

publish 函数的实现比较简单。从文中可以看出,对驱动类 write 接口的调用没有经过操作系统(即并非使用 px4_write 接口),而是通过主题公告的句柄 handle(DeviceNode 类实例指针,也即 devnode)直接调用驱动类的 write 函数完成待发布数据从用户空间向系统空间写入的。

2. write 函数

```
ssize_t uORB::DeviceNode::write(cdev::file_t * filp, const char * buffer, size_t buflen)
{
    if (nullptr == _data)                                                    (1)
    {
        if (!up_interrupt_context())
        {
```

```
        lock();
        if (nullptr == _data)
        {
            const size_t data_size = _meta->o_size * _queue_size;
            _data = (uint8_t *)px4_cache_aligned_alloc(data_size);
            memset(_data, 0, data_size);
        }
        unlock();
    }
}
ATOMIC_ENTER;
unsigned generation = _generation.fetch_add(1);                                    (2)
memcpy(_data + (_meta->o_size * (generation % _queue_size)), buffer, _meta->o_size);
                                                                                    (3)
for (auto item : _callbacks)                                                        (4)
{
    item->call();
}
_data_valid = true;
ATOMIC_LEAVE;
poll_notify(POLLIN);                                                                (5)
return _meta->o_size;
}
```

（1）如果驱动数据缓冲区为空，则分配相应大小的缓冲区内存。通常是在 uORB 主题公告接口调用该函数时完成内存分配的。该段程序仅执行一次，uORB 数据发布接口通常不会执行该段程序。函数 px4_cache_aligned_alloc 与函数 malloc 等价。

（2）每次调用 uORB 数据发布接口，原子变量_generation 就会增加 1，表示该变量是 uORB 主题发布次数的计数，该计数与后续 uORB 数据拷贝计数是判断数据是否更新的依据。值得注意的是，对于同一 uORB 主题，DeviceNode 驱动类实例是相同的，也即变量_generation 以及_data 是唯一的，这意味着不同的发布/订阅者都在改变同一内存位置的数据。

（3）数据发布接口的核心，将用户空间数据拷贝至驱动类的数据缓冲区。由于_queue_size 等于 1，所以该语句等价于 memcpy(_data, buffer, _meta->o_size)。

（4）用于唤醒所有阻塞在该 uORB 主题上的 PX4 系统工作队列项。本章下一节将会对此进行深入学习。

（5）向所有在该 uORB 主题对应驱动文件的 poll 接口上等待的任务发出数据更新通知。

4.3.2.3　主题订阅

主题订阅接口总体实现思路是：先打开主题公告接口创建的驱动文件，然后通过操作系统调用驱动程序的 open 函数,px4_open 函数返回的文件描述符即主题公告句柄,用于后续更新检查及数据拷贝。其函数调用关系如图 4-5 所示。

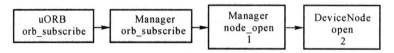

图 4-5　uORB 主题订阅接口的函数调用关系

1. node_open 函数

该函数在主题公告接口中已讨论过。此处不同的是,在主题公告接口中需创建驱动程序 DeviceNode 类的实例并注册驱动,而在主题订阅接口中,则直接打开 uORB 主题对应的驱动文件。此外,两者的文件打开模式也不同,主题公告中是只写模式(PX4_F_WRONLY),此处是只读模式(PX4_F_RDONLY)。

2. open 函数

```
int uORB∷DeviceNode∷open(cdev∷file_t * filp)
{
    if (filp->f_oflags == PX4_F_RDONLY)                              (1)
    {
        SubscriptionInterval * sd = new SubscriptionInterval(_meta, 0, _instance);   (2)
        filp->f_priv = (void * )sd;                                  (3)
        int ret = CDev∷open(filp);                                   (4)
        return ret;
    }
    (其余打开模式对应的源码略)
}
```

(1)采用只读模式(PX4_F_RDONLY)打开驱动文件。

(2)创建包含订阅信息的 SubscriptionInterval 类,其类内参数_interval_us 表示数据更新速率限制值,此处参数值为 0 表示不限制数据更新速率。该类在构造过程中还会构造另一个重要的 Subscription 类对象_subscription。本章后续还会进一步讨论 Subscription 类,该类一个重要的参数是_last_generation,用于记录上一次数据拷贝时刻的 uORB 主题发布计数值,该参数是 uORB 数据更新检查的基础。值得注意的是,即使对于同一 uORB 主题,不同的订阅者会创建不同的 SubscriptionInterval 类,也即不同的订阅者的数据更新检查是独立的。

(3)正如在本书第 3 章关于驱动开发的章节指出的,一般在驱动类的 open 函数中会将 filep→f_priv 指向驱动的私有数据,在 read、write、close、ioctl 等其他操作函数中通过参数 filep 访问该私有数据。此处,将 filp->f_priv 指向变量 sd,后续在 uORB 数据拷贝、更新检查等接口中会调用 read、ioctl 等接口,在这些操作函数中可获取到变量 sd。

(4)调用基类的 open 函数。

4.3.2.4　数据拷贝

主题拷贝接口总体实现思路是:通过驱动类的 read 函数将驱动缓冲区数据(由 uORB 主题发布接口负责更新数据)复制到用户指定的缓冲区。其函数调用关系如图 4-6 所示。

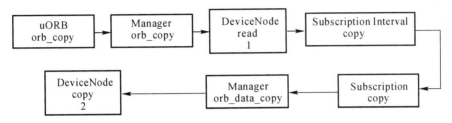

图 4-6　uORB 主题拷贝接口的函数调用关系

1. read 函数

```
ssize_t uORB::DeviceNode::read(cdev::file_t * filp, char * buffer, size_t buflen)
{
    return filp_to_subscription(filp)->copy(buffer) ? _meta->o_size : 0;          (1)
}
```

(1)函数 filp_to_subscription 用于将驱动私有变量 filp 转换为主题公告接口中创建的 SubscriptionInterval 类对象指针,从而调用其 copy 函数,进而最终间接调用 DeviceNode 类内 copy 函数。

2. copy 函数

```
bool copy(void * dst, unsigned &generation)
{
    ATOMIC_ENTER;
    memcpy(dst, _data, _meta->o_size);                                            (1)
    generation = _generation.load();                                              (2)
    ATOMIC_LEAVE;
    return true;
}
```

(1)数据订阅接口的核心源码,将驱动类缓冲区的数据拷贝至用户内存区。

(2)参数 generation 通过引用传递,获取数据拷贝时刻的 uORB 主题发布计数。该参数实际传递给 Subscription 类内变量_last_generation 保存。

4.3.2.5　数据更新检查

检查 uORB 数据是否更新的方式有三种,第一种是应用程序通过 orb_check 接口主动检查 uORB 数据是否更新,这种方式属于非阻塞方式,即无论数据是否更新,应用程序均会继续执行后续的代码;第二种是利用驱动类 DeviceNode 提供的 poll 接口,uORB 模块本质上就是对字符驱动接口的封装,主题订阅接口返回参数的本质是驱动文件描述符,应用程序可利用该描述符和 poll 函数等待 uORB 模块向其发出数据更新的通知,这是一种阻塞的方式,即如果数据未更新,则应用程序会被挂起,直到数据发生更新或超出设定的等待时间;第三种方式是通过 uORB 模块和 PX4 工作队列的结合,当数据更新时,触发应用程序执行相应的函数。其中第二种方式的实现和一般驱动无差别,是由驱动基类 CDev 已经实现的,本书不讨论其具体实现,仅给出应用示例。第三种方式的实现会在本章的下一节讨论,本节展开讨论的是第一种数据更新的实现方式。

1. 使用 poll 函数检查 uORB 数据更新

参考第 3 章 3.5.2 节"poll 使用的伪代码",这里给出的是使用 poll 方式更新、处理 uORB 数据的应用程序的通用流程,如图 4 - 7 所示。

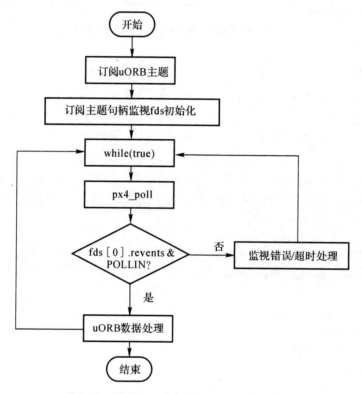

图 4 - 7　使用 poll 方式处理 uORB 数据流程图

下面的示例是在上一个示例代码的基础上修改了 thread_loop_receive 函数,这里给出修改后的 thread_loop_receive 函数源码。

例 4.2　修改后的 thread_loop_receive 函数源码

```
void * thread_loop_receive(void * arg)
{
    int test_sub = orb_subscribe(ORB_ID(test_topic_x));
    test_topic_s test_data = {};
    px4_pollfd_struct_t fds[1] = {};
    fds[0]. fd = test_sub;
    fds[0]. events = POLLIN;
```

```
    while (!thread_should_exit)
    {
        int poll_ret = px4_poll(fds, 1, 5000);
        if (poll_ret && (fds[0].revents & POLLIN))
        {
            orb_copy(ORB_ID(test_topic_x), test_sub, &test_data);
            PX4_INFO("uorb topic send time is %lu s", test_data.timestamp / 1000000u);
            PX4_INFO("test data is cnt = %lu", test_data.data);
        }
        else if (poll_ret == 0)
        {
            PX4_WARN("POLL TIMEOUT");
            continue;
        }
        else if (poll_ret < 0)
        {
            px4_sleep(1);
            PX4_WARN("POLL ERROR");
            continue;
        }
    }
    return nullptr;
}
```

该示例实现的功能与上一示例相同,只是 uORB 数据更新检查的方式不同而已。示例源码比较简单,结构见图 4 - 2。示例代码测试结果如下,每次数据发布后(间隔时间 1 s),数据接收线程被操作系统唤醒并打印相应的测试信息。

```
pxh>test_app start
pxh> INFO  [test_app] start!
INFO   [test_app] uorb topic send time is 24 s
INFO   [test_app] test data is cnt = 0
INFO   [test_app] uorb topic send time is 25 s
INFO   [test_app] test data is cnt = 1
```

2. orb_check 接口说明及实现

数据更新检查接口总体实现思路是:先比较 uORB 数据发布计数和数据拷贝计数的大小,从而确定 uORB 数据是否发生更新,如果数据拷贝计数小于数据发布计数,则表明 uORB 主题数据发生更新。再次指出,数据拷贝计数对于不同订阅者而言是独立的,即不同订阅者使用不同的拷贝计数。数据更新检查接口的调用关系如图 4-8 所示。

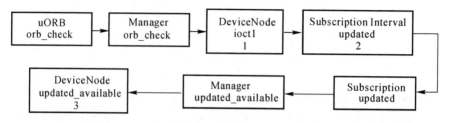

图 4-8 uORB 主题数据更新检查接口的函数调用关系

ioctl 函数的源码如下。

```
int uORB::DeviceNode::ioctl(cdev::file_t * filp, int cmd, unsigned long arg)
{
    switch (cmd)
    {
    case ORBIOCUPDATED:
    {
        ATOMIC_ENTER;
        * (bool * )arg = filp_to_subscription(filp)->updated();        (1)
        ATOMIC_LEAVE;
        return PX4_OK;
    }
    (其他命令参数响应源码略)
    }
}
```

（1）数据更新检查接口通过命令 ORBIOCUPDATED 调用驱动类的 ioctl 函数，对应于命令 ORBIOCUPDATED，ioctl 函数调用 SubscriptionInterval 类内函数 updated，其返回值就是数据是否发生更新的标志，该标志通过命令参数指针返回给数据更新检查接口。

updated 函数的源码如下。

```
bool updated()
{
    if (advertised() && (hrt_elapsed_time(&_last_update) >= _interval_us))        (1)
    {
        return _subscription. updated();
    }
    return false;
}
```

（1）如果数据更新检查的时间间隔小于用户给定的 uORB 数据更新限定值，则不论缓冲区数据实际是否发生更新，均将数据更新标志设置为假。

updates_available 函数的源码如下。

```
unsigned updates_available(unsigned generation) const
{
    return _generation. load() − generation;                                    (1)
}
```

（1）如果数据发布计数超过上次数据拷贝时刻的计数，则表明数据发生了更新，返回数据更新标志位为真。原子变量_generation 保存数据发布计数，参数 generation 实际传递的是 Subscription 类内变量_last_generation，保存的是上次数据拷贝时刻计数。

4.3.2.6　ORB 模块基本接口实现小结

本节详细地讨论了 uORB 模块常用接口及其实现原理。有一些接口本节并未开展讨论，如设置订阅间隔 orb_set_interval、uORB 主题多重发布 orb_advertise_multi、多缓冲区主题公告 orb_advertise_queue 等。此外，在常用接口实现过程的讨论中，本书默认 uORB 主题先公告后订阅的时序、系统不会出现多次 uORB 主题公告的情况。有了上述讨论的基础，这些接口和情况分析起来都比较简单，如果读者有兴趣，可以自行进行相关复杂情况的分析。

还有一点值得指出的是，主题公告和主题订阅接口返回参数的类型是不同的，主题公告接口返回的实际是指向驱动实例的指针，主题订阅接口返回的实际是文件描述符。笔者认为，这主要出于如下两个目的：一个目的是前文已经讨论的，通过指向驱动实例的指针直接调用驱动类的函数，可以使得数据发布接口用于中断服务函数，这是非常常见的情况，如某个硬件设备出现了数据更新，可以在其驱动服务函数中直接调用 uORB 模块数据发布接口发布最新的数据；另一个目的是，虽然对应同一个 uORB 主题，其驱动程序是相同的，但不同订阅者通过主题订阅接口返回的文件描述符却是不同的，或者更直接地说，文件结构指针的私有数据 filep→f_priv 是不同的，即包含订阅信息的结构体变量指针 sd 是不同的。不同应用程序订阅同一 uORB 主题时都会有不同的私有变量，如对更新速率限制值可以独立设置，对数据更新的检查也互不干扰。此外，使用文件描述符还可使用操作系统提供的 poll 机制用于向阻塞的应用程序通知 uORB 数据更新的情况。

4.4　对基本接口的封装

4.4.1　uORB 发布与接收类

1.概述

uORB 模块在基本接口的基础上再次进行封装，提供了如下的类供用户使用：①用于 uORB 主题发布的 Publication 类（包括派生的 PublicationData 类）；②用于 uORB 主题接收的 Subscription 类（包括派生的 SubscriptionData 类、SubscriptionInterval 类）。

这些类主要是为了方便用户对 uORB 模块的使用，对常用接口的调用进行简化。其主要简化的工作如下：一是将 uORB 模块的某些操作合并为一个接口，如将主题公告和数据发布接口合并为 Publication 类的 publish 函数，将数据更新检查和数据拷贝接口合并为 Subscription 类的 update 函数；二是简化了接口的调用参数，如原先的数据发布接口 orb_publish 需要 meta、handle 和 data 三个参数，封装后的接口仅需提供待发布数据 data 这一个参数即可。这些类的接口和上一节介绍的常用接口非常类似，就不再展开讨论，请读者自行查看相应的源码。PX4 系统正逐步减少对基本接口的使用，转而使用这些经过封装的类。

2. 使用示例

下面给出一个应用示例供读者参考。该示例同样是在上一示例代码基础上修改而成的，主要修改了 thread_loop_send 函数、thread_loop_receive 函数以及增加了三个头文件，使用的 uORB 主题是 PX4 系统内置的专门用于传递调试数据的主题 debug_key_value，修改部分的源码如下。

例 4.3　uORB 常用接口类使用示例源码

```
# include <uORB/Publication. hpp>                                          (1)
# include <uORB/Subscription. hpp>
# include <uORB/topics/debug_key_value. h>                                 (2)
void * thread_loop_send(void * arg)
{
    uORB::Publication<debug_key_value_s> dbg_pub{ORB_ID(debug_key_value)}; (3)
    debug_key_value_s dbg = {};
    strncpy(dbg. key, "test", 10);
    uint64_t cnt = 0;
    while (!thread_should_exit)
    {
        dbg. timestamp = hrt_absolute_time();
        dbg. value = (float)cnt;
        dbg_pub. publish(dbg);                                             (4)
        ++cnt;
        px4_sleep(1);
    }
    return nullptr;
}
void * thread_loop_receive(void * arg)
{
    uORB::SubscriptionData<debug_key_value_s> dbg_sub{ORB_ID(debug_key_value)}; (5)
    debug_key_value_s dbg = {};
    while (!thread_should_exit)
    {
        if (dbg_sub. update())                                             (6)
        {
            dbg = dbg_sub. get();                                          (7)
```

```
            PX4_INFO("uorb topic send time is %lu s", dbg. timestamp / 1000000u);
            PX4_INFO("test data is cnt = %u", (uint32_t)dbg. value);
        }
        px4_sleep(1);
    }
    return nullptr;
}
```

（1）uORB 主题发布者需包含头文件＜uORB/Publication. hpp＞,uORB 主题接收者需包含头文件＜uORB/Subscription. hpp＞。

（2）PX4 系统内置了四种用于传递调试数据的 uORB 主题,分别是用于传递单个浮点数的两个主题 debug_key_value 及 debug_value,用于传递数组的主题 debug_array,用于传递三维向量的主题 debug_vect。它们的主题数据都是由"时间戳＋名称＋调试数据"组成的,名称一般不超过 10 个字符（主题 debug_value 的名称是 uint8_t 类型的整数）。

（3）Publication 是模板类,模型类型为 uORB 主题的数据类型,Subscription、PublicationData 等类也是一样的。

（4）publish 接口合并了 uORB 主题公告与数据发布基本接口,在首次调用 publish 接口时默认调用主题公告接口并发布初始数据,后续调用将不会再调用主题公告接口。

（5）创建 SubscriptionData 类实例时会自动调用 uORB 主题订阅接口,其返回的主题订阅句柄将作为类内变量保存。

（6）update 接口合并了 uORB 数据更新检查与数据拷贝基本接口,即首先检查 uORB 数据是否更新,如发生更新,则拷贝相应的数据并返回真,如果未发生更新,则直接返回假。

（7）get 接口并不使用 uORB 模块基本接口从驱动缓冲区获取数据,而是直接将 SubscriptionData 类内数据拷贝给用户。

示例代码的测试结果与上一示例基本相同,这里不再赘述。

4.4.2　基于 uORB 模块的应用程序同步

4.4.2.1　实现原理

本书第 3 章曾讨论过,为了减少内存开销,同时又可以让某些功能能够像任务或线程一样并行执行,PX4 系统提供了工作队列机制。如果想让工作队列的执行函数以一定的周期重复执行,需要将其自身重新加入工作队列。第 3 章的例程是通过设定调度间隔的方法,定期自动将执行函数加入工作队列的。uORB 模块肩负了整个系统的通信工作,这种通信不仅是数据的传递,还需要实现各应用程序间的同步。一个典型的场景是,传感器在获取到数据后,通过 uORB 模块将数据发布出去,应用程序则立即被唤醒并执行相应的工作,从而实现任务间的同步。本章第 3 节曾演示了通过 poll 函数的任务间的同步。

读者此时应该想到,能不能将 uORB 通信和工作队列结合起来,当 uORB 数据发生更新时,工作队列的执行函数被唤醒并执行相应的工作,这样既利用工作队列节省内存开销的好处,又发挥 uORB 实现的模块解耦优势? 答案是可以的,PX4 系统提供了

SubscriptionCallbackWorkItem 类,用于在 uORB 数据更新时唤醒注册在该 uORB 主题上的工作队列执行函数。PX4 系统的姿态控制、位置控制等核心模块都是采用这种方式实现的。

本章上一节分析数据发布接口实现过程时曾指出,uORB 数据发布接口最终会调用 DeviceNode::write 函数,其实现语句如下。

```
for (auto item : _callbacks)
{
    item->call();
}
```

这里变量 _callbacks 就是所有注册在该 uORB 主题上的事件,每次 uORB 数据发布时都会调用 _callbacks 每一元素 item(SubscriptionCallbackWorkItem 类实例)的 call 函数。call 函数的实现如下。

```
void call() override
{
    if ((_required_updates == 0) || (Manager::updates_available(_subscription.get_node(), _subscrip-
        tion.get_last_generation()) >= _required_updates))
    {
        if (updated())
        {
            _work_item->ScheduleNow();
        }
    }
}
```

实际就是调用工作队列项 _work_item 的 ScheduleNow 函数,也即在每次 uORB 数据更新时将执行函数重新加入工作队列。在第 3 章 3.4 节已经讨论过,所谓的执行函数就是 _work_item 的 Run 函数。

那么剩下的问题就是,PX4 系统是如何给 DeviceNode 类内变量 _callbacks 和 SubscriptionCallbackWorkItem 类内变量 _work_item 赋值的? 变量 _work_item 是在 SubscriptionCallbackWorkItem 的构造函数中赋值的,变量 _callbacks 是单向链表,通过 SubscriptionCallbackWorkItem 父类的 registerCallback 函数向其添加元素。

4.4.2.2 使用示例

前面的内容分析了基于 uORB 的应用程序同步的实现思路,根据上述分析,在使用上需要分以下几步。

1)根据 PX4 系统工作队列的使用方法,向系统添加任务配置项、编写从 WorkItem 类继承的应用程序类。

2)向应用程序类添加 SubscriptionCallbackWorkItem 类的实例变量,构造函数的工作项 work_item 应为类指针本身 this,这样才能保证在 uORB 数据更新时触发类内 Run 函数的执行。

3) 在 应 用 程 序 "初 始 化" 过 程 中，调 用 SubscriptionCallbackWorkItem 类 的 registerCallback 函数向 DeviceNode 类内链表 _callbacks 添加元素。

4) 经过以上 3 步，每次 uORB 主题数据更新时都会触发应用程序类 Run 函数的执行。

下面给出一个应用示例供读者参考，主要功能由飞机角速度主题数据更新触发函数执行，并将飞机角速度通过调试主题发布出去。该测试程序是在示例 4.3 源码基础上修改的，源码文件 test_app_main. h 中主要增加了一些头文件和类内私有变量，并改为从 WorkItem 类派生；源码文件 test_app_main. cpp 中主要修改构造函数、init、Run 这三个函数，它们的源码修改如下。

例 4.4　test_app_main. h 源码

```
# pragma once
# include <px4_platform_common/module. h>
# include <px4_platform_common/px4_work_queue/WorkItem. hpp>
# include <uORB/SubscriptionCallback. hpp>
# include <uORB/Publication. hpp>
# include <uORB/topics/vehicle_angular_velocity. h>
# include <uORB/topics/debug_vect. h>
class TestApp : public ModuleBase<TestApp>, public px4::WorkItem
{
public：
    …(公有接口源码省略，与例 3.5 相同)
private：
    uORB::SubscriptionCallbackWorkItem vehicle_rates_sub { this, ORB_ID ( vehicle_angular_
velocity)};                                                                          (1)
    uORB::Publication<debug_vect_s>dbg_pub{ORB_ID(debug_vect)};
    vehicle_angular_velocity_s angular_velocity{};
    debug_vect_s dbg = {};
};
```

(1) 添加 SubscriptionCallbackWorkItem 类的实例变量 vehicle_rates_sub。注意：参数 this 用于将本应用程序(也是工作队列项)赋值给 SubscriptionCallbackWorkItem 类内变量 _work_item。uORB 主题 vehicle_angular_velocity 用于保存飞机角速度信息。

例 4.4·test_app_main. cpp 源码

```
TestApp::TestApp() : px4::WorkItem(MODULE_NAME, px4::wq_configurations::test) {}
void TestApp::init()
{
    vehicle_rates_sub. registerCallback();                                            (1)
}
void TestApp::Run()                                                                   (2)
{
    strncpy(dbg. name, "test", 10);
```

```
    if (should_exit())
    {
        vehicle_rates_sub. unregisterCallback();
        exit_and_cleanup();
        return;
    }
    if (vehicle_rates_sub. update(&angular_velocity))
    {
        dbg. x = angular_velocity. xyz[0];
        dbg. y = angular_velocity. xyz[1];
        dbg. z = angular_velocity. xyz[2];
        dbg_pub. publish(dbg);
    }
}
```

(1) 在应用程序"初始化"过程中，调用 SubscriptionCallbackWorkItem 类的 registerCallback 函数向 uORB 主题注册"事件"。

(2) uORB 数据发布时会自动触发 Run 函数的执行。其中：SubscriptionCallbackWorkItem 类的 update 函数用于数据拷贝；unregisterCallback 函数用于注销已向 uORB 主题注册的"事件"；主题 debug_vect 用于传递三维向量调试数据。与以前的例程不同的是，在应用程序的主体函数中并没有调用 PX4_INFO 函数打印信息，主要有两方面的考虑，一是 vehicle_angular_velocity 主题更新速率太快，应用程序来不及打印；其次是一般应用程序只打印非正常流程的信息或初始化信息，很少会在正常执行过程循环打印调试信息，因为这会干扰用户对别的输出信息的判断。

由于应用程序未打印信息，所以在程序启动后，采用 listener 命令显示 debug_vect 主题的数据，这也是常用的应用程序调试方法之一。

```
pxh>test_app start
pxh>listener debug_vect
TOPIC: debug_vect
    debug_vect
        timestamp: 0
        x: -0.0053
        y: 0.0026
        z: 0.0046
        name: "test"
```

此时飞机处于地面静止状态，从显示数据中可以看出，飞机角速度基本为零。在第 6 章还会介绍另一种更加直观地显示调试主题数据的方法。

从这个例程可以很明显看出，uORB 模块使得 PX4 系统中各任务模块相互解耦、互不干扰。编写该测试程序时用户根本不知道飞机角速度是如何测量的，也不关心是经过哪些模块的处理后发布的，即与传感器驱动程序无任何交互。如果飞控硬件更新了角速度传感器，无须更新该应用程序，删除本应用程序也不会对使用角速度的其他模块有任何影响。

第5章 PX4系统的数据存取

PX4系统中保存着大量需要长期保存的数据,即使飞控断电或重启后这些数据也不能丢失。例如,由用户规划的飞行任务参数、应用程序需要使用的配置参数、供用户分析使用的飞行日志等。这些数据通常以文件形式保存在非易性存储器中。本章并不讨论存储器驱动以及各类文件系统的实现,只讨论各类数据存取应用模块的使用与实现。本章关于数据存取模块实现原理的讨论是基于Pixhawk固件的,但示例是运行在仿真目标上的。脱离底层驱动后,各个数据存取模块无论运行在仿真目标(数据存储在计算机的硬盘上)还是实际硬件的固件(数据存储在Pixhawk的SD卡等存储器中)上都是一致的。

5.1　飞行任务参数存取

飞行任务存取模块(dataman)为上层应用提供了可随时读取、存储指定飞行任务参数的接口,如任务航路点、地理围栏顶点、预置安全点等。通常情况下,用户先通过地面站规划任务,然后通过Mavlink协议将信息上传给PX4系统,PX4系统获取到信息后会调用dataman模块提供的相应接口将信息保存在用户规定的存储位置(默认保存到SD卡中,可更改),应用程序在需要时会调用相应的接口以获取上述信息。

5.1.1　模块使用

1. 使用命令

dataman模块的入口是文件./src/modules/dataman/dataman.cpp中的函数dataman_main,其支持的命令格式及命令功能如下。

```
dataman＜命令＞［命令参数］
命令:
start用于启动dataman模块,支持以下命令参数用于切换dataman数据的存储位置/文件
　［－f＜val＞］指定存储文件
　［－r］使用ram存储
　注意:命令参数－f、－r是互斥的。如果命令参数为空,则使用默认存储文件:/fs/microsd/
dataman,即数据存储于SD卡的dataman文件中
```

stop	停止 dataman 模块
status	打印模块信息

在 PX4 系统中,模块自身提供的命令一般在启动脚本中使用。在启动脚本中会使用 dataman 模块的 start 命令,本章 5.1.2 节会进行深入介绍,一般不会使用 stop 命令。下面测试一下 status 命令,打印出 dataman 相应功能接口被执行次数等信息。

```
pxh> dataman status
INFO  [dataman] Writes    0
INFO  [dataman] Reads    5521
INFO  [dataman] Clears    0
INFO  [dataman] Max Q lengths work 1, free 8
dataman: read: 5516 events, 0us elapsed, 0.00us avg, min 0us max 0us 0.000us rms
dataman: write: 0 events, 0us elapsed, 0.00us avg, min 0us max 0us 0.000us rms
```

2. 使用接口

欲使用 dataman 模块的接口,用户需要提供任务类型参数 dm_item_t,这是一种枚举参数,表示用户期望存取哪一种类型的飞行任务参数(如地理围栏、航点任务参数、预置安全点),数据类型在头文件 dataman.h 中定义。

```
typedef enum
{
    DM_KEY_SAFE_POINTS = 0,                              (1)
    DM_KEY_FENCE_POINTS,                                 (2)
    DM_KEY_WAYPOINTS_OFFBOARD_0,                         (3)
    DM_KEY_WAYPOINTS_OFFBOARD_1,
    DM_KEY_MISSION_STATE,                                (4)
    DM_KEY_COMPAT,                                       (5)
    DM_KEY_NUM_KEYS                                      (6)
} dm_item_t
```

(1)预置安全点类型的任务项。

(2)地理围栏类型的任务项。

(3) DM_KEY_WAYPOINTS_OFFBOARD_0 和 DM_KEY_WAYPOINTS_OFFBOARD_1 是航点类型的任务项。用户每通过地面站上传一次任务信息,系统就会在 DM_KEY_WAYPOINTS_OFFBOARD_0/1 之间进行一次切换,某个时刻具体使用哪种类型可通过读取 DM_KEY_MISSION_STATE 项对应的数据来获取。

(4)表征任务状态的任务项,存储航点数量、航点类型等信息。

(5)用于 datman 文件的兼容性检查的任务项,用户无须关心。

(6)任务类型项的总数。

每种类型的任务项都有相应的数据结构体与之对应,用于存储不同类型飞行任务的结构化参数。例如,与 DM_KEY_MISSION_STATE 对应的结构体 mission_s 定义如下,其也是 uORB 主题 mission(任务信息)对应的数据类型。

```
struct mission_s
{
    uint64_t timestamp;                              (1)
    int32_t current_seq;                             (2)
    uint16_t count;                                  (3)
    uint8_t dataman_id;                              (4)
    uint8_t _padding0[1];                            (5)
};
```

(1)时间戳。

(2)任务使用的当前航点序列号。

(3)航点数量。

(4)通常会强制转换为 dm_item_t 类型,表示系统当前使用的是哪种类型的航点,可从 DM_KEY_WAYPOINTS_OFFBOARD_0 或 DM_KEY_WAYPOINTS_OFFBOARD_1 中取值。

(5)PX4 系统中"padding"类的字符串一般用于占位,不使用。

DM_KEY_SAFE_POINTS 对应的结构体类型为 mission_safe_point_s,DM_KEY_FENCE_POINTS 对应的结构体类型为 mission_fence_point_s,DM_KEY_WAYPOINTS_OFFBOARD_0 和 DM_KEY_WAYPOINTS_OFFBOARD_1 均对应 mission_item_s,这些结构体类型的定义见 ./src/modules/navigator/navigation.h。

航点任务参数在 PX4 系统中使用非常频繁。下面简单介绍一下 mission_item_s 类型的定义。

```
struct mission_item_s
{
    double lat;                                      (1)
    double lon;
    union                                            (2)
    {
        struct
        {
            union
            {
                float time_inside;
                float circle_radius;
            };
            float acceptance_radius;
            float loiter_radius;
            float yaw;
            float ___lat_float;
```

```
                float ___lon_float;
                float altitude;
            };
            float params[7];
        };
        uint16_t nav_cmd;                                                    (3)
        int16_t do_jump_mission_index;                                       (4)
        uint16_t do_jump_repeat_count;
        union
        {
            uint16_t do_jump_current_count;
            uint16_t vertex_count;
            uint16_t land_precision;
        };
        struct                                                               (5)
        {
            uint16_t frame : 4,
            origin : 3,
            loiter_exit_xtrack : 1,
            force_heading : 1,
            altitude_is_relative : 1,
            autocontinue : 1,
            vtol_back_transition : 1,
            _padding0 : 4;
        };
        uint8_t _padding1[2];                                                (6)
};
```

（1）lon 和 lat 分别表示航点的经、纬度。

（2）在每个航点上可以执行的飞行任务是多样的，如起飞、着陆、普通航点、盘旋等。不同飞行任务需要的指令参数是不同的，该联合体表示不同任务的指令参数。例如：pitch_min 表示起飞任务的俯仰角限制值；altitude 表示任务高度。

（3）nav_cmd 表示航点任务的导航指令，采用枚举类型"NAV_CMD_XXX"中的枚举值表示。例如：NAV_CMD_TAKEOFF(22)表示自动起飞任务；NAV_CMD_WAYPOINT(16)表示普通航点任务；NAV_CMD_LOITER_TO_ALT(31)表示盘旋改变高度任务；NAV_CMD_LOITER_TIME_LIMIT(19)表示定时盘旋任务；NAV_CMD_LAND(21)表示自动着陆任务。

（4）"do_jump_xxx"是航点跳转任务需要的参数。

（5）该结构体中的变量用于"解释"航点参数。例如：altitude_is_relative 表示任务高度是否为相对高度；frame 表示采用何种坐标系，一般用枚举类型 NAV_FRAME 中的枚举值表示；autocontinue 表示当前航点任务执行完成后是否需要继续执行下一航点任务。

(6)如前文所述,该变量用于占位,没有实际作用。

每种类型的飞行任务项的数量通常不止一个。例如,使用多边形地理围栏时,其顶点数量就不止一个。dataman 模块能够存取的最大任务项数量分别对应一个枚举值。例如,系统能存取的预置安全点的最大数量为 DM_KEY_FENCE_POINTS_MAX。用户在调用 datman 接口时,通常还需要提供项目索引参数。例如,期望读取多边形地理围栏第几个顶点的信息。

需要指出的是,系统中存储的航点数量信息与专门的任务类型项 DM_KEY_MISSION _STATE 对应,但地理围栏顶点和预置安全点的数量却没有专门的任务类型项与之对应,其数量信息是通过项目索引参数 0 来调用相应接口获取的,对应的数据类型也与非 0 索引参数不同,即不是 mission_safe_point_s 或 mission_fence_point_s,而是 mission_stats_entry _s。

常用的 dataman 模块的使用接口如下。

```
ssize_t dm_read(dm_item_t item, unsigned index, void * buffer, size_t buflen)
```

- 功能:读取任务参数。
- 参数:item 为任务类型项;index 为项目索引;buffer 为读取的任务参数数据存放在 buffer 指向的缓冲区中;buflen 为期望读取的数据长度。
- 返回值:实际读取到的数据长度。

```
ssize_t dm_write(dm_item_t item, unsigned index, const void * buffer, size_t buflen)
```

- 功能:写入任务参数。
- 参数:item 为任务类型项;index 为项目索引;buffer 为指向待写入的数据缓冲区的指针;buflen 为期望写入的数据长度
- 返回值:实际写入的数据长度。

```
int dm_clear(dm_item_t item)
```

- 功能:清除所有该任务类型项对应的数据。
- 参数:item 为任务类型项。
- 返回值:成功返回 0。

3. 使用示例

用户先通过地面站规划任务,然后上传给 PX4 系统,示例程序将读取到的飞行任务参数信息打印出来。下面的示例由示例 4.1 修改而来。

例 5.1　飞行参数读取示例源码

```
# include "test_app_main. h"
# include <dataman/dataman. h>
extern "C" __EXPORT int test_app_main(int argc, char * argv[]);
TestApp::TestApp(){}
void TestApp::run()
{
    struct mission_s mission;
```

```
dm_read(DM_KEY_MISSION_STATE, 0, &mission, sizeof(mission_s));            (1)
PX4_INFO("Mission has %u WPs", mission.count);
struct mission_item_s item[mission.count];
for (unsigned index = 0; index < mission.count; ++index)
{
    dm_read((dm_item_t)mission.dataman_id, index, &item[index],
            sizeof(struct mission_item_s));                               (2)
    PX4_INFO("mission #%d cmd ID is %d", index, item[index].nav_cmd);     (3)
}
struct mission_stats_entry_s stats;
dm_read(DM_KEY_FENCE_POINTS, 0, &stats, sizeof(mission_stats_entry_s));   (4)
PX4_INFO("Geofence has %u points", stats.num_items);
struct mission_fence_point_s fence_point;
for (unsigned index = 1; index <= stats.num_items; ++index)
{
    dm_read(DM_KEY_FENCE_POINTS, index, &fence_point, sizeof(mission_fence_point_s));
                                                                          (5)
    PX4_INFO("Geofence point #%d position is (%f , %f)", index, fence_point.lon,
            fence_point.lat);
}
dm_read(DM_KEY_SAFE_POINTS, 0, &stats, sizeof(mission_stats_entry_s));    (6)
PX4_INFO("Safepoints has %u points", stats.num_items);
struct mission_safe_point_s safe_point;
for (unsigned index = 1; index <= stats.num_items; ++index)
{
    dm_read(DM_KEY_SAFE_POINTS, index, &safe_point, sizeof(mission_safe_point_s));
                                                                          (7)
    PX4_INFO("Geofence point #%d posiyion is (%f , %f)", index, safe_point.lon, safe_
        point.lat);
}
}
…(以下源码省略,与示例 4.1 相同)
```

（1）获取航点任务状态信息。

（2）获取航点任务参数。

（3）打印航点对应的具体飞行任务的导航指令。

（4）获取地理围栏多边形顶点数量。

（5）获取地理围栏顶点位置等参数信息。

（6）获取预置安全点数量信息。

（7）获取预置安全点位置等参数信息。

通过地面站规划的任务如图 5-1 所示,其中长方形表示地理围栏(共 4 个顶点);带有标记"R"的点表示预置安全点(共两个);以三角形起始的多段折线表示航点任务,这些构成了从起飞到着陆的完整过程(其中着陆任务占用多个航点指令)。点击 Upload,将规划的任务上传给 PX4 系统。

图 5 - 1　利用地面站规划飞行任务

输入命令后启动测试,应用程序输出信息如下,与地面站规划的一致。

```
pxh> INFO  [test_app] Mission has 8 WPs
INFO   [test_app] mission #0 cmd ID is 22
INFO   [test_app] mission #1 cmd ID is 16
INFO   [test_app] mission #2 cmd ID is 189
INFO   [test_app] mission #3 cmd ID is 206
INFO   [test_app] mission #4 cmd ID is 2001
INFO   [test_app] mission #5 cmd ID is 2501
INFO   [test_app] mission #6 cmd ID is 31
INFO   [test_app] mission #7 cmd ID is 21
INFO   [test_app] Geofence has 4 points
INFO   [test_app] Geofence point #1 posiyion is (108.731557 , 34.440478)
INFO   [test_app] Geofence point #2 posiyion is (108.744717 , 34.440478)
INFO   [test_app] Geofence point #3 posiyion is (108.744717 , 34.433908)
INFO   [test_app] Geofence point #4 posiyion is (108.731557 , 34.433908)
INFO   [test_app] Safepoints has 2 points
INFO   [test_app] Geofence point #1 posiyion is (108.741075 , 34.434842)
INFO   [test_app] Geofence point #2 posiyion is (108.737332 , 34.437391)
```

5.1.2　实现原理

在启动脚本中可以用如下命令启动 dataman 模块。

```
dataman start
```

入口函数 dataman_main 中将变量 backend 赋值为默认枚举值 BACKEND_FILE,变量 k_data_manager_device_path 赋值为/fs/microsd/dataman,表示存储数据的位置及文件名。

dataman 模块实现原理的示意图如图 5-2 所示。

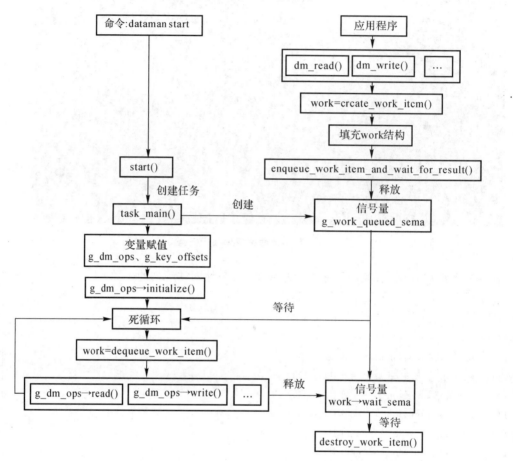

图 5-2　dataman 模块实现原理的示意图

其实现的总体思路是,在 dataman 模块创建的主任务(task_main)执行完初始化工作后,会在信号量 g_work_queued_sema 上阻塞等待,应用程序调用 dataman 模块提供的接口函数后会创建 work_q_item_t 类型的数据,并在其中填充包括调用函数以及函数参数等相关信息,最后释放信号量以激活模块主任务。主任务会接收并解包 work_q_item_t 类型的数据包,并根据参数信息执行不同的函数。dataman 模块实现过程的关键源码分析如下。

1. 主任务初始化过程

(1)初始化变量 g_dm_ops。飞行任务参数数据可以存储于不同的位置,包括默认存储于 SD 卡的文件中、Flash(需要 Pixhawk 的硬件支持)中或 RAM(断电后信息就会丢失)中,不同位置对应的读、写、清除等底层操作函数显然是不一样的。变量 g_dm_ops 是 dm_operations_t 类型的,用于定义 dataman 模块的操作函数集。系统会根据变量 BACKEND_FILE 的值为变量 g_dm_ops 赋不同的值,类似于 C++中多态的思想。例如,在默认情况下,g_dm_ops 的赋值语句如下。

```
g_dm_ops = &dm_file_operations;
```

dm_file_operations 的定义如下。

```
static constexpr dm_operations_t dm_file_operations =
{
    . write = _file_write,
    . read = _file_read,
    . clear = _file_clear,
    . initialize = _file_initialize,
    . shutdown = _file_shutdown,
    . wait = px4_sem_wait,
}
```

(2)初始化数组 g_key_offsets。dataman 数据是存储在同一文件中的,不同任务类型的参数连续存储在文件的不同位置,文件结构如图 5-3 所示。

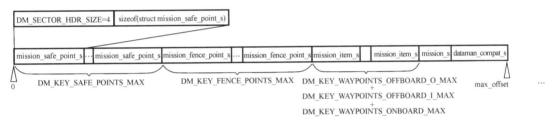

图 5-3　dataman 数据存储结构

数组 g_key_offsets 记录着各类任务参数存储位置相对于文件起始位置的偏移量,其源码如下。

```
g_key_offsets[0] = 0;
for (int i = 0; i< ((int)DM_KEY_NUM_KEYS - 1); i++)
{
    g_key_offsets[i + 1] = g_key_offsets[i] + (g_per_item_max_index[i] * g_per_item_size[i]);
}
```

其中:数组 g_per_item_max_index 记录着各类型参数的最大项目数量;数组 g_per_item_size 记录着各项所占字节数(参数结构体占用字节数加上四字节头部信息)。

2. 调用函数 g_dm_ops->initialize

实际调用函数 _file_initialize 的主要功能是:①打开 dataman 文件以获取文件描述符;②在文件头部写入 DM_KEY_COMPAT 类型的数据用于兼容性检查,这部分数据与用户使用无关。

```
dm_operations_data. file. fd = open(k_data_manager_device_path,
                            O_RDWR | O_CREAT | O_BINARY, PX4_O_MODE_666)
```

3. dataman 使用接口实现

1)dm_read 接口。dm_read 函数的一项重要工作是填充 work_q_item_t 类型的变量，包括调用函数以及函数参数等相关信息。

```
work_q_item_t * work；
work = create_work_item();
work->func = dm_read_func；              //  用户调用的函数
work->read_params.item = item；          //  任务类型项
work->read_params.index = index；        //  项目索引
work->read_params.buf = buf；            //  数据缓冲区中
work->read_params.count = count；        //  期望读取的数据长度
```

主任务会接收并解包获取 work 中的信息，并调用对应的函数 _file_read。函数 _file_read 的源码如下，其实现过程可概括为"找—读—拷"三步。

```
static ssize_t _file_read(dm_item_t item, unsigned index, void * buf, size_t count)
{
    unsigned char buffer[g_per_item_size[item]];
    int offset = calculate_offset(item, index);                                    (1)
    lseek(dm_operations_data.file.fd, offset, SEEK_SET);
    int len = read(dm_operations_data.file.fd, buffer, count + DM_SECTOR_HDR_SIZE); (2)
    if (buffer[0] > 0)                                                             (3)
    {
        memcpy(buf, buffer + DM_SECTOR_HDR_SIZE, buffer[0]);                       (4)
    }
    return buffer[0];
}
```

(1)"找"：根据项目类型和索引值找到对应的文件偏移位置。

(2)"读"：从文件读取飞行任务参数数据。

(3)每个任务参数结构体变量存储位置前都有四字节的头部信息，其中第1个字节用于记录参数结构体变量的字节数，如果为0，则表示数据为空。

(4)"拷"：将数据拷贝至用户提供的缓冲区中。

2)dm_write 接口。其实现过程和 dm_read 接口基本一致，也是在函数中填充信息，主任务最终调用函数 _file_write 完成写入过程。函数 _file_write 的源码如下，其实现过程可概括为"找—拷—写"三步。

```
static ssize_t _file_write(dm_item_t item, unsigned index, const void * buf, size_t count)
{
    unsigned char buffer[g_per_item_size[item]];
    const int offset = calculate_offset(item, index);                              (1)
    buffer[0] = count;                                                             (2)
    buffer[1] = 0;
    buffer[2] = 0;
```

```
        buffer[3] = 0；
        if (count > 0)
        {
            memcpy(buffer + DM_SECTOR_HDR_SIZE，buf，count)；        (3)
        }
        count += DM_SECTOR_HDR_SIZE；
        lseek(dm_operations_data. file. fd，offset，SEEK_SET)；
        write(dm_operations_data. file. fd，buffer，count)；          (4)
        fsync(dm_operations_data. file. fd)；                        (5)
        return count - DM_SECTOR_HDR_SIZE；
}
```

(1)"找"：根据项目类型和索引值找到对应的文件偏移位置。

(2) 填充头部信息。

(3)"拷"：从用户提供的缓冲区中拷贝数据。

(4)"写"：将文件写入飞行任务参数数据。

(5)文件同步，即确保将修改后的文件立即保存到 SD 卡。

3)dm_clear 接口。dm_clear 接口最终调用函数 _file_clear。函数 _file_clear 的源码如下。

```
static int _file_clear(dm_item_t item)
{
    int i，result = 0；
    int offset = calculate_offset(item，0)；
    for (i = 0；(unsigned)i<g_per_item_max_index[item]；i++)      (1)
    {
        char buf[1]；
        lseek(dm_operations_data. file. fd，offset，SEEK_SET)；
        read(dm_operations_data. file. fd，buf，1)；
        if (buf[0])
        {
            lseek(dm_operations_data. file. fd，offset，SEEK_SET)；
            buf[0] = 0；
            write(dm_operations_data. file. fd，buf，1)；          (2)
        }
        offset += g_per_item_size[item]；
    }
    fsync(dm_operations_data. file. fd)；
    return result；
}
```

(1)遍历该任务类型下的所有项目。

(2)为了提高函数的执行效率，并不会将项目对应的所有数据清零，而是仅仅将头部信息的第一个字节写入 0，即将数据"标记"为空。

其他接口请读者自行查阅。

5.2　配置参数存取

在 PX4 系统中定义了大量的配置参数，如飞行控制律参数、传感器校准参数等，系统提供了 param 模块用于配置参数的存取和读写。通常情况下，飞控系统启动时会将部分配置参数从文件读取到内存中，用户如果连接了地面站，系统所有的配置参数都会发送到地面站，用户还可以通过地面站修改配置参数并上传给飞控系统，应用程序通过 param 模块提供的接口获取、修改配置参数值。需要注意的是，与 dataman 模块不同，配置参数模块对读取的速度要求非常高，因此对参数的读写并非通过文件，而是在飞控系统启动过程中将存储在文件的参数读取到内存中。此外，并非所有的参数都会保存到文件中，只有每次在飞控系统使用过程中"修改"过的配置参数才会被保存起来。

5.2.1　模块使用

1.基本命令

param 模块的入口是文件./src/systemcmds/param/param.cpp 中的函数 param_main，其支持命令格式及命令功能如下。

```
param <命令> [参数]
    命令：
        load        从文件载入存储的参数
            [<file>]   文件名(如该参数为空，则使用缺省值)
        import      从文件导入存储的参数
            [<file>]   文件名(如该参数为空，则使用缺省值)
                    save 将修改过的参数保存到文件
            [<file>]   文件名(如该参数为空，则使用缺省值)
                    select 设置缺省存储文件
            [<file>]   文件名(如该参数为空，则使用默认值：eeprom/parameters，即参数存储于
                    E2PROM 的 parameters 文件中)
        show        显示参数值
            [-a]       显示所有参数
            [-c]       仅显示发生变化和在使用中的参数
            [-q]       静默模式，即仅打印参数值(需要用户提供精确的参数名)
            [<filter>] 待显示的参数名，允许在参数名的最后使用通配符，例如：sys_*
        status      显示模块运行状态
        set         设置参数
```

＜param_name＞＜value＞待设置的参数名及参数值

[fail]　　　如设置了该参数,则在参数没有找到的情况下,该 set 命令会失败

set－default 将参数设置为默认值

＜param_name＞ ＜value＞待设置的参数名及参数值

[fail]　　　如设置了该参数,则在参数没有找到的情况下,该 set 命令会失败

compare　　比较参数,如果相等,则命令成功

[－s]　　如果使用该参数,则在参数未找到情况下也不显示错误

＜param_name＞＜value＞　待比较的参数名及参数值

greater　　比较参数值,如果参数值大于待比较值,则命令成功

[－s]　　如果使用该参数,则在参数未找到情况下也不显示错误

＜param_name＞＜value＞待比较的参数名和待比较的参数值

touch　　　　　　　　将参数标记为正在使用

[＜param_name1＞ [＜param_name2＞]]　参数名,可以不止一个

reset　将参数重置为默认值

[＜exclude1＞ [＜exclude2＞]]　被排除的参数名,即不将这些参数重置为默认值(允许在参数名的最后使用通配符)

reset_nostart　将参数重置为缺省值(SYS_AUTOSTART 及 SYS_AUTOCONFIG 除外)

[＜exclude1＞ [＜exclude2＞]]　被排除的参数名,即不将这些参数重置为默认值(允许在参数名的最后使用通配符)

index　　　显示给定序号的参数

＜index＞　序号:大于等于 0 的整数

index_used　显示给定序号的在使用中的参数

＜index＞　序号:大于等于 0 的整数

find　　　.显示给定参数的序号

＜param＞　参数名

与其他模块仅在启动脚本中使用 start 命令不同的是,param 模块命令在启动脚本中使用得非常频繁,用户可以通过不同的参数配置定制启动脚本、设置不同的启动过程、设置与机型相关的参数等。下面测试一下 status 命令和 show 命令。

```
pxh＞ param status
INFO  [parameters] summary:901/1638(used/total)
INFO  [parameters] file:parameters.bson
INFO  [parameters] backup file:parameters_backup.bson
INFO  [parameters] storage array:12/16 elements(512 bytes total)
INFO  [parameters] storage array(custom defaults):87/128 elements(4096 bytes total)
INFO  [parameters] auto save:on
INFO  [parameters] last auto save:1659.128 seconds ago
param:export:1 events,0us elapsed,0.00us avg,min 0us max 0us   －nanus rms
param:find:92537 events
param:get:84136 events
param:set:1 events,0us elapsed,0.00us avg,min 0us max 0us   -nanus rms
```

从输出结果可以看出,系统中共有 1 638 个配置参数,正在使用的有 901 个参数。

下面使用带通配符的 show 命令打印一组相关的参数值,以"FW_"字符串开头的参数是固定翼飞行器飞行控制所需要的。

```
pxh> param show FW_ *
Symbols：x = used，+ = saved，* = unsaved
x    FW_ACRO_X_MAX [460,633]：90.0000
x    FW_ACRO_Y_MAX [461,634]：90.0000
x    FW_ACRO_Z_MAX [462,635]：45.0000
x    FW_AIRSPD_MAX [463,636]：20.0000
x    FW_AIRSPD_MIN [464,637]：10.0000
x    FW_AIRSPD_STALL [465,638]：7.0000
x    FW_AIRSPD_TRIM [466,639]：15.0000
（以下省略）
```

2. 基本接口

param 模块的基本接口声明位于 ./src/lib/parameters/param.h,其中定义了大量操作接口,用户在应用程序中常用的接口有如下几个。

```
param_t param_find(const char * name)
```

· 功能:根据参数名查找配置参数,获取参数句柄。由于查找过程比较耗费资源,所以尽量在应用程序"初始化"过程中完成,不建议在应用程序"循环"过程中调用。

· 参数:name 为参数名。

· 返回值:配置参数句柄。配置参数句柄类型 param_t 实际是 uint16_t 类型的整数值,类似于文件句柄,后续参数的读、写等操作均依赖于该配置参数句柄。

```
int param_get(param_t param, void * val)
```

· 功能:读取配置参数。

· 参数:param 为参数句柄;val 为读取的配置参数值存放在 val 指向的内存。

· 返回值:正常返回值为 0。

```
int param_set(param_t param, const void * val)
```

· 功能:修改参数配置值。修改后的参数值会自动保存到文件中,下次飞控系统启动后会从文件中读取该配置参数,即系统获取的是修改后的配置参数值。重新烧写固件后,配置参数文件会被清零,即配置参数会恢复为默认值。

· 参数:param 为参数句柄;val 为指向待设置参数的指针。

· 返回值:正常返回值为 0。

此外,param 模块接口通常还配合 uORB 主题 parameter_update 一起使用,该 uORB 主题的更新表示系统中有配置参数发生变化。

3. 使用示例

1)添加新的配置参数。PX4 系统中很多应用程序都定义了配置参数,用于应用程序个性化配置。应用程序可自定义配置参数,也可以使用其他应用程序定义的配置参数。一般情况下,配置参数都是为某个具体应用程序服务的,因此,应用程序通常会选择自定义配置参数。这些自定义配置参数称为参数元数据。首先,需要在源码的任意目录下添加参数元数据文件(需以字符串_param 结尾),但其通常都和应用程序源码存储在同一目录下。还可以使用.c 格式或.yaml 格式文件定义参数元数据。.yaml 格式更新、更灵活,但 PX4 系统中使用比较普遍的是.c 格式文件,因此,本示例也添加.c 格式的参数元数据文件。这里因篇幅所限就没有添加参数注释,通常是需要按照一定的格式添加注释的。

例 5.2　test_app_param.c 源码。

```
PARAM_DEFINE_INT32(TEST_APP_INT, 1);                                      (1)
PARAM_DEFINE_FLOAT(TEST_APP_FLOAT, 0.1f);
```

(1)使用宏定义方式添加配置参数,其格式为"PARAM_DEFINE_＋配置参数数据类型"。正常情况下,用户可选的配置参数格式有两种,即示例中的 INT32(整数)和 FLOAT(浮点数),它们都是 32 位数据类型。配置参数宏的第一个参数为配置参数名,第二个参数为配置参数的默认值。其中,参数名限制不能超过 16 个字符,并且按照惯例,应用程序的每个参数都应使用相同的字符串前缀再加上下画线,以利于理解参数的含义。就像前文所述,以"FW_"字符串开头的参数是固定翼飞行器飞行控制所需的参数。

2)示例程序。下面的示例程序通过参数配置模块调用接口读、改配置参数,并将参数值打印出来。

例 5.2　test_app_main.cpp 源码

```cpp
#include "test_app_main.h"
#include <drivers/drv_hrt.h>
#include <lib/parameters/param.h>
#include <uORB/topics/parameter_update.h>
#include <uORB/Subscription.hpp>
extern "C" __EXPORT int test_app_main(int argc, char * argv[]);
TestApp::TestApp(){}
void TestApp::run()
{
    int32_t value_int;
    param_t param = param_find("TEST_APP_INT");                          (1)
    param_get(param, &value_int);                                        (2)
    PX4_INFO("old int value = %d", value_int);
    value_int = 5;
    param_set(param, &value_int);                                        (3)
    param_get(param, &value_int);
    PX4_INFO("new int value = %d", value_int);
    float value_float = 0.0f;
    param = param_find("TEST_APP_FLOAT");
    param_get(param, &value_float);                                      (4)
    PX4_INFO("float value = %.2f", (double)value_float);
```

```
    uORB：：Subscription parameter_update_sub{ORB_ID(parameter_update)}；
    while（！should_exit()）
    {
        if（parameter_update_sub. updated()）                                    (5)
        {
            param_get(param，&value_float)；
            PX4_INFO("float value = %. 2f"，(double)value_float)；
        }
        px4_sleep(1)；
    }
}
…(以下源码省略，与示例 5.1 相同)
```

(1)查找应用程序自定义的名为"TEST_APP_INT"的配置参数，获取参数句柄。

(2)根据参数句柄，获取参数值并将参数值打印出来。此时获取的参数值为默认值。

(3)修改配置参数，并重新获取修改后的配置参数值。

(4)获取名为"TEST_APP_FLOAT"的配置参数值。

(5)当系统中有配置参数发生修改时，获取并打印参数"TEST_APP_FLOAT"的值。

通过 start 启动示例程序后，打印出来的信息如下。

```
pxh＞test_app start
pxh＞ INFO ［test_app］old int value = 1
INFO ［test_app］new int value = 5
INFO ［test_app］float value = 0. 10
```

对配置参数的修改，除了通过调用相应接口外，还可通过地面站完成。其本质是通过 Mavlink 协议上传修改后的参数值，最终还是调用 param 模块接口完成参数修改。通过地面站修改配置参数的步骤如图 5-4 所示。

图 5-4　通过地面站修改 PX4 系统配置参数

需要注意的是,地面站仅显示使用中的配置参数。因此,应用程序需启动后才会在地面站显示本应用程序自定义的配置参数。用户可以通过搜索框搜索相关配置参数。

通过地面站修改配置参数后,程序主循环的打印结果会发生变化,输出修改后的参数值。

```
INFO  [test_app] float value = 0.50
```

无论通过何种方式,修改后的参数值会被保存到文件中,PX4 系统再次启动后会读取修改后的参数值。退出仿真系统并重启后,再次通过 start 命令启动应用程序,新的输出结果均为修改后的参数值。

```
pxh>test_app start
pxh> INFO  [test_app] old int value = 5
INFO  [test_app] new int value = 5
INFO  [test_app] float value = 0.50
```

5.2.2　实现原理

1. 配置参数定义

PX4 系统在编译过程中会执行 ./src/lib/parameters 中的脚本工具 px_process_params.py,该脚本会遍历所有的源码目录,找出 xxx_params.c 文件,生成 parameters.xml 文件(位于 ./build/xxx 目录中),然后执行 px_generate_params.py 脚本工具。它会根据 parameters.xml 文件生成 ./build/XXX/src/lib/parameters/px4_parameters.hpp 文件,在其中定义了结构体 param_info_s 类型的数组 parameters,该数组包含系统中所有配置参数的参数名、参数类型及默认参数值信息。数组 parameters 的定义如下。

```
static constexpr param_info_s parameters[] =
{
    {
        .name = "ADC_ADS1115_EN",
        .val = { .i = 0},
    },
    (中间省略)
    {
        .name = "WV_YRATE_MAX",
        .val = { .f = 90.0 },
    },
};
```

数组中每一项对应系统中的一个配置参数。值得指出的两点是:一是参数名是按字母先后顺序排列的;此外,由于成员变量的类型是一致的,所以对成员变量的访问除了通过变量名外,还可采用类似数组指针(使用 param_info_s 类型指针变量指向该结构体变量的头部地址)的方式访问,因此本书将其称为配置参数组。实际上 PX4 系统也是以这种形式访问成员变量的,参数句柄就代表配置参数在配置参数组中的位置。在系统启动之后,配置参数名称和数量是不会发生变化的,能改动仅是参数值。

每次重新上传固件至飞控硬件,PX4 系统在重启后都会将配置参数组写入文件中。对于本书使用的硬件,配置参数文件为/fs/mtd_params,即配置参数存储在非易失性存储器 MTD 中。

2. 模块启动实现原理

启动脚本中的启动命令如下。

```
param select $ PARAM_FILE
if !param import
then
    param reset
fi
```

param 模块启动是将配置参数从文件加载至内存过程,如果加载失败(如文件不存在的情况),则将配置参数全部设置为默认值。命令 param select 和 param import 的功能已在本章 5.2.1 节介绍过了,下面讨论其实现过程。

命令 param select 的实现比较简单,通过调用 parameters.cpp 中的函数 param_set_default_file 将变量 param_default_file 设为参数 $ PARAM_FILE 的值/fs/mtd_params 即可。

配置参数从文件加载到内存后,会存储在 UT_array 类型(一种类似 C++ 的 vector 类型的弹性数组)的变量 param_values 中,本书称为参数数组。命令 param import 首先调用 param.cpp 中的函数 do_import,从文件读取配置参数并添加至该数组中,系统运行过程中修改的配置参数也是先添加至参数数组,然后再写入文件中。函数 do_import 的源码如下。

```
static int do_import(const char * param_file_name)
{
    if (param_file_name == nullptr)
    {
        param_file_name = param_get_default_file();          (1)
    }
    int fd = open(param_file_name, O_RDONLY);
    int result = param_import(fd);                            (2)
    close(fd);
    return 0;
}
```

(1)函数调用传递的变量 param_file_name 是空指针,此处通过函数 param_get_default_file 重新获取并赋值,函数返回值为变量 param_default_file 的值,即命令 param select 中设置的"/fs/mtd_params"。

(2)param_import 函数在 parameters.cpp 中定义,是 param import 命令的核心,下面会进一步讨论。

param_import 函数通过调用 param_import_internal 函数解析参数存储文件的数据,并将参数加载至数组 param_values 中。函数 param_import_internal 的源码如下。

```
static int param_import_internal(int fd)
{
    bson_decoder_s decoder;
    bson_decoder_init_file(&decoder, fd, param_import_callback);          (1)
    int result = -1;
    do
    {
        result = bson_decoder_next(&decoder);                            (2)
    } while (result > 0);
    return 0;
}
```

(1)decoder 是用于解析参数存储文件的解析器,bson_decoder_init_file 函数用于解析器的初始化,即初始化变量 decoder,该变量有个重要成员(回调函数)callback,将被赋值为 param_import_callback。

(2)循环解析文件中的所有配置参数。解析每个参数的过程中都会调用解析器的回调函数。有关文件解析的细节本书就不再展开讨论,有兴趣读者可以自行查看源码。param_import_callback 函数最后会调用函数 param_set_internal,用于将解析的文件数据填充至参数数组 param_values 中。param 模块接口的 param_set 最终也会调用函数 param_set_internal,有关此函数的介绍将在下文进行。

3. 接口实现原理

1)参数查找 param_find。实际调用 param_find_internal 函数从配置参数组查找配置参数,其返回的整数类型的参数句柄是待查找参数在配置参数组中的位置。

```
param_t param_find_internal(const char * name, bool notification)
{
    perf_count(param_find_perf);
    param_t middle;
    param_t front = 0;
    param_t last = param_info_count;                                     (1)
    while (front <= last)                                                (2)
    {
        middle = front + (last - front) / 2;
        int ret = strcmp(name, param_name(middle));                      (3)
        if (ret == 0)
        {
            if (notification)
            {
```

```
                    param_set_used(middle);                              (4)
          }
      return middle;                                                     (5)
          }
          else if (middle == front)
          {
              break;
          }
          else if (ret < 0)
          {
          last = middle;
          }
          else
          {
              front = middle;
          }
      }
      return PARAM_INVALID;
}
```

（1）获取 PX4 系统中配置参数的数量，变量 param_info_count 的值为配置参数组 parameters 的长度。

（2）由于参数在配置参数组中是按参数名的字母顺序排列的，所以可以使用此处的"二分法"方式查找参数。

（3）函数 param_name 的作用是根据配置参数句柄从配置参数组中获取参数名。

（4）用于将该配置参数标记为已使用，地面站仅显示已使用的参数。

（5）返回待查找参数在配置参数组中的位置。

2）参数设置 param_set。实际调用 param_set_internal 函数的总体思路是：先查找数组 param_values 中是否存在对应的配置参数，如果存在则修改数组相应元素的值，如果不存在则向该数组添加新元素（前提是配置参数组中总是存在这一配置参数的），然后修改后的参数通过工作队列保存到文件中。

```
static int param_set_internal(param_t param, const void * val, bool mark_saved, bool notify_changes)
{
    handle_in_range(param);
    int result = -1;
    bool params_changed = false;
    param_lock_writer();
    perf_begin(param_set_perf);
    if (param_values == nullptr)
    {
        utarray_new(param_values, &param_icd);                           (1)
```

```
        params_changed. reset();
        params_unsaved. reset();
    }
    param_wbuf_s * s = param_find_changed(param);                        (2)
    if (s == nullptr)                                                    (3)
    {
        param_wbuf_s buf = {};
        buf. param = param;
        params_changed = true;
        utarray_push_back(param_values, &buf);
        utarray_sort(param_values, param_compare_values);
        params_changed. set(param, true);
        s = param_find_changed(param);
    }
    if (s != nullptr)
    {
        switch (param_type(param))                                       (4)
        {
        case PARAM_TYPE_INT32：
            if (s->val. i ! = * (int32_t * )val)
            {
                s->val. i = * (int32_t * )val;
                param_changed = true;
            }
            params_changed. set(param, true);
            params_unsaved. set(param, !mark_saved);
            result = PX4_OK;
            break;
        case PARAM_TYPE_FLOAT：
            if (fabsf(s->val. f - * (float * )val) > FLT_EPSILON)
            {
                s->val. f = * (float * )val;
                param_changed = true;
            }
            params_changed. set(param, true);
            params_unsaved. set(param, !mark_saved);
            result = PX4_OK;
            break;
        default：
            break;
        }
```

```
        if ((result == PX4_OK) && param_changed && !mark_saved)
        {
                param_autosave();                                        (5)
        }
    }
    perf_end(param_set_perf);
    param_unlock_writer();
    if ((result == PX4_OK) && param_changed && notify_changes)
    {
        _param_notify_changes();                                         (6)
    }
    return result;
}
```

(1)数组指针 param_values 默认为空。在系统启动过程解析参数文件时会调用该函数,从而创建该数组用于存储修改后的参数。

(2)在数组 param_values 中查找指定的参数,如果能找到返回其元素指针(param_wbuf_s 类型);如果找不到则返回空指针。param_wbuf_s 类型包含了配置参数句柄信息,对参数的查找是依据句柄信息的对比。

(3)如果数组 param_values 中不存在指定的参数,则创建新数组元素并添加至数组 param_values 中,并根据配置参数句柄序号进行排序。这通常发生在系统启动过程中的将配置参数从文件加载到内存时。

(4)根据参数类型修改数组元素值,同时判断参数值是否发生修改。

(5)将修改后的参数保存到文件中。最终会调用函数 work_queue,即保存工作是通过 NuttX 系统工作队列完成的,由于读写比较耗费时间,所以为避免影响飞控等重要程序的工作,参数保存工作队列是 LPWORK 等级的。

(6)如果有参数值发生变化,则发布 uORB 主题 parameter_update。

3)参数获取 param_get。实现该接口比较简单,其总体思路是:从参数数组中获取指定的参数值,如果不存在该元素,则从配置参数组中获取,并将该参数值拷贝至用户缓冲区。

```
int param_get(param_t param, void * val)
{
    perf_count(param_get_perf);
    handle_in_range(param);
    if (!params_changed[param] && !params_custom_default[param])        (1)
    {
        switch (param_type(param))
        {
        case PARAM_TYPE_INT32:
            memcpy(val, &px4::parameters[param].val.i, sizeof(px4::parameters[param].val.i));
            return PX4_OK;
        case PARAM_TYPE_FLOAT:
```

```
        memcpy(val, &px4::parameters[param].val.f, sizeof(px4::parameters[param].val.f));
        return PX4_OK;
    }
}
param_lock_reader();
const void * v = param_get_value_ptr(param);                                            (2)
memcpy(val, v, param_size(param));                                                      (3)
param_unlock_reader();
return PX4_OK;
}
```

（1）如果待获取的参数未发生改变且为默认值，则立即从默认参数中直接拷贝。

（2）从参数数组中获取指定的参数值，是该接口的核心，下面会进一步讨论。

（3）将参数值拷贝至用户缓冲区。

函数 param_get_value_ptr 用于获取指向参数值的指针，其源码如下。

```
static const void * param_get_value_ptr(param_t param)
{
    param_assert_locked();
    if (handle_in_range(param))
    {
        struct param_wbuf_s * s = param_find_changed(param);                            (1)
        if (s != nullptr)                                                               (2)
        {
            v = &s->val;
        }
        else                                                                            (3)
        {
          if (params_custom_default[param] && param_custom_default_values)
          {
            param_wbuf_s key{};
            key.param = param;
            param_wbuf_s * pbuf = (param_wbuf_s *)utarray_find(param_custom_default_values,
                                                    &key, param_compare_values);
            if (pbuf != nullptr)
            {
                return &pbuf->val;
            }
          }
        switch (param_type(param))
        {
        case PARAM_TYPE_INT32:
```

```
        return &px4::parameters[param].val.i;
     case PARAM_TYPE_FLOAT:
        return &px4::parameters[param].val.f;
     }
   }
  }
  return nullptr;
}
```

（1）前面已介绍过，该函数用于从参数数组中查找指定的参数。

（2）优先从参数数组中获取待查找参数值。

（3）如果修改的参数数组中不存在该参数，则从配置参数组中获取参数值。

5.2.3　对基本接口的封装

为方便用户对 param 模块的使用，PX4 系统还将常用 C 接口封装成 C＋＋接口。使用 C＋＋接口的应用程序具有更加标准化、更好的类型安全性和更少的开销的优点。目前，PX4 系统的应用程序在使用 param 模块时几乎都是通过 C＋＋接口的。其实现的基本思路是：先将配置参数封装成模板类，再将原来作为全局函数的接口转换为类内接口，并在类中缓存其参数值，除系统发生配置参数更新需要重新获取参数值外，正常情况下用户获取到的是配置参数的类内缓存值。下面以一个示例演示 C＋＋接口的使用"模板"并简单讨论其实现原理。代码实现的功能同样很简单，获取配置参数值并通过 uORB 调试主题 debug_value 发布出去。

例 5.3a　test_app_main.h 源码

```
#pragma once
#include <px4_platform_common/module.h>
#include <px4_platform_common/module_params.h>
class TestApp : public ModuleBase<TestApp>, public ModuleParams         (1)
{
public:
    …（公有接口与示例 5.3 相同）
private:
    void parameters_update(bool force = false);
    DEFINE_PARAMETERS((ParamInt<px4::params::TEST_APP_INT>)value_int,
                      (ParamFloat<px4::params::TEST_APP_FLOAT>)value_float)   (2)
};
```

（1）应用程序从类 ModuleParams 派生，在应用程序中需要重定义父类的虚接口 updateParamsImpl，从而实现多态。需要包含的头文件为＜px4_platform_common/module_params.h＞。

（2）DEFINE_PARAMETERS 是比较复杂的宏定义，用于定义用户指定参数模板类实例,同时重定义 ModuleParams 类的虚接口 updateParamsImpl。对于本示例的宏定义,其实际展开形式如下(略去了命名空间 do_not_explicitly_use_this_namespace)。

```
ParamInt＜px4：：params：：TEST_APP_INT＞value_int;                          (1)
ParamFloat＜px4：：params：：TEST_APP_FLOAT＞value_float;
protected：
    void updateParamsImpl() final
    {
        value_int. update()；                                              (2)
        value_float. update()；
    }
private：
```

(1)模板定义见目录. /platforms/common/include/px4_platform_common/param. h。模板参数 px4：：params：：XXX 是枚举值,与参数句柄对应,这里的"XXX"表示配置参数名。在类的构造函数中会将该配置参数标记为已使用(地面站会显示该参数,无须等到应用程序启动以后),同时会查找配置参数,并将更新的配置参数值在类中缓存起来。

(2)配置参数类的 update 接口是对 param 模块接口 param_get 的封装。另外还有两个常用的接口:set 接口是对 param 模块接口 param_set 的封装;get 接口用于获取类内缓存值。

例 5.3b　test_app_main. cpp 源码

```
# include "test_app_main. h"
# include ＜drivers/drv_hrt. h＞
# include ＜uORB/Publication. hpp＞
# include ＜uORB/Subscription. hpp＞
# include ＜uORB/topics/parameter_update. h＞
# include ＜uORB/topics/debug_value. h＞
extern "C" __EXPORT int test_app_main(int argc, char * argv[])；
uORB：：Subscription parameter_update_sub{ORB_ID(parameter_update)};
TestApp：：TestApp() ：ModuleParams(nullptr) {}
void TestApp：：parameters_update(bool force)                               (1)
{
    bool params_updated = parameter_update_sub. updated()；
    if (params_updated || force)
    {
        updateParams()；
    }
}
void TestApp：：run()
{
    uORB：：Publication＜debug_value_s＞dbg_pub{ORB_ID(debug_value)};
```

```
    debug_value_s dbg = {};

    while (!should_exit())
    {
        parameters_update();

        dbg. timestamp = hrt_absolute_time();

        dbg. ind = 0;

        dbg. value = value_float. get();                              (2)

        dbg_pub. publish(dbg);

        px4_sleep(1);

    }

}
…(以下源码省略,与例 5.2 相同)
```

(1)仅当系统的配置参数发生改变,或用户强制要求时才更新类内定义的配置参数值, uORB 主题 parameter_update 的作用前文已述,updateParams 是父类的函数,实际最终是 调用类内函数 updateParamsImpl。

(2)模板参数类的 get 接口仅用于获取类内缓存值,无须 param_get 接口那样经过先查 找、再拷贝的过程。

首先通过 make clean 命令清理工程,然后再对仿真系统进行编译(等价于飞控硬件的 重新烧写固件,这样配置参数会恢复为默认值)。随后通过 test_app start 命令启动应用程 序,并通过 listener debug_value 命令监控配置参数值的变化情况,输出结果为配置参数的 默认值。

```
pxh>test_app start

pxh>listener debug_value

TOPIC：debug_value

debug_value_s

    timestamp：126876000   (0.332000 seconds ago)

    value：0.1000

    ind：0
```

通过地面站修改配置参数后,应用程序输出结果为修改后的配置参数值。

```
pxh>listener debug_value

TOPIC：debug_value

    debug_value_s

        timestamp：159876000   (0.588000 seconds ago)

        value：0.5000

        ind：0
```

5.3　飞 行 日 志

在无人机开发调试的过程中,飞行日志是非常关键的部分。PX4 系统使用 logger 模块记录飞行日志,通常是将系统中的 uORB 消息记录到非易失性存储器中。系统预置了多种模式供用户选择,以记录不同的 uORB 消息,用户也可自定义需要记录的 uORB 消息。飞行日志可用于飞控性能/稳定性分析、故障/事故分析、开发调试等。用户可通过离线方式查看飞行日志。

logger 模块支持两种方式记录日志:①以文件形式存储于文件系统中(SD 卡);②通过 Mavlink 协议向地面站传输数据并记录于计算机上(需地面站配合记录)。这两种方式并不是互斥的,可同时使用。

5.3.1　模块使用

与一般的模块一样,用户可以通过命令或配置参数来控制 logger 模块的运行模式。

1. 使用命令

logger 模块的入口是文件. /src/modules/logger/logger. cpp 中的函数 logger_main,其支持的命令格式及命令功能如下。

```
logger ＜命令＞［命令参数］
命令:
start
  ［－m ＜val＞］logger 模块记录模式。可选 file、mavlink 或 all,分别表示以文件形式存储于文件系统
              中(SD 卡)、通过 Mavlink 协议向地面站传输数据并记录于计算机上、同时采用以上两
              种方式记录。缺省值为 all
  ［－x］       由遥控器 AUX1 通道值确定系统何时开始/停止记录
  ［－e］       PX4 系统启动后立即开始记录,直至系统上锁
  ［－f］       PX4 系统启动后立即开始记录,直至系统关闭
  ［－t］       使用"日期/时间"的格式命名日志目录和日志文件
  ［－r ＜val＞］ 设置记录速率,单位:Hz,值为 0 表示不限速。缺省值为 280
  ［－b ＜val＞］ 记录缓存区大小,单位:KiB。缺省值为 12
  ［－p ＜val＞］ 以主题轮询而不是固定速率运行方式记录数据。参数 val 是 uORB 主题名
  ［－c ＜val＞］ 数据记录速率因子,值越大表示记录速率越快。缺省值为 1
on            立即开始记录
off           立即停止记录
stop          停止 logger 模块
status        打印状态信息
```

按照惯例,下面测试 status 命令,给出 logger 模块信息。

```
pxh> logger status
INFO    [logger] Running in mode：all
INFO    [logger] Number of subscriptions：221（7072 bytes）
INFO    [logger] Full File Logging Running：
INFO    [logger] Log file：./log/2022-05-22/01_44_43.ulg
INFO    [logger] Wrote 1770.36 MiB（avg 185.25 KiB/s）
INFO    [logger] Since last status：dropouts：0（max len：0.000 s），max used buffer：74969/1024000 B
```

命令输出结果分别给出了 logger 模块的运行模式、记录的 uORB 主题数量、日志文件目录/文件名、记录数据大小等信息。

2. 配置参数

logger 模块提供了一些可配置的参数，完整参数定义及说明见模块目录下的 params.c 文件。通常情况下，需要用户配置的参数有如下几个。

SDLOG_MODE

说明：确定 logger 模块何时开始和停止记录。系统重启后该设置才生效

取值：

　　@-1：禁止记录

　　@0：当系统解锁时开始记录，上锁后停止记录。这是系统默认的记录方式

　　@1：系统启动后开始记录，直至系统上锁，与命令参数-e 功能一致

　　@2：系统启动后开始记录，直至系统关闭，与命令参数-f 功能一致

　　@3：由遥控器 AUX1 通道值确定系统何时开始/停止记录，与命令参数-x 功能一致

SDLOG_MISSION

说明：确定是否创建附加的任务日志文件并记录相关数据。日志仅包含生成飞行统计、地理标记等对任务有用的消息。系统重启后该设置才生效

　　取值：

　　@0：禁止记录任务日志

　　@1：记录所有任务信息

　　@2：仅记录地理位置信息

SDLOG_PROFILE

说明：配置日志中记录的缺省 uORB 主题及速率。取值表示整数位掩码，即对应整数位取 1，位之间可进行与运算。系统重启后该设置才生效

　　取值：

　　@位 0：用于通常日志分析的默认设置

　　@位 1：全速率记录 EKF2 估计器相关的主题

　　@位 2：记录用于传感器校准的主题（高速率的陀螺仪和气压传感器原始数据）

　　@位 3：记录用于系统辨识的主题（高速率的舵面输出和陀螺仪数据）

　　@位 4：全速率记录分析飞行器快速机动的主题（遥控器输入、高度、飞行器角速度和舵面输出）

　　@位 5：记录调试主题（debug_*.msg 对应的主题）。通常在调试阶段使用该模式记录用户自定义的主题

@位 6:记录传感器补偿主题(低速率的陀螺仪、气压传感器原始数据)

@位 7:记录计算机视觉和避障相关的主题

@位 8:高速率的陀螺仪原始数据

@位 9:高速率的加速度计原始数据

3. 使用示例

为方便分析,本节将参数 SDLOG_MODE 设置为 2,参数 SDLOG_PROFILE 设置为 33(1≪5&1≪0,即记录默认主题和用户自定义主题)。这里给出的使用示例是将示例 5.1 在运行过程中产生的 uORB 主题 test_topic 数据记录下来供用户离线分析。示例 5.1 的源码和使用命令不再重复给出。

PX4 系统的飞行日志模块实现做得非常好,用户仅需增加一行代码即可将自己需要的数据保存到飞行日志中。添加用户自定义日志主题,需要修改源文件 logged_topics. cpp。对于不同的参数 SDLOG_PROFILE 的值,需要在不同的函数中添加期望的 uORB 主题。本示例在调试模式下添加 uORB 主题 test_topic,需要修改的函数为 add_debug_topics,修改后的源码如下。

例 5.4　函数 add_debug_topics 源码

```
void LoggedTopics::add_debug_topics()
{
    add_topic("debug_array");
    add_topic("debug_key_value");
    add_topic("debug_value");
    add_topic("debug_vect");
    add_topic_multi("satellite_info", 1000, 2);
    add_topic("mag_worker_data");
    add_topic("sensor_preflight_mag", 500);
    add_topic("actuator_test", 500);
    add_topic("test_topic_x");
}
```

启动应用程序后,logger 模块会将 uORB 主题 test_topic_x 记录下来。对于仿真固件,飞行日志记录在计算机上,其路径为 build 目录下的 logs 子目录。对于飞控硬件 SD 卡中的飞行日志,可通过地面站将其下载至桌面计算机上,操作步骤如图 5-5 所示。

4. 日志分析工具

PX4 系统在版本更新过程中,曾采用过多种不同的飞行日志格式,如. log 格式、. bin 格式、. px4log 格式、. ulg 格式等。本书主要讨论当前版本默认的日志文件格式(. ulg 格式)。. ulg 格是一种自解释的文件格式,即日志中除记录数据"值"外,还包含了日志格式、消息类型等用于"解释"数据的信息。

PX4 系统官方推荐了很多用于飞行日志分析的工具,如基于网页浏览器的 Flight Review,基于命令脚本的 pyulog,图形化工具 FlightPlot、PlotJugler 等。

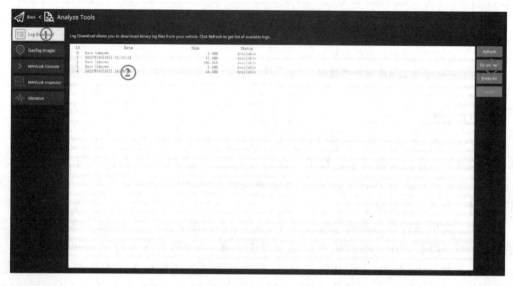

图 5-5　利用地面站下载 PX4 系统飞行日志

笔者习惯使用 PlotJugler 查看飞行日志,它是使用 Qt 编写的桌面应用程序,用户可以很方便地以时间历程形式查看和分析日志中的飞行数据。该工具的主要特点有:①直观的数据拖放显示;②可将数据安排在多个图表、选项卡或窗口中;③可将数据显示方式保存到"布局"文件中,这样就能支持多次重新加载;④可使用自定义的"数据转换"等。用户可以在github 中下载该工具源码和安装包。

利用 PlotJugler 加载上一例程保存的飞行日志,可以查看日志中记录的任意主题。这里查看例程中的主题 test_topic_x 数据以及陀螺仪传感器记录的飞机角速度数据,如图5-6 所示。从图中可以看出,主题 test_topic_x 数据与示例程序运行值一致,飞机静止在地面上时,角速度值基本为零。

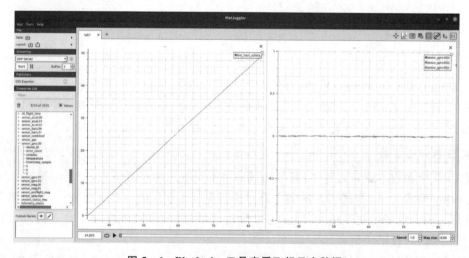

图 5-6　PlotJugler 工具查看飞行日志数据

5.3.2　实现原理

1. 启动 logger 模块

在启动脚本中关于 logger 模块有如下命令。

```
. ${R}etc/init.d/rc.logging
```

表示 logger 模块有专门的启动脚本 rc.logging 用于配置其启动过程,启动命令如下。

```
logger start −b ${LOGGER_BUF} −t ${LOGGER_ARGS}
```

其中:对于本书使用的硬件,变量 LOGGER_BUF 值为 64;变量 LOGGER_ARGS 值由配置参数 SDLOG_MODE 值确定,SDLOG_MODE 默认值为 0,因此变量 LOGGER_ARGS 值为空。

logger 模块会创建优先级为 SCHED_DEFAULT 的任务。该任务首先调用函数 instantiate 以解析命令参数,并创建 logger 类对象。按启动脚本给出的命令参数,创建的类对象如下。

```
Logger * logger = new Logger(LogWriter::BackendAll,1024 * 64, 3500, nullptr,
                        Logger::LogMode::while_armed, true);
```

在创建 logger 类对象的过程中,会创建 LogWriter 类对象 _writer,该类用于创建文件写入线程。

```
_writer(LogWriter::BackendAll, 1024 * 64)
```

在 logger 类对象创建完毕后,会执行任务主体函数 run。

2. 实现原理

前文已经介绍过,logger 模块支持两种方式记录日志。对于通过 Mavlink 协议向地面站传输记录数据的形式,其基本实现的过程比较简单:通过调用 LogWriterMavlink 类的 write_message 函数将待记录的数据填充到 uORB 主题 ulog_stream 的消息中。PX4 系统的 Mavlink 模块会周期性地将此主题数据发送给地面站。

下面重点讨论以文件形式在 SD 卡上存储飞行日志这种形式。其实现的基本思路是:logger 模块创建优先级相对较高的主任务,用于监听需要记录日志的消息,并在主任务中创建优先级较低的文件写入线程,主任务和线程之间配置了一个可变大小的缓存区。主任务以固定速率运行(如果以参数−p 启动 logger 模块,则轮询 uORB 主题,本书不讨论此种形式),检查待记录的 uORB 消息是否发生更新,当其发生更新时,将消息写入缓冲区中。文件写入线程负责从缓冲区读取数据,并将其写入文件中。

主任务通过定时器实现固定速率运行,主任务向缓冲区写入数据后,会发出线程通知以激活文件写入线程,从而实现任务/线程间同步。

Logger 模块实现的总体流程示意如图 5-7 所示。

3. 添加自定义 uORB 主题

函数 initialize_topics 用于订阅期望记录的 uORB 主题,该函数会间接调用

LoggedTopics 类的函数 initialize_configured_topics,根据不同的参数 SDLOG_PROFILE 配置值 profile 以调用不同的函数,示例 5.3 就是在函数 add_debug_topics 中添加测试主题。

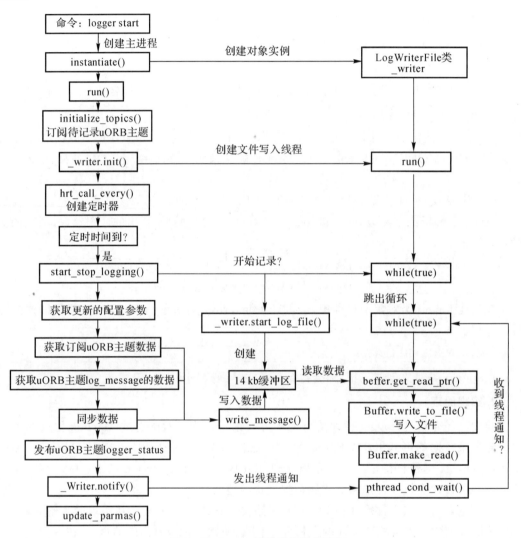

图 5-7　Logger 模块总体运行流程

```
void LoggedTopics::initialize_configured_topics(SDLogProfileMask profile)
{
    if (profile & SDLogProfileMask::DEFAULT)
    {
        add_default_topics();
    }
    (中间源码略)
    if (profile & SDLogProfileMask::DEBUG_TOPICS)
```

```
    {
        add_debug_topics();
    }
    (以下源码略)
}
```

这些函数最终会调用函数 add_topic 添加期望记录的 uORB 主题。函数 add_topic 的参数 name 表示 uORB 主题名称；interval_ms 表示日志记录间隔时间，单位为 ms，缺省值为 0，即全速率记录。

添加的订阅主题最终会保存在 Logger 类的私有变量 _subscriptions 中。在任务的主循环中，会遍历这些主题，当主题数据发生更新时将其写入数据缓冲区中。

4. 数据缓冲与文件写入

当 uORB 主题发生更新时，会产生大量待记录的数据，而 SD 卡的读写速度相对较慢，无法在短时间内将数据完全写入完毕。数据缓冲区就是在内存中开辟一段空间，将待记录的数据先存放到内存中，写入线程再按顺序将这些内存数据写入文件中，从而调节短时间内产生大量数据而 SD 卡无法写入的矛盾，尽可能避免数据丢失。此外，将写入线程和主任务隔离，也有利于防止 SD 卡读写错误等情况干扰高优先级任务的执行。

数据缓冲区是通过 LogWriterFile 类中的私有类 LogFileBuffer 定义的。其通过将 uint8_t 类型一维数组首尾相连组成环形缓冲区，由变量 _head 标记数据写入的位置，由变量 _count 标记数据读取位置与写入位置之间的距离，即可读取的数据长度，如图 5 - 8 所示。

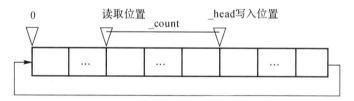

图 5 - 8　Logger 模块数据缓冲区示意图

LogFileBuffer 类提供的接口说明如下（不再详述其实现过程）。

bool start_log(const char * filename)

- 功能：以创建和写入模式打开飞行日志文件，创建数组用于数据缓冲。
- 参数：filename 为飞行日志文件名。
- 返回值：成功返回 true，否则返回 false。

void write_no_check(void * ptr, size_t size)

- 功能：将数据写入缓冲区中，写入数据达到数组末尾后，会"绕回"至数组头部继续写入。该函数会更新变量 _head 和 _count 的值。
- 参数：ptr 为指向待写入数据的指针；size 为待写入数据的大小。

size_t get_read_ptr(void * * ptr, bool * is_part)

- 功能：获取缓冲区可读取的数据长度及读取位置。参数均为指针形式，用于返回。

- 参数：ptr 为指向缓冲区数据可读取的位置；is_part 为标记是否发生"绕回"。
- 返回值：缓冲可读取的数据长度。

```
ssize_t write_to_file(const void * buffer, size_t size, bool call_fsync)
```

- 功能：将数据写入文件中。
- 参数：buffer 指向待写入数据；size 为待写入数据大小；call_fsync 为是否立即写入文件标记。
- 返回值：实际写入的数据大小。

```
void mark_read(size_t n)
```

- 功能：将数据标记为已读取，即修改变量_count 的值。
- 参数：n 为待写入数据大小。

在 logger 模块主任务中，函数 write_message 用于向缓冲区写入数据，最终是调用 LogFileBuffer 类内函数 write_no_check 将数据写入缓冲区的。

将缓冲区数据写入文件的完整过程，需要依次调用 get_read_ptr、write_to_file、mark_read 这三个函数。文件写入任务正是依次调用这三个函数完成的。

除了 uORB 主题数据外，主题 ID、数据长度等"解释信息"也会被记录，系统运行过程中发生更改的配置参数等也会被记录到飞行日志中。在飞行日志文件的开始处，还会添加版本、格式等头部信息。这里只讨论了 logger 模块实现原理的主要过程，具体的细节留给读者自行查阅相关源码。

第6章　PX4系统的外部通信

通信协议是PX4系统与外部数据进行交换的纽带,通信协议规范了传输数据的帧格式,减少了数据出错率。PX4系统与外部通信采用的是Mavlink协议,所谓外部主要是指地面站。通过地面站,用户可以进行航线规划、对无人机进行控制等,也可以从PX4系统获取无人机飞行状态、传感器数据等。也就是说,无人机与地面站交互的所有信息都是基于Mavlink协议实现的。因此,本章主要讨论Mavlink模块的使用及其实现原理。

6.1　概　　述

Mavlink协议最早是由苏黎世联邦理工学院计算机视觉与几何实验组的Lorenz Meier于2009年发布,遵循LGPL开源协议。在PX4系统中,Mavlink模块主要由两部分组成。一部分是由Mavlink官方维护的库,其通过git子模块方式集成到PX4系统中,库工具位于./src/modules/mavlink/mavlink子目录中,在系统编译过程中会在./build/XXX/mavlink目录下自动生成源码文件。Mavlink库提供了底层通信协议(所谓协议就是按照特定的格式来组织数据),包括Mavlink消息的定义、解析、打包和发送等功能,本书将其称之为底层Mavlink模块。另一部分是由PX4系统维护的Mavlink模块,其源码目录为./src/modules/mavlink,和PX4系统一般的应用程序模块一样,提供该模块的使用命令、模块配置参数,Mavlink模块使用实时任务实现功能,本书将其称之为上层Mavlink模块。

Mavlink模块收、发是并行的,从飞控系统端来看,其典型的运行场景有如下几个。

1.飞控系统作为发送端

发送端一般用于向地面站发送无人机当前状态、姿态、速度、位置等信息,以便地面站能够掌握无人机的实时状态。飞控系统还会以1 Hz的固定频率发送系统心跳包,用于确定地面站与飞控系统的连接是否有效。上层Mavlink模块定期从uORB主题获取待发送的数据,并填充至对应的Mavlink协议数据结构体中。底层Mavlink模块在接收到数据后,会按照协议要求打包,并通过硬件传输接口将消息发送给地面站。PX4系统支持通过无线电台串口、USB接口或网络接口传输Mavlink消息。地面站在接收到PX4系统发送的数据包后,会将其解析并实时更新到相关控件中显示。

2.飞控系统作为接收端

接收端一般用于从地面站接收飞控锁定/解锁、飞行状态切换、飞行任务航迹点上传等特定指令或航线等信息。与发送过程相反，上层 Mavlink 模块负责监视硬件传输接口对应的驱动文件，接收到数据后会调用底层 Mavlink 模块提供的函数接口进行消息解析，部分消息在上层 Mavlink 模块中直接处理，大部分情况下是将消息数据通过相应的 uORB 主题发布出去，供需要的应用程序自行处理。

为方便后续的讨论，下面先介绍 Mavlink 协议、模块的一些常见概念。

1）Mavlink 消息

Mavlink 协议传输的基本单位是消息帧。每条 Mavlink 消息具有唯一的编号，称为消息 ID，消息 ID 一般以宏定义形式给出。此外，每条 Mavlink 消息还与一个源码文件对应，以标准消息"HEARTBEAT（系统心跳）"为例，该消息一般用于判断地面站和飞控系统连接是否正常，其对应的源码文件为./build/cuav_x7pro_default/mavlink/minimal/mavlink_msg_heartbeat.h。源码文件包含 Mavlink 消息的消息 ID、消息数据结构体定义、解析/发送等公共调用函数等内容。

2）Mavlink 实例

与一般的应用程序只对应单一类实例不同，Mavlink 模块支持多个独立的实例（源码完全相同），称为 Mavlink 通道。每个通道对应绑定到某个串口、USB 接口或网络端口等硬件设备上。Mavlink 通道在上层模块中也被称为传输协议。

3）Mavlink 流

Mavlink 消息在底层模块称为消息帧，而在上层模块中，Mavlink 消息与某个功能对应，称为 Mavlink 流。用户在新建 Mavlink 实例时，可以为其指定流模式，就是定义了一组可发送的流以及对应的速率限制。对于正在运行的实例，可以通过 mavlink stream 命令进行流配置。

4）Mavlink 消息分类

本书将 PX4 系统上传输的 Mavlink 消息分为以下几类。

·普通数值数据：PX4 系统向地面站发送的无人机姿态、高度、位置等数据；

·命令类数据：通常用户通过地面发送的诸如"切换飞行模式""起飞""解锁""飞行前校准"等命令；

·模块专用数据：本书前面章节介绍的通过地面站修改配置参数、规划飞行任务、从PX4 系统下载飞行日志、NSH 终端等专用模块功能也是利用 Mavlink 消息进行交互实现的。

6.2　模　块　使　用

6.2.1　使用命令

Mavlink 模块的入口是文件./src/modules/mavlink/mavlink_main.cpp 中的函数 mavlink_main，其支持的命令格式及命令功能如下。

```
mavlink<命令>[参数...]
命令：
start                启动一个新的 Mavlink 实例,默认最多支持 4 个实例
  [-d <val>]         选择串口设备,val 表示设备文件名,缺省值为/dev/ttyS1,即串口 1
  [-b <val>]         设置串口波特率,缺省值为 57 600
  [-r <val>]         设置最大发送速率,单位:Bit/s。缺省值为 0,表示最大发送速率为波特率/20
  [-p]               使能网络广播
  [-u <val>]         选择 UDP 网络端口(本地),缺省值为 14 556
  [-o <val>]         选择 UDP 网络端口(远端),缺省值为 14 550
  [-t <val>]         伙伴 IP(通过 MAV_BROADCAST 参数启用广播)。缺省值为 127.0.0.1
  [-m <val>]         设置流模式,即设置 Mavlink 默认流以及速率。可选 custom、camera、onboard、osd、
                     magic、config 或 iridium。缺省值为 normal
  [-n <val>]         选择 WIFI/以太网设备,val 表示接口名
  [-f]               启用消息转发到其他 Mavlink 实例
  [-w]               等待发送,直到接收到第一条消息
  [-x]               使能 FTP
  [-z]               始终启用串口硬件流控制
  [-Z]               始终关闭串口硬件流控制
  stop-all           停止所有 Mavlink 实例
  status             打印所有 Mavlink 实例的状态
    [streams]        打印所有正在使用的 Mavlink 流
  stream             配置正在运行的 Mavlink 实例
  [-u <val>]         通过本地网络端口号选择 Mavlink 实例,缺省值为 0
  [-d <val>]         通过串行设备选择 Mavlink 实例
  -s <val>           需要配置的 Mavlink 流
  -r <val>           发送速率,单位:Hz。值为 0 表示关闭该流程
boot_complete        启用消息发送,必须在启动脚本的最后一步调用
```

仿真固件与地面站的交互是通过 UDP 网络实现的,飞控硬件与地面站的交互是通过串口电台(或 USB 接口)实现的。通过 status 命令,打印出来的 PX4 系统 Mavlink 模块的信息如下。

```
nsh> mavlink status
instance #0：
    （信息省略）
instance #1：
        GCS heartbeat valid
        mavlink chan：#1
        type：          USB CDC
        flow control：ON
        rates：
          tx：20578.3 B/s
```

```
txerr：0.0 B/s
tx rate mult：1.000
tx rate max：100000 B/s
rx：46.7 B/s
rx loss：0.0%
Received Messages：
    sysid：255，compid：190，Total：637（lost：0）
FTP enabled：YES，TX enabled：YES
mode：Config
MAVLink version：2
transport protocol：serial（/dev/ttyACM0 @2000000）
ping statistics：
    last：1.47 ms
    mean：6.14 ms
    max：360.65 ms
    min：0.56 ms
    dropped packets：0
```

　　status 命令给出了 Mavlink 实例、连接类型、速率、流模式、Mavlink 版本、设备名称等信息。本书固件默认创建了两个 Mavlink 实例，Mavlink♯1 通过 USB 接口连接地面站，一般用于地面测试，其设备名为/dev/ttyACM0。这里给出其他串口的设备文件名，数传电台1：/dev/ttyS1，数传电台 2：/dev/ttyS3，GPS1：/dev/ttyS0，GPS2：/dev/ttyS2。

6.2.2　发送自定义的 Mavlink 消息

　　Mavlink 库官方定义了默认的标准消息，用户也可以自定义 Mavlink 消息。同 uORB 消息一样，Mavlink 消息的源码文件并不是"手动生成"的，用户在消息文件（普通文本文件，uORB 对应的消息文件格式为.msg，Mavlink 对应的消息文件格式为.xml）中定义消息。在编译过程中，通过 PX4 系统提供的工具即可自动生成上述源码。

1. 自定义 Mavlink 消息

　　Mavlink 消息定义在.xml 文件中，其语法遵循 XML 规则，用户自定义 Mavlink 消息可以参考系统中已存在的.xml 文件。PX4 系统使用的消息定义见文件./src/modules/mavlink/mavlink/message_definitions/v1.0/development.xml。以"系统心跳"为例查看文件 minimal.xml（该文件被包含到 development.xml 中），其消息定义包含消息 ID、描述以及各项消息内容。

```
<messages>                                                          (1)
<message id="0" name="HEARTBEAT">                                   (2)
<description>The heartbeat message shows that a system or component is present and responding.
The type and autopilot fields（along with the message component id），allow the receiving system to treat
```

further messages from this system appropriately（e. g. by laying out the user interface based on the autopilot）. This microservice is documented athttps://mavlink. io/en/services/heartbeat. html </description　　　　　　　　　　　　　　　　　　　　　　　　　　　　　　　（3）

<field type="uint8_t" name="type" enum="MAV_TYPE">Vehicle or component type. For a flight controller component the vehicle type（quadrotor，helicopter，etc.）. For other components the component type（e. g. camera，gimbal，etc.）. This should be used in preference to component id for identifying the component type. </field>　　　　　　　　　　　　　　　　　　　（4）

<field type="uint8_t" name="autopilot" enum="MAV_AUTOPILOT">Autopilot type / class. Use MAV_AUTOPILOT_INVALID for components that are not flight controllers. </field>

<field type="uint8_t" name="base_mode" enum="MAV_MODE_FLAG" display="bitmask">System mode bitmap. </field>

<field type="uint32_t" name="custom_mode">A bitfield for use for autopilot－specific flags</field>

<field type="uint8_t" name="system_status" enum="MAV_STATE">System status flag. </field>

<field type="uint8_t_mavlink_version" name="mavlink_version">MAVLink version，not writable by user，gets added by protocol because of magic data type: uint8_t_mavlink_version</field>

</message>

（下个消息定义略）

</messages>

（1）所有的 Mavlink 消息都定义在<messages></messages>标签内。一个. xml 文件可同时定义多条 Mavlink 消息。

（2）标签<message></message>内用于定义一条 Mavlink 消息，id 值表示消息 ID；name 值表示消息名称。每一条 Mavlink 消息都有系统唯一的消息 ID。Mavlink 消息的打包、解包等工作均依赖消息 ID。需要注意的是，用户自定义的消息 ID 不能与系统原有的重复。从 common. xml 文件中可以看出，163～229 是用户可用于自定义消息的 ID 范围。此处表示"系统心跳"消息的 ID 为 0，名称为"HEARTBEAT"。

（3）用于描述该 Mavlink 消息，可以理解为对消息的注释。该标签是可选的，消息中可以不定义该标签。

（4）定义 Mavlink 消息的一个字段，对应于消息结构体变量中的元素。消息字段可以是 8、16、32 和 64 位整形（有符号或无符号），以及浮点类型等，由 type 描述，此处表示该字段为 8 位无符号整数，还可使用类似 uint8_t[N]表示数组；name 表示字段名称；enum 表示该字段的取值，通常是枚举值。此处表示该字段的取值是从枚举变量 MAV_TYPE 中选择的枚举值，标签中的内容表示对该字段的注释，同样可以忽略。

有关 Mavlink 标准消息的详细解释见 Mavlink 库官网 https://mavlink. io/en/。此处模仿"系统心跳"消息的格式，在 development. xml 中添加一条自定义消息，其消息内容如下。

<message id="200" name="TEST_MESSAGE">
　　<description>This is a test message</description>

```
<field type="uint64_t" name="data">uint64_t</field>
</message>
```

在系统编译过程中,会由目录. /src/modules/mavlink 中的工具 mavlinkmavgenerate. py 生成消息对应的源码文件 mavlink_msg_test_message. h,保存于. /build/px4_sitl_ default/mavlink/common 目录下。

2. 发送 Mavlink 消息

Mavlink 消息在 PX4 系统中是以"流"形式发送和接收的,发送自定义 Mavlink 消息需完成 Mavlink 流定义、注册和配置这三步。

1)定义 Mavlink 流。在目录. /src/modules/mavlink/streams 下新建头文件 TEST_ MESSAGE. hpp,用于添加继承自 MavlinkStream 的类,其源码如下。

例 6.1 TEST_MESSAGE. hpp 源码

```
#ifndef TEST_MESSAGE_HPP
#define TEST_MESSAGE_HPP
#include <uORB/topics/test_topic. h>
class MavlinkStreamTestMessage : public MavlinkStream                          (1)
{
public:
    static MavlinkStream * new_instance(Mavlink * mavlink)
    {
        return new MavlinkStreamTestMessage(mavlink);
    }
    static constexpr const char * get_name_static() { return "TEST_MESSAGE"; }   (2)
    static constexpr uint16_t get_id_static() { return MAVLINK_MSG_ID_TEST_MESSAGE; }  (3)
    const char * get_name() const override { return get_name_static(); }
    uint16_t get_id() override { return get_id_static(); }
    unsigned get_size() override
    {
        return _test_sub. advertised() ? (MAVLINK_MSG_ID_TEST_MESSAGE_LEN +
                              MAVLINK_NUM_NON_PAYLOAD_BYTES) : 0;
    }
private:
    explicit MavlinkStreamTestMessage(Mavlink * mavlink) : MavlinkStream(mavlink) {}
    uORB::Subscription _test_sub{ORB_ID(test_topic_x)};
    bool send() override                                                         (4)
    {
        test_topic_s test_data;
        if (_test_sub. update(&test_data))
        {
            mavlink_test_message_t msg{};
```

```
            msg. data = test_data. timestamp;
            mavlink_msg_test_message_send_struct(_mavlink->get_channel(), &msg);
            return true;
        }
        return false;
    }
};
#endif
```

（1）Mavlink 流是由 MavlinkStream 类定义的，自定义的流都应从该类派生，用户可模仿某个 Mavlink 流类进行编写。

（2）获取流名称，后续配置流需要使用该名称。

（3）获取 Mavlink 消息 ID，宏 MAVLINK_MSG_ID_TEST_MESSAGE 是由消息定义文件生成的，此处使用空闲的消息 ID_200。

（4）发送某个 Mavlink 流实际就是调用 send 函数。该函数一般就是等待并更新某个 uORB 主题，将 uORB 数据转为 Mavlink 消息数据，并调用 Mavlink 源码文件中自动生成的函数 mavlink_msg_xxx_send_struct 将消息发送出去，其中的"xxx"表示消息文件规定的消息名称（自动转为小写）。此处的消息发送函数为 mavlink_msg_test_message_send_struct。

2）注册 Mavlink 流。注册 Mavlink 流就是向 mavlink_messages. cpp 中的 StreamListItem 类型常量数组 streams_list 添加元素。添加元素是通过 create_stream_list _item 函数实现的，函数模板参数是 Mavlink 流的类名。该函数实际是封装了 Mavlink 流的实例化、get_name_static、get_id_static 等函数的指针。对于上述自定义 Mavlink 流，首先需要引入头文件"streams/TEST_MESSAGE. hpp"，然后添加如下数组元素。

```
#if defined(TEST_MESSAGE_HPP)
    create_stream_list_item<MavlinkStreamTestMessage>(),
#endif
```

3）配置 Mavlink 流。源码文件 mavlink_main. cpp 中的函数 configure_streams_to_ default 用于配置 Mavlink 流以及期望的流发送速率。用户需根据配置的 Mavlink 模式调用函数 configure_stream_local 实现期望的配置。

```
case MAVLINK_MODE_ONBOARD:                                              (1)
    configure_stream_local("TIMESYNC", 10. 0f);
    configure_stream_local("CAMERA_TRIGGER", unlimited_rate);
    （中间内容略）
    configure_stream_local("TEST_MESSAGE", unlimited_rate);            (2)
break;
```

（1）飞控固件默认的 Mavlink 模式是 MAVLINK_MODE_NORMAL，仿真固件默认的 Mavlink 模式是 MAVLINK_MODE_ONBOARD。

（2）configure_stream_local 是在 configure_streams_to_default 内部定义的 lambda 函数，其参数 stream_name 为 Mavlink 流名称，即 Mavlink 流类的函数 get_name_static 的返回值；参数 rate 为期望的流发送速率，单位为 Hz，unlimited_rate 表示不限制流发送速率。

4）测试。继续使用示例 5.1 作为测试程序。应用程序在启动后会不停发布 uORB 主题 test_topic_x,在完成前述 Mavlink 消息发送准备工作后,Mavlink 模块会定期检查 uORB 主题并按配置的流速率将相应的 Mavlink 消息发送出去。地面站接收到飞控系统发出的消息后会进行相应的处理,如需查看或处理自定义的消息,需对地面站做相应的修改。这里使用 mavlink status streams 命令查看系统中正在运行的 Mavlink 消息,可以在 Mavlink♯1 实例中查看到如下自定义的 Mavlink 流 TEST_MESSAGE。

```
pxh>mavlink status streams
instance ♯0：
    （中间内容略）
instance ♯1：
    Name                    Rate Config（current）[Hz]          Message Size（if active）[B]
    HEARTBEAT               1.00（1.000）                        21
    STATUSTEXT              20.00（2.901）                       66
    （中间内容略）
    TEST_MESSAGE            unlimited                           20
```

6.2.3　实时显示 Mavlink 数据

地面站可以实时查看 PX4 系统发送的 Mavlink 消息,但仅支持官方定义的标准 Mavlink 消息,如无人机当前位置、舵面偏度等数据。本书第 4 章曾指出,PX4 系统内置了四种用于传递调试数据的 uORB 主题,默认情况下,Mavlink 模块会定期获取这些 uORB 主题的数据并发送给地面站,地面站提供了实时查看这些消息的界面。下面运行示例程序 4.4,可在地面实时查看 uORB 主题 debug_vect 数据的时间历程曲线,操作步骤如图 6-1 所示。

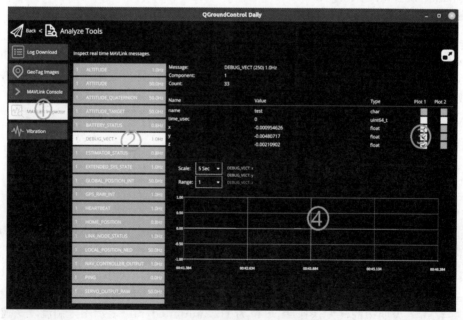

图 6-1　实时查看 Mavlink 数据

6.2.4　事件接口

本书的第一个示例程序就给出了用于调试的日志函数 PX4_INFO,并介绍了其他不同等级的日志函数,这些日志函数是用于向 NSH 终端输出信息。与此类似,PX4 系统还提供了不同等级的事件接口,详见 ./platforms/common/include/px4_platform_common/events.h,用于将 PX4 系统发生的事件通过 Mavlink 协议发送给地面站,地面站接收到这些信息后以文字和/或声音的形式显示出来。事件接口函数原型如下。

```
template<typename... Args>
void send(uint32_t id, const LogLevels &log_levels, const char * message, Args... args)
```

- 模板参数:指明需要传递的变量的类型,如 uint32_t 等。
- 参数:id 为事件 ID,通常使用函数 events::ID(event_name)生成。需要指出的是,在整个 PX4 系统中事件 ID 必须是唯一的,一般都是以模块名称作为前缀。log_levels 为事件级别,通常使用 events::Log::LogLevel 来构造对象。LogLevel 按重要性降序排列,包括 Emergency、Alert、Critical、Error、Warning、Notice、Info、Debug、Protocol、Disabled。message 为需要传递的消息,可以包含变量占位符,按变量的先后顺序,占位符为{1}、{2}…。
- 说明:事件接口是在命名空间 events 下定义的,因此使用时需要指明命名空间。

这里给出一个测试程序,测试地面站发送命令消息"切换飞行模式"。PX4 系统接收到该消息后会将其解包,并通过 uORB 主题 vehicle_command(飞机命令)将命令发布出去,相关的模块接收到 uORB 数据更新后会进行相应的处理。

下面对数据类型 vehicle_command_s 进行简要介绍,它是由 uORB 主题 vehicle_command 自动生成的。

```
struct vehicle_command_s
{
    uint64_t timestamp;
    double param5;                                              (1)
    double param6;
    float param1;
    float param2;
    float param3;
    float param4;
    float param7;
    uint16_t command;                                          (2)
    uint8_t target_system;                                     (3)
    uint8_t target_component;
    uint8_t source_system;
    uint8_t source_component;
    uint8_t confirmation;
```

```
    bool from_external；
    uint8_t _padding0[2]；
    static constexpr uint16_t VEHICLE_CMD_CUSTOM_0 = 0；
    static constexpr uint16_t VEHICLE_CMD_CUSTOM_1 = 1；
    static constexpr uint16_t VEHICLE_CMD_CUSTOM_2 = 2；
    static constexpr uint16_t VEHICLE_CMD_NAV_WAYPOINT = 16；
（剩余常量省略）
}
```

（1）命令所使用的参数，如"自动起飞"命令的参数 param1～param7 分别表示最小俯仰角、空参数、当前偏航角、纬度、经度、高度。

（2）命令 ID，从该结构体的常量 VEHICLE_CMD_XXX 中取值。例如，VEHICLE_CMD_NAV_TAKEOFF 表示"自动起飞"命令。结构体中的命令 ID 是 Mavlink 枚举变量 MAV_CMD 的子集，与其是兼容的。不同命令 ID 及其命令参数的含义可以通过 uORB 消息定义文件 vehicle_command.msg 或者枚举变量 MAV_CMD 的注释来查看。

（3）源/目标系统的系统/组件 ID。使用系统/组件 ID 可以区分不同的 Mavlink 系统设备。例如，所谓的"一站多机"就是同一地面站向不同的无人机发送命令，就是通过 ID 来区分不同无人机。对于地面站发送的消息，地面站是 Mavlink 源系统，飞控是目标系统。

下面的示例代码是在示例 4.4 代码基础上修改，源码文件 test_app_main.h 主要修改了一些头文件和类内私有变量；源码文件 test_app_main.cpp 主要修改类内函数 init 和 Run，修改后的源码如下。

例 6.2a　test_app_main.h 源码

```
#pragma once
#include <px4_platform_common/module.h>
#include <px4_platform_common/px4_work_queue/WorkItem.hpp>
#include <uORB/SubscriptionCallback.hpp>
#include <uORB/topics/vehicle_command.h>
class TestApp : public ModuleBase<TestApp>, public px4::WorkItem
{
public：
    …（公有接口源码省略，与例 4.4 相同）
private：
    uORB::SubscriptionCallbackWorkItem vehicle_command_sub{this, ORB_ID(vehicle_command)}；
                                                                                    (1)
    vehicle_command_s vcmd{}；
};
```

（1）当 uORB 主题 vehicle_command 发生更新（也即地面站向 PX4 系统发送更改飞行模式请求）时，会触发类内 Run 函数的执行。

例 6.2b　test_app_main.cpp 源码

```
#include "test_app_main.h"
#include <px4_platform_common/events.h>                                              (1)
```

```
extern "C" __EXPORT int test_app_main(int argc, char * argv[]);
TestApp::TestApp() : px4::WorkItem(MODULE_NAME, px4::wq_configurations::test) {}
void TestApp::init()
{
    vehicle_command_sub.registerCallback();
}
void TestApp::Run()
{
    if (should_exit())
    {
        vehicle_command_sub.unregisterCallback();
        exit_and_cleanup();
        return;
    }
    if (vehicle_command_sub.update(&vcmd))
    {
        events::send<uint32_t>(events::ID("mymodule_test"), events::Log:: Warning,
                    "vehicle command is {1}", vcmd.command);               (2)
    }
}
…(以下源码省略,与例 4.4 相同)
```

(1)事件接口需要使用的头文件。

(2)程序的主要功能就是利用事件接口将当前任务指令显示出来。设置飞行模式的命令 ID 为 VEHICLE_CMD_DO_SET_MODE,其值为 176。

通过地面站切换飞行模式如图 6-2 所示,图中同时给出了事件输出信息的显示位置。通过命令启动测试程序后,地面站以红色字符显示任务指令 ID,同时播报相关的语音提示。

图 6-2　地面站切换飞行模式及打印日志

6.3　实　现　原　理

本章 6.1 节中指出，Mavlink 模块主要由底层模块和上层模块组成，下面分别予以介绍。

6.3.1　底层 Mavlink 模块

底层 Mavlink 模块是一个只由头文件组成的轻量级信息集库。PX4 系统目前使用的 Mavlink 的版本为 V2.0，在子目录 ./build/XXX/mavlink 中定义了此版本协议所有的头文件。在其 ./common 和 ./development 子目录中以字符串"mavlink_msg_"开头的每一个头文件都对应一条 Mavlink 的消息。

1. Mavlink 消息帧定义

在 mavlink_types. h 源码文件中定义了 Mavlink 消息帧的具体格式。Mavlink 协议设计的目标是具有一定的传输速度和安全性，它允许检查消息内容和检测消息是否丢失，但额外字节开销又很少。Mavlink 消息帧通常包含通信协议的帧头、实际载荷、帧尾校验等。其中，每个消息帧需要 9 字节帧头以及两字节帧尾校验。消息帧具体定义及格式说明（见表 6 - 1）如下。

```
struct __mavlink_message
{
    uint16_t checksum;
    uint8_t magic;
    uint8_t len;
    uint8_t incompat_flags;
    uint8_t compat_flags;
    uint8_t seq;
    uint8_t sysid;
    uint8_t compid;
    uint32_t msgid : 24;
    uint64_t payload64[(MAVLINK_MAX_PAYLOAD_LEN +
                        MAVLINK_NUM_CHECKSUM_BYTES + 7) / 8];
    uint8_t ck[2];
    uint8_t signature[MAVLINK_SIGNATURE_BLOCK_LEN];
}
```

表 6 - 1　Mavlink 消息帧格式说明

名　　称	字节位	内　容	说　　　明
STX	0	起始标志	在 V2.0 版本中以"FD"作为起始标志，即一帧数据由"FD"起始直到下一个"FD"出现为止
LEN	1	载荷长度	有效载荷的字节长度，范围为 0～255

续表

名　称	字节位	内　容	说　明
INCOMPAT	2		与 COMPAT 一样,都是 V2.0 版本新增加的,用于数据签名
COMPAT	3		
SEQ	4	消息帧序号	每发一个消息,该字节内容会加 1,加到 255 后会从 0 重新开始。该序号用于计算消息丢失比例,相当于信号强度
SYS	5	系统 ID	PX4 系统默认为 1。系统 ID 和下面的组件 ID 一起用于区分不同的 Mavlink 系统设备
COMP	6	组件 ID	PX4 系统默认为 1
MSG	7～9	消息 ID	MSG 由消息 ID 移位拼接组成。每一条 Mavlink 消息都具有系统唯一的消息 ID,用于确定有效载荷到底存放了什么消息包。Mavlink 消息的打包、解包等工作均依赖消息 ID
PAYLOAD	10～N+10	有效载荷数据	真正有效的载荷数据,其内容取决于消息 ID
CK	N+11～N+12	校验和	16 位的校验码

2. Mavlink 消息发送

下面以 PX4 系统常用的标准消息飞机姿态"ATTITUDE"为例讨论 Mavlink 消息是如何发送的,详细过程见 ./common/mavlink_msg_attitude.h。通常情况下,上层 Mavlink 模块会调用形如"mavlink_msg_xxx_send_struct"的函数发送 Mavlink 消息,其中:参数 mavlink_channel_t 表示 Mavlink 通道,用于区分不同 Mavlink 实例;参数 mavlink_xxx_t 表示 Mavlink 有效载荷数据。函数最终转换为调用 Mavlink 库函数_mav_finalize_message_chan_send。

```
static inline void mavlink_msg_attitude_send_struct(mavlink_channel_tchan, const mavlink_attitude_t *
attitude)
{
    _mav_finalize_message_chan_send (chan, MAVLINK_MSG_ID_ATTITUDE, (const char * )
                    attitude, MAVLINK_MSG_ID_ATTITUDE_MIN_LEN,
                    MAVLINK_MSG_ID_ATTITUDE_LEN,
                    MAVLINK_MSG_ID_ATTITUDE_CRC);
}
```

当使用 Mavlink 协议提供的方法封装消息包时,会根据使用的 MSG 获取该消息的 LEN 信息,同时 PX4 系统会根据自身状态填写 SYS 和 COMP 信息。封装函数会自动添加消息帧头 STX,并在上一帧的 SEQ 上加 1 作为本帧的 SEQ,当 SEQ 的值超过 255 时归零重新开始计数。CK 值会在 PAYLOAD 信息写入后计算。库函数位于 ./mavlink/mavlink_ helpers. h,其中函数_mav_finalize_message_chan_send 用于实际发送 Mavlink 消息。

```
void _mav_finalize_message_chan_send(mavlink_channel_t chan, uint32_t msgid, const char * packet,
                        uint8_t min_length, uint8_t length, uint8_t crc_extra)
{
    uint16_t checksum;
    uint8_t buf[MAVLINK_NUM_HEADER_BYTES];
    uint8_t ck[2];
    mavlink_status_t * status = mavlink_get_channel_status(chan);                    (1)
    uint8_t header_len = MAVLINK_CORE_HEADER_LEN;
    uint8_t signature_len = 0;
    uint8_t signature[MAVLINK_SIGNATURE_BLOCK_LEN];
    bool mavlink1 = (status->flags & MAVLINK_STATUS_FLAG_OUT_MAVLINK1) ! = 0;
    bool signing = (!mavlink1) && status->signing && (status->signing->flags &
                MAVLI-NK_SIGNING_FLAG_SIGN_OUTGOING);
    uint8_t incompat_flags = 0;
    length = _mav_trim_payload(packet, length);                                      (2)
    buf[0] = MAVLINK_STX;                                                            (3)
    buf[1] = length;
    buf[2] = incompat_flags;
    buf[3] = 0;
    buf[4] = status->current_tx_seq;
    buf[5] = mavlink_system. sysid;
    buf[6] = mavlink_system. compid;
    buf[7] = msgid & 0xFF;
    buf[8] = (msgid>> 8) & 0xFF;
    buf[9] = (msgid>> 16) & 0xFF;
    status->current_tx_seq++;
    checksum = crc_calculate((const uint8_t * )&buf[1], header_len);                 (4)
    crc_accumulate_buffer(&checksum, packet, length);
    crc_accumulate(crc_extra, &checksum);
    ck[0] = (uint8_t)(checksum & 0xFF);
    ck[1] = (uint8_t)(checksum >> 8);
    MAVLINK_START_UART_SEND(chan, header_len + 3 + (uint16_t)length +
                            (uint16_t)signature_len);                               (5)
    _mavlink_send_uart(chan, (const char * )buf, header_len + 1);                   (6)
    _mavlink_send_uart(chan, packet, length);
    _mavlink_send_uart(chan, (const char * )ck, 2);
    MAVLINK_END_UART_SEND(chan, header_len + 3 + (uint16_t)length +
                            (uint16_t)signature_len);                               (7)
}
```

(1)函数 mavlink_get_channel_status 由用户定制,即由上层模块提供,用于获取

Mavlink 状态。PX4 系统返回指向初始为空的结构体指针。

（2）移除有效任务载荷尾部的零,减轻负载。

（3）按照协议的消息帧格式填充帧头,存储于数组 buf 中。其中,载荷长度以及消息 ID 由待发送消息的预设值确定;每发送一个消息,消息帧序号自动加 1;系统 ID 以及组件 ID 由 PX4 系统确定,默认均为 1。

（4）计算校验码,并将结果存储到数组 ck 中,其中 ck[0] 为校验码的高 8 位,ck[1] 为校验码的低 8 位。校验码采用 CRC 校验算法,该算法比较常用,这里不再赘述。

（5）函数 MAVLINK_START_UART_SEND、_mavlink_send_uart 以及 MAVLINK_END_UART_SEND 均由上层模块提供。以串口设备为例（下同）,MAVLINK_START_UART_SEND 表示用于开始发送,其功能是申请信号量用于临界区保护。

（6）_mavlink_send_uart 用于通过硬件设备将 Mavlink 消息发送出去。

（7）对于串口设备,函数 MAVLINK_END_UART_SEND 表示结束发送,其功能是释放发送开始函数申请的信号量以退出临界区。

3. Mavlink 消息解析

Mavlink 库提供的消息解析函数为 mavlink_parse_char,其描述如下。

```
uint8_t mavlink_parse_char(uint8_t chan, uint8_t c, mavlink_message_t * r_message,
                           mavlink_status_t * r_mavlink_status)
```

· 功能:逐字节解析从硬件设备获取的数据。

· 参数:chan 为 Mavlink 通道;c 为从硬件设备获取的字节;r_message 用于存储解析得到的 Mavlink 消息帧;r_mavlink_status 是由 PX4 系统提供的 Mavlink 状态获取函数,用于由解析函数标记当前正在解析的阶段、已解析的字节等状态信息。

· 返回值:解析未完成前函数返回假,中间结果保存在 PX4 系统提供的缓冲区中,解析完成后会获取到完整的消息帧并返回真。

与消息发送过程相反,解析函数按消息帧要求从获取到"FD"开始逐字节进行,首先从一帧数据中解析出起始位 STX,接下来分别解析其数据长度 LEN、消息序列 SEQ、消息 SYS 和 COMP,并对除去帧头外的其余数据进行校验,将计算所得校验位和接收数据包的校验位进行比较以判断解析是否正确。过程中每一步都会记录当前解析的阶段等信息（保存到 PX4 系统提供的缓冲区中）,以判断用户当前提供字节的实际含义。函数源码的实现过程就不再详述,请读者自行查阅相关源码。

解析完成后的消息存放到结构体 mavlink_message_t 类型变量中,应用程序根据结构体成员变量 msgid(消息 ID)调用对应消息源码文件中的函数"mavlink_msg_xxx_decode",以提取实际的有效载荷。仍以标准消息飞机姿态"ATTITUDE"为例,就是调用函数 mavlink_msg_attitude_decode 将 mavlink_message_t 类型的 Mavlink 消息帧转为 mavlink_attitude_t 类型的飞行器姿态数据。

6.3.2　上层 Mavlink 模块

1. 概述

在启动脚本 rcS 中默认会调用子脚本文件 rc. serial_port,该脚本由源码工具 ./Tools/serial/generate_config.py 自动生成。启动数传 1 通道 Mavlink 实例的命令如下。

```
mavlink start - d /dev/ttyS1
```

上层 Mavlink 模块入口函数见文件 mavlink_main.cpp，启动过程中的函数调用关系及函数简单说明如图 6-3 所示。

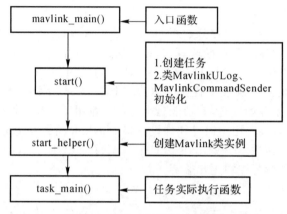

图 6-3　Mavlink 模块启动流程

Mavlink 模块包括发送和接收两个方向，Mavlink 模块启动后会创建任务和线程对消息进行收发管理，发送任务（即图 6-3 中创建的任务）以固定周期运行，接收线程（由发送任务创建）由监视的设备文件触发执行。

2. 发送任务

Mavlink 模块发送任务的实际执行函数为 task_main，按照 PX4 系统默认的配置，函数完成的主要工作如图 6-4 所示，其中循环周期是通过延时函数控制的。

从图 6-4 中可以看出，发送任务最重要的工作就是配置并发送 Mavlink 流，下面的讨论主要围绕这项工作。Mavlink 流的发送大致需要经历定义、注册、配置和发送等步骤。

```
List<MavlinkStream * > _streams
```

1）Mavlink 流定义。系统中 Mavlink 流定义见目录 ./src/modules/mavlink/streams 中的头文件，每个头文件与每一条 Mavlink 流对应。Mavlink 流是基类 MavlinkStream 的派生类。例如，飞机姿态流是 MavlinkStreamAttitude 类，对应的头文件是 ATTITUDE. hpp。

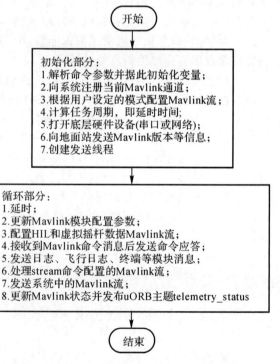

图 6-4　Mavlink 模块发送任务总体运行流程

MavlinkStream 类是所有 Mavlink 流的基类,它规定了 Mavlink 流统一的接口函数,包括消息 ID、消息名称、消息大小、发送频率、实际发送函数等。所有 Mavlink 流都继承自 MavlinkStream 类,需要实现各自的 get_name_static、get_id_static、new_instance、send 等函数。在发送实际消息时使用基类 MavlinkStream 的指针指向实际的子类对象,然后通过该指针来统一发送消息。

2)注册 Mavlink 流。在文件 mavlink_messages.cpp 中定义了 StreamListItem 类型的数组变量 streams_list,该变量存储了系统中所有的 Mavlink 流信息,用户定义的流首先需要向该数组"注册"才能被系统识别。StreamListItem 类的定义如下。

```
class StreamListItem
{
public：
    MavlinkStream * ( * new_instance)(Mavlink * mavlink);
    const char * name;
    uint16_t id;
    StreamListItem (MavlinkStream * ( * inst)(Mavlink * mavlink), const char * _name, uint16_t _id) :
                new_instance(inst), name(_name), id(_id) {}
    const char * get_name() const { return name; }
    uint16_t get_id() const { return id; }
};
```

其构造函数用于传递 Mavlink 流对象指针、流名称和消息 ID;接口 get_name 用于获取流名称;get_id 用于获取流对应的 Mavlink 消息 ID。

注册 Mavlink 流是向数组 stream_list 中添加 StreamListItem 类型的元素,PX4 系统提供了添加元素的接口 create_stream_list_item。

```
template <class T>
static StreamListItem create_stream_list_item()
{
    return StreamListItem(&T::new_instance, T::get_name_static(), T::get_id_static());
}
```

实际上是通过调用 StreamListItem 类的构造函数向 PX4 系统注册 Mavlink 流,这里采用可变模板参数实现不同对象行为的统一管理,其中模板参数 T 是 Mavlink 流定义类;函数 new_instance 用于创建 Mavlink 流实例,并返回指向对象的指针。可以看出,注册 Mavlink 流实质就是创建 Mavlink 流并将其添加至系统流列表中。

3)配置 Mavlink 流。在 Mavlink 模块中使用 MavlinkStream 类型的指针链表_streams 维护目前系统中所有"活跃"的 Mavlink 流,所谓配置 Mavlink 流实际就是向该链表添加元素,添加的具体方法见头文件 mavlink_main.h。任务的初始化过程中会调用函数 configure_streams_to_default 用于配置 Mavlink 流,即向链表_streams 中添加 Mavlink 流对象指针,函数调用关系如图6-5所示。

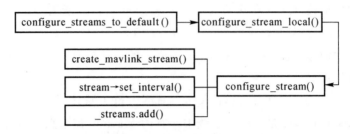

图6-5　函数调用关系图

函数 configure_streams_to_default 的 switch 语句会根据用户设置的 Mavlink 模式配置不同的 Mavlink 流,其调用的函数 configure_stream_local 最终会调用函数 configure_stream 用于添加 Mavlink 流并配置其发送速率。函数 configure_stream 的源码如下。

```
int Mavlink::configure_stream(const char * stream_name, const float rate)        (1)
{
    int interval = 0;                                                            (2)
    if (rate > 0.000001f)
    {
        interval = (1000000.0f / rate);
    }
    for (const auto &stream : _streams)                                          (3)
    {
        if (strcmp(stream_name, stream->get_name()) == 0)
        {
            if (interval != 0)
            {
                stream->set_interval(interval);
            }
            else
            {
                _streams.deleteNode(stream);
                return OK;
            }
            return OK;
        }
    }
    MavlinkStream * stream = create_mavlink_stream(stream_name, this);            (4)
    if (stream != nullptr)
    {
```

```
        stream->set_interval(interval);                                    (5)
        _streams. add(stream);                                             (6)
        return OK;
    }
}
```

（1）函数参数 stream_name 表示流名称；rate 表示发送速率（单位为 Hz，使用参数值 unlimited_rate 表示不限制速率）。

（2）将发送速率转换为发送时间间隔 interval。

（3）通过循环优先从活跃流列表 _streams 中搜索待配置的流是否存在，如果存在则直接配置其发送速率。

（4）根据流名称从列表 streams_list 中搜索待配置的流，即搜索系统流列表中的 Mvlink 流，此处会通过 new_instance 函数创建流对象实例。

（5）配置流速率。

（6）将待配置的流添加至活跃流列表 _streams 中。

4）发送 Mavlink 流。在发送任务的主循环中，定期通过如下源码遍历活跃流列表 _stream 并发送 Mavlink 流。

```
for (const auto & stream : _streams)
{
    stream->update(t);
}
```

函数 update 会在流配置的时间间隔到达的情况下，调用流类的 send 函数发送 Mavlink 消息。

```
int MavlinkStream::update(const hrt_abstime & t)
{
    update_data();
    if (_last_sent == 0)                                                   (1)
    {
        if (send())                                                        (2)
        {
            _last_sent = hrt_absolute_time();
            if (!_first_message_sent)
            {
                _first_message_sent = true;
            }
        }
        return 0;
    }
    int64_t dt = t - _last_sent;                                           (3)
    int interval = (_interval > 0)? _interval : 0;
```

```
    if (!const_rate())
    {
        interval /= _mavlink->get_rate_mult();
    }
    const bool unlimited_rate = interval < 0;
    if (unlimited_rate || (dt > (interval - (_mavlink->get_main_loop_delay()/10) * 3)))    (4)
    {
        if (send())
        {
            _last_sent = ((interval > 0) && ((int64_t)(1.5f * interval) > dt)) ?
                            _last_sent + interval : t;                                       (5)
            if (!_first_message_sent)
            {
                _first_message_sent = true;
            }
            return 0;
        }
    }
    return -1;
}
```

（1）判断消息为首次发送，立即调用 send 函数发送此消息，并记录发送时刻。

（2）调用类内 send 函数发送 Mavlink 消息，MavlinkStream 类的 send 函数是纯虚函数，由具体类实现，一般是从 uORB 主题获取待发送的数据，并调用底层 Mavlink 模块提供的发送接口将数据发送出去。

（3）计算当前发送时刻与上次发送时刻的时间间隔。

（4）检查流配置的间隔时间是否达到，如果间隔时间达到或者超过 Mavlink 模块整体发送间隔的 30%，则调用 send 函数发送数据。

（5）如果 Mavlink 流设定的时间间隔不为零，并且 dt 小于时间间隔的 1.5 倍，则不适用当前时刻作为发送时刻，而是采用固定间隔递增发送时刻，这样可以避免计算的平均速率出现异常。

3. 接收线程

mavlink_receiver.cpp 中的接收线程用于解析地面站发送的 Mavlink 消息。线程的执行函数为 run，其总体运行流程是通过 poll 函数监视底层硬件驱动文件，读取底层硬件传输的数据，调用底层库函数 mavlink_parse_char 将数据解析为 Mavlink 消息，调用函数 handle_message 处理一般的 Mavlink 消息，并通过专用类提供的接口处理飞行任务参数、配置参数、飞行日志等模块的相关消息，其总体运行流程如图 6-6 所示。

在 MavlinkReceiver 线程接收到一条 mavlink_message_t 类型消息之后，并没有将其转换为不同类型的具体消息，而是将消息顺序交给不同模块的处理程序进行分析，如果消息类型符合当前模块功能的需要，则继续处理，否则直接抛弃。通用的消息由 MavlinkReceiver

类内的函数 handle_message 根据消息 ID 调用相应的处理函数 handle_message_xxx 进行处理。

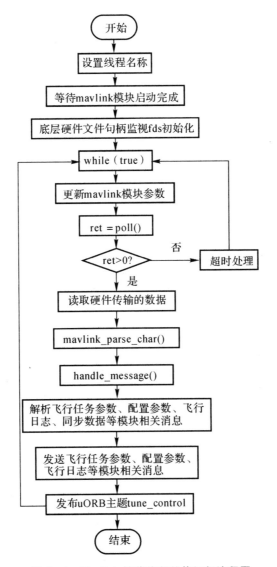

图 6-6　Mavlink 接收线程总体运行流程图

通常情况下,函数 handle_message_xxx 将解析出来的 Mavlink 消息转化为 uORB 消息供给 PX4 系统在内部传递。以地面站发送的"设置飞行模式"消息为例,函数 handle_message_set_mode 用于处理该消息,其源码如下。

```
void MavlinkReceiver::handle_message_set_mode(mavlink_message_t * msg)
{
    mavlink_set_mode_t new_mode;
    mavlink_msg_set_mode_decode(msg, &new_mode);
    union px4_custom_mode custom_mode;
```

```
    custom_mode.data = new_mode.custom_mode;
    vehicle_command_s vcmd{};
    vcmd.timestamp = hrt_absolute_time();
    vcmd.param1 = (float)new_mode.base_mode;
    vcmd.param2 = (float)custom_mode.main_mode;
    vcmd.param3 = (float)custom_mode.sub_mode;
    vcmd.command = vehicle_command_s::VEHICLE_CMD_DO_SET_MODE;
    vcmd.target_system = new_mode.target_system;
    vcmd.target_component = MAV_COMP_ID_ALL;
    vcmd.source_system = msg->sysid;
    vcmd.source_component = msg->compid;
    vcmd.confirmation = true;
    vcmd.from_external = true;
    _cmd_pub.publish(vcmd);
}
```

处理函数将接收到的 Mavlink 消息（消息 ID：MAVLINK_MSG_ID_SET_MODE）转为 uORB 消息 vehicle_command 并发布，相关应用程序接收到这一 uORB 消息后会进行飞行模式切换。

最后对 Mavlink 模块多通道进行简单说明。在 mavlink_main.cpp 中维护了 mavlink 类实例指针数组 mavlink_module_instances，通过 start 命令启动的每个 mavlink 通道（最多支持 6 个通道）都是数组中的一个元素。虽然各通道调用的函数只有一份且功能相同，但各通道都会创建属于自己的任务、线程以及活跃流链表_stream，彼此之间相互独立，因此，各通道发送的 Mavlink 消息是可以独立配置的。

6.3.3 特殊消息传输模块

本书前面章节讨论的 Mavlink NSH 终端、飞行任务参数、配置参数、飞行日志等功能与地面站的信息交互是通过特殊 Mavlink 消息或模块进行处理的。下面着重分析用户经常使用的飞行任务参数和配置参数传输的实现，有兴趣的读者可以自行查阅其余功能的相关源码。

1. 飞行任务参数传输

MavlinkMissionManager 类主要用于地面站与 PX4 系统之间传输与飞行任务参数（任务航路点、地理围栏顶点、预置安全点）相关的 Mavlink 消息，包括上传与下载两个方向。通常情况下，用户使用地面站规划飞行任务，并通过 Mavlink 协议将这些任务参数上传至 PX4 系统，PX4 系统将接收到的飞行参数保存到 SD 卡中供自动飞行时使用。此外，地面站还可以根据需要将 PX4 系统中已保存的任务参数下载到本地、清除 PX4 系统中任务参数等。

飞行任务参数是由多个任务（航点）构成的列表，地面站会将该列表按 Mavlink 协议打包上传给 PX4 系统，整个处理过程包括以下几个步骤。

1) 地面站发送任务参数数量，PX4 系统接收到数据包后会请求地面站发送第一个航点任务。

2）地面站接收到请求包后，将任务信息发送给 PX4 系统，PX4 系统接收到任务信息后再次发送下一航点任务信息请求包，持续循环。

3）PX4 系统接收完所有任务信息后，发送任务确认包，此时整个任务参数列表传输完成。

PX4 系统接收地面站上传飞行任务参数的源码实现流程如图 6-7 所示。

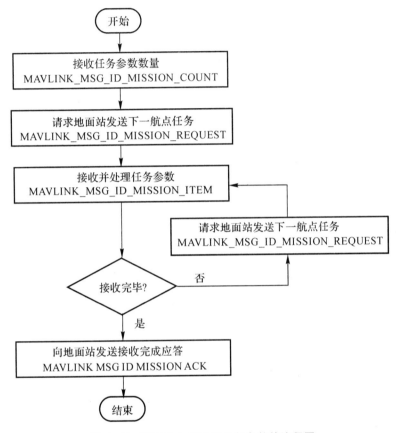

图 6-7　地面站上传飞行任务参数的流程图

下面给出接收并处理任务参数的处理过程，MavlinkMissionManager 类内函数 handle_mission_item 通过调用函数 handle_mission_item_both 处理从地面站发送的任务参数，其源码如下。

```
void MavlinkMissionManager::handle_mission_item_both(const mavlink_message_t * msg)
{
    mavlink_mission_item_t wp;
    mavlink_msg_mission_item_decode(msg, &wp);                              (1)
    if (CHECK_SYSID_COMPID_MISSION(wp))
    {
        if (_state == MAVLINK_WPM_STATE_GETLIST)
```

```
    {
       _time_last_recv = hrt_absolute_time();
    }
    struct mission_item_smission_item = {};
    int ret = parse_mavlink_mission_item(&wp, &mission_item);                    (2)
    switch (_mission_type)
    {
    case MAV_MISSION_TYPE_MISSION:
    {
        dm_item_tdm_item = _transfer_dataman_id;
        dm_write(dm_item, wp. seq, DM_PERSIST_POWER_ON_RESET, &mission_item, sizeof
                (struct mission_item_s)) != sizeof(struct mission_item_s);        (3)
        if (wp. current)
        {
            _transfer_current_seq = wp. seq;
        }
    }
    break;
    case MAV_MISSION_TYPE_FENCE:
    {
        (源码略,处理地理围栏参数)
    }
    break;
    case MAV_MISSION_TYPE_RALLY:
    {
        (源码略,处理安全点参数)
    }
    break;
    default:
    break;
    }
    if (wp. current)
    {
        _transfer_current_seq = wp. seq;
    }
    _transfer_seq = wp. seq + 1;                                                  (4)
    if (_transfer_seq == _transfer_count)                                        (5)
    {
        ret = 0;
```

```
switch (_mission_type)
{
case MAV_MISSION_TYPE_MISSION:
    ret = update_active_mission(_transfer_dataman_id, _transfer_count, _transfer_current_seq);  （6）
    break;
case MAV_MISSION_TYPE_FENCE:
    ret = update_geofence_count(_transfer_count);
    break;
case MAV_MISSION_TYPE_RALLY:
    ret = update_safepoint_count(_transfer_count);
    break;
default:
    break;
}
switch_to_idle_state();
if (ret == PX4_OK)
{
    send_mission_ack(_transfer_partner_sysid, _transfer_partner_compid,
                MAV_MISSION_ACCEPTED);
}
    _transfer_in_progress = false;
}
else                                                                            （7）
{
    send_mission_request(_transfer_partner_sysid, _transfer_partner_compid, _transfer_seq);
}
    }
}
```

（1）调用 Mavlink 库函数将 Mavlink 消息解析为 mavlink_mission_item_t 类型。

（2）将 mavlink_mission_item_t 类型的 Mavlink 消息转换为 mission_item_s 类型的飞行任务参数。

（3）将飞行参数写入 SD 卡中。

（4）当前传输的任务序号加1,准备继续传输下一任务点。

（5）变量_transfer_seq 等于_transfer_count(当前传输的任务序号等于总任务点数)表示传输完毕。

（6）函数 update_active_mission 主要完成两项工作:更新 SD 卡飞行任务参数数量信息和发布 uORB 主题 mission。

（7）如果传输未完成,则向地面站请求发送下一任务点参数。

2. 配置参数传输

MavlinkParametersManager 类主要负责处理地面站与 PX4 系统之间关于配置参数相关功能的交互,主要包括处理请求参数列表、设置参数、读取参数等功能。下面以地面站修改配置参数为例,说明其实现过程。

```
void MavlinkParametersManager::handle_message(const mavlink_message_t * msg)
{
    switch（msg->msgid）
    {
    case MAVLINK_MSG_ID_PARAM_REQUEST_LIST：
    {
        （地面站请求 PX4 系统发送配置参数列表,源码略）
    }
    case MAVLINK_MSG_ID_PARAM_SET：                                          (1)
    {
        mavlink_param_set_t set；
        mavlink_msg_param_set_decode(msg，&set)；                           (2)
        if (set. target_system == mavlink_system. sysid &&
          (set. target_component == mavlink_system. compid ||
           set. target_component == MAV_COMP_ID_ALL))
        {
            char name[MAVLINK_MSG_PARAM_VALUE_FIELD_PARAM_ID_LEN + 1]；
            strncpy(name, set. param_id, MAVLINK_MSG_PARAM_VALUE_FIELD_PARAM_ID_LEN)；
            name[MAVLINK_MSG_PARAM_VALUE_FIELD_PARAM_ID_LEN] = '\0'；
            if (strncmp(name, "_HASH_CHECK", sizeof(name)) == 0)
            {
                if (_mavlink->hash_check_enabled())
                {
                    _send_all_index = -1；
                }
                return；
            }
            param_t param = param_find_no_notification(name)；             (3)
            param_set(param, &(set. param_value))；                        (4)
            send_param(param)；                                           (5)
        }
        break；
    }
    （其他类型请求,源码略）
    default：
        break；
    }
}
```

（1）Mavlink 消息 PARAM_SET 用于地面站向 PX4 系统发送修改配置参数的命令。

（2）将 Mavlink 消息解析为 mavlink_param_set_t 类型。

（3）在系统配置参数列表中搜索需要设置的参数。

（4）设置配置参数值。

（5）通过 Mavlink 消息 PARAM_VALUE 向地面站发送修改后的参数值。

第 2 篇　飞控系统开发

　　本篇共包括 5 章,主要介绍 PX4 系统飞控系统开发所需的基本知识,并沿控制数据流依次介绍 commander、导航、位置控制以及姿态控制等核心模块的实现过程和原理。第 7 章介绍 PX4 系统与飞控系统开发有关的飞行力学和飞行控制基础知识。第 8 章介绍 commander 模块的实现过程和原理。第 9 章介绍无人机导航过程中路径规划的实现原理。第 10 章介绍固定翼位置控制算法以及控制过程的实现原理。第 11 章介绍固定翼姿态控制算法以及控制过程的实现原理。

第7章 飞行力学与飞行控制基础

本章主要介绍 PX4 飞控系统开发有关的飞行力学与飞行控制基础知识,这里仅给出相关结论,不给出推导过程,有需要的读者请自行查阅相关文献。

7.1 常用坐标系与坐标转换

7.1.1 常用坐标系

飞机各个状态之间的转换,主要涉及地面坐标系、机体坐标系和稳定坐标系等。所有坐标系均满足右手法则和正交关系。

(1)地面坐标系 S_g:简称地轴系。地轴系是固连于地面的坐标系,用于研究飞机相对于地面的运动状态,确定飞机的空间位置坐标。在地面上选一点(一般为飞机起飞位置)作为坐标系原点,正 Ox_g 轴指向地理北,正 Oy_g 轴指向地理东,正 Oz_g 指向地理下。因此,地面坐标系也被称为北东下(NED)坐标系,在 PX4 系统中还被称为本地(local)坐标系。

(2)地心坐标系(ECEF):目标广泛使用的地球模型是世界大地测量系统(WGS-84),将地球假设为理想旋转的椭球体。地心坐标系以椭球体中心为原点与地球固连,z 轴沿地球自转轴向上,x 轴和 y 轴位于赤道平面内,其中 x 轴穿过子午线。在 PX4 系统中地心坐标系也被称为全球(global)坐标系。通过地球模型和地心坐标系可定义飞机所在位置的 GPS 经度、纬度和高度。图 $7-1$ 中的 λ 和 φ 分别表示 GPS 经度和纬度。一般在飞机长距离导航时需要把地球视为球体,而在短距离导航时可以假定地面为水平面。

(3)机体坐标系 S_b:简称体轴系。体轴系相对飞机机体是固定的,原点是飞机重心,正 Ox_b 轴通过机头指向前面,正 Oy_b 指向右翼外部,正 Oz_b 指向下方。Ox_bz_b 平面通常是飞机的对称面。与飞机运动相关的许多变量都与体轴系有关。

(4)航迹坐标轴系 S_k:该坐标系的原点位于飞机质心,正 Ox_k 轴沿飞机地速向量 $\boldsymbol{V}_g$ 方向,Oy_k 轴在水平面内,指向右,Oz_k 轴垂直于 Ox_ky_k 平面,指向下。

(5)气流坐标轴系 S_a:该坐标系的原点位于飞机质心,正 Ox_a 轴沿飞机空速向量 $\boldsymbol{V}$ 方向,Oz_a 轴位于飞机对称面内,垂直于 Ox_a 轴指向下,Oy_a 轴垂直于 Ox_az_a 平面,指向右。

(6)稳定轴系 S_s:该坐标系的原点是飞机重心,正 Ox_s 轴向前沿飞机未受扰动的空速向量在体轴 Ox_bz_b 面的投影方向,正 Oy_s 轴指向机翼右侧,正 Oz_s 轴指向下方。

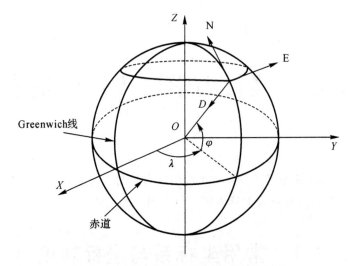

图 7 - 1 ECEF 坐标系与 NED 坐标系关系

7.1.2 坐标系转换

在同一原点的两个不同坐标系中,任意三维向量可表达为如(7 - 1)与式(7 - 2)所示的形式。

$$坐标系\ A : \boldsymbol{V} = \begin{bmatrix} v_{A_1} & v_{A_2} & v_{A_3} \end{bmatrix}^T \tag{7 - 1}$$

$$坐标系\ B : \boldsymbol{V} = \begin{bmatrix} v_{B_1} & v_{B_2} & v_{B_3} \end{bmatrix}^T \tag{7 - 2}$$

向量在坐标系的分量如图 7 - 2 所示,为清晰起见仅给出了坐标系 B 的一个轴。

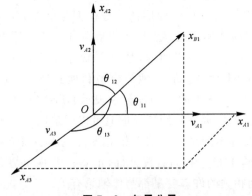

图 7 - 2 向量分量

如果用 θ_{ij} 表示 B 坐标系 i 轴与 A 坐标系 j 轴之间的夹角,则 $\boldsymbol{V}$ 在 B 坐标系的分量可表示为

$$v_{B_i} = \sum_{j=1}^{3} v_{A_j} \cos\theta_{ij} \tag{7 - 3}$$

其中:

$$l_{ij} \equiv \cos\theta_{ij} \qquad\qquad (7-4)$$

称为坐标系 B 的 i 轴与坐标系 A 的 j 轴之间夹角的方向余弦。如果方向余弦按式(7-5)排列在转换矩阵 $\boldsymbol{R}_A^B$ 中有

$$R_A^B \equiv [l_{ij}], i,j=1,2,3 \qquad\qquad (7-5)$$

则

$$\boldsymbol{V}_B = \begin{bmatrix} v_{B_1} \\ v_{B_2} \\ v_{B_3} \end{bmatrix} = \boldsymbol{R}_A^B \begin{bmatrix} v_{A_1} \\ v_{A_2} \\ v_{A_3} \end{bmatrix} = \boldsymbol{R}_A^B \boldsymbol{V}_A \qquad\qquad (7-6)$$

采用式(7-6)可将向量的分量从一个坐标系向原点相同的另一坐标系转换。$\boldsymbol{R}_A^B$ 称为坐标系 A 到坐标系 B 的转换矩阵,它是正交矩阵,满足

$$\boldsymbol{R}_A^B = \boldsymbol{R}_B^{A-1} = \boldsymbol{R}_B^{A\mathrm{T}} \qquad\qquad (7-7)$$

转换矩阵 $\boldsymbol{R}_A^B$ 具有这样的性质:每一列是坐标系 A 中沿三个坐标轴的单位向量分别在坐标系 B 中的投影。同样,矩阵的每一行是坐标系 B 中沿三个坐标轴的单位向量分别在坐标系 A 中的投影。因此,转换矩阵的任意行或者任意列均是长度为 1 的向量。此外,转换矩阵任意两行或任意两列均是正交的,也即转换矩阵的三行或三列构成正交基底。

这种坐标转换还可以理解为坐标系未发生变化,而是向量本身逆着坐标系旋转的角速度旋转后得到的新向量的坐标,这表明坐标转换和向量旋转是等价的。

7.2　运　动　参　数

7.2.1　姿态

1.姿态角

飞机相对地轴系的方向可用多种方式来描述,但最常用的方法是使用体轴系与地轴系之间的夹角来描述,也就是用飞机姿态角,或称为欧拉角来描述,如图 7-3 所示。

(1)滚转角 ϕ:机体 z 轴与通过机体 x 轴的铅垂面的夹角,飞机向右滚为正。

(2)俯仰角 θ:机体 x 轴与水平面之间的夹角,飞机抬头为正。

(3)偏航角 ψ:机体 x 轴在水平面上的投影与地轴系 Ox_g 轴之间的夹角,机头右偏为正。

2.角速度

飞机的角速度是指飞机相对于地面坐标系的旋

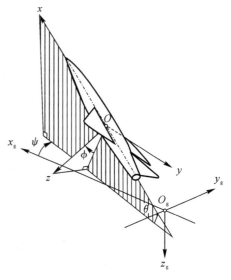

图 7-3　飞机姿态角示意图

转角速度,通常用其在体轴系下的投影分量来表示。旋转角速度在体轴系中的三个分量分别是:绕 Ox_b 旋转的滚转角速度 p、绕 Oy_b 轴旋转的俯仰角速度 q 以及绕 Oz_b 轴旋转的偏航角速度 r。PX4 系统中飞机角速度由陀螺仪测量。

3. 旋转矩阵

地轴系至体轴系的旋转顺序是:先相对 Oz_g 轴旋转偏航角 ψ,然后相对中间坐标系 y 轴旋转俯仰角 θ,最后相对于体轴 Ox_b 轴旋转滚转角 ϕ。连续旋转可用矩阵连续相乘表示。旋转矩阵可按不同的旋转顺序并选择不同的欧拉角来表示,但对于两个给定的原点重合的坐标系,它们之间的旋转矩阵是不变的。

$$\boldsymbol{R}_g^b = \boldsymbol{R}_x(\psi)\boldsymbol{R}_y(\theta)\boldsymbol{R}_z(\phi) = \boldsymbol{R}_b^{g\,T} \tag{7-8}$$

$$\boldsymbol{R}_g^b = \begin{bmatrix} 1 & 0 & 0 \\ 0 & \cos\phi & \sin\phi \\ 0 & -\sin\phi & \cos\phi \end{bmatrix} \begin{bmatrix} \cos\theta & 0 & -\sin\theta \\ 0 & 1 & 0 \\ \sin\theta & 0 & \cos\theta \end{bmatrix} \begin{bmatrix} \cos\psi & \sin\psi & 0 \\ -\sin\psi & \cos\psi & 0 \\ 0 & 0 & 1 \end{bmatrix} \tag{7-9}$$

$$\boldsymbol{R}_g^b = \begin{bmatrix} \cos\theta\cos\phi & \cos\theta\sin\psi & -\sin\theta \\ \sin\phi\sin\theta\cos\psi - \cos\phi\sin\psi & \sin\phi\sin\theta\sin\psi + \cos\phi\cos\psi & \sin\phi\cos\theta \\ \cos\phi\sin\theta\cos\psi + \sin\phi\sin\psi & \cos\phi\sin\theta\sin\psi - \sin\phi\cos\psi & \cos\phi\cos\theta \end{bmatrix} \tag{7-10}$$

在 PX4 系统中 $\boldsymbol{R}_b^g$ 通常被称为从坐标系 S_b 到坐标系 S_g 的旋转矩阵,飞机姿态角与旋转矩阵是一一对应的。

4. 姿态角变化率与角速度的关系

旋转运动方程建立了欧拉角变化率与飞机角速度分量之间的关系。

$$\begin{bmatrix} p \\ q \\ r \end{bmatrix} = \begin{bmatrix} \dot\phi \\ 0 \\ 0 \end{bmatrix} + \begin{bmatrix} 1 & 0 & 0 \\ 0 & \cos\phi & \sin\phi \\ 0 & -\sin\phi & \cos\phi \end{bmatrix} \begin{bmatrix} 0 \\ \dot\theta \\ 0 \end{bmatrix} + \begin{bmatrix} 1 & 0 & 0 \\ 0 & \cos\phi & \sin\phi \\ 0 & -\sin\phi & \cos\phi \end{bmatrix} \begin{bmatrix} \cos\theta & 0 & -\sin\theta \\ 0 & 1 & 0 \\ \sin\theta & 0 & \cos\theta \end{bmatrix} \begin{bmatrix} 0 \\ 0 \\ \dot\psi \end{bmatrix}$$

$$\tag{7-11}$$

即

$$\begin{bmatrix} p \\ q \\ r \end{bmatrix} = \begin{bmatrix} 1 & 0 & -\sin\theta \\ 0 & \cos\phi & \sin\phi\cos\theta \\ 0 & -\sin\phi & \cos\phi\cos\theta \end{bmatrix} \begin{bmatrix} \dot\phi \\ \dot\theta \\ \dot\psi \end{bmatrix} \tag{7-12}$$

将上述关系式求逆,可得出如下描述飞机旋转运动的欧拉角微分方程。

$$\dot\phi = p + \tan\theta(q\sin\phi + r\cos\phi) \tag{7-13a}$$

$$\dot\theta = q\cos\phi - r\sin\phi \tag{7-13b}$$

$$\dot\psi = \frac{q\sin\phi + r\cos\phi}{\cos\theta} \tag{7-13c}$$

由上式可见,姿态角变化率所在的轴并不互相正交。一般情况下,$\dot\psi$ 与 $\dot\theta$ 所在的轴是正交的,$\dot\theta$ 与 $\dot\phi$ 所在的轴是正交的,而只有在 $\theta = 0$ 时,$\dot\psi$ 与 $\dot\phi$ 所在的轴才是正交的,姿态角变化率与角速度的关系如图 7-4 所示。

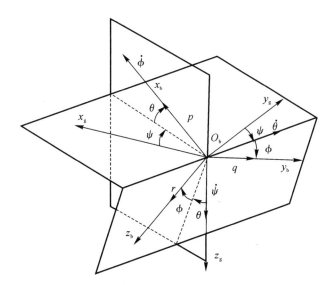

图 7－4　姿态角变化率与角速度的关系

5. 姿态的四元数表示

直接使用欧拉角微分方程会在飞机俯仰角 $\theta = \pm 90°$ 时出现奇异，因此，工程上常采用四元数表示飞机姿态运动方程，PX4 系统也是如此。四元数表示飞机姿态的原理是：总能通过绕某一固定轴旋转一个角度 σ 使得两个原点相同的坐标系 $\boldsymbol{S}_a$ 和 $\boldsymbol{S}_b$ 重合，则利用该转轴与空间坐标系的三个夹角以及旋转角度定义的四元数可用于表示上述旋转过程，也即四元数与转换矩阵（与姿态角对应）是等效的。同样，连续旋转也可用四元数相乘表示。

欧拉角到四元数的转换关系为

$$\boldsymbol{q} = \begin{bmatrix} q_0 \\ q_1 \\ q_2 \\ q_3 \end{bmatrix} = \begin{bmatrix} \cos\left(\dfrac{\phi}{2}\right)\cos\left(\dfrac{\theta}{2}\right)\cos\left(\dfrac{\psi}{2}\right) + \sin\left(\dfrac{\phi}{2}\right)\sin\left(\dfrac{\theta}{2}\right)\sin\left(\dfrac{\psi}{2}\right) \\ \sin\left(\dfrac{\phi}{2}\right)\cos\left(\dfrac{\theta}{2}\right)\cos\left(\dfrac{\psi}{2}\right) - \cos\left(\dfrac{\phi}{2}\right)\sin\left(\dfrac{\theta}{2}\right)\sin\left(\dfrac{\psi}{2}\right) \\ \cos\left(\dfrac{\phi}{2}\right)\sin\left(\dfrac{\theta}{2}\right)\cos\left(\dfrac{\psi}{2}\right) + \sin\left(\dfrac{\phi}{2}\right)\cos\left(\dfrac{\theta}{2}\right)\sin\left(\dfrac{\psi}{2}\right) \\ \cos\left(\dfrac{\phi}{2}\right)\cos\left(\dfrac{\theta}{2}\right)\sin\left(\dfrac{\psi}{2}\right) - \sin\left(\dfrac{\phi}{2}\right)\sin\left(\dfrac{\theta}{2}\right)\cos\left(\dfrac{\psi}{2}\right) \end{bmatrix} \tag{7-14}$$

反之，四元数到欧拉角的关系为

$$\begin{bmatrix} \phi \\ \theta \\ \psi \end{bmatrix} = \begin{bmatrix} \arcsin\left[2(q_0 q_2 - q_1 q_3)\right] \\ \arctan 2\left[2(q_0 q_1 + q_2 q_3), 1 - 2(q_1^2 + q_2^2)\right] \\ \arctan 2\left[2(q_0 q_3 + q_1 q_2), 1 - 2(q_2^2 + q_3^2)\right] \end{bmatrix} \tag{7-15}$$

四元数与旋转矩阵的关系为

$$\boldsymbol{R}_b^g = \begin{bmatrix} 1 - 2(q_2^2 + q_3^2) & 2(q_1 q_2 - q_0 q_3) & 2(q_1 q_3 + q_0 q_2) \\ 2(q_1 q_2 + q_0 q_3) & 1 - 2(q_1^2 + q_3^2) & 2(q_2 q_3 - q_0 q_1) \\ 2(q_1 q_3 - q_0 q_2) & 2(q_2 q_3 + q_0 q_1) & 1 - 2(q_1^2 + q_2^2) \end{bmatrix} \tag{7-16}$$

6. 角速度与四元数导数的关系

$$
\begin{bmatrix} \dot{q}_0 \\ \dot{q}_1 \\ \dot{q}_2 \\ \dot{q}_3 \end{bmatrix} = \frac{1}{2} \begin{bmatrix} 0 & -p & -q & -r \\ p & 0 & r & -q \\ q & -r & 0 & p \\ r & q & -p & 0 \end{bmatrix} \begin{bmatrix} q_0 \\ q_1 \\ q_2 \\ q_3 \end{bmatrix} \tag{7-17}
$$

7.2.2 位置与速度

1. 位置

飞机所在空间位置由水平面位置和垂直位置组成。飞机水平面位置通常由 GPS 系统测量获取,即飞机的经、纬度值。测量飞机水平面位置除了可用 GPS 外,还可以使用飞机水平面加速度积分,即惯性导航。

垂直位置用飞机距离某一基准面的垂直距离表示,也即飞行高度。根据测量基准面的不同,飞行高度数据也有所不同,常用飞行高度如图 7-5 所示。

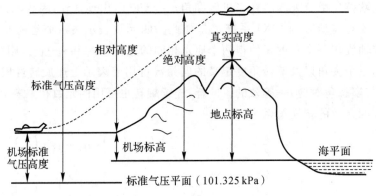

图 7-5 飞行高度示意图

(1)绝对高度:飞机与海平面之间的垂直距离。

(2)真实高度:飞机与地形(山顶、地面)之间的垂直距离。

(3)相对高度:飞机与起飞点之间的垂直距离。

(4)标准气压高度:飞机相对标准气压平面之间的垂直距离。

测量飞行高度的方法很多,除由 GPS 测量值(相对理想椭球体的高度)给出外,还可以使用气压高度计、飞机垂向加速度积分、声呐测距、视觉测距等手段测量出来。飞机在地轴系下的 Oz_g 轴坐标分量值与高度值相反。

2. 航迹角

飞机在空间运动形成的轨迹称为航迹,航迹角由航迹坐标系与地面坐标系之间的关系确定。

（1）航迹倾斜角 γ：飞行地速向量与水平面间的夹角，地速向量向上为正。

（2）航迹方位角 φ：飞行地速向量在水平面的投影与地轴系 Ox_g 轴的夹角，投影在右侧为正。

3. 速度

飞机速度是飞行中重要的飞行向量参数之一，其值是指飞机在静止空气中的运动速度。飞机速度按不同的分类方式，种类非常多，PX4 系统中主要使用以下四类。

（1）真空速：飞机相对于空气的运动速度，由空速管测量。真空速一般用于确定作用在飞机上的气动力。

（2）地速：飞机相对于地面的运动速度。地速一般用于导航过程，对时间积分可计算飞行距离。

地速等于真空速和风速的向量和，也即在忽略风的情况下，两者是一致的。真空速向量 $\mathbf{V}$ 在气流轴系分量为 $[V \quad 0 \quad 0]$，体轴系分量为 $[u \quad v \quad w]$，地速向量 $\mathbf{V}_g$ 在地轴系分量为 $[V_n \quad V_e \quad V_d]$，即北向、东向和天向速度。

（3）当量空速：当量空速是归化到标准海平面的真空速，即忽略空气密度变化的飞机运动速度。在 PX4 系统中将其称为指示空速，本书也遵循 PX4 系统的使用习惯。

（4）垂直速度：飞机相对于地面运动速度的垂直分量，也称为升降速度（爬升速度、下降速度）。

4. 气流角

气流角又称为气动角，由飞行空速向量与体轴系之间的关系确定，如图 7-6 所示。

（1）迎角 α：飞行空速向量在飞机对称面上的投影与体轴系 Ox_b 轴之间的夹角，投影在 Ox_b 轴下方为正。

（2）侧滑角 β：飞行空速向量与飞机对称面之间的夹角，飞行空速向量在飞机对称面右侧为正。

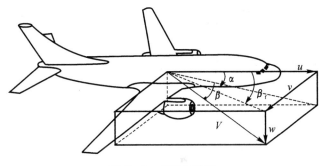

图 7-6 气动角定义

无风情况下，体轴系空速分量与 V、α 及 β 有关。

$$u = V\cos\alpha\cos\beta \tag{7-18a}$$

$$v = V\sin\beta \tag{7-18b}$$

$$w = V\sin\alpha\cos\beta \tag{7-18c}$$

5. 位置与速度的关系

导航方程是用来描述地轴系的飞行速度分量与位置坐标导数之间的关系。

$$\begin{bmatrix} \dot{x}_g \\ \dot{y}_g \\ \dot{z}_g \end{bmatrix} = \begin{bmatrix} V_n \\ V_e \\ V_d \end{bmatrix} = R_b^g \begin{bmatrix} u \\ v \\ w \end{bmatrix} \qquad (7-19)$$

引入 $h=$ 高度（距离地面的高度）$=-z_g$，则有

$$\dot{x}_g = u\cos\psi\cos\theta + v(\cos\psi\sin\theta\sin\phi - \sin\psi\cos\phi) + w(\cos\psi\sin\theta\cos\phi + \sin\psi\sin\phi)$$
$$(7-20a)$$

$$\dot{y}_g = u\sin\psi\cos\theta + v(\sin\psi\sin\theta\sin\phi + \cos\psi\cos\phi) + w(\sin\psi\sin\theta\cos\phi - \cos\psi\sin\phi)$$
$$(7-20b)$$

$$\dot{h} = u\sin\theta - v\cos\theta\sin\phi - w\cos\theta\cos\phi \qquad (7-20c)$$

还可改写为如下位置坐标导数与飞行地速向量及航迹角的关系。

$$\dot{x}_g = V\cos\gamma\cos\varphi \qquad (7-21a)$$

$$\dot{y}_g = V\cos\gamma\sin\varphi \qquad (7-21b)$$

$$\dot{h} = V\sin\gamma \qquad (7-21c)$$

6. 过载

作用在飞机上的气动力和发动机推力的合力与飞机的重力之比为过载，过载在体轴系的分量为 $\begin{bmatrix} n_x & n_y & n_z \end{bmatrix}$。

7.3 飞机的运动描述

7.3.1 作用在飞机上的力和力矩

作用在飞机上的力和力矩决定着飞机的运动，换而言之，为了控制飞机的运动就必须使作用在飞机上的力和力矩按期望的规律进行变化。飞机在飞行时主要受到的力有推力、重力及气动力，受到的力矩有气动力矩及推力力矩。

1. 重力

假设飞机重力沿地轴系 Oz_g 方向，其幅值恒定不变。体轴系的重力向量分量可通过旋转矩阵给出。

$$\boldsymbol{F}_G = m\begin{bmatrix} g_x \\ g_y \\ g_z \end{bmatrix}_b = m\boldsymbol{R}_g^b \begin{bmatrix} 0 \\ 0 \\ g \end{bmatrix}_g = mg\begin{bmatrix} -\sin\theta \\ \sin\phi\cos\theta \\ \cos\phi\cos\theta \end{bmatrix} = \begin{bmatrix} -mg\sin\theta \\ mg\sin\phi\cos\theta \\ mg\cos\phi\cos\theta \end{bmatrix} \qquad (7-22)$$

2. 推力

假设推力沿体轴 x 轴并通过飞机重心，则体轴系推力可表示为

$$\boldsymbol{F}_{\text{T}} = \begin{bmatrix} T \\ 0 \\ 0 \end{bmatrix} \tag{7-23}$$

推力大小受油门杆偏度 δ_{T} 控制。前推油门,则油门杆偏度增加,发动机推力增大,反之则减小。

有时需要考虑推进系统中旋转部件(如喷气式发动机的螺旋桨或转子)的影响。假设推力作用于飞机体轴 x 轴,则推进系统中旋转部件的陀螺力矩表达式为

$$\boldsymbol{M}_{\text{T}} = \frac{\mathrm{d}}{\mathrm{d}t}(\boldsymbol{h}_{\text{p}}) = \boldsymbol{\omega} \times \boldsymbol{h}_{\text{p}} = \begin{bmatrix} 0 & -r & q \\ r & 0 & -p \\ -q & p & 0 \end{bmatrix} \begin{bmatrix} I_{\text{p}}\Omega_{\text{p}} \\ 0 \\ 0 \end{bmatrix} = \begin{bmatrix} 0 \\ I_{\text{p}}\Omega_{\text{p}}r \\ -I_{\text{p}}\Omega_{\text{p}}q \end{bmatrix} \tag{7-24}$$

3. 气动力

飞机在空气中运动时,其表面分布着空气压力,其合力即为气动力。气动力一般在气流轴分解,力矩一般在体轴分解,均采用无量纲系数表示。

$$\boldsymbol{F}_A = \begin{bmatrix} -D \\ Y \\ -L \end{bmatrix} = \bar{q}S \begin{bmatrix} -C_D \\ C_Y \\ -C_L \end{bmatrix} \tag{7-25a}$$

$$\boldsymbol{M}_A = \begin{bmatrix} l \\ m \\ n \end{bmatrix} = \bar{q}S \begin{bmatrix} bC_l \\ \bar{c}C_m \\ bC_n \end{bmatrix} \tag{7-25b}$$

其中:L、D 和 Y 分别为升力、阻力和侧力;l、m 和 n 分别为滚转力矩、俯仰力矩和偏航力矩;$\bar{q} = (1/2)\rho V^2$ 为速压;V 为真空速;ρ 为大气密度;S 为机翼参考面积;b 为翼展长;$\bar{c}$ 为机翼平均气动弦长。

简化情况下,无量纲气动力和力矩系数是飞机平移速度和角速度分量、操纵面偏度和/或其他无量纲变量的非线性函数,即无量纲力和力矩系数可表达为

$$C_i = C_i \left(\frac{V}{V_0}, \alpha, \beta, \frac{pb}{2V}, \frac{q\bar{c}}{2V}, \frac{rb}{2V}, \delta \right) \tag{7-26}$$

其中:δ 表示飞机所有操纵舵面偏度。操纵舵面偏度由用户主动进行控制,用于改变飞机所受的气动力和力矩。固定翼典型的操纵舵面由升降舵、方向舵和副翼组成,通常采用由机尾后视(即从机尾向机头看),按照操纵舵面的后缘偏转方向来定义操纵舵面的偏转极性。

(1)升降舵:在固定翼的水平安定面上,其舵面偏转角通常用 δ_e 表示。舵面向下偏转时 δ_e 为正,产生的俯仰力矩为负。

(2)方向舵:在固定翼的垂直安定面上,其舵面偏转角通常用 δ_r 表示。舵面向左偏转时 δ_r 为正,产生的偏航力矩为负。

(3)副翼:分为左右副翼,分布在飞机的左右机翼上,其舵面偏转角通常用 δ_a 表示。左右副翼同步差动偏转,左上右下时,δ_a 为正,产生的滚转力矩为负。

7.3.2　飞机动力学方程

飞机的运动采用六自由度刚体动力学方程组描述,其非线性微分方程组如下。

（1）平动动力学方程组

$$\dot{V}=-\frac{\bar{q}S}{m}C_{D_W}+\frac{T}{m}\cos\alpha\cos\beta+g\left(\cos\phi\cos\theta\sin\alpha\cos\beta+\sin\phi\cos\theta\sin\beta-\sin\theta\cos\alpha\cos\beta\right)$$

$$(7-27a)$$

$$\dot{\alpha}=-\frac{\bar{q}S}{mV\cos\beta}C_L+q-\tan\beta(p\cos\alpha+r\sin\alpha)-\frac{T\sin\alpha}{mV\cos\beta}+\frac{g}{V\cos\beta}\left(\cos\phi\cos\theta\cos\alpha+\sin\theta\sin\alpha\right)$$

$$(7-27b)$$

$$\dot{\beta}=\frac{\bar{q}S}{mV}C_{Y_W}+p\sin\alpha-r\cos\alpha+\frac{g}{v}\cos\beta\sin\phi\cos\theta+\frac{\sin\beta}{V}\left(g\cos\alpha\sin\theta-g\sin\alpha\cos\phi\cos\theta+\frac{T\cos\alpha}{m}\right)$$

$$(7-27c)$$

（2）旋转动力学方程组

$$\dot{p}-\frac{I_{xz}}{I_x}\dot{r}=\frac{\bar{q}Sb}{I_x}C_l-\frac{(I_z-I_y)}{I_x}qr+\frac{I_{xz}}{I_x}qp \tag{7-28a}$$

$$\dot{q}=\frac{\bar{q}S\bar{c}}{I_y}C_m-\frac{(I_x-I_z)}{I_y}pr-\frac{I_{xz}}{I_y}(p^2-r^2)+\frac{I_p}{I_y}\Omega_p r \tag{7-28b}$$

$$\dot{r}-\frac{I_{xz}}{I_z}\dot{p}=\frac{\bar{q}Sb}{I_z}C_n-\frac{(I_y-I_x)}{I_z}pq-\frac{I_{xz}}{I_z}qr-\frac{I_p}{I_z}\Omega_p q \tag{7-28c}$$

（3）旋转运动学方程组

$$\dot{\phi}=p+\tan\theta(q\sin\phi+r\cos\phi) \tag{7-29a}$$

$$\dot{\theta}=q\cos\phi-r\sin\phi \tag{7-29b}$$

$$\dot{\psi}=\frac{q\sin\phi+r\cos\phi}{\cos\theta} \tag{7-29c}$$

（4）平动运动学方程组

$$\dot{x}_g=u\cos\psi\cos\theta+v(\cos\psi\sin\theta\sin\phi-\sin\psi\cos\phi)+w(\cos\psi\sin\theta\cos\phi+\sin\psi\sin\phi)$$

$$(7-30a)$$

$$\dot{y}_g=u\sin\psi\cos\theta+v(\sin\psi\sin\theta\sin\phi+\cos\psi\cos\phi)+w(\sin\psi\sin\theta\cos\phi-\cos\psi\sin\phi)$$

$$(7-30b)$$

$$\dot{h}=u\sin\theta-v\cos\theta\sin\phi-w\cos\theta\cos\phi \tag{7-30c}$$

7.4 飞行控制概述

7.4.1 飞行控制过程

飞控系统作为飞机的"大脑"，其主要作用是实时采集各传感器测量的飞行状态数据、接收地面站或遥控器发送的控制指令及数据，经计算处理后输出控制指令给舵机等执行机构，以改善飞机运动响应特性并控制飞机以自主或半自主方式飞行。

从飞机动力学方程组可以看出，其运动模型是典型的多时标系统，不同的状态参数对操纵指令(即舵偏角)的响应速度是不同的,大致可以分为以下几个层次。

(1)非常快状态。飞机的角速度 p、q 和 r 是非常快状态,因为操纵指令直接影响飞机角速度的导数,也即,当操纵舵面发生偏转时,最先响应的是飞机角速度。

(2)快状态。飞机的姿态角 ϕ、θ 和 ψ 是快状态,因此其变化率主要受飞机角速度影响,也即,操纵舵面偏转后先改变飞机角速度,再通过角速度改变飞机姿态角。

(3)慢状态。飞机速度 V 及航迹角 γ、φ 是慢状态,这些状态量的变化率受气动力及推力的影响,而气动力及推力的变化受气动角的影响,响应速度远落后于操纵舵面引起的力矩变化。

(4)非常慢状态。飞机在地轴系的位置坐标 x、y 及 h 是所有状态量中变化最缓慢的。它们主要是由飞机速度积分而来的,因此响应最为缓慢。

当控制回路的带宽相差 4～5 倍时,可以将被控量分为不同层次的控制回路分开控制,且在分析外层回路的响应时,可忽略内层回路动态响应的影响。对于完全自主飞行任务,PX4 系统实际将控制回路分为外回路的位置控制和内回路的姿态控制。

7.4.2 PX4 系统控制流程

本书第 1 章给出了 PX4 系统的总体架构,系统中各个控制模块是离散的、耦合性低。这里利用 uORB 主题数据流将 PX4 系统控制部分各个模块连接起来,从顶层把握控制系统架构。PX4 系统控制部分主要模块间控制量的传递关系如图 7-7 所示。

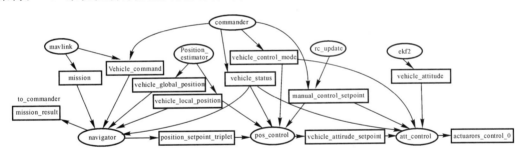

图 7-7 PX4 系统控制数据流

图 7-7 中椭圆形表示模块,在 PX4 系统中对应具体的 module,方形表示 uORB 主题。和控制相关的模块包括 Commander(指令响应)、Navigator(导航)、PositionControl(位置控制)以及 AttitudeControl(姿态控制),它们构成串级控制系统,每一层的输出作为下一层的输入。

(1)Commander 模块:指令/事件处理模块,处理地面站指令、遥控器输入和各种事件,设定飞机状态和控制模式。其主要的输入包括遥控器输入(manual_control_setpoint)和飞机命令(vehicle_command)等信息;输出主要包括飞机状态(vehicle_state)和飞机控制模式(vehicle_control_mode)等信息。

(2)Navigator 模块:根据用户指定的任务给出飞机期望的导航轨迹。其主要的输入包括位置信息(vehicle_global_position,vehicle_local_position)、飞机命令(vehicle_command)、任务信息(mission)和飞机状态(vehicle_status)等信息;输出主要包括航点数组(position_setpoint_triplet)和任务结果(mission_result)等信息。

(3)PositionControl 模块:根据指定的轨迹或者位置实施位置控制,输出飞机期望的姿态。其主要的输入包括飞机状态(vehicle_status)、飞机控制模式(vehicle_control_mode)和航点数组(position_setpoint_triplet)等信息;输出主要为目标姿态角指令(vehicle_attitude_setpoint)。

(4)AttitudeControl 模块:控制飞机达到期望的姿态角。其主要的输入包括飞机状态(vehicle_status)、飞机控制模式(vehicle_control_mode)和目标姿态角指令(vehicle_attitude_setpoint)、遥控器输入(manual_control_setpoint)等信息;输出主要为舵面/电机控制信号(actuators_control_0)。

7.4.3 PID 控制方法

PID(Proportional Integral Derivative)(误差的比例、积分、微分)控制在实际工程中运用广泛,它具有结构简单、工作可靠、稳定性好、参数调整方便等优点。尤其是当无法获取被控对象精确的数学模型结构或参数,也即无法完全了解被控对象或不能通过有效的测量获得系统参数时,其他控制技术难以应用,此时 PID 控制最为方便。PID 控制的输入来自输出的期望值 y_c 与实际输出值 y 构成的偏差 e。

$$e = y_c - y \tag{7-31}$$

一般而言,PID 控制器的控制原理如下式所示,模型结构如图 7-8 所示。

$$u = k_p e + k_i \int e \mathrm{d}t + k_d \dot{e} \tag{7-32}$$

其中:k_p 为比例系数;k_i 为积分系数;k_d 为微分系数。

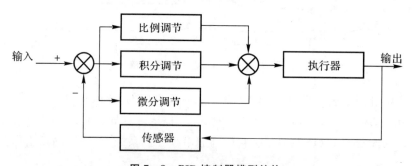

图 7-8　PID 控制器模型结构

从式(7-32)中可以看出,PID 控制算法包括三个部分,每一部分都有其特定的作用,下面针对每一部分的作用做简要介绍。

(1)比例环节(P):比例环节的主要作用就是将误差进行放大,比例环节的输出与误差成比例关系。当输入的差值不为零时,比例环节会持续作用。比例环节可以显著提高对误差的灵敏度,并且可以不失真地反映当前误差信号的变化情况。比例系数的选取能够显著影响响应情况以及系统的稳定性。超调量随着比例系数的增大而上升,同时系统的响应速度也会变快,但稳定性会随之降低。因此,为兼顾系统稳定性和性能,需要选取适合的比例系数使得可以同时保证控制系统的稳定性以及快速性。

(2)积分环节(I):积分环节通过对偏差信号积分实现对控制的影响,可以起到位置记忆功能,主要原理是将偏差不断进行积累,使系统输出更偏向于设定值,直到该偏差为零。积分环节可提高系统的型次和精确度。积分系数越小,积分的效果减弱,系统响应时间延长,稳定性增加。积分系数越大,积分作用越强,但会使系统的稳定性降低,甚至引起积分饱和,产生过大的超调量并且延长响应时间。一般通过控制切换积分通道,在偏差较小时接通积分环节,可以使系统上升阶段更快速,并在稳定状态时保持较高的精度。

(3)微分环节(D):微分环节根据偏差的变化趋势输出控制量,对偏差信号的微分可以得到偏差的改变趋势并提前做出反应。微分环节可以增加系统阻尼,提高稳定性,降低超调量,但对高频干扰有较大的放大作用,可通过低通滤波器对高频噪声进行削弱。

PID算法的控制效果取决于三个部分的协调作用。在三个部分进行参数调试过程中,往往需要根据系统性能要求对各个参数进行取舍。目前工程上常用两种 PID 参数整定方法,衰减曲线法和临界比例度法,本书不详细介绍这些方法,读者可自行查阅相关文献。

第 8 章　commander 模块

commander 模块是 PX4 系统控制部分的大管家,其作用主要是处理由地面站、遥控器和其他外部控制设备输入的各种事件以及调度控制系统的运行。事件包括遥控输入、用户指令、状态变更等。调度的主要作用是设置控制系统运行的变量和模式,使控制系统按照用户期望的模式运行,从而实现不同的功能。以飞机当前处于着陆状态、用户通过地面站切换至自动飞行模式这一行为而言,commander 模块需要进行解锁状态的评估和切换、飞行前检查、传感器数据有效性判别,只有条件满足时才能成功切换至自动飞行模式。此时,commander 模块会设定飞机状态和相应的导航模式,后续导航模块会据此进行航线规划。

8.1　无人机的状态定义与转换

commander 模块位于目录 ./src/modules/commander,其核心处理过程是三种状态的切换过程,包括无人机解锁状态、飞行模式(也称为主状态)和导航状态。这三种状态直接影响无人机的控制逻辑和实际飞行效果。

8.1.1　解锁状态切换

无人机的电机和螺旋桨是活动部件,其通电时具有潜在的危险性。为保护人身和设备安全,减少事故发生,通常情况下无人机在上电后默认进入锁定状态,电机/舵机不对输入做任何响应。在无人机起飞前或用户调试时才切换为解锁状态,此时电机/舵机才会响应控制输入。在 PX4 系统中使用 uORB 主题 vehicle_status 中的参数 arming_state 表示,可供设置的解锁状态由常量 ARMING_STATE_XXX 表示,它一共有 6 种状态,内容如下。

```
uint8 ARMING_STATE_INIT = 0              // 初始化,上电后的默认状态
uint8 ARMING_STATE_STANDBY = 1           // 准备就绪
uint8 ARMING_STATE_ARMED = 2             // 已解锁
uint8 ARMING_STATE_STANDBY_ERROR = 3     // 就绪错误
uint8 ARMING_STATE_SHUTDOWN = 4          // 重启
uint8 ARMING_STATE_IN_AIR_RESTORE = 5    // 空中恢复
```

实际上,arming_state 是为了表示无人机在整个飞行过程中可能出现的各种状态,只有当其取值为 ARMING_STATE_ARMED 时,才表示飞控解锁,也就是舵机/电机可以动作。

实际用于表示飞控"锁定"和"解锁"状态的变量是 uORB 主题 actuator_armed 中布尔型的变量 armed。

在 commander 模块子目录 . /Arming/ArmStateMachine 下的 ArmStateMachine 类用于解锁状态切换,该类中使用一个二维数组 arming_transitions 来表示解锁状态的切换关系,该数组中每一行表示无人机需要切换的新解锁状态,每一列表示无人机的当前解锁状态。如果该二维数组相应位置的值为 true 表示允许切换,如果该二维数组相应位置的值为 false 则表示不允许切换。arming_transitions 数组定义如下。

```
static constexpr bool arming_transitions[vehicle_status_s::ARMING_STATE_MAX][vehicle_status_
s::ARMING_STATE_MAX] = {
//      INIT,  STANDBY, ARMED, STANDBY_ERROR, SHUTDOWN, IN_AIR_RESTORE
{/ * vehicle_status_s::ARMING_STATE_INIT * / true, true, false, true, false, false},
{/ * vehicle_status_s::ARMING_STATE_STANDBY * / true, true, true, false, false, false},
{/ * vehicle_status_s::ARMING_STATE_ARMED * / false, true, true, false, false, true},
{/ * vehicle_status_s::ARMING_STATE_STANDBY_ERROR * / true, true, true, true, false,
false},
{/ * vehicle_status_s::ARMING_STATE_SHUTDOWN * / true, true, false, true, true, true},
{/ * vehicle_status_s::ARMING_STATE_IN_AIR_RESTORE * / false, false, false, false,
false, false},
};
```

上述 6 种解锁状态切换的状态机如图 8 - 1 所示。

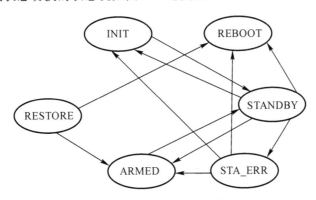

图 8 - 1　无人机解锁状态切换状态机

函数 arming_state_transition 实现了解锁状态切换状态机,其源码如下。

```
transition_result_t ArmStateMachine::arming_state_transition (vehicle_status_s &status, const arming
                                          _state_t new_arming_state actuator_
                                          armed_s &armed)                    (1)
{
    transition_result_t ret = TRANSITION_DENIED;                              (2)
    arming_state_t current_arming_state = status. arming_state;              (3)
    if (new_arming_state == current_arming_state)                            (4)
```

```
        {
            ret = TRANSITION_NOT_CHANGED;
        }
        else
        {
            bool valid_transition = arming_transitions[new_arming_state][status. arming_state];    (5)
            if (valid_transition)                                                                   (6)
            {
                bool was_armed = armed. armed;
                armed. armed = (new_arming_state == vehicle_status_s::
                                            ARMING_STATE_ARMED);                                     (7)
                armed. ready_to_arm = (new_arming_state == vehicle_status_s::ARMING_STATE_ARMED) ||
                                (new_arming_state == vehicle_status_s::
                                            ARMING_STATE_STANDBY);
                ret = TRANSITION_CHANGED;                                                            (8)
                status. arming_state = new_arming_state;                                             (9)
            }
        }
    return ret;
}
```

（1）此处默认解锁状态切换无需进行飞行前检查，因此删除部分与飞行前检查有关的参数。参数 status 表示无人机状态，参数 new_arming_state 表示期望的解锁状态，参数 armed 表示舵机/电机解锁状态。返回类型 transition_result_t 属于枚举类型，其枚举值 TRANSITION_DENIED 表示拒绝状态切换；TRANSITION_NOT_CHANGE 表示状态未发生改变；TRANSITION_CHANGED 表示允许状态切换（但不一定是用户期望的状态，有可能是系统根据降级策略自动选择的状态）。

（2）变量 ret 用来保存是否允许切换的结果，默认拒绝切换。

（3）变量 current_arming_state 用来表示当前解锁状态。

（4）如果期望的解锁状态与当前状态相同，则不做处理，即切换结果是状态未发生改变。

（5）按表 8－1 的二维数组 arming_transitions 进行状态切换，数组行序号 new_arming_state 是期望的解锁状态，数组列序号 status. arming_state 是无人机当前的解锁状态。

（6）变量 valid_transition 为真，表示允许解锁状态切换。

（7）设定舵机/电机的解锁状态，如果目标状态是 ARMING_STATE_ARMED，则将无人机设为解锁状态，否则设为锁定状态。

（8）完成状态切换。

（9）更新当前解锁状态。

整个飞行仿真过程中无人机解锁状态如图 8-2 所示，自主起飞前解锁状态 arming_state = 2（ARMING_STATE_ARMED），降落完成后解锁状态 arming_state = 1（ARMING_STATE_STANDBY）。

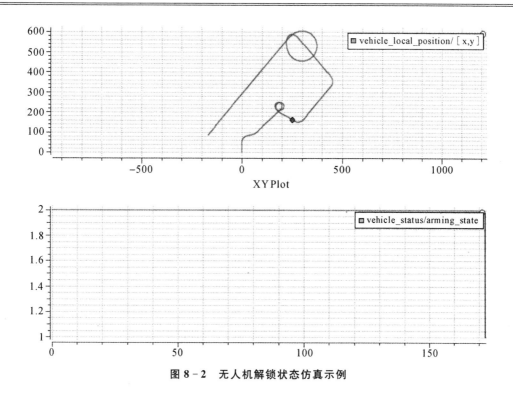

图 8－2　无人机解锁状态仿真示例

8.1.2　飞行模式转换

1.飞行模式的定义

飞行模式规定了飞控系统如何响应用户的输入并控制无人机的飞行。在 PX4 系统中可供用户设置(期望)的固定翼飞行模式大致分为手动、辅助和自主三大类,由 uORB 主题 commander_state 中的参数 main_state(主状态)表示,可供设置的飞行模式由常量 MAIN_STATE_XXX 表示。

(1)手动类飞行模式。用户通过遥控器或摇杆实现对无人机的直接控制,无人机的运动直接跟随摇杆的运动而运动,响应类型会根据飞行模式的不同而有所区别。

①Manual(对应地面站显示的飞行模式名称,下同),手动飞行模式,对应常量 MAIN_STATE_MANUAL。在该飞行模式下,摇杆的输入直接传递给舵机或电机控制器。

②Stabilized,增稳飞行模式,对应常量 MAIN_STATE_STAB。在该飞行模式下,摇杆俯仰/滚转通道的输入以姿态角指令的形式传递给 PX4 系统进行控制,偏航和油门通道的输入则直接传递给舵机或电机控制器。

③Acro,特技飞行模式,主要执行滚转、翻转等复杂的特技动作,对应常量 MAIN_STATE_ACRO。在该飞行模式下,如果摇杆的输入超过一定的阈值,则俯仰/滚转/偏航通道的输入以角速度指令的形式传递给 PX4 系统进行控制,油门通道的输入直接传递给电机控制器,否则无人机退回到增稳飞行模式。

(2)辅助类飞行模式。辅助类飞行模式也是由遥控器或摇杆实现对无人机的控制,但 PX4 系统会提供一定程度的自动辅助功能。

①Altitude,定高飞行模式,对应常量 MAIN_STATE_ALTCTL。在该飞行模式下,如果摇杆俯仰/滚转/偏航通道回中输入值小于一定的阈值,则无人机将保持当前高度平直飞行,但其 X 和 Y 方向的位置会随风漂移。如果摇杆输入超出预定的阈值,则俯仰输入用于控制无人机爬升或下降,滚转和偏航通道控制无人机姿态角。

②Position,位置保持飞行模式,对应常量 MAIN_STATE_POSCTL。在该飞行模式下,如果摇杆俯仰/滚转/偏航通道回路中输入值小于一定的阈值,则无人机将保持水平直线飞行,且飞控系统将自动产生偏航指令以抵抗风的影响。如果摇杆输入超出预定的阈值,则无人机响应和定高模式一致。

(3)自主类飞行模式。自主类飞行模式是完全由 PX4 系统自主完成特定的飞行任务,无须操作员的辅助。

①Mission,自主航线任务飞行模式,对应常量 MAIN_STATE_AUTO_MISSION。在该飞行模式下,无人机将自主执行用户由地面站规划的预定飞行任务。

②Hold,自主盘旋飞行模式,对应常量 MAIN_STATE_AUTO_LOITER。在该飞行模式下,无人机将在当前高度、当前位置附近自主盘旋。

③Return,自动返航飞行模式,对应常量 MAIN_STATE_AUTO_RTL。在该飞行模式下,无人机将自主返回家的位置,并根据用户的设置,在该位置上空盘旋或自动着陆。

2. 主状态切换

无人机飞行模式不能随意切换,不同的飞行模式需要满足不同的条件。函数 main_state_transition 进行飞行模式切换逻辑处理,其源码如下。

```
transition_result_t main_state_transition(const vehicle_status_s &status, const main_state_t new_main_
                             state, const vehicle_status_flags_s &status_flags, commander
                             _state_s &internal_state)                          (1)
{
    transition_result_t ret = TRANSITION_DENIED;
    switch (new_main_state)
    {
    case commander_state_s::MAIN_STATE_MANUAL:                                  (2)
    case commander_state_s::MAIN_STATE_STAB:
    case commander_state_s::MAIN_STATE_ACRO:
        ret = TRANSITION_CHANGED;
        break;
    case commander_state_s::MAIN_STATE_ALTCTL:                                  (3)
        if (status_flags. local_altitude_valid || status_flags. global_position_valid)
        {
            ret = TRANSITION_CHANGED;
        }
```

```
        break;
    case commander_state_s::MAIN_STATE_POSCTL:
        if (status_flags. local_position_valid || status_flags. global_position_valid)       (4)
        {
            ret = TRANSITION_CHANGED;
        }
        break;
    case commander_state_s::MAIN_STATE_AUTO_LOITER:                                            (5)
        if (status_flags. global_position_valid)
        {
            ret = TRANSITION_CHANGED;
        }
        break;
    case commander_state_s::MAIN_STATE_AUTO_MISSION:                                           (6)
        if (status_flags. global_position_valid && status_flags. auto_mission_available)
        {
            ret = TRANSITION_CHANGED;
        }
        break;
    case commander_state_s::MAIN_STATE_AUTO_RTL:                                               (7)
        if (status_flags. global_position_valid && status_flags. home_position_valid)
        {
            ret = TRANSITION_CHANGED;
        }
        break;
    case commander_state_s::MAIN_STATE_MAX:
    default:
        break;
    }
    if (ret == TRANSITION_CHANGED)                                                             (8)
    {
        if (internal_state. main_state ! = new_main_state)
        {
            internal_state. main_state = new_main_state;
            internal_state. main_state_changes++;
            internal_state. timestamp = hrt_absolute_time();
        }
        else
        {
            ret = TRANSITION_NOT_CHANGED;
        }
    }
    return ret;
}
```

（1）参数 status 表示无人机状态，参数 new_main_state 表示用户期望的飞行模式，参数 status_flags 是 commander 模块内部使用的各种状态有效性标记，参数 internal_state 用于标记当前飞行模式。

（2）手动类飞行模式切换无需任何前提条件，也即无论无人机状态如何都可以切换到这三种飞行模式。

（3）切换到定高飞行模式需要满足的条件：本地坐标系高度有效或者全球位置有效。

（4）切换到位置保持飞行模式需要满足的条件：本地位置有效或者全球位置有效。

（5）切换到自主盘旋模式飞行模式需要满足的条件：全球位置有效。

（6）切换到自主航线任务飞行模式需要满足的条件：全球位置有效且当前任务有效。

（7）切换到自动返航飞行模式需要满足的条件：全球位置有效且 HOME 点有效。

（8）如果飞行模式切换成功，则设定当前飞行模式。

3. 通过地面站切换飞行模式

本书第 6 章曾介绍过，用户可以通过地面站发送飞机命令以设置飞行模式，PX4 系统的 Mavlink 模块接收到信息后会通过 uORB 主题 vehicle_command 将命令发布出去。设置飞行模式的飞机命令 ID 为 VEHICLE_CMD_DO_SET_MODE，通过 param2（主模式）和 param3（子模式）可设置用户期望的飞行模式。对于固定翼无人机而言，主模式从枚举变量 PX4_CUSTOM_MAIN_MODE 中选择。

```
enum PX4_CUSTOM_MAIN_MODE
{
    PX4_CUSTOM_MAIN_MODE_MANUAL = 1,        // 手动模式
    PX4_CUSTOM_MAIN_MODE_ALTCTL,            // 定高模式
    PX4_CUSTOM_MAIN_MODE_POSCTL,            // 位置保持模式
    PX4_CUSTOM_MAIN_MODE_AUTO,              // 自主模式
    PX4_CUSTOM_MAIN_MODE_ACRO,              // 特技模式
    PX4_CUSTOM_MAIN_MODE_STABILIZED         // 增稳模式
};
```

在自主模式（PX4_CUSTOM_MAIN_MODE_AUTO）下，子模式从枚举变量 PX4_CUSTOM_SUB_MODE_AUTO 中选择，其余主模式没有子模式。

```
enum PX4_CUSTOM_SUB_MODE_AUTO
{
    PX4_CUSTOM_SUB_MODE_AUTO_LOITER,        // 自主盘旋
    PX4_CUSTOM_SUB_MODE_AUTO_MISSION,       // 自主航线任务
    PX4_CUSTOM_SUB_MODE_AUTO_RTL            // 自动返航
};
```

通过上述主模式和子模式可组合成用户期望的飞行模式。

commander 模块会接收 uORB 主题的 vehicle_command 数据，并调用 handle_command 函数进行命令处理。commander 模块需要处理的飞行命令很多，这里仅讨论设置飞行模式的命令。

```
bool Commander::handle_command(const vehicle_command_s &cmd)
{
    unsigned cmd_result = vehicle_command_s::VEHICLE_CMD_RESULT_UNSUPPORTED;
    switch (cmd.command)
    {
    case vehicle_command_s::VEHICLE_CMD_DO_SET_MODE:                        (1)
    {
        uint8_t base_mode = (uint8_t)cmd.param1;
        uint8_t custom_main_mode = (uint8_t)cmd.param2;
        uint8_t custom_sub_mode = (uint8_t)cmd.param3;
        uint8_t desired_main_state = commander_state_s::MAIN_STATE_MAX;
        transition_result_t main_ret = TRANSITION_NOT_CHANGED;
        if (base_mode & VEHICLE_MODE_FLAG_CUSTOM_MODE_ENABLED)            (2)
        {
            if (custom_main_mode == PX4_CUSTOM_MAIN_MODE_MANUAL)
            {
                desired_main_state = commander_state_s::MAIN_STATE_MANUAL;
            }
            else if (custom_main_mode == PX4_CUSTOM_MAIN_MODE_ALTCTL)
            {
                desired_main_state = commander_state_s::MAIN_STATE_ALTCTL;
            }
            else if (custom_main_mode == PX4_CUSTOM_MAIN_MODE_POSCTL)
            {
                desired_main_state = commander_state_s::MAIN_STATE_POSCTL;
            }
            else if (custom_main_mode == PX4_CUSTOM_MAIN_MODE_AUTO)
            {
                if (custom_sub_mode > 0)
                {
                    switch (custom_sub_mode)
                    {
                    case PX4_CUSTOM_SUB_MODE_AUTO_LOITER:
                        desired_main_state = commander_state_s::MAIN_STATE_AUTO_LOITER;
                        break;
                    case PX4_CUSTOM_SUB_MODE_AUTO_MISSION:
                        desired_main_state = commander_state_s::MAIN_STATE_AUTO_MISSION;
                        break;
                    case PX4_CUSTOM_SUB_MODE_AUTO_RTL:
                        desired_main_state = commander_state_s::MAIN_STATE_AUTO_RTL;
                        break;
```

```
            case PX4_CUSTOM_SUB_MODE_AUTO_TAKEOFF:
                desired_main_state = commander_state_s::MAIN_STATE_AUTO_TAKEOFF;
                break;
            case PX4_CUSTOM_SUB_MODE_AUTO_LAND:
                desired_main_state = commander_state_s::MAIN_STATE_AUTO_LAND;
                break;
            case PX4_CUSTOM_SUB_MODE_AUTO_FOLLOW_TARGET:
                desired_main_state = commander_state_s::MAIN_STATE_AUTO_FOLLOW_TARGET;
                break;
            case PX4_CUSTOM_SUB_MODE_AUTO_PRECLAND:
                desired_main_state = commander_state_s::MAIN_STATE_AUTO_PRECLAND;
                break;
            default:
                main_ret = TRANSITION_DENIED;
                break;
            }
        }
        else
        {
            desired_main_state = commander_state_s::MAIN_STATE_AUTO_MISSION;
        }
    }
    else if (custom_main_mode == PX4_CUSTOM_MAIN_MODE_ACRO)
    {
        desired_main_state = commander_state_s::MAIN_STATE_ACRO;
    }
    else if (custom_main_mode == PX4_CUSTOM_MAIN_MODE_STABILIZED)
    {
        desired_main_state = commander_state_s::MAIN_STATE_STAB;
    }
    else if (custom_main_mode == PX4_CUSTOM_MAIN_MODE_OFFBOARD)
    {
        desired_main_state = commander_state_s::MAIN_STATE_OFFBOARD;
    }
}
if (desired_main_state != commander_state_s::MAIN_STATE_MAX)
{
    main_ret = main_state_transition(_status, desired_main_state, _status_flags, _internal_state);(3)
}
if (main_ret != TRANSITION_DENIED)
{
```

```
            cmd_result = vehicle_command_s::VEHICLE_CMD_RESULT_ACCEPTED;
        }
        else
        {
            cmd_result = vehicle_command_s::VEHICLE_CMD_RESULT_TEMPORARILY_REJECTED;
        }
    }
    break;
    (其余 case 略)
    }
    if (cmd_result != vehicle_command_s::VEHICLE_CMD_RESULT_UNSUPPORTED)
    {
        answer_command(cmd, cmd_result);                                              (4)
    }
    return true;
}
```

（1）处理飞行模式切换的命令，即命令 ID 为 VEHICLE_CMD_DO_SET_MODE。

（2）通过主模式和子模式组合形成用户期望的飞行模式。

（3）调用函数 main_state_transition 进行飞行模式切换。

（4）对飞机命令进行响应应答。

4. 通过遥控器切换飞行模式

当然，用户也可以通过遥控器切换飞行模式。PX4 系统的 ManualControl 模块接收到遥控器发出的相关信号后，会通过 uORB 主题 action_request 将切换飞行模式的命令发布出去。commander 模块会接收 uORB 主题数据，并调用 executeActionRequest 函数进行命令处理，这里同样仅讨论设置飞行模式这一命令的情况。

```
void Commander::executeActionRequest(const action_request_s &action_request)       (1)
{
    switch (action_request.action)
    {
    case action_request_s::ACTION_SWITCH_MODE:
        if (action_request.source == action_request_s::SOURCE_RC_MODE_SLOT && !_
armed.armed && (_internal_state.main_state_changes == 0) && (action_request.mode ==
commander_state_s::MAIN_STATE_ALTCTL || action_request.mode == commander_state_s::
MAIN_STATE_POSCTL))
        {
            _internal_state.main_state = action_request.mode;
            _internal_state.main_state_changes++;
        }
        int ret = main_state_transition(_status, action_request.mode, _status_flags,
                                        _internal_state);                           (2)
```

```
        break;
    }
}
```

（1）uORB 主题 action_request 中的变量 mode 表示飞行模式，其取值和飞行模式常量 MAIN_STATE_XXX 一致。

（2）调用函数 main_state_transition 进行飞行模式切换。

整个飞行仿真过程中飞行模式变化如图 8-3 所示，无人机全程处于自主航线任务飞行模式。

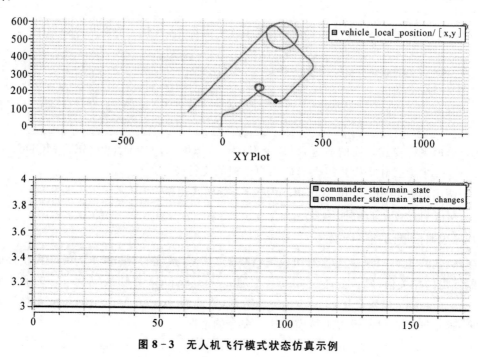

图 8-3　无人机飞行模式状态仿真示例

8.1.3　导航状态转换

1. 导航状态定义

导航状态在 PX4 系统中使用 uORB 主题 vehicle_status 中的参数 nav_state 表示，可供设置的导航状态由常量 NAVIGATION_STATE_XXX 表示，其中大部分状态和飞行模式定义一致，与固定翼相关的导航状态如下。

```
uint8 NAVIGATION_STATE_MANUAL = 0          # 手动模式
uint8 NAVIGATION_STATE_ALTCTL = 1          # 定高模式
uint8 NAVIGATION_STATE_POSCTL = 2          # 位置保持模式
uint8 NAVIGATION_STATE_AUTO_MISSION = 3    # 自主航线任务模式
```

uint8 NAVIGATION_STATE_AUTO_LOITER = 4	♯ 自主盘旋模式
uint8 NAVIGATION_STATE_AUTO_RTL = 5	♯ 自动返航模式
uint8 NAVIGATION_STATE_AUTO_LANDENGFAIL = 8	♯ 发动机失效条件下自动着陆
uint8 NAVIGATION_STATE_ACRO = 10	♯ 特技模式
uint8 NAVIGATION_STATE_TERMINATION = 13	♯ 任务终止模式
uint8 NAVIGATION_STATE_STAB = 15	♯ 增稳模式

2. 导航状态转换

在实际飞行中会遇到很多特殊或者出现故障的情况,PX4 系统会根据当前无人机状态以及用户预先设定的参数对导航状态进行降级处理,以保证无人机尽可能安全地飞行。正常情况下,无人机导航状态与主状态保持一致。导航状态转换的本质也就是以主状态为基础,对特殊情况下的导航状态进行降级处理的。函数 set_nav_state 负责进行导航模式切换逻辑处理,最终设定 uORB 主题 vehicle_status 中的参数 nav_state。

```
bool set_nav_state (vehicle_status_s &status, actuator_armed_s &armed, commander_state_s
                    &internal_state, const link_loss_actions_t data_link_loss_act, const bool mission_
                    finished, const bool stay_in_failsafe, const vehicle_status_flags_s &status_flags,
                    bool landed, const link_loss_actions_t rc_loss_act, const position_nav_loss_actions_
                    t posctl_nav_loss_act, const float param_com_rcl_act_t)                          (1)
{
    const navigation_state_t nav_state_old = status.nav_state;
    const bool is_armed = (status.arming_state == vehicle_status_s::
                                                ARMING_STATE_ARMED);
    const bool data_link_loss_act_configured = (data_link_loss_act > link_loss_actions_t::
                                                DISABLED);
    bool old_failsafe = status.failsafe;
    status.failsafe = false;
    reset_link_loss_globals(armed, old_failsafe, rc_loss_act);
    reset_link_loss_globals(armed, old_failsafe, data_link_loss_act);
    switch (internal_state.main_state)                                                               (2)
    {
    case commander_state_s::MAIN_STATE_ACRO:                                                          (3)
    case commander_state_s::MAIN_STATE_MANUAL:
    case commander_state_s::MAIN_STATE_STAB:
    case commander_state_s::MAIN_STATE_ALTCTL:
        if (status.rc_signal_lost && is_armed)
        {
            set_link_loss_nav_state(status, armed, status_flags, internal_state, rc_loss_act,
                                    param_com_rcl_act_t);
        }
```

```
        else
        {
            switch (internal_state. main_state)
            {
            case commander_state_s::MAIN_STATE_ACRO：
                status. nav_state = vehicle_status_s::NAVIGATION_STATE_ACRO；
                break；
            case commander_state_s::MAIN_STATE_MANUAL：
                status. nav_state = vehicle_status_s::NAVIGATION_STATE_MANUAL；
                break；
            case commander_state_s::MAIN_STATE_STAB：
                status. nav_state = vehicle_status_s::NAVIGATION_STATE_STAB；
                break；
            case commander_state_s::MAIN_STATE_ALTCTL：
                status. nav_state = vehicle_status_s::NAVIGATION_STATE_ALTCTL；
                break；
            default：
                status. nav_state = vehicle_status_s::NAVIGATION_STATE_MANUAL；
                break；
            }
        }
    break；
    case commander_state_s::MAIN_STATE_POSCTL：                                    (4)
    {
        const bool rc_fallback_allowed = (posctl_nav_loss_act ! =
                                    position_nav_loss_actions_t::LAND_TERMINATE) || !
                                    is_armed；
        if (status. rc_signal_lost && is_armed)
        {
            set_link_loss_nav_state(status, armed, status_flags, internal_state, rc_loss_act,
                            param_com_rcl_act_t)；
        }
        else if (check_invalid_pos_nav_state(status, old_failsafe, status_flags, rc_fallback_allowed,
                                    true))
        {
        }
        else
        {
            status. nav_state = vehicle_status_s::NAVIGATION_STATE_POSCTL；
        }
    }
    break；
    case commander_state_s::MAIN_STATE_AUTO_MISSION：                              (5)
```

```
        if (is_armed && check_invalid_pos_nav_state(status, old_failsafe, status_flags, false, true)) {}
        else if (status. engine_failure)
        {
            status. nav_state = vehicle_status_s::NAVIGATION _STATE _AUTO_LANDENGFAIL;
        }
        else if (status. mission_failure)
        {
            status. nav_state = vehicle_status_s::NAVIGATION_STATE_AUTO_RTL;
        }
        else if (status. data_link_lost && data_link_loss_act_configured && is_armed && ! landed)
        {
            set_link_loss_nav_state(status, armed, status_flags, internal_state, data_link_loss_act, 0);
        }
        else if (status. rc_signal_lost && status. data_link_lost && !data_link_loss_act_configured &&
            is_armed && !landed && mission_finished)
        {
            set_link_loss_nav_state(status, armed, status_flags, internal_state,
                            link_loss_actions_t::AUTO_RTL, 0);
        }
        else if (!stay_in_failsafe)
        {
            status. nav_state = vehicle_status_s::NAVIGATION_STATE_AUTO_MISSION;
        }
        break;
case commander_state_s::MAIN_STATE_AUTO_LOITER:                                              (6)
        if (status. engine_failure)
        {
            status. nav_state = vehicle_status_s::NAVIGATION_STATE_AUTO_LANDENGFAIL;
        }
        else if (is_armed && check_invalid_pos_nav_state(status, old_failsafe, status_flags,
            false, true))
        {
        }
        else if (status. data_link_lost && data_link_loss_act_configured && !landed && is_armed)
        {
            set_link_loss_nav_state(status, armed, status_flags, internal_state, data_link_loss_act, 0);
        }
        else if (status. rc_signal_lost && status_flags. rc_signal_found_once && is_armed &&
            !landed)
        {
            set_link_loss_nav_state(status, armed, status_flags, internal_state, rc_loss_act,
                            param_com_rcl_act_t);
        }
```

```
        else if (status.rc_signal_lost && status.data_link_lost &&
                !data_link_loss_act_configured && is_armed && ! landed)
        {
            set_link_loss_nav_state(status, armed, status_flags, internal_state, rc_loss_act, 0);
        }
        else
        {
            status.nav_state = vehicle_status_s::NAVIGATION_STATE_AUTO_LOITER;
        }
        break;
    case commander_state_s::MAIN_STATE_AUTO_RTL:                           (7)
        if (status.engine_failure)
        {
            status.nav_state = vehicle_status_s::NAVIGATION_STATE_AUTO_LANDENGFAIL;
        }
        else if (is_armed && check_invalid_pos_nav_state(status, old_failsafe, status_flags, false,
            true)) {}
        else
        {
            status.nav_state = vehicle_status_s::NAVIGATION_STATE_AUTO_RTL;
        }
        break;
    default:
        break;
    }
    return status.nav_state != nav_state_old;
}
```

(1)参数 status 表示无人机状态（通过设定变量 nav_state 值更改导航状态），参数 armed 表示舵机/电机解锁状态，参数 internal_state 用于标记当前飞行模式、参数 data_link_loss_act 表示遥测信号丢失后的降级处理方式，参数 mission_finished 表示当前任务是否完成，参数 stay_in_failsafe 表示是否保持故障状态飞行，参数 status_flags 是 commander 模块内部各种状态有效性标记，参数 landed 表示无人机是否着陆，参数 rc_loss_act 表示遥控器信号丢失后的降级处理方式，参数 posctl_nav_loss_act 表示位置失效（全球位置无效）后的降级处理方式，参数 param_com_rcl_act_t 表示信号丢失后的降级延迟处理时间。

（2）根据不同飞行模式可以确定无人机导航状态。

（3）在手动、增稳、特技以及定高这四种飞行模式下，仅考虑遥控器信号丢失的降级处理。函数 set_link_loss_nav_state 用于信号丢失（包括遥控器和遥测信号丢失）情况下的降级处理，处理方式由枚举变量 link_loss_actions_t 表示，DISABLED 表示禁止降级处理；AUTO_LOITER 表示降级为自主盘旋模式；AUTO_RTL 表示降级为自动返航模式；AUTO_LAND 表示降级为自动着陆模式；TERMINATE 表示降级为任务终止模式（停止控制，舵面输出为故障安全值）；LOCKDOWN 表示降级为舵面锁定模式（舵面输出为锁定状态值)。用户通过配置参数 NAV_RCL_ACT 设定遥控器信号丢失后的降级处理方式,默认参数是降级为自动返航模式。如果信号丢失时间小于降级处理延迟时间(由配置参数 COM_RCL_ACT_T 给定)则降级为自主盘旋模式以等待信号重新连接。在其他飞行模式下,信号丢失的降级处理和此处一致,后续不再赘述。

(4)在位置保持飞行模式下,需要考虑遥控器信号丢失和位置控制失效的降级处理。变量 rc_fallback_allowed 表示位置失效后的降级处理是否使用遥控器,其判断标准是参数 posctl_nav_loss_act(由配置参数 COM_POSCTL_NAVL 给定)不为 LAND_TERMINATE (枚举变量,表示降级为自动着陆或终止模式,另一个枚举常量 ALTITUDE_MANUAL 表示降级为高度控制或手动控制)且舵机、电机处于锁定状态。位置控制失效后的降级处理逻辑为:①在使用遥控器介入的情况下,如果本地坐标系高度有效降级为定高模式,否则降级为增稳模式;②在不使用遥控器的情况下,采取逐级降级的处理方式,本地位置有效降级为自动着陆模式,本地坐标系高度有效则降级为自动下降模式,否则降级为任务终止模式。在其他飞行模式下,位置控制失效的降级处理和此处一致,后续不再赘述。

(5)在位置保持飞行模式下,需要考虑遥控器信号丢失、遥测信号丢失、任务失效、位置控制失效和发动机失效的降级处理。遥控器信号丢失后降级为自动返航模式;遥测信号丢失后由配置参数 NAV_DLL_ACT 确定降级处理方式,降级处理延迟设为 0;任务失效后降级为自动返航模式;位置控制失效和位置保持模式处理方式一致;发动机失效后降级为发动机失效后自动着陆模式。

(6)在自主盘旋飞行模式下,需要考虑遥控器信号丢失、遥测信号丢失、位置控制失效和发动机失效的降级处理,其处理逻辑和位置保持飞行模式一致。

(7)在自动返航飞行模式下,需要考虑位置控制失效和发动机失效的降级处理,其处理逻辑和自主盘旋飞行模式一致。

整个飞行仿真过程中,无人机全程处在自主飞行模式,由航线任务模式切换到自主返航模式仿真示例如图 8-4 所示。

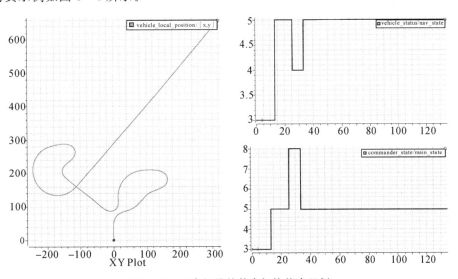

图 8-4　无人机导航状态切换仿真示例

3. 控制模式设定

从本书第 7 章 PX4 系统控制流程图（见图 7－7）中可以看出，commander 模块输出的 uORB 主题主要包括飞机状态（vehicle_state）和飞机控制模式（vehicle_control_mode）。本章已经讨论了飞机状态中最重要的解锁状态和导航状态。飞机控制模式在后续位置控制和姿态控制模块中起着关键作用，无人机在不同控制模式下有不同的行为表现。PX4 系统定义的与固定翼无人机有关的飞行控制模式共 10 项，这些模式并不是互斥关系，其具体内容如下。

```
bool flag_control_manual_enabled          # 手动输入控制是否有效
bool flag_control_auto_enabled            # 自动控制是否有效
bool flag_control_rates_enabled           # 角速度控制是否有效
bool flag_control_attitude_enabled        # 姿态角控制是否有效
bool flag_control_acceleration_enabled    # 加速度控制是否有效
bool flag_control_position_enabled        # 位置控制是否有效
bool flag_control_altitude_enabled        # 高度控制是否有效
bool flag_control_climb_rate_enabled      # 爬升率控制是否有效
bool flag_control_termination_enabled     # 任务终止是否有效
```

函数 update_control_mode 用于根据无人机导航状态设定控制模式，导航状态与控制模式之间的关系见表 8－1，表格中画对号的表示该控制模式设为真，否则设为假。这也是函数实现的核心过程，源码就不再展开讨论。

表 8－1　无人机导航状态与控制模式之间的关系

飞行模式	控制模式								
	手动输入	自动控制	角速度控制	姿态角控制	水平速度控制	位置控制	高度控制	爬升率控制	任务终止
手动模式	√		√	√					
增稳模式	√		√	√					
特技模式	√		√						
定高模式	√		√	√			√	√	
位置保持模式	√		√	√	√	√	√	√	
自主航线任务模式		√	√	√	√	√	√	√	
自主盘旋模式		√	√	√	√	√	√	√	
自动返航模式		√	√	√	√	√	√	√	
发动机失效条件下自动着陆模式		√	√	√	√	√	√	√	
任务终止模式									√

8.2　无人机着陆状态探测

无人机着陆状态对于飞行控制系统而言是非常重要的状态信息。例如,无人机的自动上锁、控制器积分清零、部分控制参数的初始化等都需要基于无人机的着陆状态。如果出现状态误判,可能会导致出现严重的后果。在 PX4 系统中,无人机着陆状态探测不属于 commander 模块的功能,但由于其也是重要的无人机状态,因此放在同一章节进行讨论。源码目录. /src/modules/land_detector 是 PX4 系统专门的着陆状态探测模块。

在启动子脚本 rc. fw_apps 中启动固定翼无人机着陆状态探测模块。

```
land_detector start fixedwing
```

不同类型的飞行器着陆探测方式不同,FixedwingLandDetector 是用于固定翼无人机的着陆状态探测类,它继承自 LandDetector 类。LandDetector 类内函数 Run 是所有类型飞行器着陆探测的实际入口,以 50 ms 的周期固定执行,主要由消息订阅、配置参数更新、调用子类的着陆状态检测函数、填充并发布着陆状态(uORB 主题 vehicle_land_detected)等环节组成。其核心是调用子类的着陆状态检测函数,函数 FixedwingLandDetector::_get_landed_state 用于固定翼无人机着陆状态探测,即设置 uORB 主题 vehicle_land_detected 中的变量 landed,其余变量不适用于固定翼无人机。

```
bool FixedwingLandDetector::_get_landed_state()                                    (1)
{
    if (!_armed)                                                                   (2)
    {
        return true;
    }
    bool landDetected = false;
    if (hrt_elapsed_time(&_vehicle_local_position. timestamp) < 1_s)               (3)
    {
        _velocity_xy_filtered = 0.97f * _velocity_xy_filtered +
                                0.03f * sqrtf(_vehicle_local_position. vx * _vehicle_local_position. vx +
                                _vehicle_local_position. vy * _vehicle_local_position. vy);    (4)
        _velocity_z_filtered = 0.99f * _velocity_z_filtered + 0.01f * fabsf(_vehicle_local_position. vz);
        airspeed_validated_s airspeed_validated{};
        _airspeed_validated_sub. copy(&airspeed_validated);
        _airspeed_filtered = 0.95f * _airspeed_filtered + 0.05f * airspeed_validated. true_airspeed_m_s;
        const float acc_hor = matrix::Vector2f(_acceleration). norm();
        _xy_accel_filtered = _xy_accel_filtered * 0.8f + acc_hor * 0.18f;
        const float vel_xy_max_threshold = airspeed_invalid ? 0.7f * _param_lndfw_vel_xy_max. get() :
                                _param_lndfw_vel_xy_max. get();
        const float vel_z_max_threshold = airspeed_invalid ? 0.7f * _param_lndfw_vel_z_max. get()
                                : _param_lndfw_vel_z_max. get();
        landDetected = _airspeed_filtered < _param_lndfw_airspd. get() && _velocity_xy_filtered
                       < vel_xy_max_threshold && _velocity_z_filtered < vel_z_max_threshold
                       && _xy_accel_filtered < _param_lndfw_xyaccel_max. get();        (5)
```

```
        }
    else
    {
        landDetected = true;
    }
    return landDetected;
}
```

（1）如果无人机当前在地面（尚未起飞或已着陆）则函数返回 true，表示无人机已着陆；如果无人机在空中，则函数返回 false。

（2）如果无人机未解锁，直接返回 true。

（3）如果 uORB 主题 vehicle_local_position（飞机本地位置）更新时间超过 1 s，则直接判定飞机已着陆。

（4）对无人机水平面速度、爬升率、空速和水平面加速度等几个参数进行低通滤波处理。

（5）固定翼无人机的着陆检测比较简单，其判断标准是：如果无人机水平面速度、爬升率、空速和水平面加速度这 4 个参数同时小于用户设定的阈值才认定为无人机处于着陆状态。这 4 个阈值分别由配置参数 LNDFW_VEL_XY_MAX、LNDFW_VEL_Z_MAX、LNDFW_AIRSPD_MAX 和 LNDFW_XYACC_MAX 给定。由这里可以看出，固定翼无人机从地面起飞和着陆的滑行过程被认为是飞行状态而不是着陆状态，无人机一定要处于比较静止的状态才认为是着陆状态。

无人机着陆状态探测仿真示例如图 8-5 所示。从图中可以看出，在起飞前和着陆后均能准确检测并判断无人机处于着陆状态。

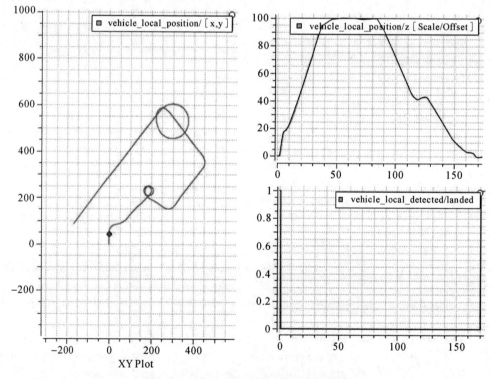

图 8-5　无人机着陆状态探测仿真示例

8.3　总体运行流程

8.3.1　使用命令

commander 模块支持的命令非常多,包括传感器校准、飞行前检查、飞行模式切换等,常用的格式及命令功能如下。

```
commander<命令>［命令参数］
命令：
    start              用于启动 commander 模块
        ［－h］         启动硬件在环仿真
    calibrate          传感器校准
        mag｜baro｜accel｜gyro｜level｜esc｜airspeed 校准类型
        quick          快速校准(仅适用于加速度计,不推荐使用)
    check              飞行前检查
    arm
        ［－f］         强制解锁(不执行飞行前检查)
    disarm
        ［－f］         强制上锁
    takeoff            自动起飞
    land               自动着陆
    mode               切换飞行模式
    manual｜acro｜stabilized｜altctl｜posctl｜auto：mission｜auto：loiter｜auto：rtl 飞行模式
    poweroff           关机
    stop 停止           commander 模块
    status             打印模块信息
```

8.3.2　实现过程

Commander 类是 PX4 系统指令响应类,在启动脚本中有如下启动 commander 模块的命令。

```
commander start
```

类内函数 run 是整个 commander 模块的核心和实际入口,其在进行一些初始化工作并进行飞行前检查后进入 while 循环,该循环在 commander 模块启动后就一直按一定频率(周期为 10 ms)运行。作为 PX4 系统的大管家,循环中处理的工作内容非常繁杂,但核心是依次接收各类命令和信息,并进行无人机状态切换。Commander：：run 函数源码非常长,本书仅讨论其源码框架,使读者理解该模块的大致处理过程,详细内容请自行查看源码文件。

此外，对源码的讨论仅围绕 commander 模块的核心处理过程，未展示电源、电调、地理围栏、避障、蜂鸣器和灯光显示等非核心内容。

```
void Commander::run()
{
    while (!should_exit())
    {
        perf_begin(_loop_perf);
        const bool params_updated = _parameter_update_sub.updated();
        if (params_updated || param_init_forced) {源码略}                          (1)
        if (_vehicle_land_detected_sub.updated()) {源码略}                         (2)
        _safety_handler.safetyButtonHandler();
        const bool safety_updated = _safety_sub.updated();
        if (safety_updated) {源码略}                                              (3)
        estimator_check();                                                       (4)
        if (_armed.armed) {源码略}                                                (5)
        if (!_status_flags.calibration_enabled && _status.arming_state ==
                                 vehicle_status_s::ARMING_STATE_INIT) {源码略}
                                                                                 (6)
        if (_mission_result_sub.updated()) {源码略}                               (7)
        manual_control_setpoint_s manual_control_setpoint;
        if (_manual_control_setpoint_sub.update(&manual_control_setpoint)) {源码略} (8)
        data_link_check();                                                       (9)
        if (_actuator_controls_sub.updated()) {源码略}                            (10)
        if (!_armed.armed) {源码略}                                               (11)
        if (_vehicle_command_sub.updated()) {源码略}                              (12)
        if (_action_request_sub.updated()) {源码略}                               (13)
        if (_failure_detector.update(_status, _vehicle_control_mode)) {源码略}     (14)
        _status_flags.flight_terminated = _armed.force_failsafe || _armed.manual_lockdown;
        const hrt_abstime now = hrt_absolute_time();
        if (_param_com_home_en.get() && !_home_pub.get().manual_home) {源码略}     (15)
        bool nav_state_changed = set_nav_state(_status, _armed, _internal_state, static_cast<link_
loss_actions_t>(_param_nav_dll_act.get()), _mission_result_sub.get().finished, _mission_result_
sub.get().stay_in_failsafe, _status_flags, _vehicle_land_detected.landed, static_cast<link_loss_actions_
t>(_param_nav_rcl_act.get()), static_cast<offboard_loss_actions_t>(_param_com_obl_act.get()),
static_cast<quadchute_actions_t>(_param_com_qc_act.get()), static_cast<offboard_loss_rc_actions_t
>(_param_com_obl_rc_act.get()), static_cast<position_nav_loss_actions_t>(_param_com_posctl_
navl.get()), _param_com_rcl_act_t.get(), _param_com_rcl_except.get());            (16)
        if (hrt_elapsed_time(&_status.timestamp) >= 500_ms || _status_changed ||
            nav_state_changed) {源码略}                                           (17)
        if (_worker_thread.hasResult()) {源码略}
```

```
        _status_changed = false;
        _last_local_altitude_valid = _status_flags. local_altitude_valid;
        _last_local_position_valid = _status_flags. local_position_valid;
        _last_global_position_valid = _status_flags. global_position_valid;
        _was_armed = _armed. armed;
        arm_auth_update(now, params_updated || param_init_forced);
        px4_indicate_external_reset_lockout(LockoutComponent::Comma        nder, _armed. armed);
        perf_end(_loop_perf);
        if (!_vehicle_command_sub. updated() && !_action_request_sub. updated())        (18)
        {
            px4_usleep(COMMANDER_MONITORING_INTERVAL);
        }
    }
}
```

（1）更新配置参数。

（2）更新飞机着陆状态。当飞机处于着陆、锁定状态且用户选择自动设定 HOME 点时，则调用函数 set_home_position 更新 HOME 点数据并发布 uORB 主题 home_position。该主题包含 HOME 点经纬度、高度、本地坐标系三维坐标值以及偏航角等信息。HOME点是自动返航模式的目标点。设置 HOME 点必须使 commander 模块启动至少 500 ms，以免在空中重新启动时设置 HOME 点。

（3）更新安全开关状态。当安全开关处于关闭状态时，调用函数 disarm 对舵机/电机执行锁定操作。

（4）对状态估计精度以及一致性进行检查。有关位置和姿态估计的内容将在本书第 3篇中讨论。

（5）当飞机着陆或进行遥控器锁定操作时，对舵机/电机执行锁定操作。

（6）当解锁状态处于 INIT 状态时，调用 arming_state_transition 函数尝试切换为STANDBY 状态。

（7）检查自动航线任务执行结果。如果自动起飞作为唯一任务并已执行完毕，则调用函数 main_state_transition 将当前飞行模式切换为自动盘旋。

（8）更新手动输入。通常来源于遥控器输入。

（9）更新并检查测控链路状态。

（10）发动机失效状态探测。

（11）如果遥控器信号丢失，但 GPS 信号有效，则将手动飞行模式切换自动盘旋飞行模式，这样用户就可以利用地面站控制无人机。

（12）更新飞机命令。调用函数 handle_command 对飞机命令进行处理，commander 模块处理的飞机命令种类比较多，其中比较重要的两条命令：一条命令是本章前面讨论的飞行模式切换；另一条命令是解锁/上锁命令。

（13）调用函数 executeActionRequest 对遥控器发出的飞行模式切换信号进行处理。

（14）检查失效探测器状态。

（15）自动设定或更新 HOME 点。

（16）调用函数 set_nav_state 进行无人机导航状态切换。

（17）调用函数 update_control_mode 更新控制模式。以 2 Hz 频率填充并发布 uORB 主题 actuator_armed、control_mode、vehicle_status、commander_state（commander 模块状态）、vehicle_status_flags（各类状态有效性标记）以及 failure_detector_status（失效探测器状态）。

（18）如果未接收到用户命令，则将 commander 模块休眠 10 ms，也即控制模块的执行周期为 10 ms。

第9章 导 航 模 块

导航模块(navigator)主要用于导航控制,类似于车载导航过程中的路径规划。在无人机系统中导航控制的含义是根据用户规划的任务,规划无人机需要实现的飞行轨迹,给出期望的目标位置,并交由后续的位置控制模块进一步控制无人机。

9.1　总体运行流程

导航模块位于目录. /src/modules/navigator,navigator_main. cpp 是 PX4 系统导航控制主文件,其中定义的 Navigator 类用于导航控制,在启动脚本中有如下语句启动该模块。

```
navigator start
```

类内函数 Run 是整个导航模块的核心和实际入口。导航模块的运行流程如图 9 - 1 所示,首先更新配置参数,然后进入 while 工作循环,工作循环由 uORB 主题 vehicle_local_position 数据的更新触发并限制一定的频率运行,执行导航功能。主循环中主要负责订阅并获取相关的 uORB 主题数据、接收飞机命令并作出相应的响应,然后根据飞机的导航状态调用相关的类完成飞机导航功能,从而最终发布航点数组(uORB 主题 position_setpoint_triplet)供后续位置控制模块使用。

首先对 uORB 主题 position_setpoint_triplet 进行介绍,它包括前一航点、当前航点和下一航点的航点信息。航点信息采用 position_setpoint_s 类型表示,由 uORB 消息 position_setpoint 自动生成,具体内容如下(删除与固定翼无人机无关部分)。

uint64 timestamp	♯ 时间戳
uint8 SETPOINT_TYPE_POSITION＝0	♯ 位置控制类型
uint8 SETPOINT_TYPE_LOITER＝2	♯ 盘旋类型
uint8 SETPOINT_TYPE_TAKEOFF＝3	♯ 起飞类型
uint8 SETPOINT_TYPE_LAND＝4	♯ 着陆类型
uint8 SETPOINT_TYPE_IDLE＝5	♯ 空闲类型,不进行任何控制、关闭发动机。
bool valid	♯ 航点是否有效
uint8 type	♯ 航点类型,由上述 SETPOINT_TYPE_XXX 类型常量表示
float64 lat	♯ 航点纬度(单位:度)
float64 lon	♯ 航点经度(单位:度)
float32 alt	♯ 航点海拔(单位:米)
int8 landing_gear	♯ 起落架位置,由 uORB 主题 landing_gear 中常量表示
float32 loiter_radius	♯ 盘旋半径(单位:米)

int8 loiter_direction	# 盘旋方向，1 表示逆时针方向，−1 表示顺时针方向
float32 acceptance_radius	# 判定航点是否到达的可接受水平距离
float32 cruising_speed	# 巡航速度
float32 cruising_throttle	# 巡航油门位置

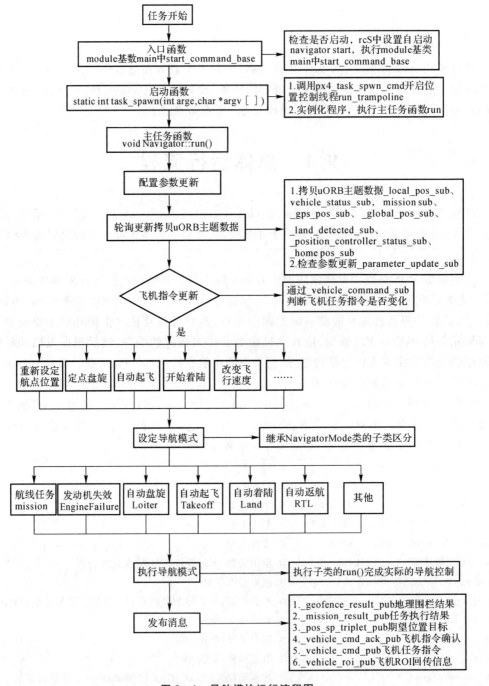

图 9－1　导航模块运行流程图

导航模块除了执行正常的飞行任务外，还需要处理地理围栏、空中交通情况等内容，本书仅讨论正常的飞行任务。Navigator::run 的源码分析如下。

```
void Navigator::run()
{
    params_update();                                                          (1)
    px4_pollfd_struct_t fds[3]{};                                             (2)
    fds[0].fd = _local_pos_sub;
    fds[0].events = POLLIN;
    orb_set_interval(_local_pos_sub, 50);                                     (3)
    while (!should_exit())
    {
        int pret = px4_poll(&fds[0], (sizeof(fds) / sizeof(fds[0])), 1000);
        perf_begin(_loop_perf);
        orb_copy(ORB_ID(vehicle_local_position), _local_pos_sub, &_local_pos);  (4)
        orb_copy(ORB_ID(vehicle_status), _vehicle_status_sub, &_vstatus);
        mission_s mission;
        orb_copy(ORB_ID(mission), _mission_sub, &mission);
        _gps_pos_sub.copy(&_gps_pos);
        _global_pos_sub.copy(&_global_pos);
        params_update();
        _land_detected_sub.update(&_land_detected);
        _position_controller_status_sub.update();
        _home_pos_sub.update(&_home_pos);
        while (_vehicle_command_sub.updated())                                (5)
        {
            const unsigned last_generation = _vehicle_command_sub.get_last_generation();
            vehicle_command_s cmd{};
            _vehicle_command_sub.copy(&cmd);
            (处理与航线相关的飞行器指令,源码略)
        }
        NavigatorMode * navigation_mode_new{nullptr};
        switch (_vstatus.nav_state)                                           (6)
        {
        case vehicle_status_s::NAVIGATION_STATE_AUTO_MISSION:
            _pos_sp_triplet_published_invalid_once = false;
            _mission.set_execution_mode(mission_result_s::MISSION_EXECUTION_MODE_NORMAL);
            navigation_mode_new = &_mission;
            break;
        (源码略)
        case vehicle_status_s::NAVIGATION_STATE_MANUAL:
        case vehicle_status_s::NAVIGATION_STATE_ACRO:
```

```
        case vehicle_status_s::NAVIGATION_STATE_ALTCTL:
        case vehicle_status_s::NAVIGATION_STATE_POSCTL:
        case vehicle_status_s::NAVIGATION_STATE_TERMINATION:
        case vehicle_status_s::NAVIGATION_STATE_STAB:
        default:
            navigation_mode_new = nullptr;
            _can_loiter_at_sp = false;
            break;
    }
    if (_vstatus. arming_state != vehicle_status_s::ARMING_STATE_ARMED)
    {
            navigation_mode_new = nullptr;
    }
    _previous_nav_state = _vstatus. nav_state;
    if (_navigation_mode != navigation_mode_new)                              (7)
    {
        const bool new_mode_is_loiter = navigation_mode_new == &_loiter;
        const bool valid_loiter_setpoint = (_pos_sp_triplet. current. valid && _pos_sp_triplet.
                                current. type == position_setpoint_s::SETPOINT_
                                TYPE_LOITER);
        const bool did_not_switch_to_loiter_with_valid_loiter_setpoint = ! (new_mode_is_loiter
&& valid_loiter_setpoint);
        if (did_not_switch_to_loiter_with_valid_loiter_setpoint)
        {
            reset_triplets();
        }
    }
    _navigation_mode = navigation_mode_new;                                   (8)
    for (unsigned int i = 0; i < NAVIGATOR_MODE_ARRAY_SIZE; i++)
    {
        if (_navigation_mode_array[i])
        {
            _navigation_mode_array[i]->run(_navigation_mode == _navigation_mode_array[i]);
        }
    }
    if (_navigation_mode == nullptr && !_pos_sp_triplet_published_invalid_once)
    {
        _pos_sp_triplet_published_invalid_once = true;
        reset_triplets();
    }
    if (_pos_sp_triplet_updated)                                             (9)
    {
```

```
              publish_position_setpoint_triplet();
          }
          if (_mission_result_updated)                              （10）
          {
              publish_mission_result();
          }
          perf_end(_loop_perf);
      }
  }
```

（1）更新导航模块的配置参数。

（2）本书第 4 章曾介绍，这里使用文件描述符方式监控 uORB 主题 vehicle_local_position（本地坐标系下飞机位置，包括飞机在本地坐标系下的位置和速度等信息）数据的更新，也就是说导航模块是由飞机本地位置数据的更新触发执行的。

（3）设置 uORB 主题数据 vehicle_local_position 的数据订阅速率为 50 Hz，即限制导航模块运行的循环周期不小于 20 ms。

（4）通过拷贝 uORB 主题数据，获取飞机本地位置/速度、GPS 位置/速度、全球位置/速度、飞机当前状态、飞机着陆状态、航点任务执行结果、HOME 点位置等信息。

（5）获取并处理用户通过地面站发送的与航线有关的飞机命令，主要包括 CMD_DO_REPOSITION（重新设定航点位置）、VEHICLE_CMD_DO_ORBIT（定点盘旋）、CMD_NAV_TAKEOFF（自动起飞）、CMD_LAND_START（启动自动降落）、VEHICLE_CMD_DO_CHANGE_SPEED（改变飞行速度）等。本章主要讨论自动飞行模式下导航模块运行的过程，对其他飞机命令的详细处理过程不展开讨论。

（6）根据 commander 模块要求的导航状态设定飞机导航模式。飞机各类导航模式由继承自 NavigatorMode 类的子类来定义，包括 Mission（自动航线飞行模式）、EngineFailure（发动机失效模式）、Loiter（自动盘旋模式）以及 RTL（自动返航模式）等。变量 navigation_mode_new 是指向基类 NavigatorMode 的对象指针，导航模式设置的处理是将基类指针指向特定任务对应的子类对象。而 MANUAL（手动飞行），ACRO（特技飞行），ALTCTL（高度控制），POSCTL（位置控制），TERMINATION（自毁模式），OFFBOARD（离线控制），STAB（增稳）等模式不需要导航模块的参与，因此在上述导航状态下，navigation_mode_new 指针设置为空。

（7）除了以下两种特殊情形，当导航模式发生切换时，需要重置 uORB 主题 position_setpoint_triplet 数据。第一种特殊情形是，从自动起飞模式切换至盘旋模式；另一种特殊情形是，切换至盘旋模式前当前航点有效。

（8）运行前面设定的导航模式。在 C++中使用基类对象指针指向子类对象后，执行基类的 run 函数从而实现多态的效果，即不同的导航模式通过不同类完成实际的导航工作。

（9）发布 uORB 主题 position_setpoint_triplet 数据，主题数据由不同导航模式在运行过程中填充，变量 _pos_sp_triplet_updated 是不同导航类通过调用导航模块类内函数 set_position_setpoint_triplet_updated 设置的。填充并发布该主题数据是整个导航模块的主要目的，也是不同导航模式的主要工作。

(10)发布 uORB 主题 mission_result（航点任务执行结果）数据，主题数据由不同导航模式在运行过程中填充，变量_mission_result_updated 是导航类通过调用函数 set_mission_result_updated 设置的。

9.2 导航任务处理

9.2.1 NavigatorMode 类

飞机每一种导航模式都对应不同模式类，这些类都继承自 NavigatorMode 类，即采用 C++的多态机制来实现不同导航功能。导航模块的主循环会调用 NavigatorMode 类的 run 函数（并非虚函数），其会调用其他虚函数，从而根据不同导航模式执行不同的实际处理函数。

```
void NavigatorMode::run(bool active)                                    (1)
{
    if (active)
    {
        if (!_active)
        {
            _navigator->get_mission_result()->stay_in_failsafe = false;
            _navigator->set_mission_result_updated();
            on_activation();                                             (2)
        }
        else
        {
            on_active();                                                 (3)
        }
    }
    else
    {
        if (_active)
        {
            on_inactivation();                                           (4)
        }
        else
        {
            on_inactive();                                               (5)
        }
    }
    _active = active;
}
```

（1）除 run 函数本身是实函数之外，其调用的函数 on_inactive、on_activation、on_inactivation、on_active 都是虚函数，子类会重新实现这些虚函数。因此，run 函数在调用这些函数时，实际执行的是子类的函数，从而实现多态效果，即不同的导航模式实现不同的功能。

（2）函数 on_activation 只在模式激活时刻执行一次。同时，模式切入时会更新一次任务执行结果。

（3）函数 on_active 是导航模式真正的执行函数。由于 run 函数在导航模块主循环中重复调用，所以，当该导航模式被激活时，函数 on_active 是重复执行的。

（4）函数 on_inactivation 只在模式取消激活时执行一次。

（5）函数 on_inactive 在导航模式未被激活状态下重复执行。

9.2.2　MissionBlock 类

实际上各导航模式子类并不直接继承自 NavigatorMode 类，而是通过中间的 MissionBlock 类间接继承。类的继承关系如图 9-2 所示。

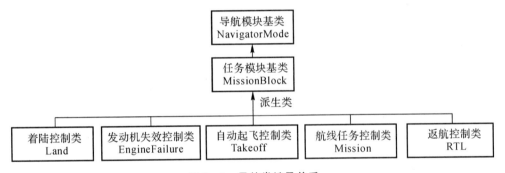

图 9-2　导航类继承关系

MissionBlock 类主要实现了一些关于航点飞行的公用处理函数，例如，函数 mission_item_to_position_setpoint 用于将航点任务转换为目标位置；函数 is_mission_item_reached 用于判定当前航点任务是否完成；函数 set_loiter_item 用于设置盘旋任务；函数 set_takeoff_item 用于设置起飞任务；函数 set_land_item 用于实现着陆任务等。这里重点分析自动航线任务必须使用的函数 mission_item_to_position_setpoint 和函数 is_mission_item_reached。

1. 将航点任务转为目标位置

本书第 6 章曾介绍过，用户在地面站规划的任务航点会通过 Mavlink 协议上传至飞控系统并保存在 SD 卡中，PX4 系统调用 dataman 模块接口读取的任务航点的数据类型是 mission_item_s，该数据类型的定义已在本书第 5 章介绍过了，而位置控制使用的航点数据类型是 position_setpoint_s，因此存在两种数据类型的转换，其接口是函数 mission_item_to_position_setpoint，源码如下。

```
bool MissionBlock::mission_item_to_position_setpoint(constmission_item_s &item, position_setpoint_s * sp)
{
    if (!item_contains_position(item))                                          (1)
    {
        return false;
    }
    sp->lat = item.lat;                                                         (2)
    sp->lon = item.lon;
    sp->alt = get_absolute_altitude_for_item(item);                             (3)
    sp->yaw = item.yaw;
    sp->yaw_valid = PX4_ISFINITE(item.yaw);
    sp->loiter_radius = (fabsf(item.loiter_radius) > NAV_EPSILON_POSITION) ?
                        fabsf(item.loiter_radius) : _navigator->get_loiter_radius();   (4)
    sp->loiter_direction = (item.loiter_radius > 0) ? 1 : -1;
    if (item.acceptance_radius > 0.0f && PX4_ISFINITE(item.acceptance_radius))
    {
        sp->acceptance_radius = item.acceptance_radius;
    }
    else
    {
        sp->acceptance_radius = _navigator->get_default_acceptance_radius();
    }
    sp->cruising_speed = _navigator->get_cruising_speed();                       (5)
    sp->cruising_throttle = _navigator->get_cruising_throttle();                 (6)
    switch (item.nav_cmd)                                                        (7)
    {
    case NAV_CMD_IDLE:
        sp->type = position_setpoint_s::SETPOINT_TYPE_IDLE;
        break;
    case NAV_CMD_TAKEOFF:
        if ((_navigator->get_vstatus()->arming_state == vehicle_status_s::
            ARMING_STATE_ARMED) && !_navigator->get_land_detected()->landed)
        {
            sp->type = position_setpoint_s::SETPOINT_TYPE_POSITION;
        }
        else
        {
            sp->type = position_setpoint_s::SETPOINT_TYPE_TAKEOFF;
        }
        break;
```

```
    case NAV_CMD_LAND：
        sp->type = position_setpoint_s：：SETPOINT_TYPE_LAND；
        break；
    case NAV_CMD_LOITER_TO_ALT：                                          (8)
        if (_navigator->get_loiter_min_alt() > 0. f)
        {
            sp->alt = math：：max(_navigator->get_global_position()->alt, _navigator->get
                             _home_position()->alt + _navigator->get_loiter_min_alt())；
        }
        else
        {
            sp->alt = _navigator->get_global_position()->alt；
        }
    case NAV_CMD_LOITER_TIME_LIMIT：
    case NAV_CMD_LOITER_UNLIMITED：
        sp->type = position_setpoint_s：：SETPOINT_TYPE_LOITER；
        break；
    default：
        sp->type = position_setpoint_s：：SETPOINT_TYPE_POSITION；
        break；
    }
    sp->valid = true；
    sp->timestamp = hrt_absolute_time()；
    return sp->valid；
}
```

（1）如果航点指令不属于位置控制类型，如 NAV_CMD_DO_SET_HOME 设置 HOME 点位置、NAV_CMD_DO_SET_SERVO 设置舵面偏度等，则该函数直接返回。

（2）值得注意的是，mission_item_s 类型变量不包含空速目标值，如需改变航点目标空速，需要用户发送类型为 VEHICLE_CMD_DO_CHANGE_SPEED 的任务指令。

（3）设置目标航点的绝对高度。如果 mission_item 给出的是相对目标高度，则需要加上 HOME 点高度。

（4）设置目标盘旋半径。如果 mission_item 给出的盘旋半径无效，则由配置参数 NAV_LOITER_RAD 给出默认半径。

（5）除非调用函数 Navigator：：set_cruising_speed 改变目标空速，否则默认情况下设定的航点目标空速为 -1，即由后续的位置控制计算目标空速。

（6）除非调用函数 Navigator：：set_cruising_throttle 改变巡航油门，否则默认情况下设定的航点巡航油门为 NAN，即由后续的位置控制计算巡航空速。

（7）设置航点任务类型，包括 SETPOINT_TYPE_POSITION（位置控制）、SETPOINT_TYPE_VELOCITY（速度控制）、SETPOINT_TYPE_LOITER（盘旋）、SETPOINT_TYPE_TAKEOFF（起飞）、SETPOINT_TYPE_LAND（着陆）、SETPOINT_TYPE_IDLE

（空闲）、SETPOINT_TYPE_FOLLOW_TARGET（目标跟踪）等类型。

（8）当航点任务为盘旋改变高度类型时，将目标高度设为飞机当前高度（不小于配置参数 MIS_LTRMIN_ALT 设置的最小高度），即先引导飞机以当前高度飞往目标航点。在判断航点任务是否完成的函数中会进一步处理目标高度。

2. 航点任务完成判定

函数 is_mission_item_reached 用于根据不同的导航任务指令来判断飞机的当前任务是否已经完成。对于固定翼无人机而言，航点任务完成的判断主要分为两步，首先判断飞机当前位置是否接近目标航点，然后在必要的情况下判断飞机盘旋时间是否达到用户设定的值并规划盘旋模式退出后的航线。

```
bool MissionBlock::is_mission_item_reached()
{
  switch (_mission_item.nav_cmd)                                          (1)
  {
  case NAV_CMD_LAND：
    return _navigator->get_land_detected()->landed；
  case NAV_CMD_IDLE：
  case NAV_CMD_LOITER_UNLIMITED：
    return false；
  case NAV_CMD_DO_LAND_START：
  (其他略)
    return true；
  default：
    break；
  }
  hrt_abstime now = hrt_absolute_time()；
  if (!_navigator->get_land_detected()->landed && !_waypoint_position_reached)  (2)
  {
    float dist = -1.0f；
    float dist_xy = -1.0f；
    float dist_z = -1.0f；
    const float mission_item_altitude_amsl = get_absolute_altitude_for_item(_mission_item)；  (3)
    dist = get_distance_to_point_global_wgs84(_mission_item.lat, _mission_item.lon, mission_item_
    altitude_amsl, _navigator->get_global_position()->lat, _navigator->get_global_position()
    ->lon, _navigator->get_global_position()->alt, &dist_xy, &dist_z)；      (4)
    if (_mission_item.nav_cmd == NAV_CMD_TAKEOFF)                         (5)
    {
      if (dist >= 0.0f && dist <= _navigator->get_acceptance_radius() && dist_z <= _navigator-
        >get_altitude_acceptance_radius())
      {
        _waypoint_position_reached = true；
```

```
        }
    }
    else if (_mission_item. nav_cmd == NAV_CMD_LOITER_TIME_LIMIT)                    (6)
    {
        if (dist >= 0. 0f && dist_xy <= (_navigator->get_acceptance_radius() + fabsf(_mission
            _item. loiter_radius)) && dist_z <= _navigator->get_altitude_acceptance_radius())
        {
            _waypoint_position_reached = true;
        }
    }
    else if (_mission_item. nav_cmd == NAV_CMD_LOITER_TO_ALT)                        (7)
    {
        struct position_setpoint_s * curr_sp = &_navigator->get_position_setpoint_triplet()->current;
        if (fabsf(curr_sp->alt - mission_item_altitude_amsl) >= FLT_EPSILON)
        {
            dist_xy = -1. 0f;
            dist_z = -1. 0f;
            dist = get_distance_to_point_global_wgs84(_mission_item. lat, _mission_item. lon, curr_
                sp->alt, _navigator->get_global_position()->lat, _navigator->get_global_
                position()->lon, _navigator->get_global_position()->alt, &dist_xy, &dist_z);
            if (dist >= 0. 0f && dist_xy <= (_navigator->get_acceptance_radius() +
                fabsf(_mission_item. loiter_radius)) &&
                dist_z <= _navigator->get_default_altitude_acceptance_radius())
            {
                curr_sp->alt = mission_item_altitude_amsl;
                curr_sp->type = position_setpoint_s::SETPOINT_TYPE_LOITER;
                _navigator->set_position_setpoint_triplet_updated();
            }
        }
        else if (dist >= 0. f && dist_xy <= (_navigator->get_acceptance_radius() +
                fabsf(_mission_item. loiter_radius)) &&
                dist_z <= _navigator->get_altitude_acceptance_radius())
        {
            _waypoint_position_reached = true;
        }
    }
    else                                                                            (8)
    {
        (源码略)
        bool passed_curr_wp = vector_prev_to_curr_north * vector_curr_to_vehicle_north +
                            vector_prev_to_curr_east * vector_curr_to_vehicle_east > 0. 0f;
```

```
        if (dist_xy >= 0.0f && (dist_xy <= acceptance_radius || passed_curr_wp) &&
            dist_z <= alt_acc_rad_m)
        {
            _waypoint_position_reached = true;
        }
    }
    if (_waypoint_position_reached)                                          (9)
    {
        _time_wp_reached = now;
    }
}
if (_waypoint_position_reached)                                              (10)
{
    bool time_inside_reached = false;
    if ((get_time_inside(_mission_item) < FLT_EPSILON) || (now - _time_wp_reached >=
        (hrt_abstime)(get_time_inside(_mission_item) * 1e6f)))               (11)
    {
        time_inside_reached = true;
    }
    bool exit_heading_reached = false;
    if (time_inside_reached)                                                 (12)
    {
        struct position_setpoint_s * curr_sp_new = &_navigator->get_position_setpoint_
        triplet()->current;
        const position_setpoint_s &next_sp = _navigator->get_position_setpoint_triplet()->next;
        const float dist_current_next = get_distance_to_next_waypoint(curr_sp_new->lat, curr
        _sp_new->lon, next_sp.lat, next_sp.lon);
        const bool enforce_exit_heading = next_sp.valid && curr_sp_new->type == position
        _setpoint_s::SETPOINT_TYPE_LOITER && (_mission_item.force_heading || _
        mission_item.nav_cmd == NAV_CMD_WAYPOINT);
        const bool exit_heading_is_reachable = dist_current_next > 1.2f * curr_sp_new->
        loiter_radius;
        if (enforce_exit_heading && exit_heading_is_reachable)
        {
            float yaw_err = 0.0f;
            _mission_item.yaw = get_bearing_to_next_waypoint(_navigator->get_global_
                                position()->lat, _navigator->get_global_position()->
                                lon, next_sp.lat, next_sp.lon);
            const float cog = atan2f(_navigator->get_local_position()->vy, _navigator->
                                get_local_position()->vx);
```

```
            yaw_err = wrap_pi(_mission_item. yaw － cog);
            exit_heading_reached = fabsf(yaw_err) < _navigator－>get_yaw_threshold();
        }
        else
        {
            exit_heading_reached = true;
        }
    }
    if (exit_heading_reached)                                                    (13)
    {
        position_setpoint_s &curr_sp = _navigator－>get_position_setpoint_triplet()－>current;
        const position_setpoint_s &next_sp = _navigator－>get_position_setpoint_triplet()－>next;
        const float range = get_distance_to_next_waypoint(curr_sp. lat, curr_sp. lon,
                                                next_sp. lat, next_sp. lon);
        if (_mission_item. loiter_exit_xtrack && next_sp. valid && PX4_ISFINITE(range) &&
          (_mission_item. nav_cmd == NAV_CMD_LOITER_TIME_LIMIT ||
            _mission_item. nav_cmd == NAV_CMD_LOITER_TO_ALT))
        {
            float bearing = get_bearing_to_next_waypoint(curr_sp. lat, curr_sp. lon,
                                                next_sp. lat, next_sp. lon);
            const float ratio = math::min(fabsf(_mission_item. loiter_radius / range), 1. 0f);
            float inner_angle = acosf(ratio);
            if (curr_sp. loiter_direction > 0)
            {
                bearing －= inner_angle;
            }
            else
            {
                bearing +＝ inner_angle;
            }
            curr_sp. type = position_setpoint_s::SETPOINT_TYPE_POSITION;
            waypoint_from_heading_and_distance(curr_sp. lat, curr_sp. lon, bearing,
                                        fabsf(curr_sp. loiter_radius), &curr_sp. lat,
                                        &curr_sp. lon);
        }
        return true;
    }
  }
  return false;
}
```

(1)特殊航点的处理,着陆航点完成的判定标准为飞机着陆,空闲和无限盘旋航点直接判定为未完成,开始着陆、相机等航点直接判定为已完成。

（2）判定飞机位置是否已经接近目标航点，如已接近，则将变量＿waypoint＿position＿reached 置为真。

（3）获取目标航点的绝对高度。

（4）计算飞机当前位置与目标航点位置的水平距离L_{xy}（dist_xy）和垂直距离L_z（dist_z）。

（5）起飞模式下接近目标航点的判定标准是：水平距离和垂直距离均在可接受范围内，即 $L_{xy} \leqslant R_{xy}$ 且 $L_z \leqslant R_z$［函数 Navigator∷get_acceptance_radius 用于获取水平距离可接受范围R_{xy}，由配置参数 NAV_ACC_RAD 和 L1 制导律计算的距离L_1（下一章详细介绍 L1 制导律）两者取较大值。］。R_{xy} 的设置值需要根据飞机的当前速度和盘旋能力确定，不宜过大，也不宜过小，由于 GPS 测量误差的存在，值过小可能会出现飞机一直到不了目标航点，从而一直在目标航点附近徘徊的现象；值过大则会出现飞机过早切入下一航点，从而与用户期望的目标航线偏差较大。函数 Navigator∷get_altitude_acceptance_radius 用于获取垂直距离可接受范围 R_z，在着陆模式下由配置参数 NAV_FW_ALTL_RAD 给定，其余模式下由配置参数 NAV_FW_ALT_RAD 给定。

（6）定时盘旋模式下接近目标航点的判定标准为 $L_{xy} \leqslant R_{xy}+r$ 且 $L_z \leqslant R_z$，其中 r 表示盘旋目标半径。

（7）盘旋变高模式下接近目标航点的判定标准与定时盘旋判定标准一致。值得注意的是，在该模式下，会先指引飞机保持当前高度，一旦水平距离进入可接受范围，则将目标高度设为航点期望值，即此时再指引飞机盘旋改变当前高度。

（8）正常航点模式下接近目标航点的判定标准与起飞模式下的判定标准接近，唯一区别就是当飞机越过当前航点时（前一航点至当前航点水平向量与当前航点至飞机当前位置水平向量的乘积为正，即向量夹角小于 90°）也认为飞机水平距离满足要求。

（9）在飞机接近目标航点位置后开始计时，用于判定定时盘旋是否完成。

（10）一旦飞机接近目标航点，后续就主要处理盘旋定时、盘旋模式退出时机以及规划进入下一航点的路径。

（11）判定定时盘旋的持续时间是否满足要求，通过变量 time_inside_reached 标记状态。

（12）尽量使飞机沿下一航点与盘旋轨迹的切线方向退出盘旋模式，源码中盘旋模式退出的条件为飞机速度向量与飞机当前位置指向下一航点向量之间的夹角小于 5°，通过变量 exit_heading_reached 标记状态。

（13）将盘旋模式设为航点模式，并将当前航点设为下一航点与盘旋轨迹的切点，也即在退出盘旋模式后指引飞机沿切点直线飞往下一航点。

9.3　典型导航任务

前文曾介绍导航模块中包含自动起飞等多种不同的导航模式，本书只分析最典型的一种正常导航模式（自动航线飞行模式）和另一种应急导航模式（自动返航模式）。其他导航模式的实现方式与上述两种导航模式相比功能虽然不同，但实现原理并没有本质区别，只是在不同的模式下,完成不同的目标位置设定,并随着飞机状态变化对任务执行状态和目标位置进行更新。本书由于篇幅原因,对其他导航模式不作过多介绍,有兴趣的读者可自行查阅相关源码。

9.3.1　自动航线飞行模式

自动航线飞行模式 Mission 是无人机自动飞行过程中最为常用的模式,用户可根据需要在地面站规划飞行过程的一系列任务航点(本书示例 5.1 介绍了用户通过地面站规划飞行任务的情况),并将其上传至 PX4 系统,在用户通过遥控器或地面站命令使无人机切换至 Mission 模式后,飞机会自动完成用户规划的飞行任务。根据本章前文介绍,当飞机 Mission 导航模式被激活时会执行一次 on_activation 函数,而函数 on_active 是重复执行的。

1. Mission 模式激活

切换到自动航线任务模式后,PX4 系统首先从 SD 卡中读取航点任务信息,并赋值给变量 _mission_item,再根据此任务点的经度、纬度,高度和航向等信息设定飞机的当前飞行目标位置,从而更新航点数组 pos_sp_triplet。这部分工作是 on_activation 函数通过调用 set_mission_items 函数完成的,其源码如下。

```
void Mission::set_mission_items()
{
    struct mission_item_s mission_item_next_position;
    struct mission_item_s mission_item_after_next_position;
    bool has_next_position_item = false;
    bool has_after_next_position_item = false;
    if (prepare_mission_items(&_mission_item, &mission_item_next_position,
                        &has_next_position_item, &mission_item_after_next_position,
                        &has_after_next_position_item))                        (1)
    {
        _mission_type = MISSION_TYPE_MISSION;
    }
    else                                                                       (2)
    {
        (源码略)
        return;
    }
    const position_setpoint_s current_setpoint_copy = _navigator->get_position_setpoint_triplet()
                                        ->current;
    if (item_contains_position(_mission_item))
    {
        if (_mission_item.nav_cmd == NAV_CMD_LAND)
        {
```

```
            _mission_item. yaw = NAN；
        }
    }
    position_setpoint_triplet_s * pos_sp_triplet = _navigator->get_position_setpoint_triplet();
    mission_item_to_position_setpoint(_mission_item, &pos_sp_triplet->current);              (3)
    if (!position_setpoint_equal(&pos_sp_triplet->current, &current_setpoint_copy))
    {
        pos_sp_triplet->previous = current_setpoint_copy;                                     (4)
    }
    issue_command(_mission_item);                                                             (5)
    _navigator->set_can_loiter_at_sp(false);
    reset_mission_item_reached();
    if (_mission_type == MISSION_TYPE_MISSION)
    {
        set_current_mission_item();                                                           (6)
    }
    if (_mission_item. autocontinue)
    {
        if (has_next_position_item)
        {
            mission_item_to_position_setpoint(mission_item_next_position,
                                        &pos_sp_triplet->next);                               (7)
        }
        else
        {
            pos_sp_triplet->next. valid = false;
        }
    }
    else
    {
        pos_sp_triplet->next. valid = false;
    }
    publish_navigator_mission_item();                                                         (8)
    _navigator->set_position_setpoint_triplet_updated();                                      (9)
}
```

（1）从 SD 卡中读取航点任务信息,分别保存在变量_mission_item(当前航点,可以不包含位置信息)、mission_item_next_position(包含位置信息的下一航点)、mission_item_after _next_position(包含位置信息的下下一航点)中。

（2）从 SD 卡中读取航点任务信息失败，表明用户规划的任务已全部执行完毕。此时，如果飞机已着陆，则将当前航点指令设为空闲，等待用户规划新的任务，否则，飞机如果在空中飞行，则将当前航点指令设为无限盘旋。具体的源码省略。

（3）将航点任务转换为目标位置，并设为当前航点。

（4）当前航点任务已执行完毕，将上一帧的当前航点转换为前一航点。

（5）处理非位置航点指令，其主要处理方式是将航点任务转为 uORB 主题 vehicle_command 发布出去。

（6）标记当前航点任务执行完毕，将任务执行结果保存在 SD 卡中。

（7）设置下一航点，至此航点数组数据已更新完毕。

（8）填充并发布 uORB 主题 navigator_mission_item，用于日志记录。

（9）标记航点数组数据已更新。

2. Mission 模式循环

Mission 模式循环的核心步骤是：①判断当前航点任务是否完成；②如果飞机完成当前航点任务，则获取下一个航点任务（mission_item）；③将航点任务转换为目标位置（position_setpoint），据此更新航点数组（position_setpoint_triplet）。Mission::on_active 函数被导航模块循环调用，以上步骤也会重复执行，直至用户规划的任务被全部执行完毕。

```
void Mission::on_active()
{
    check_mission_valid(false);                                              (1)
    bool mission_sub_updated = _mission_sub.updated();                       (2)
    if (mission_sub_updated)
    {
        _navigator->reset_triplets();
        update_mission();
    }
    _need_mission_reset = true;
    _mission_changed = false;
    if (mission_sub_updated || _mission_waypoints_changed || _execution_mode_changed)
    {
        if (_mission_waypoints_changed)
        {
            _mission_waypoints_changed = false;
        }
        _execution_mode_changed = false;
        set_mission_items();
    }
```

```
    if (_mission_type != MISSION_TYPE_NONE && is_mission_item_reached())          (3)
    {
        set_mission_item_reached();                                              (4)
        if (_mission_item. autocontinue)
        {
            advance_mission();                                                  (5)
            set_mission_items();                                                (6)
        }
    }
    else
    {
        if (_waypoint_position_reached && _mission_item. nav_cmd != NAV_CMD_IDLE)
        {
            _navigator->set_can_loiter_at_sp(true);
        }
    }
    if (_mission_type != MISSION_TYPE_NONE)
    {
        cruising_speed_sp_update();
    }
    if ((_mission_item. nav_cmd == NAV_CMD_LAND) && (_navigator->abort_landing()))
    {
        do_abort_landing();
    }
}
```

(1)HOME 点初始化时,需要先从航点间距离、是否超出地理围栏等方面检查用户规划的航点任务是否有效,然后更新航点任务的执行结果,标记着陆起始点。

(2)如果接收到用户规划的新航线任务,则重置航点数组。

(3)判定当前航点任务是否已完成。

(4)更新当前航点信息,并标记当前航点任务已执行。

(5)如需继续执行下一航点任务,则更新变量 current_mission_index,后续将读取下一航点任务。

(6)从 SD 卡中读取下一航点任务,并将航点任务转换为目标位置,据此更新航点数组。

无人机自动航线飞行仿真示例如图 9-3 所示。从图中可以看出,起飞前当前航点类型等于 3 为起飞类型,前一航点类型等于 5 为空闲类型,下一航点类型等于 0 为位置类型。自主起飞后可判断当前正在执行的任务航点号以及执行过程中航点类型。着陆完成后当前航点类型切换至空闲类型。

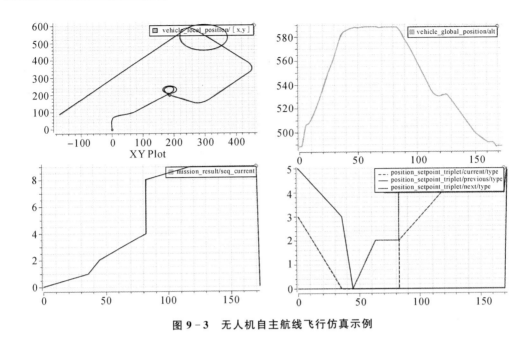

图 9 - 3　无人机自主航线飞行仿真示例

9.3.2　自动返航模式

与自动航线飞行模式不同,自动返航模式(RTL)属于一种应急导航模式。本书第 8 章曾介绍过,可以通过配置相关参数,使得飞机在满足一定条件时自动触发进入自动返航模式,如遥控器信号丢失触发的自动返航等。当然,用户也可以通过遥控器或地面站指令主动触发自动返航模式。

PX4 系统将固定翼无人机整个自动返航过程分为如下六个依次执行的阶段,使用枚举变量 RTLState 进行标记(忽略与固定翼无人机无关的阶段定义)。

(1)爬升(RTL_STATE_CLIMB):飞机从当前位置盘旋上升到预设高度。

(2)返航(RTL_STATE_RETURN):飞机保持预设高度朝 HOME 点返航。

(3)下降(RTL_STATE_DESCEND):到达 HOME 点上方后,飞机开始下降到定高盘旋高度。

(4)定高盘旋(RTL_STATE_LOITER):在当前高度盘旋等待一定时间。如果用户设定的盘旋时间小于 0 则不等待。

(5)着陆(RTL_STATE_LAND):从当前高度按照自动着陆程序下降,直到着陆为止。

(6)已着陆(RTL_STATE_LANDED):完成整个自动返航过程。

RTL 模式可供用户选择的配置参数较多,后续讨论将基于固定翼无人机默认的配置参数。

1. RTL 模式激活

RTL 模式激活的主要工作是确定自动返航的初始阶段,并设置当前航点任务。Mission 模式的 mission_item 是用户规划的,PX4 系统从 SD 卡中读取。RTL 模式的 mission_item 是 PX4 系统根据飞机当前自动返航状态和配置参数自动生成的。

```
void RTL::on_activation()
{
    const vehicle_global_position_s & global_position = * _navigator->get_global_position();
    if (_navigator->get_land_detected()->landed)                                          (1)
    {
        _rtl_state = RTL_STATE_LANDED;
    }
    else if (_navigator->getMissionLandingInProgress())                                   (2)
    {
        _rtl_state = RTL_STATE_DESCEND;
    }
    else if ((global_position. alt < _destination. alt + _param_rtl_return_alt. get()) || _rtl_alt_min)
                                                                                          (3)
    {
        _rtl_state = RTL_STATE_CLIMB;
    }
    else                                                                                  (4)
    {
        _rtl_state = RTL_STATE_RETURN;
    }
    setClimbAndReturnDone(_rtl_state > RTL_STATE_RETURN);
    _navigator->set_cruising_speed();
    _navigator->set_cruising_throttle();
    set_rtl_item();                                                                       (5)
}
```

(1)如果飞机已着陆,则将 RTL 初始阶段设为 RTL_STATE_LANDED。

(2)如果飞机正处于自动着陆过程中,则将 RTL 初始阶段设为 RTL_STATE_DESCEND。

(3)如果飞机高度低于预定返航高度,则将 RTL 初始阶段设为 RTL_STATE_CLIMB。

(4)其余状态下,将 RTL 初始阶段设为 RTL_STATE_RETURN。

(5)调用函数 set_rtl_item 设置当前阶段的航点任务 mission_item,下文将展开讨论。

2. RTL 模式循环

RTL 模式循环的核心步骤:①判断当前阶段任务是否完成;②如果飞机完成了当前阶段任务,则依照预定的阶段顺序设置下一阶段航点任务;③更新航点数组。同自动航线飞行模式类似,RTL::on_active 函数也被导航模块循环调用,以上步骤重复执行,直至飞机着陆。

```
void RTL::on_active()
{
    if (_rtl_state != RTL_STATE_LANDED && is_mission_item_reached())        (1)
    {
        advance_rtl();                                                      (2)
        set_rtl_item();                                                     (3)
    }
    if ((hrt_absolute_time() - _destination_check_time) > 1_s)
    {
        _destination_check_time = hrt_absolute_time();
        calc_and_pub_rtl_time_estimate();                                  (4)
    }
}
```

(1)在飞机未着陆条件下,如果当前航点任务完成,则表明当前返航阶段已执行完毕。

(2)函数 advance_rtl 是简单的状态机,即依照 RTL 的六个阶段顺序,标记当前的返航阶段。

(3)设置新阶段的航点任务。

(4)估计自动返航剩余时间,发布 uORB 主题 rtl_time_estimate。

```
void RTL::set_rtl_item()
{
    _navigator->set_can_loiter_at_sp(false);
    const vehicle_global_position_s &gpos = * _navigator->get_global_position();
    position_setpoint_triplet_s * pos_sp_triplet = _navigator->get_position_setpoint_triplet();
    const float destination_dist = get_distance_to_next_waypoint(_destination. lat, _destination. lon,
                                                                 gpos. lat, gpos. lon);
    const float descend_altitude_target = min(_destination. alt + _param_rtl_descend_alt. get(),
                                              gpos. alt);
    const float loiter_altitude = min(descend_altitude_target, _rtl_alt);
    const RTLHeadingMode rtl_heading_mode = static_cast<RTLHeadingMode>
                                            (_param_rtl_hdg_md. get());

    switch (_rtl_state)
    {
    case RTL_STATE_CLIMB:                                                   (1)
    {
        _mission_item. nav_cmd = NAV_CMD_LOITER_TO_ALT;
        _mission_item. lat = gpos. lat;
        _mission_item. lon = gpos. lon;
        _mission_item. altitude = _rtl_alt;
        _mission_item. altitude_is_relative = false;
        _mission_item. yaw = _navigator->get_local_position()->heading;
        _mission_item. acceptance_radius = _navigator->get_acceptance_radius();
```

```
        _mission_item. time_inside = 0. 0f;
        _mission_item. autocontinue = true;
        _mission_item. origin = ORIGIN_ONBOARD;
        _mission_item. loiter_radius = _navigator->get_loiter_radius();
        break;
    }
case RTL_STATE_RETURN:                                                    (2)
    {
        _mission_item. nav_cmd = NAV_CMD_WAYPOINT;
        _mission_item. lat = _destination. lat;
        _mission_item. lon = _destination. lon;
        _mission_item. altitude = _rtl_alt;
        _mission_item. altitude_is_relative = false;
        if (destination_dist > _param_rtl_min_dist. get())
        {
            _mission_item. yaw = get_bearing_to_next_waypoint(gpos. lat, gpos. lon, _destination. lat,
                                                _destination. lon);
        }
        _mission_item. acceptance_radius = _navigator->get_acceptance_radius();
        _mission_item. time_inside = 0. 0f;
        _mission_item. autocontinue = true;
        _mission_item. origin = ORIGIN_ONBOARD;
        break;
    }
case RTL_STATE_DESCEND:                                                   (3)
    {
        _mission_item. nav_cmd = NAV_CMD_LOITER_TO_ALT;
        _mission_item. lat = _destination. lat;
        _mission_item. lon = _destination. lon;
        _mission_item. altitude = loiter_altitude;
        _mission_item. altitude_is_relative = false;
        const float d_current = get_distance_to_next_waypoint(gpos. lat, gpos. lon, _mission_item.
                                                lat, _mission_item. lon);
        _mission_item. yaw = _destination. yaw;
        _mission_item. acceptance_radius = _navigator->get_acceptance_radius();
        _mission_item. time_inside = 0. 0f;
        _mission_item. autocontinue = true;
        _mission_item. origin = ORIGIN_ONBOARD;
        pos_sp_triplet->previous. valid = false;
        break;
    }
```

```
case RTL_STATE_LOITER:                                                  (4)
{
    const bool autoland = (_param_rtl_land_delay.get() > FLT_EPSILON);
    if (autoland)
    {
        _mission_item.nav_cmd = NAV_CMD_LOITER_TIME_LIMIT;
    }
    else
    {
        _mission_item.nav_cmd = NAV_CMD_LOITER_UNLIMITED;
    }
    _mission_item.lat = _destination.lat;
    _mission_item.lon = _destination.lon;
    _mission_item.altitude = loiter_altitude;
    _mission_item.altitude_is_relative = false;
    _mission_item.yaw = _destination.yaw;
    _mission_item.loiter_radius = _navigator->get_loiter_radius();
    _mission_item.acceptance_radius = _navigator->get_acceptance_radius();
    _mission_item.time_inside = max(_param_rtl_land_delay.get(), 0.0f);
    _mission_item.autocontinue = autoland;
    _mission_item.origin = ORIGIN_ONBOARD;
    _navigator->set_can_loiter_at_sp(true);
    break;
}
case RTL_STATE_LAND:                                                     (5)
{
    _mission_item.nav_cmd = NAV_CMD_LAND;
    _mission_item.lat = _destination.lat;
    _mission_item.lon = _destination.lon;
    _mission_item.altitude = _destination.alt;
    _mission_item.altitude_is_relative = false;
    _mission_item.yaw = _destination.yaw;
    _mission_item.acceptance_radius = _navigator->get_acceptance_radius();
    _mission_item.time_inside = 0.0f;
    _mission_item.autocontinue = true;
    _mission_item.origin = ORIGIN_ONBOARD;
    break;
}
case RTL_STATE_LANDED:                                                   (6)
```

```
    {
        set_idle_item(&_mission_item);
        set_return_alt_min(false);
        break;
    }
    default:
        break;
    }
    reset_mission_item_reached();
    if (!item_contains_position(_mission_item))
    {
        issue_command(_mission_item);
    }
    mission_apply_limitation(_mission_item);
    if (mission_item_to_position_setpoint(_mission_item, &pos_sp_triplet->current))    (7)
    {
        _navigator->set_position_setpoint_triplet_updated();    (8)
    }
}
```

（1）RTL_STATE_CLIMB 阶段，航点指令设为 NAV_CMD_LOITER_TO_ALT，指引飞机从当前位置盘旋上升到预设高度，相对预设高度由配置参数 RTL_RETURN_ALT 给定。

（2）RTL_STATE_RETURN 阶段，航点指令设为 NAV_CMD_WAYPOINT，目标位置为 HOME 点，目标高度同 RTL_STATE_CLIMB 阶段一致，即保持当前高度向 HOME 点返航。

（3）RTL_STATE_DESCEND 阶段，航点指令设为 NAV_CMD_LOITER_TO_ALT，即到达 HOME 点上方后，指引飞机从当前位置下降到目标高度，相对预设高度由配置参数 RTL_DESCEND_ALT 给定。

（4）RTL_STATE_LOITER 阶段，航点指令设为 NAV_CMD_LOITER_TIME_LIMIT，指引飞机在当前高度盘旋等待一定时间，盘旋目标高度与 RTL_STATE_DESCEND 阶段一致，等待时间由配置参数 RTL_LAND_DELAY 给定。

（5）RTL_STATE_LAND 阶段，航点指令设为 NAV_CMD_LAND，从当前高度执行自动着陆程序，着陆目标点为 HOME 点。

（6）RTL_STATE_LANDED 阶段，航点指令设为 NAV_CMD_IDLE，整个自动返航过程已全部完成。

（7）将航点任务转换为目标位置。

（8）标记航点数组数据已更新。

无人机自动返航飞行仿真示例如图 9-4 所示。从图中可以看出,在无人机起飞过程中通过地面站切换至自动返航模式,起飞完成后无人机自动沿用户设定的返航航线返航着陆。

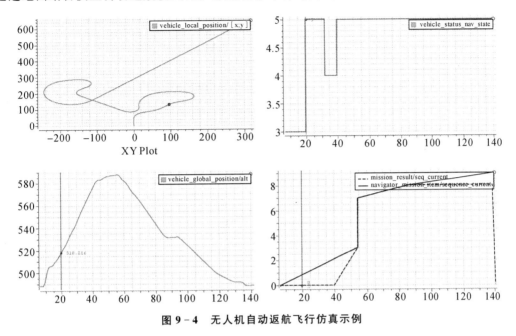

图 9-4　无人机自动返航飞行仿真示例

第 10 章 位 置 控 制

位置控制是指引飞机按照用户期望的航线（包括水平面航线与垂直面高度）及速度飞行,位置控制的输入主要为期望的航线、期望的速度等指令以及飞机的当前位置、速度、飞行模式等状态量,输出主要是油门、俯仰角以及滚转角指令,这些指令将作为后续姿态控制的输入使用。固定翼位置控制主要涉及两类控制算法:L1 制导律和总能量控制律（Total Energy Control System,TECS）。L1 制导律可以实现飞机水平面位置控制,其输出为滚转角指令。TECS 控制律是为了实现飞机速度和高度通道的耦合控制,其输出为油门和俯仰角指令。本章主要讨论固定翼位置控制的原理及其实现。PX4 系统位置控制总体框图如图 10 - 1 所示。

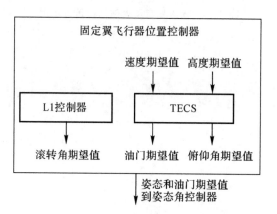

图 10 - 1　PX4 系统位置控制总体框图

10.1　L1 制导律

L1 制导律是固定翼航迹跟踪的重要算法之一,该算法最初由麻省理工学院的研究人员提出。在这之前,对飞机进行路径跟踪一般采用基于侧偏距的 PD 控制方法。相较于传统控制方法,L1 制导律在侧偏距控制和抗扰动方面具有更加优良的性能。

L1 制导律算法的主要参考论文为 *A New Nonlinear Guidance Logic for Trajectory Tracking*。如果忽略飞机姿态控制的动态响应（相比位置控制,姿态控制回路带宽高一个数量级）,则在任一时刻,飞机是以水平速度 V 进行圆周运动跟踪目标路径的。L1 制导律就是在目标路径上选取一个参考点,并根据该参考点位置以及飞机当前水平速度 V 计算期望的向心加速度。L1 制导律示意如图 10-2 所示,其中参考点在目标路径上,与飞机当前位置的水平距离定义为 L_1。

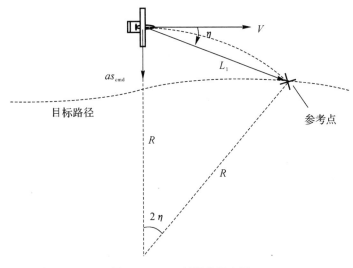

图 10-2 L1 制导律示意图

根据以下条件:①圆周运动过参考点和飞机当前位置;②飞机水平速度向量与圆相切,可通过式计算飞机的横向加速度为

$$a_{S_{cmd}} = \frac{V^2}{R} = 2\frac{V^2}{L_1}\sin\eta \tag{10-1}$$

式(10-1)即 L1 制导律的通用表达式,其中:距离 L_1 为制导律的调参参数;V 为飞机速度(地速水平分量,后续不再单独指出);η 为飞机当前航迹角与期望航迹角的误差。

从式(10-1)可以得出如下两点结论。

(1)如果飞机偏离目标路径,制导律会引导飞机通过旋转速度轴的方式接近目标路径。对于给定的距离 L_1,如果飞机越接近目标路径,则制导律会使飞机以越小的角度旋转接近目标路径。反之,则以大角度旋转接近目标路径;

(2)横向加速度指令的方向取决于线段 L_1 与飞机速度向量之间的位置关系(即 η 角的正负,示意图中 η 角为正),即制导律总是指引飞机将它的速度方向旋转趋向于与 L_1 线段方向对齐。例如,如果参考点在飞机速度向量的右方,则飞机会被指引向右旋转,即加速度指令为正,图 10-2 给出的就是这种情况;反之,飞机会被指引向左旋转,即加速度指令为负。

针对实际飞行过程中最常见的直线和圆两类航线路径,下面对通用 L1 制导律进行详细分析。

10.1.1 直线航线

1.线化模型

制导律需要控制的变量是航迹偏差 d，即期望飞机始终沿目标航线飞行，航迹偏差控制为零。但原始的 L1 制导律并未显式给出控制指令 $a_{S_{cmd}}$ 与航迹偏差 d 的关系，也就不易分析出系统特性并指导制导律参数设计。

下面以跟踪直线目标路径为例，对 L1 制导律进行线性简化分析。如图 10-3 所示，L_1 是飞机当前位置到参考点的水平距离，d 是航迹偏差，V 为飞行速度，η_1 为制导航线与目标路径之间的夹角，η_2 为飞机速度向量（飞机当前航迹）与目标路径之间的夹角。

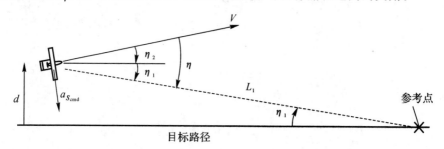

图 10-3 直线航线情况下 L1 制导律示意图

首先引入小角度假设，即 η_1、η_2 和 η 角度很小，则有

$$\sin\eta \approx \eta = \eta_1 + \eta_2 \quad \eta_1 = \arcsin\left(\frac{d}{L_1}\right) \approx \frac{d}{L_1} \quad \eta_2 = \arcsin\left(\frac{\dot{d}}{V}\right) \approx \frac{\dot{d}}{V} \quad (10-2)$$

小角度假设本质上是假设以下两种情况：①d 相对于 L_1 较小；②飞行速度垂直于目标路径的分量相对于 V 较小，这也符合绝大部分实际飞行情况。

把式(10-2)代入原始 L1 制导律式(10-1)可得

$$a_{S_{cmd}} = 2\frac{V^2}{L_1}\sin\eta \approx 2\frac{V^2}{L_1}\left(\frac{\dot{d}}{V} + \frac{d}{L_1}\right) = 2\frac{V}{L_1}\left(\dot{d} + \frac{V}{L_1}d\right) \quad (10-3)$$

式(10-3)即跟踪直线路径情况下简化的线性 L1 制导律。从式(10-3)可以看出，对非线性制导律进行线化处理后，L1 制导律的本质是使用 PD 控制器来控制航迹误差，飞行速度 V 和距离 L_1 的比例决定了控制器的相关增益。

若忽略飞机姿态角动力学响应的影响，则被控对象（飞机）的运动模型可简化为

$$a_{S_{cmd}} \approx -\dot{d} \quad (10-4)$$

引入线性 L1 制导律后，被控系统特征方程可表示为

$$\ddot{d} + 2\xi\omega_n\dot{d} + \omega_n^2 d = 0 \quad (10-5)$$

其中：$\xi = \frac{1}{\sqrt{2}}$，$\omega_n = \frac{\sqrt{2}V}{L_1}$。

式(10-5)表明，在跟踪直线目标路径的情况下引入 L1 制导律后，飞机位置运动模型可线性近似为简单的二阶系统，其系统阻尼比为常值，自然频率由速度 V 和距离 L_1 的比值

决定。

2. 参数分析

如果 L_1 为定值,则系统的自然频率随飞行速度的变化而变化,这显然无法保证飞机在任何速度情况下都能保持良好的路径跟踪性能,系统的自然频率需要进行调参设计。此外,受实际飞行时系统中加速度期望值存在响应时间、速度测量存在时延等各种因素的影响,系统的阻尼比实际上并不会是理想的常值,因而 L1 制导律阻尼比无法调节。为解决上述问题,PX4 系统对 L1 制导律进行了改进。

PX4 系统设计了两个可供用户调节的参数 k_d(对应配置参数为 FW_L1_DAMPING)及 k_T(对应配置参数为 FW_L1_PERIOD)。通过这两个参数计算中间参数 k_r 及 k_{L1},参数之间的关系为

$$k_r = \frac{1}{\pi} k_d k_T \tag{10-6}$$

$$k_{L1} = 4 k_d^2 \tag{10-7}$$

通过式(10-6)和式(10-7)分别计算距离 L_1 及加速度指令 $a_{s_{cmd}}$ 为

$$L_1 = k_r V \tag{10-8}$$

$$a_{s_{cmd}} = k_{L1} \frac{V^2}{L_1} \sin\eta \tag{10-9}$$

将变量代入线性化制导律,则被控系统特征方程变为

$$\ddot{d} + \frac{4\pi k_d}{k_T} \dot{d} + \left(\frac{2\pi}{k_T}\right)^2 d = 0 \tag{10-10}$$

由此可得,系统的自然频率及阻尼比变为

$$\omega_n = \frac{2\pi}{k_T} \tag{10-11}$$

$$\xi = k_d \tag{10-12}$$

从式(10-11)和式(10-12)可以看出,系统频率与 k_T 成反比,即系统周期与 k_T 成正比;阻尼比等于 k_d。用户可通过改变 k_d 和 k_T 的值在一定范围内调节系统的频率和阻尼比。

3. 特殊情形

跟踪直线航线还存在如下两类特殊情形。

(1)一类情形是,始终认为飞机位置在任务航线上,且航迹(即速度方向)也沿着任务航线,此时制导律仅需指引飞机继续按照定常直线飞行即可,即将横向加速度指令置零。

(2)另一类情形是,始终认为飞机位置在任务航线上,但速度方向与航线方向不一致。也就是说,仅修正飞机航迹角,而无须修正侧偏距。这种情况下,PX4 系统提供了两种处理方式。

　• 一种方式是将其作为跟踪通用直线航线的简化情形,即制导律示意图 10-3 中的 $\eta_1 = 0$,此时 $\eta = \eta_2$。

　• 另一种方式是提供专用的航向保持处理接口。通常情况下,飞机在自动着陆等特殊飞行阶段会调用该接口。

下面对第二种情形进行简单推导。PX4 系统使用的制导律为

$$a_{S_{cmd}} = 2\frac{V^2}{L_1}\sin\eta = 2\Omega_V\sin\eta = 2V\frac{\sqrt{2}\,\pi}{k_T}\sin\eta \approx 2V\frac{\sqrt{2}\,\pi}{k_T}\eta \qquad (10-13)$$

被控对象数学模型可简化为

$$a_{S_{cmd}} \approx -2V\dot{\eta} \qquad (10-14)$$

则被控系统特征方程可表示为

$$\dot{\eta} + \frac{\sqrt{2}\,\pi}{k_T}\eta = 0 \qquad (10-15)$$

即系统模型可简单线性近似为一阶系统，其调节时间不受飞行速度影响，用户可通过 k_T（由配置参数 FW_L1_PERIOD 给定）进行调参以改变系统的时间常数。

4. 源码分析

L1 控制律源码位于目录 ./src/lib/l1 下，其中的 ECL_L1_Pos_Controller 类用于 PX4 系统中各类航线 L1 制导律的实现，类内函数 navigate_waypoints 用于跟踪直线航线的通用情形，函数 navigate_level_flight 用于制导飞机沿当前航线定常直线飞行，函数 navigate_heading 是航向保持的专用处理接口。函数 navigate_level_flight 与 navigate_heading 比较简单，此处仅讨论跟踪直线航线的通用情形。

根据飞机当前位置与航点的相对位置关系，可将其分为三种不同情况进行制导，如图 10-4 所示。图中线段 AB 是用户规划的目标航线，A 点表示前一航点；B 点表示当前航点；P 点表示飞机当前位置。

①当示意图 10-4(a)中角度 $a<45°$，且距离 $b>L_1$ 时，制导律会指引飞机直接飞往 A 点，即参考点为 A 点。

②当飞机当前位置在 B 点前方，即图 10-4(b)中角度 $a<100°$时，制导律会指引飞机直接飞往 B 点，即参考点为 B 点。

方式①和②属于飞机位置已在任务航线上，但速度方向与航线方向不一致的情形，作为跟踪通用直线航线的简化情形进行处理，即 $\eta_2 = 0$。

正常情况下（即除上述两种情况外），制导律会指引飞机沿 A 到 B 的直线航线飞行。

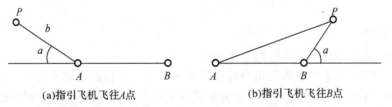

(a)指引飞机飞往A点　　　　　　(b)指引飞机飞往B点

图 10-4　飞机与导航点位置之间的关系

```
void ECL_L1_Pos_Controller::navigate_waypoints(const Vector2f &vector_A, const Vector2f &vector_B,
                         const Vector2f &vector_curr_position,
                         const Vector2f &ground_speed_vector)                    (1)
{
    float eta = 0.0f;                                                            (2)
```

```
Vector2f vector_P_to_B = vector_B − vector_curr_position;                    (3)
Vector2f vector_P_to_B_unit = vector_P_to_B.normalized();
_target_bearing = atan2f(vector_P_to_B_unit(1), vector_P_to_B_unit(0));       (4)
float ground_speed = math::max(ground_speed_vector.length(), 0.1f);          (5)
_L1_distance = _L1_ratio * ground_speed;                                      (6)
Vector2f vector_AB = vector_B − vector_A;
if (vector_AB.length() < 1.0e−6f)                                             (7)
{
    vector_AB = vector_B − vector_curr_position;
}
vector_AB.normalize();
Vector2f vector_A_to_airplane = vector_curr_position − vector_A;
_crosstrack_error = vector_AB % vector_A_to_airplane;
float distance_A_to_airplane = vector_A_to_airplane.length();                 (8)
float alongTrackDist = vector_A_to_airplane * vector_AB;                      (9)
Vector2f vector_B_to_P = vector_curr_position − vector_B;
Vector2f vector_B_to_P_unit = vector_B_to_P.normalized();
float AB_to_BP_bearing = atan2f(vector_B_to_P_unit % vector_AB,
                          vector_B_to_P_unit * vector_AB);                   (10)
if (distance_A_to_airplane > _L1_distance &&
    alongTrackDist / math::max(distance_A_to_airplane, 1.0f) < −0.7071f)     (11)
{
    Vector2f vector_A_to_airplane_unit = vector_A_to_airplane.normalized();
    float xtrack_vel = ground_speed_vector % (−vector_A_to_airplane_unit);
    float ltrack_vel = ground_speed_vector * (−vector_A_to_airplane_unit);
    eta = atan2f(xtrack_vel, ltrack_vel);
    _nav_bearing = atan2f(−vector_A_to_airplane_unit(1), −vector_A_to_airplane_unit(0));
}
else if (fabsf(AB_to_BP_bearing) < math::radians(100.0f))                    (12)
{
    float xtrack_vel = ground_speed_vector % (−vector_B_to_P_unit);
    float ltrack_vel = ground_speed_vector * (−vector_B_to_P_unit);
    eta = atan2f(xtrack_vel, ltrack_vel);
    _nav_bearing = atan2f(−vector_B_to_P_unit(1), −vector_B_to_P_unit(0));
}
else                                                                         (13)
{
    float xtrack_vel = ground_speed_vector % vector_AB;                       (14)
    float ltrack_vel = ground_speed_vector * vector_AB;                       (15)
    float eta2 = atan2f(xtrack_vel, ltrack_vel);                              (16)
    float xtrackErr = vector_A_to_airplane % vector_AB;                       (17)
```

```
            float sine_eta1 = xtrackErr / math::max(_L1_distance, 0.1f);

            sine_eta1 = math::constrain(sine_eta1, -1.0f, 1.0f);

            float eta1 = asinf(sine_eta1);

            eta = eta1 + eta2;

            _nav_bearing = atan2f(vector_AB(1), vector_AB(0)) + eta1;

    }

    eta = math::constrain(eta, (-M_PI_F) / 2.0f, +M_PI_F / 2.0f);              (18)

    _lateral_accel = _K_L1 * ground_speed * ground_speed / _L1_distance * sinf(eta);   (19)

    _circle_mode = false;

    _bearing_error = eta;

    update_roll_setpoint();                                                    (20)

}
```

(1)参数 vector_A 表示前一航点位置;参数 vector_B 表示当前航点位置;参数 vector_curr_position 表示飞机当前位置;参数 ground_speed_vector 表示飞机地速向量。以上参数均是在水平面的投影,即忽略垂直方向分量。变量类型 Vector2f 表示浮点类型的二维向量,在 PX4 系统数学库中定义,其中重载运算符"∗"为两向量点积,运算符"％"为两向量叉积,接口 normalize 用于将向量单位化。

(2)变量 eta 即 L1 制导律中的角度 η。

(3)变量 vector_P_to_B 表示从飞机当前位置指向当前航点位置的向量。同理,变量 vector_AB 表示从前一航点位置指向当前航点位置的向量(归一化);变量 vector_A_to_airplane 表示从前一航点位置指向飞机当前位置的向量;变量 vector_B_to_P_unit 表示从当前航点位置指向飞机当前位置的单位向量。

(4)变量_target_bearing(从飞机当前位置指向目标航点的航向)以及后续变量_crosstrack_error(航迹偏差,飞机位于目标航线右侧为正)、_nav_bearing(制导律指令的航向,即从飞机当前位置指向参考点的航向)以及_bearing_error(制导律中的 η 角)用于填充 uORB 主题 position_controller_status(位置控制器状态),并不用于实际制导律的计算。

(5)强制地速最小值为 0.1 m/s,避免制导律计算出现奇异点。

(6)计算制导律参数 $L_1 = k_r V$,变量_L1_ratio 即参数分析推导过程中的 k_r。

(7)如果 A、B 两点接近重合,则将变量 vector_AB 变为飞机当前位置指向当前航点位置,即指引飞机直接飞往 B 点。

(8)前一航点到飞机的水平距离。

(9)前一航点到飞机的水平距离在任务航线的投影长度。

(10)向量 AB 与 BP 的夹角。

(11)源码对应于制导情形 1,直接飞往 A 点。

(12)源码对应于制导情形 2,直接飞往 B 点。

(13)源码对应于制导情形 3,即正常情形。

（14）飞机地速到任务航线向量的垂直分量。

（15）飞机地速在任务航线的投影分量。

（16）变量 eta、eta1 和 eta2 分别对应制导律示意图中的 η、η_1 和 η_2。

（17）飞机当前位置到任务航线的垂直距离。

（18）将 η 角限制在 $\pm 90^{\circ}$ 范围内。

（19）计算横向加速度制导指令 $a_{S_{cmd}} = k_{L1} \dfrac{V^2}{L_1} \sin\eta$，变量 _K_L1 即参数分析推导过程中的 k_{L1}。

（20）调用函数 update_roll_setpoint 将加速度指令转换为滚转角指令。

```
void ECL_L1_Pos_Controller::update_roll_setpoint()
{
    float roll_new = atanf(_lateral_accel * 1.0f / CONSTANTS_ONE_G);        (1)
    roll_new = math::constrain(roll_new, - _roll_lim_rad, _roll_lim_rad);    (2)
    if (_dt > 0.0f && _roll_slew_rate> 0.0f)
    {
        roll_new = math::constrain(roll_new, _roll_setpoint - _roll_slew_rate * _dt,
                                    _roll_setpoint + _roll_slew_rate * _dt);    (3)
    }
    _roll_setpoint = roll_new;                                               (4)
}
```

（1）计算滚转角指令。此处引入假设：飞机的运动为稳定盘旋，且飞机俯仰角为小角度。在该假设情况下，飞机法向加速度由重力加速度和水平面向心加速度（即 $a_{S_{cmd}}$）合成，根据飞机力学平衡条件可得

$$a_{S_{cmd}} = g\tan\phi \qquad (10-16)$$

也即

$$\phi = \arctan\left(\frac{a_{S_{cmd}}}{g}\right) \qquad (10-17)$$

（2）对飞机滚转角指令进行限幅，限幅值由配置参数 FW_R_LIM 给定。

（3）对飞机滚转角指令速率进行限幅，限幅值由配置参数 FW_L1_R_SLEW_MAX 给定。

（4）变量 _roll_setpoint 即最终的滚转角指令。

10.1.2　圆航线

1.线化模型

在 PX4 系统中，用户除了可以规划直线航线外，还可指引飞机沿圆弧航线飞行。下面

对圆弧目标路径跟踪情况下的 L1 制导律进行线性简化。如图 10-5 所示，L_1 是飞机到参考点的距离；d 是航迹偏差；V 为飞行速度。

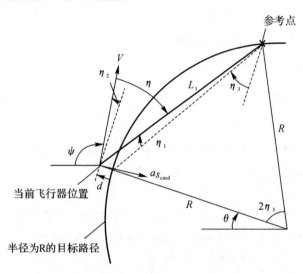

图 10-5 圆弧航线情况下制导律示意

与直线航线一样，首先引入小角度假设，即 η_1 和 η_2 很小（η_3 无需很小），可得

$$\left.\begin{aligned} \eta_1 &\approx \frac{d}{L_1}\cos\eta_3 \\ \eta_2 &\approx \frac{\dot{d}}{V} \\ \sin\eta_3 &\approx \frac{L_1}{2R} \end{aligned}\right\} \tag{10-18}$$

定义变量 c 为

$$c \equiv \cos\eta_3 \approx \sqrt{1-\left(\frac{L_1}{2R}\right)^2} \tag{10-19}$$

在小角度假设条件下，L1 制导律的横向加速度指令可进行如下简化

$$a_{S_{cmd}} = 2\frac{V^2}{L_1}\sin\eta = 2\frac{V^2}{L_1}\sin(\eta_1+\eta_2+\eta_3) = 2\frac{V^2}{L_1}\left[\sin(\eta_1+\eta_2)\cos\eta_3 + \cos(\eta_1+\eta_2)\sin\eta_3\right]$$

$$\approx 2\frac{V^2}{L_1}(\eta_1\cos\eta_3+\eta_2\cos\eta_3+\sin\eta_3) \approx \frac{2V^2c^2}{L_1^2}d + \frac{2Vc}{L_1}\dot{d} + \frac{V^2}{R} \tag{10-20}$$

式(10-20)即圆弧目标路径跟踪情况下的线化制导律。其横向加速度指令可分为两部分，由前两项构成的偏差修正项（即 PD 控制器）以及最后一项前置修正项。

由于角度 θ、ψ 和 η_2 满足如下关系

$$\psi - \theta + \eta_2 = \frac{\pi}{2} \tag{10-21}$$

上式对时间求导可得

$$\dot{\psi} = \dot{\theta} - \dot{\eta}_2 \qquad (10-22)$$

由小角度假设可得以下关系

$$\dot{\theta} \approx \frac{V}{R} \qquad (10-23)$$

$$\dot{\eta}_2 \approx \frac{\dot{d}}{V} \qquad (10-24)$$

则横向加速度指令可表示为

$$a_{S_{cmd}} \approx V\dot{\psi} = V\dot{\theta} - V\dot{\eta}_2 \approx \frac{V^2}{R} - \ddot{d} \qquad (10-25)$$

式(10-25)即被控对象数学模型。

联合式(10-20)和式(10-25)得,系统特征方程可表示为

$$\ddot{d} + 2\xi\omega_n\dot{d} + \omega_n^2 d = 0 \qquad (10-26)$$

其中:$\xi = \dfrac{1}{\sqrt{2}}$,$\omega_n = \dfrac{\sqrt{2}\,Vc}{L_1}$。上式表明,跟踪圆弧航线的情形也可近似为简单的线性二阶系统。

2. 参数分析

同跟踪直线航线一样,为了调节系统频率(且不受飞行速度影响)和阻尼比,PX4 系统对 L1 制导律进行了改进,引入可调节的参数 k_d 和 k_T,根据这两个参数分别计算中间参数 ω、k_c 和 k_v,这些参数之间关系为

$$\omega = \frac{2\pi}{k_T} \qquad (10-27)$$

$$k_c = \omega^2 \qquad (10-28)$$

$$k_v = 2k_d\omega \qquad (10-29)$$

通过如下公式计算加速度指令 $a_{S_{cmd}}$ 为

$$a_{S_{cmd}} = k_c d + k_v \dot{d} + \frac{V^2}{R} \qquad (10-30)$$

将变量代入制导律,则被控系统特征方程变为

$$\ddot{d} + \frac{4\pi k_d}{k_T}\dot{d} + \left(\frac{2\pi}{k_T}\right)^2 d = 0 \qquad (10-31)$$

上述方程与跟踪直线航线的情形完全一致,即系统自然频率及阻尼比变为

$$\omega_n = \frac{2\pi}{k_T} \qquad (10-32)$$

$$\xi = k_d \qquad (10-33)$$

用户可通过改变 k_d 和 k_T 的值在一定范围内调节系统的频率和阻尼比。

3. 源码分析

函数 navigate_loiter 实现圆弧航线的制导律,完整的制导过程分为航线捕获与航线跟踪两个阶段。航线捕获阶段即飞机尚未到达圆弧航线半径范围内,此时制导律指引飞机直接飞往圆心;航线跟踪阶段即根据上述制导律指引飞机消除与圆弧航线偏差的过程。

```
void ECL_L1_Pos_Controller::navigate_loiter(const Vector2f &vector_A, const Vector2f &vector_curr
                        _position, float radius, const bool loiter_direction_
                        counter_clockwise, const Vector2f &ground_speed_
                        vector)                                              (1)
{
    const float loiter_direction_multiplier = loiter_direction_counter_clockwise ? -1.f : 1.f;
    float omega = (2.0f * M_PI_F / _L1_period);                             (2)
    float K_crosstrack = omega * omega;
    float K_velocity = 2.0f * _L1_damping * omega;
    float ground_speed = math::max(ground_speed_vector.length(), 0.1f);    (3)
    _L1_distance = _L1_ratio * ground_speed;                               (4)
    Vector2f vector_A_to_airplane = vector_curr_position - vector_A;
    Vector2f vector_A_to_airplane_unit = vector_A_to_airplane.normalized();
    _target_bearing = atan2f(-vector_A_to_airplane_unit(1), -vector_A_to_airplane_unit(0));
    float xtrack_vel_center = vector_A_to_airplane_unit % ground_speed_vector;
    float ltrack_vel_center = -(ground_speed_vector * vector_A_to_airplane_unit);
    float eta = atan2f(xtrack_vel_center, ltrack_vel_center);              (5)
    eta = math::constrain(eta, -M_PI_F / 2.0f, +M_PI_F / 2.0f);
    float lateral_accel_sp_center = _K_L1 * ground_speed * ground_speed / _L1_distance *
                        sinf(eta);                                          (6)
    float xtrack_vel_circle = -ltrack_vel_center;                         (7)
    float xtrack_err_circle = vector_A_to_airplane.length() - radius;     (8)
    _crosstrack_error = xtrack_err_circle;
    float lateral_accel_sp_circle_pd = (xtrack_err_circle * K_crosstrack + xtrack_vel_circle *
                        K_velocity);                                        (9)
    float tangent_vel = xtrack_vel_center * loiter_direction_multiplier;  (10)
    const float l1_op_tan_vel = 2.f;
    if (tangent_vel < -l1_op_tan_vel && _circle_mode)                     (11)
    {
        lateral_accel_sp_circle_pd = math::max(lateral_accel_sp_circle_pd, 0.0f);
    }
    float lateral_accel_sp_circle_centripetal = tangent_vel * tangent_vel /
                        math::max((0.5f * radius), (radius + xtrack_err_circle));
                                                                            (12)
    float lateral_accel_sp_circle = loiter_direction_multiplier *
                        (lateral_accel_sp_circle_pd + lateral_accel_sp_circle_centripetal);
                                                                            (13)
    if ((lateral_accel_sp_center<lateral_accel_sp_circle && ! loiter_direction_counter_clockwise &&
xtrack_err_circle> 0.0f) || (lateral_accel_sp_center>lateral_accel_sp_circle && loiter_direction_
counter_clockwise && xtrack_err_circle> 0.0f))                             (14)
    {
        _lateral_accel = lateral_accel_sp_center;
        _circle_mode = false;
        _bearing_error = eta;
```

```
        _nav_bearing = atan2f(−vector_A_to_airplane_unit(1), −vector_A_to_airplane_unit(0));
    }
    else                                                                                        (15)
    {
        _lateral_accel = lateral_accel_sp_circle;
        _circle_mode = true;
        _bearing_error = 0.0f;
        _nav_bearing = atan2f(−vector_A_to_airplane_unit(1), −vector_A_to_airplane_unit(0));
    }
    update_roll_setpoint();                                                                      (16)
}
```

(1)参数 vector_A 表示圆心位置;参数 vector_curr_position 表示飞机当前位置;参数 radius 表示圆弧半径;参数 loiter_direction_counter_clockwise 表示盘旋方向(顺时针旋转为假、逆时针旋转为真);参数 ground_speed_vector 表示地速向量。同样,向量皆为水平分量。

(2)变量 omega、变量 K_crosstrack 及变量 K_velocity 分别为前述中间调参变量 ω、k_c 和 k_v。

(3)强制地速最小值为 0.1 m/s,避免计算制导律时出现奇异点。

(4)计算航线捕获阶段制导律参数 $L_1 = k_r V$。

(5)计算航线捕获阶段制导律参数 $\eta = \eta_2$,即指引飞机直接飞往圆心。

(6)计算出的变量 lateral_accel_sp_center 为航线捕获阶段的横向加速度指令 $a_{S_{cmd}} = k \dfrac{V^2}{L_1} \sin\eta$,也即作为跟踪通用直线航线的简化情形直接飞往圆心点。

(7)计算航迹偏差对时间的导数 $\dot{d}$,其值等于飞行速度沿圆弧航线的径向分量。

(8)计算航迹偏差 $d = L - R$,其中 L 表示飞机当前位置到圆心的距离;R 表示圆弧航线的半径。

(9)计算制导指令中的偏差修正项 $k_c d + k_v \dot{d}$。

(10)飞机沿圆弧航线的切向速度分量。

(11)若飞机沿圆弧航线的切向速度与指令的旋转方向相反,则限制制导指令中的偏差修正项取负值,防止飞机反向旋转。

(12)计算制导指令中的前置修正项 $\dfrac{V^2}{L}$,其中 V 为飞机沿圆弧路径切向速度分量;L 为飞机当前位置到圆心的距离,限制 L 的最小值为 $0.5R$ 以防止控制指令过大。

(13)计算航线跟踪阶段总的横向加速度指令,即总指令=偏差修正项+前置修正项。

(14)航线捕获阶段。该阶段的判断准则是:如果航迹偏差 $d > 0$,且航线捕获加速度指令绝对值小于航线跟踪加速度指令绝对值,则判定此时飞机应当处于航线捕获阶段,否则判定飞机应当处于圆航线跟踪阶段。

(15)航线跟踪阶段。

(16)将横向加速度指令转为滚转角指令。

无人机直线航线和圆航线飞行仿真示例如图 10 - 6 所示。

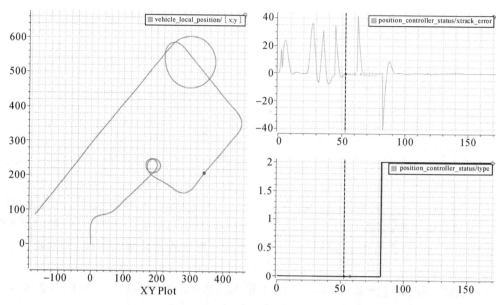

图 10 - 6　无人机直线航线和圆航线飞行仿真示例

10.2　TECS 控制律

　　对于固定翼高度、速度通道常规的控制律设计,油门只用于控制空速,俯仰角只用于控制高度,二者是独立的。但实际上油门和俯仰角控制通道是相互耦合的,即当俯仰角保持不变时,油门变化导致的空速变化也会引起飞机升力增加,使得高度发生变化;同理,当油门保持不变时,增加飞行器的俯仰角会引起高度上升,同时也会使得空速下降。也就是说,俯仰角和油门的单独变化都会对空速和高度产生影响。因此,高度、速度解耦的飞行控制律算法的性能不是特别理想。

　　TECS 控制律提供了一种新方案,很好地解决了油门与俯仰控制的耦合问题。它从飞机能量的角度出发,运用总能量与能量分配控制方法,将飞机速度与高度进行综合控制。飞机的总能量是其动能和势能之和,油门用于控制飞机的总能量。一个给定的总能量状态可以通过势能和动能的任意组合来实现,也就是说,飞机在高高度以低空速飞行和在低高度以高空速飞行时的总能量是等价的。这里将飞机动能和势能的比称为能量比,通过控制俯仰角可以控制飞机的能量比。俯仰角增加使得飞机动能转变为势能,俯仰角减少则情况相反。这样,通过将飞机速度和高度转化为总能量和能量分配比,就可以利用油门来控制飞机总能量的增减,利用俯仰角来控制动能和势能之间的能量分配。换而言之,飞机高度和空速的控制是油门与俯仰角共同作用的结果。由此可以看出,TECS 控制采用一体化设计思想,改变了传统的单输入/单输出控制结构,实现了飞机高度和速度的综合控制。

10.2.1　控制律分析

1. 动力学模型

由飞机刚体纵向平移动力学方程得

$$\dot{V} = -\frac{\bar{q}S}{m}C_{D_w} + \frac{T}{m}\cos\alpha\cos\beta + g\left(\cos\phi\cos\theta\sin\alpha\cos\beta + \sin\phi\cos\theta\sin\beta - \sin\theta\cos\alpha\cos\beta\right)$$

$$(10-34)$$

忽略飞机横航向运动,且认为飞行中迎角较小(即推力和阻力共线),上式可简化为

$$\dot{V} \approx \frac{T-D}{m} + g\left(\cos\theta\sin\alpha - \sin\theta\cos\alpha\right) = \frac{T-D}{m} - g\sin(\theta-\alpha) = \frac{T-D}{m} - g\sin\gamma$$

$$(10-35)$$

进一步假设航迹俯仰角较小,根据小角度假设,$\sin\gamma \approx \gamma$,则飞机纵向平移动的力学方程可简化为

$$\dot{V} \approx \frac{T-D}{m} - g\gamma \tag{10-36}$$

飞机总能量定义为单位质量的动能与势能之和

$$E_T = E_K + E_P = \frac{1}{2}V^2 + gh \tag{10-37}$$

式(10-37)对时间求导可得

$$\dot{E}_T = V\dot{V} + g\dot{h} \tag{10-38}$$

在航迹角小角度假设条件下,由于

$$\dot{h} = V\sin\gamma \approx V\gamma \tag{10-39}$$

可得单位速度的总能量变化率为

$$\dot{E} = \frac{\dot{E}_T}{gV} \approx \frac{\dot{V}}{g} + \gamma = \frac{T-D}{mg} \tag{10-40}$$

则推力控制和飞行能量变化率增量关系可表示为

$$\frac{T_e}{mg} = \dot{E}_e = \frac{\dot{V}_e}{g} + \gamma_e \tag{10-41}$$

式(10-41)中下标 e 表示偏差。从上式可以看出,飞机在飞行过程中,总能量的变化率与推力变化成正比,即

$$T_e \propto \dot{E}_e \propto \dot{E}_{T_e} \tag{10-42}$$

飞机航迹角的变化对推力和阻力的影响较小,可近似认为是仅改变总能量在动能和势能之间的分配关系,而不发生显著的能量损失。当飞机迎角较小时,飞机航迹角可认为与俯仰角相同。因此,俯仰角可视为飞机动能和势能的分配控制器。

把飞机能量分配变化率定义为单位质量的势能与动能变化率之差,也就有

$$\dot{B} = W_P\dot{E}_P - W_K\dot{E}_K \tag{10-43}$$

其中:W_P 称为势能分配权重;W_K 称为动能分配权重,在 PX4 系统中默认值均为 1。

俯仰角变化量与能量分配变化率偏差成正比，也就是有

$$\theta_e \propto \frac{\dot{B}_e}{g V} \tag{10-44}$$

以上关系可视为被控对象的数学模型，是控制律设计的基础。

2. 控制律

TECS 控制律的实现分为总能量控制和能量分配控制两个控制通道，经过反馈控制叠加前置控制可得到油门和俯仰角控制指令，总能量控制原理图如图 10-7 所示，能量分配控制原理图如图 10-8 所示。

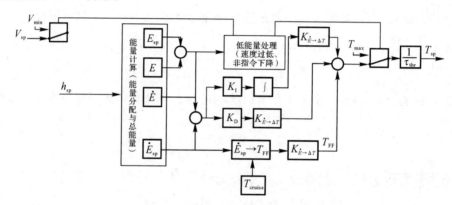

图 10-7   TECS 总能量通道控制律原理图

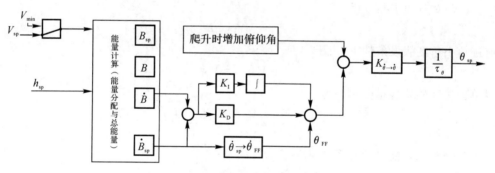

图 10-8   TECS 能量分配通道控制律原理图

（1）总能量控制通道。

反馈控制采用 PI 控制器，即

$$\Delta T = \left(k_{tp} + \frac{k_{ti}}{s} \right) k_{t\alpha} \dot{E}_{Te} \tag{10-45}$$

其中：$k_{t\alpha} = 1/(\dot{E}_{T\max} - \dot{E}_{T\min})$ 是油门指令与总能量变化率的比例，引入积分控制是为了消除稳态误差；ΔT 也称为油门修正控制指令。

前置控制器用于计算油门基准值，PX4 系统规定了油门控制指令与总能量变化率之间的线性映射关系，最大油门对应总能量最大的增加速率，最小油门对应总能量最大的减小速率，巡航油门对应总能量不发生变化。通过以下线性插值可计算出油门基准指令为

$$T_0 = T_c + \frac{\dot{E}_{Tsp}}{\dot{E}_{Tmax}}(T_{max} - T_c) \tag{10-46}$$

最终的油门控制指令等于油门基准指令＋油门修正指令，$T_{sp} = \Delta T + T_0$。

（2）能量分配控制通道。

与能量控制通道相同，能量分配通道的反馈控制器也采用 PI 控制，也即俯仰角修正指令为

$$\Delta\theta = \left(k_{\theta p} + \frac{k_{\theta i}}{s}\right)\frac{\dot{B}_e}{gV} \tag{10-47}$$

PX4 系统同样规定了从能量分配变化目标值到俯仰角的线性关系作为能量分配通道的前置控制器，也即俯仰角基准值为

$$\theta_0 = k_{\theta F}\frac{B_{esp}}{gV} \tag{10-48}$$

最终的俯仰角控制指令等于俯仰角基准值＋俯仰角修正指令，即 $\theta_{sp} = \Delta\theta + \theta_0$。

10.2.2　源码分析

TECS 控制律源码位于目录 ./src/lib/tecs，其中的 TECS 类用于实现总能量控制律。TECS 控制律的入口为类内函数 update_pitch_throttle。该函数的实现过程总体而言分为两步，第一步是将飞行高度及速度目标转换成 TECS 控制律的控制目标，即飞机总能量变化率及能量分配变化率；第二步是经过前馈控制和反馈控制的综合，得到油门和俯仰角控制指令值。

需要指出的是，在调用函数 update_pitch_throttle 之前，必须先调用函数 update_vehicle_state_estimates 处理飞机当前高度和垂直速度，手动模式下需先调用函数 handle_alt_step 设置目标高度。

```
void TECS::update_pitch_throttle(float pitch, float baro_altitude, float hgt_setpoint, float EAS_
                setpoint, float equivalent_airspeed, float eas_to_tas, bool climb_
                out_setpoint, float pitch_min_climbout, float throttle_min, float
                throttle_max, float throttle_trim, float pitch_limit_min, float pitch
                _limit_max, float target_climbrate, float target_sinkrate, float hgt
                _rate_sp)                                                          (1)
{
    uint64_t now = hrt_absolute_time();
    _dt = fmaxf((now − _pitch_update_timestamp) * 1e−6f, DT_MIN);                  (2)
    _throttle_setpoint_max = throttle_max;
    _throttle_setpoint_min = throttle_min;
    _pitch_setpoint_max = pitch_limit_max;
    _pitch_setpoint_min = pitch_limit_min;
    _climbout_mode_active = climb_out_setpoint;
    _throttle_trim = throttle_trim;
    _initialize_states(pitch, throttle_trim, baro_altitude, pitch_min_climbout, eas_to_tas);
```

```
    _updateTrajectoryGenerationConstraints();

    _update_speed_states(EAS_setpoint, equivalent_airspeed, eas_to_tas);          (3)

    _update_STE_rate_lim();                                                       (4)

    _detect_underspeed();                                                         (5)

    _update_speed_height_weights();                                              (6)

    _detect_uncommanded_descent();                                               (7)

    _update_speed_setpoint();                                                    (8)

    _calculateHeightRateSetpoint(hgt_setpoint, hgt_rate_sp, target_climbrate, target_sinkrate,
                          baro_altitude);                                        (9)

    _update_energy_estimates();                                                  (10)

    _update_throttle_setpoint();                                                 (11)

    _update_pitch_setpoint();                                                    (12)

    _pitch_update_timestamp = now;

    if (_underspeed_detected)                                                    (13)

    {

        _tecs_mode = ECL_TECS_MODE_UNDERSPEED;

    }

    else if (_uncommanded_descent_recovery)

    {

        _tecs_mode = ECL_TECS_MODE_BAD_DESCENT;

    }

    else if (_climbout_mode_active)

    {

        _tecs_mode = ECL_TECS_MODE_CLIMBOUT;

    }

    else

    {

        _tecs_mode = ECL_TECS_MODE_NORMAL;

    }

}
```

（1）参数 pitch 表示俯仰角；参数 baro_altitude 表示气压高度；参数 hgt_setpoint 表示目标高度；参数 EAS_setpoint 表示当量空速目标值；参数 equivalent_airspeed 表示当量空速；参数 eas_to_tas 表示当量空速到真空速的转换系数；参数 climb_out_setpoint 表示飞机起飞爬升阶段标志；参数 pitch_min_climbout 表示起飞阶段俯仰角下限；参数 throttle_min 表示最小油门限制值；参数 throttle_max 表示最大油门限制值；参数 throttle_trim 表示巡航油门；参数 pitch_limit_min 表示俯仰角下限；参数 pitch_limit_max 表示俯仰角上限；参数 target_climbrate 表示目标爬升率；参数 target_sinkrate 表示目标下降率；参数 hgt_rate_sp 表示高度变化率目标（缺省值为无穷大 NAN）。

（2）计算时间间隔_dt，最小值限制为 0.001 s。

（3）处理真空速当前值与目标值：

①计算真空速目标值_TAS_setpoint(V_{Tsp})，$V_{Tsp} = V_{Esp} * (\text{EAS2TAS})$；

②由当量空速限制值［上限($V_{Esp\,max}$)、下限($V_{Esp\,min}$)分别由配置参数 FW_AIRSPD_MAX、FW_AIRSPD_MIN 给定］分别计算真空速限制值上限_TAS_max($V_{Tsp\,max}$)和下限_TAS_min($V_{Tsp\,min}$)，$V_{Tsp\,max} = V_{Esp\,max} * (\text{EAS2TAS})$，$V_{Tsp\,min} = V_{Esp\,min} * (\text{EAS2TAS})$；

③当空速传感器不可用时，飞机当量空速使用用户设置的巡航空速，巡航空速由配置参数 FW_AIRSPD_TRIM 确定；

④将飞机当量空速转换为真空速，使用二阶互补滤波进行滤波处理，得到变量_tas_state(V_T)，限制其最小值为 3 m/s。

（4）根据飞机爬升率限制［$V_{v\,max}$，由配置参数 FW_T_CLMB_MAX 给定］和下降率限制（$V_{v\,min}$，由配置参数 FW_T_SINK_MIN 给定）分别计算飞机总能量速率限制上限_STE_rate_max($\dot{E}_{T\,max} = V_{v\,max} * g$)和下限_STE_rate_min($\dot{E}_{T\,min} = -V_{v\,min} * g$)。

（5）探测飞机是否处于失速状态，失速状态由变量_underspeed_detected 标记。调用函数 set_detect_underspeed_enabled 来控制是否进行失速状态探测，一般在飞机起飞、着陆阶段不进行失速探测。当同时满足以下两个条件时，可以判定飞机处于失速状态。

①$V_T < 0.9 V_{T\,min}$；

②上一帧油门指令值超过 $0.95\,T_{c\,max}$，或者上一帧处于失速状态情况下飞机当前位置处于目标高度的下方。

（6）计算势能分配权重W_P（变量_SPE_weighting）和动能分配权重W_K（变量_SKE_weighting），$W_P + W_K = 2$。W_K 由配置参数 FW_T_SPDWEIGHT 在 0～2 之间给定，默认值为 1。两种特殊情况如下。

①飞机处于失速状态或起飞爬升阶段，$W_K = 2$，即此时控制逻辑是通过俯仰角优先控制飞机达到速度目标；

②当飞机的空速传感器不可用时，$W_K = 0$，即通过俯仰角优先控制高度目标。

（7）检测目标空速大于飞机能达到的最大平飞速度时的情况。发生这种情况时，飞机将通过降低高度来加速。以下称这种状态为非指令下降状态，由变量_uncommanded_descent_recovery 标记，其判定标准如下。

①如果飞机总能量非常低且正在减少、油门指令超过 90％最大油门、当前未处于失速状态，则进入非指令下降状态；

②如果处于失速状态或恢复所需的总能量，则退出非指令下降状态。

（8）处理真空速变化率。

①根据真空速限制值（$V_{Tsp\,max}$ 和$V_{Tsp\,min}$）对目标真空速V_{Tsp}进行限幅，得到变量_TAS_setpoint_adj。需要特别注意的是，如果飞机处于失速或非指令下降状态，则将目标真空速设置为下限值$V_{Tsp\,min}$；

②计算真空速变化率的目标值$\dot{V}_{Tsp} = \dfrac{(V_{Tsp} - V_{Tsp\,0})}{T_c}$（其中：$V_{Tsp\,0}$ 表示上一帧目标真空速，时间常数T_c由配置参数 FW_T_TAS_TC 给定，默认值为 5），并根据总能量速率限制值

（$\dot{E}_{T\max}$ 和 $\dot{E}_{T\min}$）对真空速度变化率的目标值进行限幅（$\dot{V}_{T\mathrm{sp}\max}=\dfrac{\dot{E}_{T\max}}{2V_T}$、$\dot{V}_{T\mathrm{sp}\min}=\dfrac{\dot{E}_{T\min}}{2V_T}$），得到变量_TAS_rate_setpoint。

（9）处理目标高度值_hgt_setpoint_adj（h_{psp}）和高度变化率目标值（$\dot{h}_{\mathrm{psp}}$），并根据爬升/下降速度限制值对高度变化率目标值进行限制，得到变量_hgt_rate_setpoint。

（10）用于根据真空速度、高度的当前值及其目标值计算飞机能量及其目标值，包括动能_SKE_estimate（$E_K=\dfrac{V_T^2}{2}$）、动能目标值_SKE_setpoint（$E_{K\mathrm{sp}}=\dfrac{V_{T\mathrm{sp}}^2}{2}$）、动能变化率_SKE_rate（$\dot{E}_K=V_T\dot{V}_T$）、动能变化率目标值_SKE_rate_setpoint（$\dot{E}_{K\mathrm{sp}}=V_T\dot{V}_{T\mathrm{sp}}$）、势能_SPE_estimate（$E_P=gh_p$）、势能目标值_SPE_setpoint（$E_{P\mathrm{sp}}=gh_{\mathrm{psp}}$）、势能变化率_SPE_rate（$\dot{E}_P=g\dot{h}_p$）、势能变化率目标值_SPE_rate_setpoint（$\dot{E}_{P\mathrm{sp}}=g\dot{h}_{\mathrm{psp}}$），总能量误差_STE_error（$E_{Te}=E_{P\mathrm{sp}}-E_P+E_{K\mathrm{sp}}-E_K$）以及能量分配误差_SEB_error$[B_e=(W_P E_{P\mathrm{sp}}-W_K E_{K\mathrm{sp}})-(W_P E_P-W_K E_K)]$。

（11）根据本章10.2节的控制律计算油门指令值，并对其幅值和幅值变化率进行限制，得到变量_last_throttle_setpoint。特殊情况包括：①如果飞机处于失速状态，则将油门指令值置为最大油门；②飞机在起飞爬升状态下，积分器输出最大值，且油门指令不低于99%的最大油门；③如果空速传感器不可用，则将油门指令置为基准值；④飞机在转弯时会对总能量变化率的目标值进行补偿，从而增加油门指令补偿增加的阻力。

（12）根据10.2节的控制律计算俯仰角指令值，并对其幅值和幅值变化率进行限制，得到变量_last_pitch_setpoint。起飞爬升状态下，俯仰角指令会增加俯仰角下限的偏置量。

（13）更新变量_tecs_mode，用于后续更新 uORB 主题 TECS 控制器模式状态（tecs_status）。

PX4 系统位置控制源码位于目录. /src/modules/fw_pos_control_l1，其中的 FixedwingPositionControl 类用于飞机位置控制，它并不直接调用函数 TECS：：update_pitch_throttle 进行垂直位置控制，而是为了方便使用，利用类内函数 tecs_update_pitch_throttle 对 TECS：：update_pitch_throttle 进行了封装。类内函数 tecs_update_pitch_throttle 的功能主要是对 TECS 类进行初始化、为 TECS 控制律准备参数并调用函数 TECS：：update_pitch_throttle 进行位置控制。

```
void FixedwingPositionControl：：tecs_update_pitch_throttle(const hrt_abstime & now, float alt_sp, float
                        airspeed_sp, float pitch_min_rad, float pitch_max_rad, float throttle_
                        min, float throttle_max, float throttle_cruise, bool climbout_mode,
                        float climbout_pitch_min_rad, bool disable_underspeed_detection, float
                        hgt_rate_sp)                                                        (1)
{
    bool run_tecs = ! _landed;                                                             (2)
    _is_tecs_running = run_tecs;
    if (!run_tecs)
    {
```

```
        _reinitialize_tecs = true;
        return;
}
    if (_reinitialize_tecs)                                              (3)
    {
        _tecs. reset_state();
        _reinitialize_tecs = false;
}
    if (_vehicle_status. engine_failure)                                 (4)
    {
        pitch_min_rad = radians(-1.0f);
        pitch_max_rad = radians(5.0f);
}
    _tecs. set_detect_underspeed_enabled(! disable_underspeed_detection);   (5)
    bool in_air_alt_control = (!_landed && (_control_mode. flag_control_auto_enabled || _control_
                        mode. flag_control_ velocity_enabled || _control_ mode. flag_control_
                        altitude_enabled || _control_mode. flag_control_climb_rate_enabled));
                                                                          (6)
    _tecs. update_vehicle_state_estimates(_airspeed, _body_acceleration(0), (_local_pos. timestamp >
0),in_air_alt_control, _current_altitude, _local_pos. vz);                 (7)
    vehicle_air_data_s air_data;
    if (_vehicle_air_data_sub. copy(&air_data))
    {
        const float eas2tas = sqrtf(CONSTANTS_STD_PRESSURE_PA /
                        air_data. baro_pressure_pa);                      (8)
        const float scale = constrain((eas2tas - 1.0f) * _param_fw_thr_alt_scl. get() + 1.f,
                        1.f, 2.f);                                        (9)
        throttle_max = constrain(throttle_max * scale, throttle_min, 1.0f);   (10)
        throttle_cruise = constrain(throttle_cruise * scale, throttle_min + 0.01f,
                        throttle_max - 0.01f);                            (11)
}
    _tecs. update_pitch_throttle(_pitch - radians(_param_fw_psp_off. get()), _current_altitude, alt_sp,
    airspeed_sp, _airspeed, _eas2tas, climbout_mode,
    climbout_pitch_min_rad - radians(_param_fw_psp_off. get()),
    throttle_min, throttle_max, throttle_cruise,
    pitch_min_rad - radians(_param_fw_psp_off. get()),
                        pitch_max_rad - radians(_param_fw_psp_off. get()),
    _param_climbrate_target. get(),_param_sinkrate_target. get(), hgt_rate_sp);   (12)
    tecs_status_publish();                                                (13)
}
```

（1）函数参数与 TECS∷update_pitch_throttle 类似，其中参数 disable_underspeed_detection 用于禁止失速探测。

（2）飞机在着陆状态下直接返回，不调用 TECS 控制律。

（3）飞机在着陆状态下对 TECS 类进行初始化，初始化只进行一次。

（4）发动机失效情况下，将俯仰角指令限制在 $[-1°,+5°]$ 范围内，以控制飞机缓慢下降。

（5）控制是否进行飞机失速探测。

（6）飞机在着陆状态，或者不处于高度/速度自动控制状态，则需对 TECS 类进行重新初始化。

（7）处理飞机当前高度和高度变化率。

（8）计算当量空速到真空速的转换系数 $V_T/V_E = \sqrt{p_0/p}$。

（9）计算油门调节系数 $k_T = (V_T/V_E - 1)k_{T0} + 1$，主要用于在高度（即大气压和密度）有变化情况下对油门指令进行缩放，以保持相对稳定的控制效果。其中 k_{T0} 由配置参数 FW_THR_ALT_SCL 给定，默认为 0，也即 $k_T = 1$，不对油门指令进行调节。

（10）对油门最大限幅值进行调节。

（11）对巡航油门进行调节和限制。

（12）调用函数 TECS∷update_pitch_throttle 进行飞机垂直位置控制。

（13）填充并发布 uORB 主题 tecs_status（TECS 控制器状态）。

10.3　终端飞行位置控制

飞机起飞和着陆阶段属于飞行终端，其位置控制方式与一般航线飞行阶段有较大的不同，此处单独进行分析。

10.3.1　起飞控制

对于固定翼无人机，常用的起飞方式有两类，分别为滑跑起飞和弹射起飞。滑跑起飞是无人机利用自身的起落架，在地面进行助跑起飞。弹射起飞是将无人机安装在弹射装置上，利用弹射装置作用力进行起飞，无人机离开弹射装置后，再利用发动机提供的动力完成起飞。PX4 系统支持以上两类起飞方式，下面分别予以讨论。

1. 滑跑起飞

PX4 系统将完整的滑跑起飞过程划分为加油门、滑跑、离地、爬升以及航点飞行五个阶段，使用枚举变量 RunwayTakeoffState 来表示。

```
enum RunwayTakeoffState
{
    THROTTLE_RAMP = 0,              // 加油门
```

```
    CLAMPED_TO_RUNWAY = 1,          // 滑跑
    TAKEOFF = 2,                    // 离地
    CLIMBOUT = 3,                   // 爬升
    FLY = 4                         // 航点飞行
};
```

滑跑起飞各个阶段的状态切换条件以及控制逻辑如图 10-9 所示。

1）加油门阶段：按规定时间将油门加至最大，准备地面滑跑。

2）滑跑阶段：由于需要使飞机在最短时间内达到起飞速度，所以飞机从静止开始以最大油门加速滑跑，同时需要控制俯仰角以保持前轮具有一定的载荷，使飞机具有合适的航向纠偏能力，沿跑道中心线滑跑。

3）离地阶段：当飞机速度达到起飞速度时，其升力大于重力，飞机开始离地并保持一定的俯仰角爬升。在爬升过程中需要保持飞机机翼水平和初始航向，在超过离地高度后飞机转入爬升阶段。

4）爬升阶段：在爬升至安全高度前需要保证飞机构型切换平稳，如收起落架。同时，在离地和爬升阶段需要限制最小油门，保证飞机在安全空速范围内飞行，防止失速。

5）航线飞行阶段：爬升超过安全高度后，按正常航线飞行方式控制飞机。

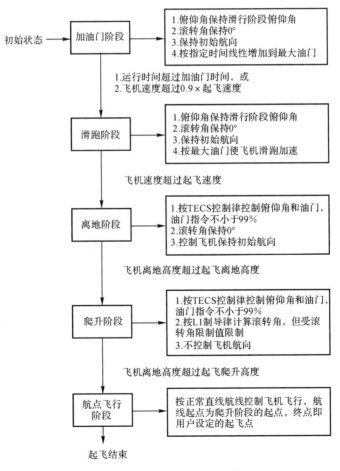

图 10-9　滑跑起飞控制逻辑

位置控制源码目录下的子目录为 runway_takeoff,其中定义了 RunwayTakeoff 类,用于实现滑跑起飞阶段位置控制逻辑,类内函数 update 用于起飞滑跑阶段的状态切换,相当于滑跑起飞阶段状态切换的状态机,其源码如下。

```
void RunwayTakeoff::update(const hrt_abstime &now, float airspeed, floatalt_agl, double current_lat,
double current_lon)                                                                          (1)
{
    switch (_state)                                                                          (2)
    {
    case RunwayTakeoffState::THROTTLE_RAMP:
        if (((now - _initialized_time) > (_param_rwto_ramp_time.get() * 1_s)) ||
            (airspeed > (_param_fw_airspd_min.get() * _param_rwto_airspd_scl.get() * 0.9f)))
        {
            _state = RunwayTakeoffState::CLAMPED_TO_RUNWAY;
        }
        break;
    case RunwayTakeoffState::CLAMPED_TO_RUNWAY:
        if (airspeed > _param_fw_airspd_min.get() * _param_rwto_airspd_scl.get())
        {
            _state = RunwayTakeoffState::TAKEOFF;
        }
        break;
    case RunwayTakeoffState::TAKEOFF:
        if (alt_agl > _param_rwto_nav_alt.get())                                             (3)
        {
            _state = RunwayTakeoffState::CLIMBOUT;
            if (_param_rwto_hdg.get() == 0)
            {
                _start_wp(0) = current_lat;
                _start_wp(1) = current_lon;
            }
        }
        break;
    case RunwayTakeoffState::CLIMBOUT:
        if (alt_agl > _param_fw_clmbout_diff.get())
        {
            _climbout = false;
            _state = RunwayTakeoffState::FLY;
        }
        break;
    default:
        break;
    }
}
```

（1）参数 alt_agl 表示离地高度；参数 current_lat 表示飞机当前位置的纬度；参数 current_lon 表示飞机当前位置的经度。

（2）_state 是 RunwayTakeoffState 类型枚举变量，用于标记滑跑起飞的不同阶段。整个滑跑起飞过程就是按前面介绍的控制逻辑进行阶段标记的。

（3）飞机超过离地高度时标记当时位置经、纬度，作为后续航线飞行的起始航点。

类内函数 getPitch、getRoll、getYaw、getThrottle 分别用于根据起飞的不同阶段给出俯仰角、滚转角、航向和油门指令。

2. 弹射起飞

弹射起飞只在滑跑起飞模式禁用的情况下才能生效，即配置参数 RETO_TKOFF 需置为 0。与滑跑起飞相比，弹射起飞的控制逻辑比较简单，如图 10 - 10 所示。

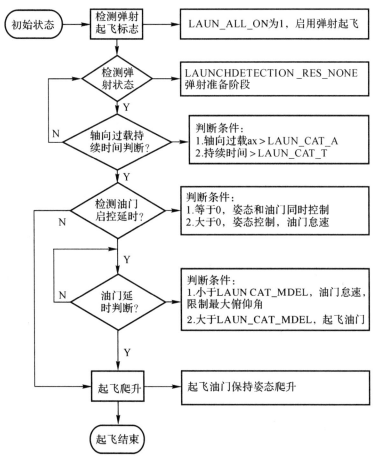

图 10 - 10　弹射起飞控制逻辑

（1）若弹射起飞标志未使能，即参数 LAUN_ALL_ON 设置为 0，则直接标记弹射起飞已完成，加油门起飞。否则进入下面的控制流程。

（2）当飞机体轴纵向加速度超过参数 LAUN_CAT_A 给定的阈值时开始计时，直至加速度持续时间超过参数 LAUN_CAT_T 给定的值，进入下一步。在此期间，飞机滚转角指令置零,俯仰角指令置为最小值,姿态控制回路积分器清零。

(3)如果用户设定油门启动延时时间 LAUN_CAT_MDEL 不为 0,则继续等待直至延时时间到达,并在等待期间启动正常姿态控制。

(4)当油门启动延时时间到达,则启动油门,飞机开始正常航点控制。

弹射起飞控制位于位置控制目录下的子目录 launchdetection,其中定义了 LaunchDetector 类用于弹射起飞控制。同滑跑起飞一样,类内函数 update 用于状态切换,具体源码不在此赘述。

3. 起飞控制

FixedwingPositionControl 类内函数 control_auto_takeoff 用于实现飞机自动起飞逻辑。PX4 系统在 V1.13 版本后增加了用户可选的 NPFG 制导律,本书不在此介绍。此外,本书也不详细介绍函数中关于弹射起飞的逻辑。

```
void FixedwingPositionControl::control_auto_takeoff(const hrt_abstime &now, const Vector2d &curr_
                                        pos,  const  Vector2f  &ground _ speed, const
                                        position_setpoint_s &pos_sp_prev, const position
                                        _setpoint_s &pos_sp_curr)                        (1)
{
    const float dt = update_position_control_mode_timestep(now);                         (2)
    update_in_air_states(now);                                                           (3)
    _hdg_hold_yaw = _yaw;
    _att_sp. roll_reset_integral = false;
    _att_sp. pitch_reset_integral = false;
    _att_sp. yaw_reset_integral = false;
    _l1_control. set_dt(dt);
    _tecs. set_speed_weight(_param_fw_t_spdweight. get());                               (4)
    _tecs. set_height_error_time_constant(_param_fw_t_h_error_tc. get());
    Vector2d curr_wp(pos_sp_curr. lat, pos_sp_curr. lon);
    Vector2f curr_pos_local{_local_pos. x, _local_pos. y};
    Vector2f curr_wp_local = _global_local_proj_ref. project(curr_wp(0), curr_wp(1));    (5)
    _att_sp. apply_flaps = vehicle_attitude_setpoint_s::FLAPS_TAKEOFF;                   (6)
    if (_runway_takeoff. runwayTakeoffEnabled())                                         (7)
    {
        if (!_runway_takeoff. isInitialized())                                          (8)
        {
            _runway_takeoff. init(now, _yaw, _current_latitude, _current_longitude);
            _takeoff_ground_alt = _current_altitude;
        }
        float terrain_alt = get_terrain_altitude_takeoff(_takeoff_ground_alt);          (9)
        _runway_takeoff. update(now, _airspeed, _current_altitude - terrain_alt,
                        _current_latitude, _current_longitude);                         (10)
```

```
        float target_airspeed = get_auto_airspeed_setpoint(now,
                                        _runway_takeoff.getMinAirspeedScaling() *
                                        _param_fw_airspd_min.get(),
                                        ground_speed, dt);                              (11)
        Vector2f prev_wp_local = _global_local_proj_ref.project(_runway_takeoff.getStartWP()(0),
                                        _runway_takeoff.getStartWP()(1));
                                                                                        (12)
        _l1_control.navigate_waypoints(prev_wp_local, curr_wp_local, curr_pos_local, ground_speed);
                                                                                        (13)
        _att_sp.roll_body = _runway_takeoff.getRoll(_l1_control.get_roll_setpoint());   (14)
        _att_sp.yaw_body = _runway_takeoff.getYaw(_yaw);                                (15)
        const float takeoff_pitch_max_deg = _runway_takeoff.getMaxPitch(_param_fw_p_lim_max.get
());                                                                                     (16)
        tecs_update_pitch_throttle(now, pos_sp_curr.alt, target_airspeed, radians(_param_fw_p_lim_
                                        min.get()), radians(takeoff_pitch_max_deg),  _param_fw_thr_min.
                                        get(), _param_fw_thr_max.get(), _param_fw_thr_cruise.get(),
                                        _runway_takeoff.climbout(), radians(_runway_takeoff.getMinPitch
                                        (_takeoff_pitch_min.get(), _param_fw_p_lim_min.get())));  (17)
            _att_sp.fw_control_yaw = _runway_takeoff.controlYaw();                       (18)
            _att_sp.pitch_body = _runway_takeoff.getPitch(get_tecs_pitch());             (19)
            _att_sp.roll_reset_integral = _runway_takeoff.resetIntegrators();            (20)
            _att_sp.pitch_reset_integral = _runway_takeoff.resetIntegrators();
        }
        _att_sp.thrust_body[0] = _runway_takeoff.getThrottle(now, get_tecs_thrust());    (21)
        publishLocalPositionSetpoint(pos_sp_curr);
    }
```

（1）参数 curr_pos 表示飞机当前位置；参数 ground_speed 表示地速；参数 pos_sp_prev 表示前一航点（滑跑起飞模式不使用该参数）；参数 pos_sp_curr 表示当前航点（起飞目标航点）。

（2）计算起飞位置控制程序运行的时间间隔。

（3）判断飞机是否已离地。

（4）设置起飞过程中 TECS 控制律的动能分配权重 W_K，由配置参数 FW_T_SPDWEIGHT 给定，默认值为 1。

（5）将当前航点的经纬度表示转换为大地坐标系下的向量表示。

（6）将襟翼设置为起飞状态。

（7）滑跑起飞控制。本书忽略了弹射起飞相关的控制逻辑。

（8）标记滑跑起飞状态（THROTTLE_RAMP）并初始化相关变量，仅初始化一次，将当前高度标记为起飞点高度_takeoff_ground_alt。

（9）修正起飞点的海拔高度（也称地形高度）。如果没有安装对地雷达、无线电高度表等设备，地形高度就等于起飞点高度。

（10）起飞滑跑阶段状态切换。函数参数 alt_agl 使用的是相对高度。

（11）计算起飞速度目标值 $V_{Takeoff} = k V_{min}$，其中系数 k 由配置参数 RWTO_AIRSPD_

SCL 给定。

（12）设置起始航点的经、纬度，并将其转换为大地坐标系下的向量表示。在 RunwayTakeoff 类中将飞机超过离地高度时的位置标记为起始航点。

（13）调用 L1 制导律解算滚转角指令。

（14）CLIMBOUT 阶段之前，飞机滚转角指令置零；CLIMBOUT 阶段之后，由 L1 制导律给出滚转角指令，但在 FLY 阶段之前会对滚转角进行限制。

（15）CLIMBOUT 阶段之前将初始航向作为目标航向，用于后续滑跑阶段航向控制。

（16）FLY 阶段之前俯仰角上限值由配置参数 RWTO_MAX_PITCH 设定，FLY 阶段之后正常由配置参数 FW_P_LIM_MAX 设定。

（17）调用 TECS 控制律解算俯仰角和油门指令。函数参数 climbout_mode 在 CLIMBOUT 阶段之后置假；函数参数 climbout_pitch_min_rad 在 FLY 阶段之前由配置参数 FW_TKO_PITCH_MIN 设定。

（18）在 CLIMBOUT 阶段之前需要进行航向角控制，也即使用方向舵或前轮转弯直接控制航向。

（19）在 TAKEOFF 阶段之前俯仰角指令由配置参数 RWTO_PSP 给定，之后由 TECS 控制律给出俯仰角指令。

（20）在 TAKEOFF 阶段之前需要让后续姿态控制的积分器清零。

（21）在 THROTTLE_RAMP 阶段油门指令由推油门曲线给定，在 CLAMPED_TO_RUNWAY 阶段油门指令由配置参数 RWTO_MAX_THR（默认值为 1，也即满油门）给定，其他阶段由 TECS 控制律给出油门指令。

无人机自动滑跑起飞行仿真示例如图 10-11 所示。从图中可以看出，起飞前滚转角指令为 0，俯仰角指令为 15°，初始航线为目标航向，起飞爬升至安全高度后由 TECS 计算油门指令，起飞高度低于设定起飞高度 100 m，起飞过程中进行盘旋爬升，完成起飞后进入航线飞行。

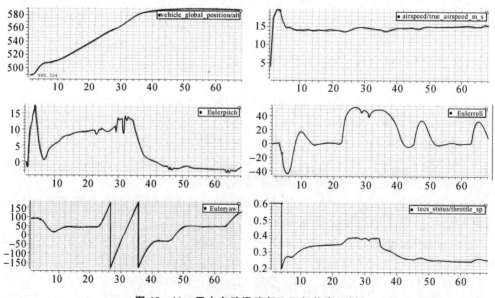

图 10-11　无人自动滑跑起飞飞行仿真示例

10.3.2　着陆控制

1. 控制逻辑

PX4 系统将固定翼着陆过程分为两个阶段,第一阶段为直线下滑段,飞机切入下滑线并沿预定的直线轨迹下滑。当飞机高度小于设定的拉飘高度(由配置参数 FW_LND_FALT 给定)时转入第二阶段,此时,飞机沿期望的曲线轨迹下滑着陆(下滑曲线呈指数关系,由配置参数 FW_LND_HVIRT 给定的虚拟高度越大,目标下滑曲线越陡峭),即飞机在近地高度逐渐拉起俯仰角,降低下降速度直至触地,以下简称拉飘段。固定翼着陆下滑曲线如图 10-12 所示。

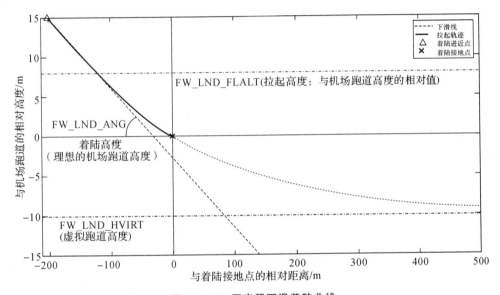

图 10-12　固定翼下滑着陆曲线

两个阶段的控制逻辑如图 10-13 所示。

(1)直线下滑段。飞机由当前飞行状态过渡到沿直线轨迹下滑是整个着陆过程相对复杂而重要的阶段。飞机在捕获下滑线时采用"撞击延长线"方式,一旦捕获成功就按预先生成的直线轨迹下滑。在该阶段,飞机纵向跟踪预定下滑线并保持速度稳定,横航向修正由于侧风或其他外界干扰引起的侧偏,并使空速轴对准跑道中心线。该阶段的控制目的主要是减小或消除轨迹跟踪引起的高度偏差,建立并稳定空速,使机头对准跑道中心线,为拉飘阶段做好准备。其具体的控制逻辑如下。

• 水平位置控制:当飞机当前位置与期望着陆点的水平距离大于设定的航向保持水平距离(由配置参数 FW_LND_HHDIST 给定)时,飞机采用 L1 控制律中的正常航线控制方式;否则,飞机自此转入航向保持模式,即采用本章 10.1 节介绍过的 L1 控制律中的航向保持方式(navigate_heading),并将滚转角限制在±10°范围内。

• 垂直位置控制:当飞机高度低于下滑航线高度时,飞机目标高度为着陆起始高度(即飞机当前高度);当飞机高度高于下滑航线时,表明飞机已截获下滑航线,自此转入保持期望的航线下滑,即沿固定角度(由配置参数 FW_LND_ANG 给定)的直线航线下滑。

(2)拉飘段。为减小飞机的接地速度,当飞机下降到一定高度时,需要减小飞机下滑轨迹角,使其沿曲线轨迹拉起。拉飘段的控制目的是使飞机俯仰角不断增加,从而使接地速度控制在允许范围内,同时横航向使飞机对准跑道中心线并保持机翼水平以避免翼尖擦地。其具体的控制逻辑如下。

· 水平位置控制:采用 L1 控制律中的航向保持方式,且将滚转角限制在±10°范围内。此外,使用方向舵进行偏航角控制。

· 垂直位置控制:控制飞机沿设定的拉飘航线飞行,随高度下降,俯仰角指令从 0 逐渐增加至基准俯仰角(由配置参数 FW_PSP_OFF 给定);油门指令按正常 TECS 控制律结果给出(也即通过油门控制飞机轨迹),一旦飞机高度低于油门限制高度(由配置参数 FW_LND_TLALT 给定),则自此开始限制油门指令。

在整个着陆过程中,襟翼置为着陆襟翼位置,目标空速设定为最小空速。

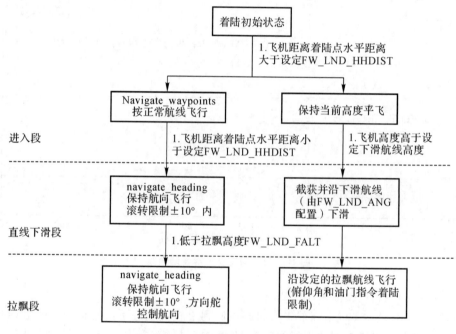

图 10 - 13 固定翼飞机下滑着陆逻辑

2. 源码分析

函数 FixedwingPositionControl∷control_auto_landing 用于实现飞机自动着陆控制,源码如下。

```
void FixedwingPositionControl∷control_auto_landing(const hrt_abstime &now, const Vector2d &curr
                        _pos, const Vector2f &ground_speed, const
                        position_setpoint_s &pos_sp_prev, const
                        position_setpoint_s &pos_sp_curr)          (1)
{
```

```
const float dt = update_position_control_mode_timestep(now);
update_in_air_states(now);
_hdg_hold_yaw = _yaw;
_att_sp. roll_reset_integral = false;
_att_sp. pitch_reset_integral = false;
_att_sp. yaw_reset_integral = false;
_l1_control. set_dt(dt);
_tecs. set_speed_weight(_param_fw_t_spdweight. get());
_tecs. set_height_error_time_constant(_param_fw_thrtc_sc. get() * _param_fw_t_h_error_tc. get());
Vector2d curr_wp(pos_sp_curr. lat, pos_sp_curr. lon);
Vector2d prev_wp{0, 0};
prev_wp(0) = pos_sp_curr. lat;
prev_wp(1) = pos_sp_curr. lon;
_att_sp. apply_flaps = vehicle_attitude_setpoint_s::FLAPS_LAND;                    (2)
_tecs. set_height_error_time_constant(_param_fw_thrtc_sc. get() * _param_fw_t_h_error_tc. get());
if (_time_started_landing == 0)                                                   (3)
{
    reset_landing_state();
    _time_started_landing = now;
}
const float bearing_airplane_currwp = get_bearing_to_next_waypoint((double)curr_pos(0),
                            (double)curr_pos(1), (double)curr_wp(0),
                            (double)curr_wp(1));                                   (4)
float bearing_lastwp_currwp = bearing_airplane_currwp;                            (5)
float wp_distance = get_distance_to_next_waypoint((double)curr_pos(0), (double)curr_pos(1),
                            (double)curr_wp(0), (double)curr_wp(1));
                                                                                  (6)
float wp_distance_save = wp_distance;
Vector2f curr_pos_local{_local_pos. x, _local_pos. y};
Vector2f curr_wp_local = _global_local_proj_ref. project(curr_wp(0), curr_wp(1));
Vector2f prev_wp_local = _global_local_proj_ref. project(prev_wp(0), prev_wp(1));
if ((_param_fw_lnd_hhdist. get() > 0. 0f) && !_land_noreturn_horizontal &&
    ((wp_distance < _param_fw_lnd_hhdist. get()) || _land_noreturn_vertical))     (7)
{
    _target_bearing = _yaw;
    _land_noreturn_horizontal = true;
}
float terrain_alt = pos_sp_curr. alt;
if ((_current_altitude < terrain_alt + _landingslope. flare_relative_alt()) ||
    _land_noreturn_vertical)                                                      (8)
```

```
    {
        float throttle_max = _param_fw_thr_max.get();
        if ((((_current_altitude < terrain_alt + _landingslope.motor_lim_relative_alt()) && (wp_
            distance_save < _landingslope.flare_length() + 5.0f)) || _land_motor_lim)        (9)
        {
            throttle_max = min(throttle_max, _param_fw_thr_lnd_max.get());
            if (!_land_motor_lim)
            {
                _land_motor_lim = true;
            }
        }

        float flare_curve_alt_rel = _landingslope.getFlareCurveRelativeAltitudeSave(wp_distance,
bearing_lastwp_currwp, bearing_airplane_currwp);                                              (10)
        const float airspeed_land = _param_fw_lnd_airspd_sc.get() * _param_fw_airspd_min.get();
        float target_airspeed = get_auto_airspeed_setpoint(now, airspeed_land, ground_speed, dt);
                                                                                             (11)
        const float throttle_land = _param_fw_thr_min.get() + (_param_fw_thr_max.get()
                            - _param_fw_thr_min.get()) * 0.1f;                                (12)
        if (_land_noreturn_horizontal)                                                       (13)
        {
            _l1_control.navigate_heading(_target_bearing, _yaw, ground_speed);
        }
        else
        {
            _l1_control.navigate_waypoints(prev_wp_local, curr_wp_local, curr_pos_local, ground_speed);
        }
            _att_sp.roll_body = _l1_control.get_roll_setpoint();                              (14)
        if (_land_noreturn_horizontal)
        {
            _att_sp.roll_body = constrain(_att_sp.roll_body, radians(-10.0f), radians(10.0f));
        }
        if (_land_noreturn_horizontal)                                                       (15)
        {
            _att_sp.yaw_body = _target_bearing;
            _att_sp.fw_control_yaw = true;
        }
        else
        {
            _att_sp.yaw_body = _yaw;
        }
```

```
        tecs_update_pitch_throttle(now，terrain_alt ＋ flare_curve_alt_rel，target_airspeed，radians(_
param_fw_lnd_fl_pmin. get())，radians(_param_fw_lnd_fl_pmax. get())，0. 0f，throttle_max，throttle_
land，false，_land_motor_lim ? radians(_param_fw_lnd_fl_pmin. get()) : radians(_param_fw_p_lim_
min. get())，true)；                                                          (16)
        if (!_land_noreturn_vertical)                                        (17)
        {
            _flare_pitch_sp = radians(_param_fw_psp_off. get())；
            _flare_height = _current_altitude － terrain_alt；
            _land_noreturn_vertical = true；
        }
        else
        {
            if (_local_pos. vz ＞ 0. 1f)
            {
                _flare_pitch_sp = radians(_param_fw_lnd_fl_pmin. get()) ＊ constrain((_flare_
                            height - (_current_altitude － terrain_alt)) / _flare_height, 0.
                            0f, 1. 0f)；
            }
        }
        _att_sp. pitch_body = _flare_pitch_sp；
        _flare_curve_alt_rel_last = flare_curve_alt_rel；
    }
    else                                                                     (18)
    {
        float altitude_desired = terrain_alt；
        const float landing_slope_alt_rel_desired = _landingslope. getLandingSlopeRelativeAltitudeSave
(wp_distance, bearing_lastwp_currwp, bearing_airplane_currwp)；
        if (_current_altitude ＞ terrain_alt ＋ landing_slope_alt_rel_desired || _land_onslope)
        {
            altitude_desired = terrain_alt ＋ landing_slope_alt_rel_desired；
            if (!_land_onslope)
            {
                _land_onslope = true；
            }
        }
        else
        {
            altitude_desired = _current_altitude；
        }
        const float airspeed_approach = _param_fw_lnd_airspd_sc. get() ＊ _param_fw_airspd_min. get()；
        float target_airspeed = get_auto_airspeed_setpoint(now, airspeed_approach, ground_speed, dt)；
        if (_land_noreturn_horizontal)
        {
            _ll_control. navigate_heading(_target_bearing, _yaw, ground_speed)；
        }
```

```
else
{
    _l1_control. navigate_waypoints(prev_wp_local, curr_wp_local, curr_pos_local,
                         ground_speed);
}
_att_sp. roll_body = _l1_control. get_roll_setpoint();
_att_sp. yaw_body = _yaw;
tecs_update_pitch_throttle(now, altitude_desired, target_airspeed, radians(_param_fw_p_lim
                _min. get()),radians(_param_fw_p_lim_max. get()), _param_fw_
                thr_min. get(), _param_fw_thr_max. get(), _param_fw_thr_
                cruise. get(), false, radians(_param_fw_p_lim_min. get()));
    _att_sp. pitch_body = get_tecs_pitch();
}
_att_sp. thrust_body[0] = (_landed) ? min(_param_fw_thr_idle. get(), 1. f) : get_tecs_thrust();
                                                                        (19)
publishLocalPositionSetpoint(pos_sp_curr);
}
```

（1）参数 curr_pos 表示飞机当前位置；参数 ground_speed 表示地速；参数 pos_sp_prev 表示前一航点（正常情况导航模块将该航点设为无效）；参数 pos_sp_curr 表示当前航点（目标着陆点）。

（2）襟翼设置为着陆状态。

（3）重置着陆状态（阶段状态标记），仅一次。

（4）计算飞机当前位置指向着陆点的航向。

（5）飞机目标着陆航向，即着陆起始点指向着陆点的航向。

（6）计算飞机当前位置距离着陆点的水平距离。

（7）一旦飞机当前位置与期望着陆点的水平距离小于 FW_LND_HHDIST，自此转入航向保持模式，标记变量_land_noreturn_horizontal 为真，目标航向为飞机当前航向。

（8）一旦飞机当前高度低于 FW_LND_FALT 给定值，自此转入着陆拉飘阶段，标记变量_land_noreturn_vertical 为真。

（9）一旦飞机高度低于 FW_LND_TLALT 给定值，自此开始油门限制指令，标记变量_land_motor_lim 为真，油门限制指令由配置参数 FW_THR_LND_MAX 给定。

（10）Landingslope 类用于计算着陆曲线相关的几何参数。类内函数 getFlareCurveRelativeAltitudeSave 用于计算着陆拉飘曲线上航点的相对高度，即当前期望的高度。

（11）计算着陆目标空速 $V_{Land} = kV_{min}$，其中系数 k 由配置参数 FW_LND_AIRSPD_SC 给定。

（12）计算着陆阶段巡航油门 $T_c = T_{min} + 0.1(T_{max} - T_{min})$。

（13）航向保持模式下采用 L1 控制律中的航向保持方式进行制导，否则采用正常直线航线控制方式进行制导。

（14）获取目标滚转角。在飞机进入航向保持模式后，限制滚转角指令在 $\pm 10°$ 范围内。

（15）在飞机进入航向保持阶段后，使用方向舵控制飞机航向。

（16）使用 TECS 控制分别进行高度、速度控制。其中目标高度为下滑航线高度，不进行失速探测。

（17）进入拉飘段，俯仰角指令默认为 FW_PSP_OFF，当飞机下降率超过 0.1 m/s 时，俯仰角指令则随高度下降逐渐由 0 增加至 FW_LND_FL_PMIN。目的是控制下降率，防止飞机爬升。

（18）直线下滑段，源码不再详细分析。

（19）获取油门指令。在飞机着陆后，油门置为怠速油门，由配置参数 FW_THR_IDLE 给定。

无人机自动着陆仿真示例如图 10-14 所示。从图中可以看出，着陆前飞行高度较高，先进行盘旋降高，随后截获并沿下滑航线保持航向下滑飞行，最后拉飘着陆。

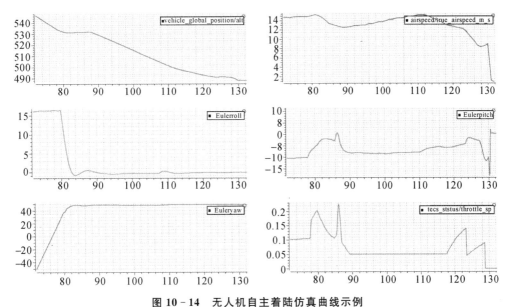

图 10-14　无人机自主着陆仿真曲线示例

10.4　位置控制程序

FixedwingPositionControl 是 PX4 系统的固定翼位置控制类，在启动子脚本 rc.fw_apps 中启动如下固定翼位置控制模块。

```
fw_pos_control_l1 start
```

类内函数 Run 是整个位置控制的核心和实际入口，由 uORB 主题 vehicle_local_position 数据的更新触发执行。位置控制程序的控制流程如图 10-15 所示，主要由消息订阅、配置参数更新、位置控制模式设置、根据不同模式调用不同函数执行位置控制、控制指令发布等环节组成。其主要功能是接收导航模块发布的航点数组，经过位置控制律解算后，发布目标姿态角指令（uORB 主题 vehicle_attitude_setpoint）供后续姿态控制模块使用。

首先对 uORB 主题 vehicle_attitude_setpoint 进行介绍。

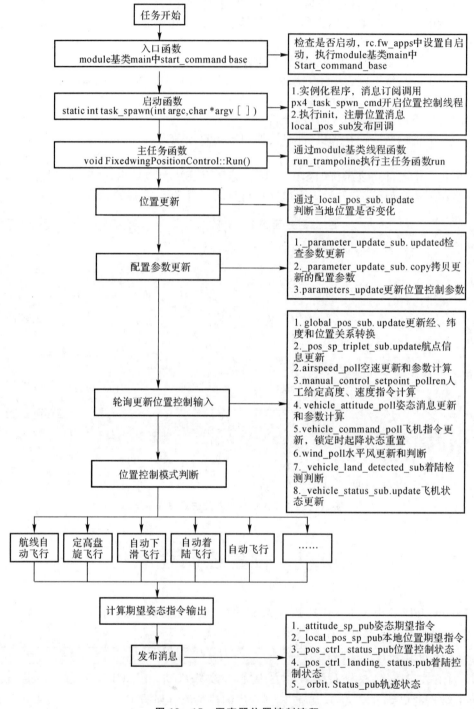

图 10‑15 固定翼位置控制流程

uint64 timestamp	♯ 时间戳
float32 roll_body	♯ 目标滚转角速度(仅手动特技模式有效)
float32 pitch_body	♯ 目标俯仰角速度(仅手动特技模式有效)
float32 yaw_body	♯ 目标偏航角速度(仅手动特技模式有效)
float32[4] q_d	♯ 期望的姿态角,使用四元数表示姿态角
float32[3] thrust_body	♯ 油门指令,范围为[-1,1]。对于固定翼而言,Y 和 Z 方向油门指令为零。
bool roll_reset_integral	♯ 是否重置滚转通道积分器
bool pitch_reset_integral	♯ 是否重置俯仰通道积分器
bool yaw_reset_integral	♯ 是否重置偏航通道积分器
bool fw_control_yaw	♯ 是否控制飞机偏航角
uint8 apply_flaps	♯ 襟翼目标位置,采用下面的 FLAPS_XXX 常量表示
uint8 FLAPS_OFF = 0	♯ 关闭襟翼
uint8 FLAPS_LAND = 1	♯ 着陆襟翼位置
uint8 FLAPS_TAKEOFF = 2	♯ 起飞襟翼位置

位置控制主函数的源码如下。

```
void FixedwingPositionControl::Run()                                        (1)
{
    perf_begin(_loop_perf);
    if (_local_pos_sub.update(&_local_pos))                                 (2)
    {
        parameters_update();                                               (3)
        vehicle_global_position_s gpos;                                    (4)
        if (_global_pos_sub.update(&gpos))
        {
            _current_latitude = gpos.lat;
            _current_longitude = gpos.lon;
        }
        _current_altitude = -_local_pos.z + _local_pos.ref_alt;            (5)
        if (_control_mode.flag_control_manual_enabled)                     (6)
        {
            if (_control_mode.flag_control_altitude_enabled && _local_pos.vz_reset_counter !=
                                                _alt_reset_counter)
            {
                _tecs.handle_alt_step(-_local_pos.delta_z, _current_altitude);
            }
            if (_control_mode.flag_control_altitude_enabled && _control_mode.flag_control_
                velocity_enabled && _local_pos.vxy_reset_counter != _pos_reset_counter)
            {
                _hdg_hold_enabled = false;
```

```
        }
    }
    _alt_reset_counter = _local_pos.vz_reset_counter;
    _pos_reset_counter = _local_pos.vxy_reset_counter;
    if (!_global_local_proj_ref.isInitialized() || (_global_local_proj_ref.getProjectionReferenceTimest-
        amp() != _local_pos.ref_timestamp) || (_local_pos.vxy_reset_counter != _pos_reset_
        counter))                                                                              (7)
    {
        _global_local_proj_ref.initReference(_local_pos.ref_lat, _local_pos.ref_lon, _local_pos.ref_
        timestamp);
        _global_local_alt0 = _local_pos.ref_alt;
    }
    if (_pos_sp_triplet_sub.update(&_pos_sp_triplet))                                          (8)
    {
        _min_current_sp_distance_xy = FLT_MAX;
    }
    airspeed_poll();                                                                           (9)
    manual_control_setpoint_poll();                                                            (10)
    vehicle_attitude_poll();                                                                   (11)
    vehicle_command_poll();
    vehicle_control_mode_poll();                                                               (12)
    if (_vehicle_land_detected_sub.updated())                                                  (13)
    {
        vehicle_land_detected_s vehicle_land_detected;
        if (_vehicle_land_detected_sub.update(&vehicle_land_detected))
        {
            _landed = vehicle_land_detected.landed;
        }
    }
    _vehicle_status_sub.update(&_vehicle_status);                                               (14)
    Vector2d curr_pos(_current_latitude, _current_longitude);
    Vector2f ground_speed(_local_pos.vx, _local_pos.vy);
    set_control_mode_current(_local_pos.timestamp, _pos_sp_triplet.current.valid);             (15)
    _att_sp.fw_control_yaw = false;
    switch (_control_mode_current)                                                             (16)
    {
    case FW_POSCTRL_MODE_AUTO:
    {
        control_auto(_local_pos.timestamp, curr_pos, ground_speed,
                     _pos_sp_triplet.previous, _pos_sp_triplet.current, _pos_sp_triplet.next);
        break;
    }
（其余控制模式略）
```

```
        }
        if (_control_mode_current != FW_POSCTRL_MODE_AUTO_LANDING)
        {
            reset_landing_state();
        }
        if (_control_mode_current != FW_POSCTRL_MODE_AUTO_TAKEOFF)
        {
            reset_takeoff_state();
        }
        if (_control_mode_current != FW_POSCTRL_MODE_OTHER)
        {
            if (_control_mode.flag_control_manual_enabled)                    (17)
            {
                _att_sp.roll_body = constrain(_att_sp.roll_body, -radians(_param_fw_r_lim.get()),
                                radians(_param_fw_r_lim.get()));
                _att_sp.pitch_body = constrain(_att_sp.pitch_body, radians(_param_fw_p_lim_min.get
                                ()), radians(_param_fw_p_lim_max.get()));
            }
            if (_control_mode.flag_control_position_enabled || _control_mode.flag_control_velocity_
enabled || _control_mode.flag_control_acceleration_enabled || _control_mode.flag_control_altitude_
enabled || _control_mode.flag_control_climb_rate_enabled)                    (18)
            {
                const Quatf q(Eulerf(_att_sp.roll_body, _att_sp.pitch_body, _att_sp.yaw_body));
                q.copyTo(_att_sp.q_d);
                _att_sp.timestamp = hrt_absolute_time();
                _attitude_sp_pub.publish(_att_sp);
                status_publish();
            }
            _l1_control.reset_has_guidance_updated();
            _last_manual = !_control_mode.flag_control_position_enabled;
        }
        perf_end(_loop_perf);
    }
}
```

（1）固定翼位置控制主函数，由 uORB 主题 vehicle_local_position 的更新触发执行。

（2）获取 uORB 主题 local_pos 数据，并再次确认当主题数据更新时才触发固定翼位置控制。

（3）当配置参数出现更新时，更新位置控制程序的配置参数并传递给相应的位置控制类；初始化下滑曲线类 Landingslope，填充并发布 uORB 主题 pos_ctrl_landing_status（着陆状态）；对空速相关配置参数的正确性进行检查。

（4）获取 uORB 主题 vehicle_global_position 数据，该主题包含飞机 GPS 位置、GPS 速度等信息。

（5）计算飞机当前位置的相对高度。

（6）在手动模式下，调整期望的目标高度。

（7）初始化 MapProjection 类对象_global_local_proj_ref，该类用于飞机经纬度与本地位置坐标之间的转换。将位置控制模块首次运行时的飞机位置设为本地位置坐标系的原点。

（8）获取 uORB 主题 pos_sp_triplet 数据。该主题包含飞机前一航点、当前航点和下一航点的信息。该主题数据是位置控制模块的主输入，主题数据由导航模块发布。

（9）获取 uORB 主题 airspeed_validated 数据，该主题包含飞机空速相关信息；计算当量空速与真空速的转换系数。

（10）获取手动输入数据，并将输入转换为期望的高度和速度。

（11）获取飞机姿态角，并计算飞机体轴系下的三轴速度和加速度。

（12）在飞机解锁状态下，获取飞机当前控制模式；在飞机解锁时刻重置飞机起飞、着陆状态。

（13）获取并标记飞机着陆状态。

（14）获取飞机状态。

（15）根据飞机控制模式和当前航点类型设置位置控制模式，位置控制模式由枚举变量 FW_POSCTRL_MODE 表示，包括 FW_POSCTRL_MODE_AUTO（完全自动控制）、FW_POSCTRL_MODE_AUTO_ALTITUDE（高度自动控制，保持当前高度盘旋）、FW_POSCTRL_MODE_AUTO_CLIMBRATE（爬升/下降率自动控制）、FW_POSCTRL_MODE_AUTO_TAKEOFF（自动起飞控制）、FW_POSCTRL_MODE_AUTO_LANDING（自动着陆控制）、FW_POSCTRL_MODE_MANUAL_POSITION（手动位置控制）、FW_POSCTRL_MODE_MANUAL_ALTITUDE（手动高度控制，俯仰杆位移控制高度、油门输入控制速度）、FW_POSCTRL_MODE_OTHER（缺省）等不同位置控制模式。具体位置控制模式设置关系如图 10-16 所示。

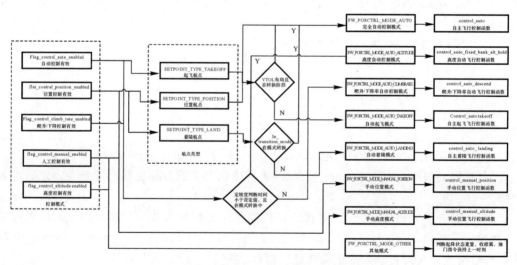

图 10-16　固定翼位置控制模式设置及控制函数调用关系

　　(16)根据不同的位置控制模式,调用相应的函数进行位置控制。自动起飞、自动着陆模式的位置控制上文已介绍,下面对最常规的自主飞行的位置控制(control_auto)进行分析,其他模式的位置控制就不再详细介绍。

　　(17)手动控制模式下限制俯仰角、滚转角指令。

　　(18)填充并发布 uORB 主题 attitude_sp(期望的姿态角),供后续姿态控制模块使用。

　　函数 FixedwingPositionControl::control_auto 用于正常的全自动飞行模式下的位置控制。根据当前航点类型的不同分别调用函数 control_auto_position(自动位置控制,即沿航线飞行)、control_auto_velocity(自动速度控制)、control_auto_loiter(自动盘旋)进行位置控制。

　　需要注意的是,control_auto 在调用函数 handle_setpoint_type 时,会对航点类型进行如下处理:①如果当前航点类型为位置控制,且飞机水平位置接近当前航点(小于两倍可接受半径)但高度误差超过可接受范围,则将航点类型切换为盘旋,继续盘旋上升或下降以减少高度误差;②如果当前航点类型为盘旋控制,且飞机水平位置与航点距离较远(大于两倍可接受半径),则将航点类型切换为位置控制,沿直线飞往圆心。

　　下面对自动位置控制进行分析,其源码如下。

```
void FixedwingPositionControl::control_auto_position(const hrt_abstime & now, const float dt, const
                                                    Vector2d & curr_pos, const Vector2f & ground_
                                                    speed, const position_setpoint_s & pos_sp_
                                                    prev, const position_setpoint_s & pos_sp_curr)
                                                                                            (1)
{
    const float acc_rad = _l1_control.switch_distance(500.0f);
    Vector2d curr_wp{0, 0};
    Vector2d prev_wp{0, 0};
    curr_wp = Vector2d(pos_sp_curr.lat, pos_sp_curr.lon);
    prev_wp(0) = pos_sp_prev.lat;
    prev_wp(1) = pos_sp_prev.lon;
    float tecs_fw_thr_min;
    float tecs_fw_thr_max;
    float tecs_fw_mission_throttle;
    float mission_throttle = _param_fw_thr_cruise.get();                                    (2)
    if (PX4_ISFINITE(pos_sp_curr.cruising_throttle) && pos_sp_curr.cruising_throttle >= 0.0f)
    {
        mission_throttle = pos_sp_curr.cruising_throttle;
    }
    tecs_fw_thr_min = _param_fw_thr_min.get();
    tecs_fw_thr_max = _param_fw_thr_max.get();
    tecs_fw_mission_throttle = mission_throttle;
    float position_sp_alt = pos_sp_curr.alt;
```

```
    float target_airspeed = get_auto_airspeed_setpoint(now, pos_sp_curr.cruising_speed,
                                    ground_speed, dt);                    (3)
    Vector2f curr_pos_local{_local_pos.x, _local_pos.y};
    Vector2f curr_wp_local = _global_local_proj_ref.project(curr_wp(0), curr_wp(1));
    Vector2f prev_wp_local = _global_local_proj_ref.project(prev_wp(0), prev_wp(1));
    _l1_control.navigate_waypoints(prev_wp_local, curr_wp_local, curr_pos_local,
                                    get_nav_speed_2d(ground_speed));       (4)
    _att_sp.roll_body = _l1_control.get_roll_setpoint();
    _att_sp.yaw_body = _yaw;
    _att_sp.apply_flaps = vehicle_attitude_setpoint_s::FLAPS_OFF;          (5)
    tecs_update_pitch_throttle(now, position_sp_alt, target_airspeed, radians(_param_fw_p_lim_min.
                get()), radians(_param_fw_p_lim_max.get()), tecs_fw_thr_min, tecs_
                fw_thr_max, tecs_fw_mission_throttle, false, radians(_param_fw_p_
                lim_min.get()));                                          (6)
}
```

(1)参数 dt 表示位置控制模块运行周期；参数 curr_pos 表示当前位置；参数 ground_speed 表示飞机地速；参数 pos_sp_prev 表示前一航点；参数 pos_sp_curr 表示当前航点。

(2)若当前航点信息中包含巡航油门指令，则巡航油门由航点信息给定，否则由用户配置参数设定。

(3)计算目标空速。默认情况下，目标空速等于巡航空速，即目标空速由配置参数 FW_AIRSPD_TRIM 给定。

(4)调用 L1 制导律进行水平位置控制。

(5)正常航线飞行情况下，关闭襟翼。

(6)调用 TECS 控制律进行垂直位置控制。默认情况下，巡航油门由配置参数 FW_THR_CRUISE 给定；油门指令上限由配置参数 FW_THR_MAX 给定；油门指令下限由配置参数 FW_THR_MIN 给定。

第11章　姿态控制

固定翼飞行器的姿态控制设计可分为纵向和横航向控制两部分,横航向姿态控制包括对滚转角和偏航角的控制。姿态控制采用内、外回路串级 PID 控制结构,姿态角作为外回路来控制飞机角运动,角速度作为内回路(即阻尼回路)进行增稳。

普通单回路反馈控制是在被控对象与期望值之间产生误差之后,将误差反馈给控制器重新计算并作出相应的调整。也就是说,这种控制方式只能是在系统出现误差之后才会起到控制作用,不能很好地对扰动进行预测和预先调整。为了解决这一问题,PX4 系统引入串级控制思想,即采用额外的测量单元,并引入内回路来感知和克服系统扰动。内回路测量单元比外回路测量单元更敏感、更能快速地感知系统的扰动,这样就能在被控对象出现较大误差之前,快速地修正误差,保持稳态。由于内环回路的存在,控制系统的控制精度和响应速度大大提高了,所以串级控制系统比单回路反馈控制系统的控制效果有很大的提升。

PX4 系统的固定翼飞行器姿态控制律框图如图 11-1 所示,外回路计算姿态角目标值和当前姿态角之间的误差,该误差乘以增益(P 控制器)即可生成角速度目标。然后,内回路计算角速度目标值与当前角速度之间的误差,并使用比例＋积分(PI)控制器生成各通道(滚转、俯仰、偏航)的控制指令。

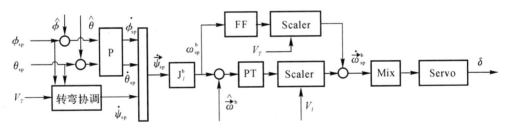

图 11-1　PX4 系统的固定翼飞行器姿态控制律框图

11.1　姿态控制律

PX4 系统固定翼姿态控制源码目录为. /src/modules/fw_att_control,俯仰、滚转、偏航三轴的姿态控制器均从 ECL_Controller 类派生出相应的子类完成,基类用于参数设置、积分器重置等通用功能,继承的类包括俯仰姿态控制器类 ECL_PitchController 和滚转姿态控制器类 ECL_RollController。PX4 系统提供了两种不同的偏航控制器，分别为 ECL_YawController 类和 ECL_WheelController 类，前者用于空中飞行阶段，后者用于地面滑跑阶段。姿态控制器类关系如图 11-2 所示。

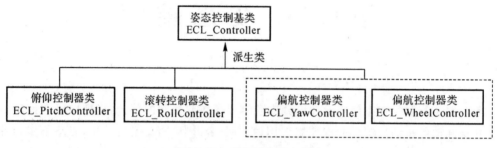

图 11-2　姿态控制器类关系

11.1.1　俯仰姿态控制

俯仰姿态控制主要目标是控制飞机在飞行过程中的俯仰角，先求出俯仰角目标值和当前的俯仰角的偏差，然后将该偏差除以时间常数得到地轴系下目标俯仰角变化率，再通过坐标转换将其转换成体轴系下俯仰角速度指令，和当前的俯仰角速度做差并送入"PI＋FF"控制器，从而生成升降舵控制指令并通过 uORB 消息输出，达到控制俯仰角的目的。

ECL_PitchController 类定义了纵向姿态控制的使用接口函数，主要包括外环姿态角控制函数 control_attitude 和内环姿态角变化率控制函数 control_euler_rate。

外环俯仰角控制函数通过 P 控制器，将姿态角偏差转为姿态角变化率期望值的控制律如下。

$$\dot{\theta}_{sp} = K_p(\theta_{sp} - \theta) \tag{11-1}$$

```
float ECL_PitchController::control_attitude(const float dt, const struct ECL_ControlData&ctl_data)                                                       (1)
{
    float pitch_error = ctl_data.pitch_setpoint - ctl_data.pitch;          (2)
    _rate_setpoint = pitch_error / _tc;                                    (3)
    return _rate_setpoint;
}
```

（1）结构体 ECL_ControlData 变量 ctl_data 包含俯仰角目标值、飞机当前俯仰角和角速度等值，在固定翼姿态控制任务的主循环中赋值。

（2）计算期望俯仰角与飞机实际俯仰角之间的偏差。

（3）按式（11-1）计算俯仰角变化率期望值，其中外环姿态角控制器增益 $K_p = \dfrac{1}{T_C}$，T_C 值由配置参数 FW_P_TC 给定。

内环角速度控制函数的功能主要分为两部分：①将姿态角变化率期望值转换为飞机角速度期望值；②控制飞机角速度。俯仰角变化率与俯仰角速度的转换关系如下。

$$q_{sp} = \dot{\theta}_{sp}\cos\phi + \dot{\psi}_{sp}\sin\phi\cos\theta \qquad (11-2)$$

```
float ECL_PitchController::control_euler_rate(const float dt, const ECL_ControlData &ctl_data, float
bodyrate_ff)
{
    _bodyrate_setpoint = cosf(ctl_data.roll) * _rate_setpoint + cosf(ctl_data.pitch) *
                    sinf(ctl_data.roll) * ctl_data.yaw_rate_setpoint + bodyrate_ff;        (1)
    set_bodyrate_setpoint(_bodyrate_setpoint);                                              (2)
    return control_bodyrate(dt, ctl_data);                                                 (3)
}
```

（1）将姿态角变化率期望值转换为飞机角速度期望值，变量 _bodyrate_setpoint 即计算出的角速度期望值；变量 bodyrate_ff 为前馈值，默认为 0，只有在固定翼姿态控制任务中调用姿态自动调参功能才会启用。

（2）对计算出的角速度期望值进行限幅，限幅值由配置参数 FW_ACRO_Y_MAX 给定。

（3）调用函数 control_bodyrate 实现飞机内环角速度控制。

内环角速度控制采用"PI＋FF"控制器方式，其公式如下。

$$\delta_{e_{cmd}} = K_f q_{sp} + K_p(q_{sp} - q) + K_i\int(q_{sp} - q)\,\mathrm{d}t \qquad (11-3)$$

```
float ECL_PitchController::control_bodyrate(const float dt, const ECL_ControlData& ctl_data)
{
    _rate_error = _bodyrate_setpoint - ctl_data.body_y_rate;                                (1)
    if (!ctl_data.lock_integrator && _k_i > 0.0f)
    {
        float id = _rate_error * dt * ctl_data.scaler * ctl_data.scaler;                    (2)
        if (_last_output < -1.0f)                                                           (3)
        {
            id = math::max(id, 0.0f);
        }
        else if (_last_output > 1.0f)
        {
            id = math::min(id, 0.0f);
        }
        _integrator = math::constrain(_integrator + id * _k_i, -_integrator_max,
                                _integrator_max);
    }
    _last_output = _bodyrate_setpoint * _k_ff * ctl_data.scaler + _rate_error * _k_p *
                ctl_data.scaler * ctl_data.scaler + _integrator;                            (4)
```

```
        return math::constrain(_last_output, −1.0f, 1.0f);                    (5)
}
```

（1）计算飞机俯仰角速度误差 $q_{sp}-q$。

（2）积分控制，积分器在飞机飞行过程中起自动配平作用，可以消除姿态角控制静差。控制器增益 $K_i=\_k\_i * ctl\_data.scaler * ctl\_data.scaler$，其中基准增益_k_i 由配置参数 FW_PR_I 给定。由于气动力和力矩与动压成正比，控制舵面在飞机高速飞行时效率更高，而在低速时则较差，相同的舵面产生的气动力矩与动压成正比，所以需要使用空速值（如果使用此类传感器）对控制参数进行调整，变量 ctl_data.scaler 即为随空速变化的调参系数，随飞行空速增加而减小。

（3）简单积分抗饱和。当输出饱和，且误差信号与控制信号同号时，积分器停止更新（其值保持不变），除此之外，积分器正常工作。这种抗饱和方式称为积分遇限削弱法。

（4）计算俯仰通道控制指令，控制器增益 $K_p=\_k\_p * ctl\_data.scaler * ctl\_data.scaler$、$K_f=\_k\_ff * ctl\_data.scaler$，控制指令是归一化的。

（5）控制指令限幅，后续由 PX4 系统执行机构输出控制模块将此指令值转化为舵面偏度对应的 PWM 输出值。

11.1.2　滚转姿态控制

滚转角控制和上述俯仰角控制一样，通过控制副翼舵机来实现对滚转姿态的控制。外回路的被控对象是滚转角，滚转角目标值和飞机当前滚转角做差可以得到滚转角变化率误差，引入滚转角速度反馈来增加内回路的阻尼。

滚转姿态控制架构及函数名与俯仰姿态控制一致，外环姿态角控制函数为 ecl_roll_controller 类的 control_attitude，通过 P 控制器，将滚转角误差转换为滚转角变化率期望值。

$$\dot{\phi}_{sp}=K_p(\phi_{sp}-\phi) \qquad (11-4)$$

滚转角变化率与滚转角速度的关系为

$$p_{sp}=\dot{\phi}_{sp}-\sin\theta\dot{\psi}_{sp} \qquad (11-5)$$

滚转角控制器的源码和俯仰角控制器基本一致，不再赘述。

11.1.3　偏航姿态控制

PX4 系统为偏航姿态控制提供的两种控制器，ecl_yaw_controller 主要用于空中飞行阶段，ecl_wheel_controller 主要用于地面滑行阶段。

1. 飞行阶段偏航姿态控制

航向姿态控制主要是实现飞机在飞行过程中辅助转弯。实现固定翼转弯有三种基本方式：通过方向舵实现水平转弯、通过副翼修正航向而用方向舵削弱荷兰滚的侧向转弯以及等滚转角的盘旋。其中前两种由于存在侧滑角,影响转弯飞行质量,且转弯路径远、不易控制,所以仅适用于校正较小的航向偏差。PX4 系统偏航姿态控制采用第三种方式。

由于采用等滚转角盘旋,飞机航向会持续变化,所以,偏航姿态控制不涉及偏航角的控制,也就是不存在设定的目标偏航角,只控制偏航角速度。飞机处于空中飞行状态时,偏航角速度的目标值是通过协调转弯方程约束生成的,目标是使飞机转弯时产生的横向加速度最小,以抵消不利的侧滑影响。

协调转弯又称为无侧滑定常盘旋,意味着飞机纵轴与气流轴会以相同的角速度转动,协调转弯时各参数满足如下条件:①稳态滚转角 $\phi = $ const;②航向角变化率 $\dot{\psi} = $ const;③稳态升降速度 $\dot{h} = 0$;④稳态侧滑角 $\beta = 0$。根据上述条件,可得到协调转弯约束方程。飞机协调转弯受力分析如图 11-3 所示。

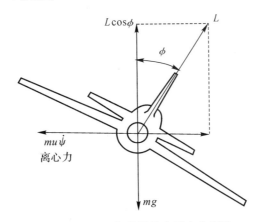

图 11-3　飞机协调转弯受力分析图

假设飞机原来处于平直飞行状态,航迹爬升角 $\gamma = 0$,$\theta = \alpha$。定高盘旋意味着沿飞机法线方向的力平衡,也就是有

$$L\cos\phi = mg\cos\theta \tag{11-6}$$

水平面的盘旋向心力等于升力分量,即

$$L\sin\phi = mV\dot{\psi} \tag{11-7}$$

从而得到

$$\dot{\psi} = g * \tan\phi\cos\theta / V \tag{11-8}$$

式(11-8)即飞机协调转弯约束方程。

偏航角速度目标值和当前偏航角速度做差送入"PI+FF"控制器,生成方向舵控制指令,从而提供额外的航向阻尼来抑制荷兰滚模态,达到辅助转弯的目的。

ecl_yaw_controller 外环姿态角控制函数为 control_attitude,根据协调转弯公式计算可以得到偏航角速度期望值。

```
float ECL_YawController::control_attitude(const float dt, const ECL_ControlData &ctl_data)
{
    float constrained_roll;
    bool inverted = false;
```

```
    if (fabsf(ctl_data. roll) < math::radians(90.0f))                                    (1)
    {
        constrained_roll = math::constrain(ctl_data. roll, math::radians(-80.0f), math::radians(80.0f));
    }
    else
    {
        inverted = true;
        if (ctl_data. roll > 0.0f)
        {
            constrained_roll = math::constrain(ctl_data. roll, math::radians(100.0f), math::
                                                radians(180.0f));
        }
        else
        {
            constrained_roll = math::constrain(ctl_data. roll, math::radians(-180.0f), math::
                                                radians(-100.0f));
        }
    }
    constrained_roll = math::constrain(constrained_roll, -fabsf(ctl_data. roll_setpoint), fabsf(ctl_
                        data. roll_setpoint));
    if (!inverted)
    {
        _rate_setpoint = tanf(constrained_roll) * cosf(ctl_data. pitch) * CONSTANTS_ONE_G /
                            (ctl_data. airspeed < ctl_data. airspeed_min ?
                            ctl_data. airspeed_min : ctl_data. airspeed);    (2)
    }
    return _rate_setpoint;
}
```

（1）滚转角限制保护,正飞滚转角限制为 $\pm 80°$,倒飞滚转角限制为 $[\pm 180°, \pm 100°]$。

（2）正常飞行时,根据协调转弯公式计算偏航角速度指令,并对空速最小值进行限制。

内环角速度控制同俯仰和滚转角控制回路一样,其偏航角变化率与偏航角速度的关系如下。

$$r_{sp} = -\sin\phi\,\dot{\theta}_{sp} + \dot{\psi}_{sp}\cos\phi\cos\theta \qquad (11-9)$$

内环控制源码和上述两个姿态控制器一致,就不在此赘述。

2. 地面滑跑/着陆阶段偏航姿态控制

在地面滑跑/着陆阶段(以下简称地面滑跑阶段)偏航姿态控制为控制滑行方向,即控制目标航向角。外环姿态角控制通过 P 控制器,将偏航角误差转换为偏航角速度的期望值。

$$r_{sp} = K_p(\psi_{sp} - \psi) \qquad (11-10)$$

```
float ECL_WheelController::control_attitude(const float dt, const struct ECL_ControlData& ctl_data)
{
    float yaw_error = wrap_pi(ctl_data. yaw_setpoint - ctl_data. yaw);    (1)
```

```
        _euler_rate_setpoint ＝  yaw_error / _tc;                          (2)

        _body_rate_setpoint ＝ _euler_rate_setpoint;                       (3)

        if (_max_rate ＞ 0.01f)                                            (4)

        {

            if (_body_rate_setpoint ＞ 0.0f)

            {

                _body_rate_setpoint ＝ (_body_rate_setpoint ＞ _max_rate) ? _max_rate :
                                          _body_rate_setpoint;

            }

            else

            {

                _body_rate_setpoint ＝ (_body_rate_setpoint ＜ －_max_rate) ? －_max_rate :
                                          _body_rate_setpoint;

            }

        }

        return _body_rate_setpoint;

}
```

(1)计算偏航角误差。航向角的变化范围是 $\pm\pi$，wrap_pi 函数用于将航向误差限制在 $\pm\pi$ 范围内，也即控制飞机绕劣弧到达目标航向角。

(2)外环姿态角控制器增益 $K_p = \dfrac{1}{T_c}$，其中 T_c 固定为 0.1。

(3)由于飞机处于地面滑行状态，俯仰角和滚转角可以忽略，所以偏航角变化率就等于偏航角速度。

(4)对期望的偏航角速度进行限幅。

内环角速度控制采用"PI＋F"控制器方式，其控制律为

$$\delta_{\text{wheel}_{\text{cmd}}} = K_f r_{sp} + K_p (r_{sp} - r) + K_i \int (r_{sp} - r)\, \mathrm{d}t \qquad (11-11)$$

```
float ECL_WheelController::control_bodyrate(const float dt, const ECL_ControlData &ctl_data)

{

    float min_speed = 1.0f;

    _rate_error ＝ _rate_setpoint － ctl_data.body_z_rate;                          (1)

    if (!ctl_data.lock_integrator && _k_i ＞ 0.0f && ctl_data.groundspeed ＞ min_speed)

    {

        float id ＝ _rate_error * dt * ctl_data.groundspeed_scaler;

        if (_last_output ＜ －1.0f)                                                  (2)

        {
```

```
            id = math::max(id, 0.0f);

        }

        else if (_last_output > 1.0f)

        {

            id = math::min(id, 0.0f);

        }

        _integrator = math::constrain(_integrator + id * _k_i, -_integrator_max,

                                      _integrator_max);                      (3)

    }

    _last_output = _rate_setpoint * _k_ff * ctl_data.groundspeed_scaler + ctl_data.groundspeed_

            scaler * ctl_data.groundspeed_scaler * (_rate_error * _k_p + _integrator);

                                                                             (4)

    return math::constrain(_last_output, -1.0f, 1.0f);

}
```

(1)计算飞机角速度误差 $r_{sp} - r$。

(2)同样采用积分遇限削弱法进行积分抗饱和处理。

(3)积分控制,基准增益由配置参数 FW_PR_I 给定,变量 ctl_data.groundspeed_scaler 为地速调参系数,默认为 1,随地速增加而减小。

(4)根据式(11-11)计算控制器输出。

11.2　姿态控制程序

姿态控制程序源码子目录中的源文件 fw_att_control.cpp 是 PX4 系统固定翼的姿态控制主文件,在启动子脚本 rc.fw_apps 中启动固定翼姿态控制模块。

```
fw_att_control start
```

函数 Run 是整个姿态控制的核心和实际入口,由 uORB 主题 vehicle_attitude(飞行器姿态)数据的更新触发执行。姿态控制程序的控制流程如图 11-4 所示,主要由消息订阅、配置参数更新、姿态控制器运行、控制指令发布等环节组成。其主要功能是接收位置控制模块发布的目标姿态角指令,在进行姿态控制律解算后,发布各通道控制指令(uORB 主题 actuator_controls、vehicle_torque_setpoint 和 vehicle_thrust_setpoint)供后续执行机构输出控制模块使用。

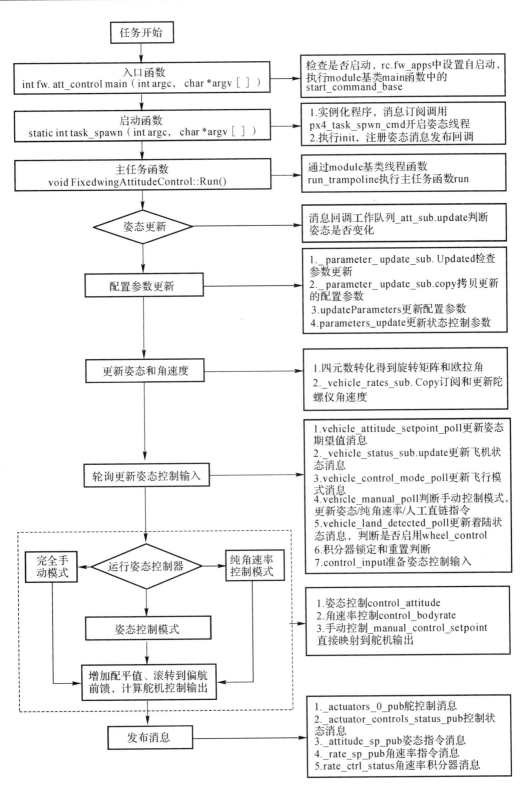

图 11 - 4　固定翼姿态控制流程

姿态控制主函数的源码如下。

```
void FixedwingAttitudeControl::Run()                                          (1)
{
    perf_begin(_loop_perf);
    vehicle_attitude_s att;
    if (_att_sub.update(&att))                                                (2)
    {
        updateParams();                                                       (3)
        parameters_update();
        const float dt = math::constrain((att.timestamp - _last_run) * 1e-6f, 0.002f, 0.04f);
                                                                              (4)
        _last_run = att.timestamp;
        matrix::Dcmf R = matrix::Quatf(att.q);                                (5)
        vehicle_angular_velocity_s angular_velocity{};
        _vehicle_rates_sub.copy(&angular_velocity);                           (6)
        float rollspeed = angular_velocity.xyz[0];
        float pitchspeed = angular_velocity.xyz[1];
        float yawspeed = angular_velocity.xyz[2];
        const matrix::Eulerf euler_angles(R);                                 (7)
        vehicle_attitude_setpoint_poll();                                     (8)
        _vehicle_status_sub.update(&_vehicle_status);                         (9)
        vehicle_control_mode_poll();                                          (10)
        vehicle_manual_poll(euler_angles.psi());                             (11)
        vehicle_land_detected_poll();                                         (12)
        _att_sp.fw_control_yaw = _att_sp.fw_control_yaw &&
                            _vcontrol_mode.flag_control_auto_enabled;
        bool wheel_control = false;
        if (_param_fw_w_en.get() && _att_sp.fw_control_yaw)                   (13)
        {
            wheel_control = true;
        }
        bool lock_integrator = !_vcontrol_mode.flag_control_rates_enabled || (dt > 0.02f);  (14)
        control_flaps(dt);                                                    (15)
        if (_vcontrol_mode.flag_control_rates_enabled)                        (16)
        {
            const float airspeed = get_airspeed_and_update_scaling();         (17)
```

```
if (_att_sp. roll_reset_integral)                                    (18)
{
    _roll_ctrl. reset_integrator();
}
（中间源码略）
if (_landed)                                                         (19)
{
    _roll_ctrl. reset_integrator();
    _pitch_ctrl. reset_integrator();
    _yaw_ctrl. reset_integrator();
    _wheel_ctrl. reset_integrator();
}
ECL_ControlData control_input{};                                     (20)
control_input. roll = euler_angles. phi();
control_input. pitch = euler_angles. theta();
control_input. yaw = euler_angles. psi();
control_input. body_x_rate = rollspeed;
control_input. body_y_rate = pitchspeed;
control_input. body_z_rate = yawspeed;
control_input. roll_setpoint = _att_sp. roll_body;
control_input. pitch_setpoint = _att_sp. pitch_body;
control_input. yaw_setpoint = _att_sp. yaw_body;
control_input. airspeed_min = _param_fw_airspd_stall. get();
control_input. airspeed_max = _param_fw_airspd_max. get();
control_input. airspeed = airspeed;
control_input. scaler = _airspeed_scaling;
control_input. lock_integrator = lock_integrator;
if (wheel_control)                                                   (21)
{
    _local_pos_sub. update(&_local_pos);
    float groundspeed = sqrtf(_local_pos. vx * _local_pos. vx +
                             _local_pos. vy * _local_pos. vy);
    float gspd_scaling_trim = (_param_fw_airspd_stall. get());
    control_input. groundspeed = groundspeed;
    control_input. groundspeed_scaler = gspd_scaling_trim / groundspeed;
}
```

```
        if ((_vcontrol_mode. flag_control_attitude_enabled ! =
            _flag_control_attitude_enabled_last) || params_updated)          (22)
        {
            if (_vcontrol_mode. flag_control_attitude_enabled)
            {
                _roll_ctrl. set_max_rate(radians(_param_fw_r_rmax. get()));
                _pitch_ctrl. set_max_rate_pos(radians(_param_fw_p_rmax_pos. get()));
                _pitch_ctrl. set_max_rate_neg(radians(_param_fw_p_rmax_neg. get()));
                _yaw_ctrl. set_max_rate(radians(_param_fw_y_rmax. get()));
            }
            else
            {

                _roll_ctrl. set_max_rate(radians(_param_fw_acro_x_max. get()));
                _pitch_ctrl. set_max_rate_pos(radians(_param_fw_acro_y_max. get()));
                _pitch_ctrl. set_max_rate_neg(radians(_param_fw_acro_y_max. get()));
                _yaw_ctrl. set_max_rate(radians(_param_fw_acro_z_max. get()));
            }
        }
        _flag_control_attitude_enabled_last = _vcontrol_mode. flag_control_attitude_enabled;
        float trim_roll = _param_trim_roll. get();                          (23)
        float trim_pitch = _param_trim_pitch. get();
        float trim_yaw = _param_trim_yaw. get();
        if (airspeed < _param_fw_airspd_trim. get())                        (24)
        {
            trim_roll += gradual(airspeed, _param_fw_airspd_stall. get(),
                            _param_fw_airspd_trim. get(),
                            _param_fw_dtrim_r_vmin. get(), 0. 0f);
            trim_pitch += gradual(airspeed, _param_fw_airspd_stall. get(),
                            _param_fw_airspd_trim. get(),
                            _param_fw_dtrim_p_vmin. get(), 0. 0f);
            trim_yaw += gradual(airspeed, _param_fw_airspd_stall. get(),
                            _param_fw_airspd_trim. get(),
                            _param_fw_dtrim_y_vmin. get(),0. 0f);
        }
        else
        {
```

```
        trim_roll += gradual(airspeed，_param_fw_airspd_trim. get()，_param_fw_airspd_
                max. get()，0. 0f，_param_fw_dtrim_r_vmax. get())；
        trim_pitch += gradual(airspeed，_param_fw_airspd_trim. get()，_param_fw_airspd
                _max. get()，0. 0f，_param_fw_dtrim_p_vmax. get())；
        trim_yaw += gradual(airspeed，_param_fw_airspd_trim. get()，_param_fw_airspd
                _max. get()，0. 0f，_param_fw_dtrim_y_vmax. get())；
    }
    trim_roll += _flaps_applied * _param_fw_dtrim_r_flps. get()；                    (25)
    trim_pitch += _flaps_applied * _param_fw_dtrim_p_flps. get()；
    if (_vcontrol_mode. flag_control_attitude_enabled)                              (26)
    {
        _roll_ctrl. control_attitude(dt，control_input)；                           (27)
        _pitch_ctrl. control_attitude(dt，control_input)；
        if (wheel_control)                                                          (28)
        {
            _wheel_ctrl. control_attitude(dt，control_input)；
            _yaw_ctrl. reset_integrator()；
    }
    else
    {
        _yaw_ctrl. control_attitude(dt，control_input)；
        _wheel_ctrl. reset_integrator()；
    }
    control_input. roll_rate_setpoint = _roll_ctrl. get_desired_rate()；            (29)
    control_input. pitch_rate_setpoint = _pitch_ctrl. get_desired_rate()；
    control_input. yaw_rate_setpoint = _yaw_ctrl. get_desired_rate()；
    const hrt_abstime now = hrt_absolute_time()；
    matrix：Vector3f bodyrate_ff；
    float roll_u = _roll_ctrl. control_euler_rate(dt，control_input，bodyrate_ff(0))；  (30)
    _actuators. control[actuator_controls_s：INDEX_ROLL] = roll_u + trim_roll；
    float pitch_u = _pitch_ctrl. control_euler_rate(dt，control_input，bodyrate_ff(1))；
    _actuators. control[actuator_controls_s：INDEX_PITCH] = pitch_u + trim_pitch
    float yaw_u = 0. 0f；
    if (wheel_control)
    {
        yaw_u = _wheel_ctrl. control_bodyrate(dt，control_input)；
    }
```

```
    else
    {
        yaw_u = _yaw_ctrl.control_euler_rate(dt, control_input, bodyrate_ff(2));
    }
    _actuators.control[actuator_controls_s::INDEX_YAW] = yaw_u + trim_yaw;
    if (_vcontrol_mode.flag_control_manual_enabled)
    {
        _actuators.control[actuator_controls_s::INDEX_YAW] += _manual_control_setpoint.
        r;                                                                      (31)
    }
    _actuators.control[actuator_controls_s::INDEX_THROTTLE] = ! _vehicle_status.engine_
failure) ? _att_sp.thrust_body[0] : 0.0f;                                        (32)
    if (_param_fw_bat_scale_en.get() && _actuators.control[actuator_controls_s::INDEX_
        THROTTLE] > 0.1f)                                                        (33)
    {
        battery_status_s battery_status{};
        if (_battery_status_sub.copy(&battery_status) &&
            battery_status.connected && battery_status.scale > 0.f)
        {
            _battery_scale = battery_status.scale;
        }
        _actuators.control[actuator_controls_s::INDEX_THROTTLE] *= _battery_scale;
    }
    _rates_sp.roll = _roll_ctrl.get_desired_bodyrate();                          (34)
    _rates_sp.pitch = _pitch_ctrl.get_desired_bodyrate();
    _rates_sp.yaw = _yaw_ctrl.get_desired_bodyrate();
    _rates_sp.timestamp = hrt_absolute_time();
    _rate_sp_pub.publish(_rates_sp);
}
else                                                                            (35)
{
    vehicle_rates_setpoint_poll();
    _roll_ctrl.set_bodyrate_setpoint(_rates_sp.roll);
    _yaw_ctrl.set_bodyrate_setpoint(_rates_sp.yaw);
    _pitch_ctrl.set_bodyrate_setpoint(_rates_sp.pitch);
    float roll_u = _roll_ctrl.control_bodyrate(dt, control_input);
    _actuators.control[actuator_controls_s::INDEX_ROLL] = roll_u + trim_roll;
```

```
        float pitch_u = _pitch_ctrl. control_bodyrate(dt, control_input);
        _actuators. control[actuator_controls_s::INDEX_PITCH] = pitch_u + trim_pitch;
        float yaw_u = _yaw_ctrl. control_bodyrate(dt, control_input);
        _actuators. control[actuator_controls_s::INDEX_YAW] = yaw_u + trim_yaw;
        _actuators. control[actuator_controls_s::INDEX_THROTTLE] = _rates_sp. thrust_body[0];
        }
        rate_ctrl_status_s rate_ctrl_status{};                                    (36)
        rate_ctrl_status. timestamp = hrt_absolute_time();
        rate_ctrl_status. rollspeed_integ = _roll_ctrl. get_integrator();
        rate_ctrl_status. pitchspeed_integ = _pitch_ctrl. get_integrator();
        if (wheel_control)
        {
            rate_ctrl_status. additional_integ1 = _wheel_ctrl. get_integrator();
        }
        else
        {
            rate_ctrl_status. yawspeed_integ = _yaw_ctrl. get_integrator();
        }
        _rate_ctrl_status_pub. publish(rate_ctrl_status);
        }
        _actuators. control[actuator_controls_s::INDEX_YAW] += _param_fw_rll_to_yaw_ff. get() *
        constrain(_actuators. control[actuator_controls_s::INDEX_ROLL], -1. 0f, 1. 0f);   (37)
        _actuators. control[actuator_controls_s::INDEX_FLAPS] = _flaps_applied;           (38)
        _actuators. control[5] = _manual_control_setpoint. aux1;
        _actuators. control[actuator_controls_s::INDEX_AIRBRAKES] = _flaperons_applied;
        _actuators. control[7] = _manual_control_setpoint. aux3;
        _actuators. timestamp = hrt_absolute_time();
        _actuators. timestamp_sample = att. timestamp;
        if (_vcontrol_mode. flag_control_rates_enabled || _vcontrol_mode. flag_control_attitude_
            enabled ||_vcontrol_mode. flag_control_manual_enabled)
        {
            _actuators_0_pub. publish(_actuators);
            publishTorqueSetpoint(angular_velocity. timestamp_sample);               (39)
            publishThrustSetpoint(angular_velocity. timestamp_sample);
        }
        updateActuatorControlsStatus(dt);                                           (40)
    }
    perf_end(_loop_perf);
}
```

（1）固定翼姿态控制主函数，由 uORB 主题 vehicle_attitude 数据的更新触发执行。

（2）获取 uORB 主题 vehicle_attitude 数据（飞机姿态四元数），并再次确认当主题数据更新时才触发固定翼姿态控制。

（3）更新姿态控制程序的配置参数，并传递给相应的姿态控制类。

（4）计算姿态控制程序运行时间间隔。

（5）根据姿态四元数计算对应的姿态旋转矩阵。

（6）更新飞机三轴角速度。

（7）根据姿态旋转矩阵计算对应的姿态角。

（8）更新飞机期望的姿态角（姿态角控制目标值）及油门控制目标值。该主题数据是姿态控制的主输入，由位置控制模块发布。

（9）更新飞机状态。

（10）更新控制模式。

（11）更新手动输入。当飞机处于人工控制模式下时，计算姿态控制子模式、角速度控制子模式和直连子模式下期望的姿态角和油门。

（12）更新飞机着陆状态。

（13）判断航向角控制模式，即选择航向角控制或协调转弯控制方式。

（14）判断是否需要锁定姿态控制积分器。

（15）襟翼控制，分为自动控制和手动控制。

（16）判断内环角速度控制模式是否有效。

（17）判断空速计是否能用并获取空速值（当量空速 V_E）；计算空速调参系数 k_{scal}，正常情况下 $k_{scal} = \dfrac{V_C}{V_E}$，其中 V_C 表示巡航速度。

（18）当控制器积分环节需要重置时，对积分器输出清零。

（19）飞机处于着陆状态时，重置控制器积分环节。

（20）准备控制器需要使用的数据，包括飞机姿态角、角速度、期望的姿态角、当量空速及其限制值、空速调参系数以及积分器是否锁定标记等。

（21）当偏航姿态控制选择航向控制模式时，获取飞机地速 V_g 并计算地速调参系数。

（22）控制模式切换或配置参数更新后，重置角速度限制值（限制期望的角速度）。纯角速度控制模式和姿态控制模式下角速度限制值不一致。

（23）获取滚转、俯仰和偏航通道配平值。由于气动不对称，所以舵机机械零位不一定保持配平，后续叠加到姿态控制输出上，默认值为 0。

（24）控制指令配平值随空速变化进行线性插值。

（25）考虑襟翼变化时气动特性的影响，控制指令配平值随襟翼角度变化。

（26）当姿态控制模式有效时，调用相应的类内函数完成串级姿态控制。

（27）外环姿态角控制。

（28）根据航向控制模式,调用不同的类内函数完成航向控制,并对未使用模式的积分器进行重置。

（29）获取期望的姿态角变化率,作为内环控制输入值。

（30）内环角速度控制,计算控制器输出。控制输出加上配平值作为控制指令最终输出。

（31）手动模式下,偏航通道输出指令叠加手动输入值。

（32）获取油门通道指令值。当发动机失效时,将油门指令置零。

（33）如果启用电池补偿,则根据电池电量对油门指令进行修正,即低电压下增加油门输出补偿动力损失。

（34）填充并发布 uORB 主题 vehicle_rates_setpoint（角速度控制目标值）,用于飞行后控制效果评估和参数优化。

（35）纯角速度控制,即不经过外环控制而直接进行内环控制。

（36）填充并发布 uORB 主题 rate_ctrl_status（角速度控制状态）。

（37）偏航通道控制指令引入副翼-方向舵交联环节。

（38）计算襟翼、减速板等其余辅助控制通道控制指令,填充并发布 uORB 主题 actuator_controls_0（各控制通道指令）。

（39）填充并发布 uORB 主题 vehicle_torque_setpoint 和 vehicle_thrust_setpoint,这两个主题是将滚转/俯仰/偏航通道控制指令和油门通道控制指令分开,也称为舵机控制指令向量和油门控制指令向量。

（40）计算控制指令状态,填充并发布 uORB 主题 actuator_controls_status。

姿态控制效果仿真曲线如图 11-5～图 11-7 所示。从图中可以看出,无人机角速度和姿态角控制效果良好。

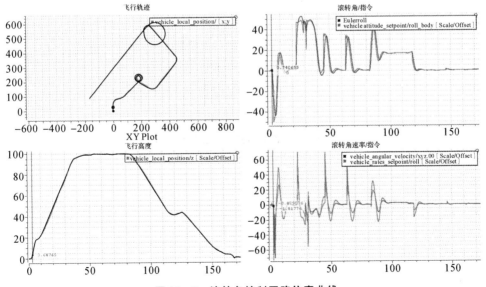

图 11-5　滚转角控制回路仿真曲线

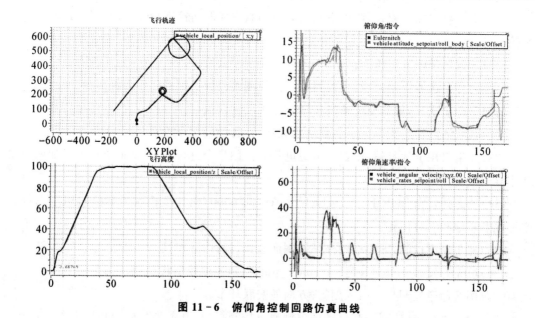

图 11-6 俯仰角控制回路仿真曲线

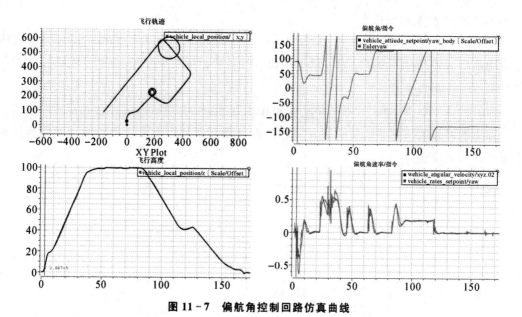

图 11-7 偏航角控制回路仿真曲线

第3篇　飞控系统的输入与输出

　　本篇共包括 5 章内容，主要介绍 PX4 系统飞行控制所需数据的来源以及执行机构控制等输入、输出模块。第 12 章主要介绍各类设备的驱动接口实现，为后续介绍 PX4 系统传感器数据读取奠定基础。第 13 章主要介绍遥控器的基本概念、原始数据获取以及转化为 PX4 系统所需控制信号或命令的完整过程。第 14 章主要介绍飞控系统各类传感器的接口、原始数据的采集以及转化为 PX4 系统所需飞行状态信号的完整过程。第 15 章主要介绍 PX4 系统支持的各类姿态和位置估计算法，为飞行控制提供高精度姿态角和位置信息。第 16 章主要介绍将控制指令转换为控制电机或伺服舵机的执行指令的过程。

第 12 章　设 备 驱 动

PX4 系统设备驱动程序大致可以分为两类：一类是系统级驱动程序，在操作系统中注册设备节点"/dev/xxx"，并为应用程序提供标准的调用方法，具体内容可参见本书第 3 章第 5 节相关内容；另一类是应用级驱动程序，通过操作现有的驱动程序，实现设备节点配置、读取、写入相关数据与设备节点交互，并与上层应用进行交互，即为设备节点与上层应用建立通信链路。PX4 系统中很多设备驱动属于系统级驱动和应用级驱动的混合。PX4 系统支持很多传感器和外设硬件集成，如何获取传感器数据，则涉及标准通信接口。PX4 系统根据通信方式不同大致分为 SPI 设备、I2C 设备、串口设备、IO 设备和 CAN 设备等，本节主要介绍各设备总线的驱动接口，为后续 PX4 系统传感器数据的获取奠定基础。PX4 系统驱动程序的分类及其各自的通信方式总结如表 12 - 1 所示。

表 12 - 1　PX4 系统驱动程序

级　别	类　型	通信方式
PX4 系统用户级程序	应用程序	异步 uORB 通信
	应用级驱动程序	异步 uORB 通信
	系统级驱动	通用设备节点文件"/dev/xxx"
Nuttx 系统级程序	外设硬件接口	IO、串口、SPI、I2C、CAN 等

12.1　SPI 总线驱动

12.1.1　总线简介

SPI 是串行外设接口（Serial Peripheral Interface）的缩写，它是一种高速、全双工、同步通信总线，具有支持全双工通信、操作简单、数据传输速率较高等优点，SPI 总线采用单独的数据线和单独的时钟信号来保证发送端和接收端的同步。产生时钟信号的一侧称为主机，另一侧称为从机。主机只有一个（一般是微控制器 MCU），从机可以有多个。

SPI 总线包括 4 条逻辑线，分别是 MISO（数据输入）、MOSI（数据输出）、SCLK（时钟）和 NSS（片选），其定义如下。

（1）MISO（Master input slave output）：主机输入，从机输出（数据来自从机）。

（2）MOSI（Master output slave input）：主机输出，从机输入（数据来自主机）。

（3）SCLK（Serial Clock）：串行时钟信号，由主机产生发送给从机。

（4）NSS（Slave Select）：片选信号，由主机发送，以控制与哪个从机通信，通常低电平有效。

SPI 总线通信的传输过程总体可以分为以下 5 步，如图 12-1 所示。

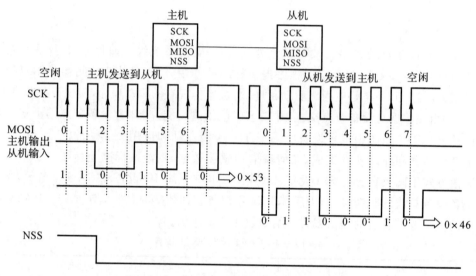

图 12-1 SPI 总线通信的传输过程示意图

（1）主机先将 NSS 信号拉低，以此保证开始通信过程。

（2）当接收端检测到时钟边沿信号时，它将立即读取数据线上的信号，这样就得到了 1 位数据。

（3）由于时钟信号是随数据一起发送的，所以指定数据的传输速度并不重要。

（4）主机发送数据到从机：主机产生相应的时钟信号，然后将数据一位一位地从 MOSI 信号线上发送到从机。

（5）主机接收从机数据：如果从机需要将数据发送给主机，则由主机生成预定数量的时钟信号，从机将数据通过 MISO 信号线发送。

在 SPI 总线操作中，比较重要的两项设置是时钟极性和时钟相位。时钟极性设置是指 SCLK 空闲时的电平高低，时钟相位设置是指读取数据和发送数据的时钟沿（高电平至低电平或低电平转高电平）。主机和从机的发送/接收数据是同时完成的，为了保证"主-从机"通信正确性，应使它们具有相同的时钟极性和时钟相位。

12.1.2 驱动实现

PX4 系统中 SPI 设备的注册过程涉及以下的文件，SPI 驱动的作用过程如图 12-2 所示。下面结合该图进行讨论。

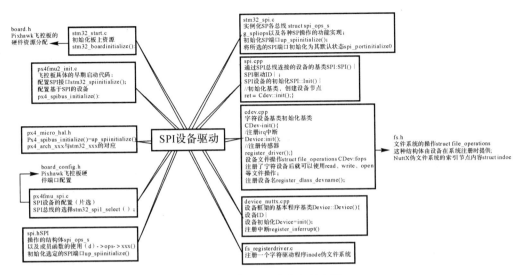

图 12-2 SPI 驱动实现示意图

SPI 总线的底层设备驱动和接口在目录./src/lib/drivers/device/nuttx/SPI.cpp 中,它定义了 SPI 总线的基类接口,用于操作 SPI 总线进行数据读写。SPI 类的继承关系如图 12-3 所示,device::SPI 继承了两个类,一个是 cdev::CDev 类(以下简称 CDev 类),另外一个是 device::Device 类(以下简称 Device 类)。

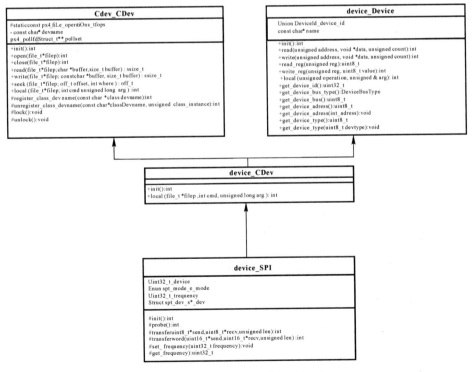

图 12-3 SPI 驱动类继承关系图

Device 类主要是总线的描述信息,是所有物理驱动程序的基类。从类的接口函数可以看出,Device 类主要定义了总线 ID、类型、地址以及总线的读写接口。本书第 3 章曾介绍过,CDev 类是 PX4 系统封装的字符设备接口类,提供了字符设备注册、打开、关闭、读、写等操作的接口,是字符设备的抽象基类。SPI 等字符设备使用 CDev 类提供了字符设备的驱动接口,即具体实现了 CDev 类的操作接口,应用层可以通过挂载在 SPI 总线的设备地址"/dev/xxx"进行操作,但当前 PX4 系统版本设备更多是通过 uORB 主题的方式主动输出数据。

SPI 类有两种构造函数,一种依次传入设备类型、设备名、驱动类型的枚举、SPI 模式的枚举以及 SPI 时钟频率;另一种对 I2CSPIDriverConfig 结构体进行赋值,该结构体定义了 PX4 系统中的 SPI 和 I2C 设备参数的定义,如总线地址、速度、操作等。

```
方式一:
SPI::SPI(uint8_t device_type, const char * name, int bus, uint32_t device, enum spi_mode_e mode,
        uint32_t frequency) :CDev(name, nullptr),_device(device),_mode(mode),
        _frequency(frequency)
{
    _device_id. devid_s. devtype = device_type;
    _device_id. devid_s. bus_type = DeviceBusType_SPI;
    _device_id. devid_s. bus = bus;
    _device_id. devid_s. address = (uint8_t)(device >> 8);
    if (!px4_spi_bus_requires_locking(bus))
    {
        _locking_mode = LOCK_NONE;
    }
}
方式二:
SPI::SPI(const I2CSPIDriverConfig &config):
    SPI(config. devid_driver_index, config. module_name, config. bus, config. spi_devid, config. spi_mode,
        config. bus_frequency)
{}
```

通过 SPI 初始化函数进行 SPI 总线驱动初始化,函数的说明如下。

```
int SPI::init()
{
    if (_dev == nullptr)
    {
        int bus = get_device_bus();                          (1)
        _dev = px4_spibus_initialize(bus);                   (2)
    }
    SPI_SELECT(_dev, _device, false);                        (3)
    int ret = probe();                                       (4)
    ret = CDev::init();                                      (5)
    return PX4_OK;
}
```

（1）获取挂载到 SPI 总线设备的 ID 号。

（2）调用函数进行 SPI 的管脚、频率、模式等的初始化，并将设备驱动连接到相应的 SPI 总线上，最终调用./stm32_common/spi/spi.cpp 中的函数 stm32_spibus_initialize 获取 SPI 端口驱动配置，并返回 SPI 驱动结构体 spi_dev_s。

（3）调用 SPI_SELECT 宏，对指定 SPI 总线上的设备进行片选信号配置。

（4）检查设备是否存在。

（5）对 CDev 基类进行初始化，创建设备节点。

```
void stm32_spiinitialize()
{
    px4_set_spi_buses_from_hw_version();                                 (1)
    board_control_spi_sensors_power_configgpio();                        (2)
    board_control_spi_sensors_power(true, 0xffff);                       (3)
    for (int i = 0; i < SPI_BUS_MAX_BUS_ITEMS; ++i)
    {
        switch (px4_spi_buses[i].bus)
        {
        case 1: _spi_bus1 = &px4_spi_buses[i]; break;
        case 2: _spi_bus2 = &px4_spi_buses[i]; break;
        case 3: _spi_bus3 = &px4_spi_buses[i]; break;
        case 4: _spi_bus4 = &px4_spi_buses[i]; break;
        case 5: _spi_bus5 = &px4_spi_buses[i]; break;
        case 6: _spi_bus6 = &px4_spi_buses[i]; break;
        }
    }                                                                    (4)
......(源码略)
}
```

（1）根据 PX4 硬件版本设置 SPI 总线 ID，以 X7＋Pro 为例，在目录./boards/cuav/x7pro/src/spi.cpp 中初始化并定义了 SPI 总线和传感器数组 px4_spi_buses，对各 SPI 总线上的设备、片选信号进行赋值。

（2）板载 SPI 传感器的通用 I/O 口配置控制。

（3）板载 SPI 传感器供电控制。

（4）给 SPI 总线 ID 号赋值。

```
void px4_set_spi_buses_from_hw_version()
{
    int hw_version_revision = (board_get_hw_version() << 8) | board_get_hw_revision();   (1)
    for (int i = 0; i < BOARD_NUM_SPI_CFG_HW_VERSIONS; ++i)
    {
```

```
    if (!px4_spi_buses && px4_spi_buses_all_hw[i].board_hw_version_revision == 0)
    {
        px4_spi_buses = px4_spi_buses_all_hw[i].buses;
    }
    if (px4_spi_buses_all_hw[i].board_hw_version_revision == hw_version_revision)
    {
        px4_spi_buses = px4_spi_buses_all_hw[i].buses;
    }                                                                          (2)
    }
    if (!px4_spi_buses)
    {
        px4_spi_buses = px4_spi_buses_all_hw[0].buses;
    }
}
```

(1)获取硬件版本号。

(2)对 SPI 总线相关设备初始化和赋值。

SPI 类还提供了其他典型使用接口。

```
int transfer(uint8_t * send, uint8_t * recv, unsigned len)
```

· 功能：SPI 总线实际数据传输的功能函数，如果在中断上下文中调用，该接口不会阻塞。

· 参数：send 为设备发送的数据，recv 为设备接收的数据，len 为传输数据的字节数。

· 返回：数据传输是否成功。

```
int transferhword(uint16_t * send, uint16_t * recv, unsigned len)
```

· 功能：SPI 总线 16 位数据传输，如果在中断上下文中调用，该接口不会阻塞。

· 参数：send 为设备发送的数据，recv 为设备接收的数据，len 为传输数据字节数。

· 返回：数据传输是否成功。

```
void set_frequency(uint32_t frequency)
uint32_t get_frequency()
```

· 功能：设置/获取 SPI 总线频率。

```
set_lockmode(enum LockMode mode)
```

· 功能：设置 SPI 总线锁定模式，包括默认的 LOCK_PREEMPTION，锁定所有形式的抢占；LOCK_THREADS，使用 SPI_LOCK 仅针对其他线程锁定；LOCK_NONE，不执行锁定，仅在总线私有的情况下安全。

针对 PX4 系统平台，提供的典型额外接口函数如下。

```
int px4_find_spi_bus(uint32_t devid)
```

· 功能：查找给定设备 ID 的 SPI 总线号。注意：仅检查内部总线。

```
bool px4_spi_bus_requires_locking(int bus)
```

· 功能:检查总线在 SPI 总线传输期间是否需要锁定(因为它可能被不同的线程访问)。

```
bool px4_spi_bus_external(const px4_spi_bus_t &bus)
```

· 功能:运行时检查主板是否具有特定的外部总线。

12.1.3　实现流程

PX4 系统中 SPI 总线的结构体定义如下。

```
struct px4_spi_bus_t
{
    px4_spi_bus_device_t devices[SPI_BUS_MAX_DEVICES];            (1)
    uint32_t power_enable_gpio{0};                                (2)
    int8_t bus{-1};                                              (3)
    bool is_external;
    bool requires_locking;                                       (4)
};
```

(1)SPI 总线设备结构体,最多可定义 6 个,内容包括 cs_gpio 片选信号端口(0 表示设备不启用);drdy_gpio 端口准备数据;devid 设备和片选信号索引;devtype_driver 驱动设备类型。例如,DRV_IMU_DEVTYPE_ICM20689。

(2)供电使能端口(如果非零),用于控制此总线上连接设备的电源。

(3)物理 SPI 总线号,-1 表示未使用。

(4)数据传输时总线是否锁定。

在目录 ./platforms/common/include/px4_platform_common/spi.h 中,首先针对 PX4 系统平台进行 SPI 驱动相关的宏定义和封装,用于将驱动器与 SPI 总线和芯片选择信号进行匹配。

```
# define PX4_SPIDEV_ID(type, index)    (((((type) & 0xffff) << 16) | ((index) & 0xffff))
# define PX4_SPI_DEVICE_ID             (1 << 12)
# define PX4_SPI_DEV_ID(devid)         ((devid) & 0xffff)
# define PX4_SPIDEVID_TYPE(devid)      (((uint32_t)(devid) >> 16) & 0xffff)
```

其中:type 是 PX4 系统驱动程序的类型;index 是驱动或者片选信号的索引。

本书采用的 x7 + pro 硬件定义在目录 ./boards/cuav/x7pro/nuttx-config/include/board.h 中。PX4 系统中对其 SPI 总线各管脚进行了定义,包含 5 条 SPI 总线,其中 SPI3 默认未启用。

```
# define ADJ_SLEW_RATE(p) (((p) & ~GPIO_SPEED_MASK) | (GPIO_SPEED_2MHz))
# define GPIO_SPI1_SCK      ADJ_SLEW_RATE(GPIO_SPI1_SCK_3)      /* PG11 */
# define GPIO_SPI1_MISO     GPIO_SPI1_MISO_1                    /* PA6  */
# define GPIO_SPI1_MOSI     GPIO_SPI1_MOSI_3                    /* PD7  */
# define GPIO_SPI2_SCK      ADJ_SLEW_RATE(GPIO_SPI2_SCK_6)      /* PI1  */
```

# define GPIO_SPI2_MISO	GPIO_SPI2_MISO_3	/ * PI2 * /
# define GPIO_SPI2_MOSI	GPIO_SPI2_MOSI_4	/ * PI3 * /
# define GPIO_SPI4_SCK	ADJ_SLEW_RATE(GPIO_SPI4_SCK_2)	/ * PE2 * /
# define GPIO_SPI4_MISO	GPIO_SPI4_MISO_1	/ * PE13 * /
# define GPIO_SPI4_MOSI	GPIO_SPI4_MOSI_2	/ * PE6 * /
# define GPIO_SPI5_SCK	ADJ_SLEW_RATE(GPIO_SPI5_SCK_1)	/ * PF7 * /
# define GPIO_SPI5_MISO	GPIO_SPI5_MISO_1	/ * PF8 * /
# define GPIO_SPI5_MOSI	GPIO_SPI5_MOSI_2	/ * PF9 * /
# define GPIO_SPI6_SCK	ADJ_SLEW_RATE(GPIO_SPI6_SCK_1)	/ * PG13 * /
# define GPIO_SPI6_MISO	GPIO_SPI6_MISO_1	/ * PG12 * /
# define GPIO_SPI6_MOSI	GPIO_SPI6_MOSI_2	/ * PA7 * /

在目录. /boards/cuav/x7pro/src/spi. cpp 中对 6 条 SPI 总线功能进行配置,其中 SPI1 总线上运行的设备驱动包括惯性传感器 ADIS16470 和 ICM20689;SPI2 总线上运行的设备驱动包括存储器和磁罗盘 RM3100;SPI4 总线上运行的设备驱动包括惯性传感器 BMI088、ICM42688P 和大气传感器 MS5611;SPI5 总线用于外部设备扩展;SPI6 总线上运行的设备驱动包括 ICM20649 和 ICM20689,其源码如下。

```
constexpr px4_spi_bus_t px4_spi_buses[SPI_BUS_MAX_BUS_ITEMS] =
{
    initSPIBus(SPI::Bus::SPI1, {
        initSPIDevice(DRV_IMU_DEVTYPE_ADIS16470, SPI::CS{GPIO::PortF, GPIO::Pin10},
SPI::DRDY{GPIO::PortE, GPIO::Pin7}),
        initSPIDevice(DRV_IMU_DEVTYPE_ICM20689, SPI::CS{GPIO::PortG, GPIO::Pin6},
SPI::DRDY{GPIO::PortJ, GPIO::Pin0}),
    }, {GPIO::PortE, GPIO::Pin3}),
        initSPIBus(SPI::Bus::SPI2, {
        initSPIDevice(SPIDEV_FLASH(0), SPI::CS{GPIO::PortF, GPIO::Pin5}),
    initSPIDevice(DRV_MAG_DEVTYPE_RM3100, SPI::CS{GPIO::PortF, GPIO::Pin2}, SPI::
DRDY{GPIO::PortE, GPIO::Pin4}),
    }),
    initSPIBus(SPI::Bus::SPI4, {
        initSPIDevice(DRV_ACC_DEVTYPE_BMI088, SPI::CS{GPIO::PortF, GPIO::Pin3},
SPI::DRDY{GPIO::PortB, GPIO::Pin15}),
        initSPIDevice(DRV_GYR_DEVTYPE_BMI088, SPI::CS{GPIO::PortF, GPIO::Pin4},
SPI::DRDY{GPIO::PortB, GPIO::Pin14}),
        initSPIDevice(DRV_IMU_DEVTYPE_ICM42688P, SPI::CS{GPIO::PortA, GPIO::Pin15},
SPI::DRDY{GPIO::PortB, GPIO::Pin15}),
    initSPIDevice(DRV_BARO_DEVTYPE_MS5611, SPI::CS{GPIO::PortG, GPIO::Pin10}),
    }),
    initSPIBusExternal(SPI::Bus::SPI5, {
    initSPIConfigExternal(SPI::CS{GPIO::PortI, GPIO::Pin4}),
    initSPIConfigExternal(SPI::CS{GPIO::PortI, GPIO::Pin10}),
```

```
initSPIConfigExternal(SPI：CS{GPIO：PortI, GPIO：Pin13}),
}),
initSPIBus(SPI：Bus：SPI6, {
initSPIDevice(DRV_IMU_DEVTYPE_ICM20649, SPI：CS{GPIO：PortI, GPIO：Pin12}, SPI：
DRDY{GPIO：PortH, GPIO：Pin5}),
initSPIDevice(DRV_IMU_DEVTYPE_ICM20689, SPI：CS{GPIO：PortE, GPIO：Pin15}, SPI：
DRDY{GPIO：PortH, GPIO：Pin5}),
initSPIDevice(DRV_BARO_DEVTYPE_MS5611, SPI：CS{GPIO：PortI, GPIO：Pin8}),
}),
};
```

其中：initSPIBus 用于内置 SPI 总线初始化；initSPIDevice 用于 SPI 总线设备初始化。
initSPIBusExternal 用于外部 SPI 总线初始化；initSPIConfigExternal 用于 SPI 外置总线设
备初始化,这些函数在. /px4_arch/spi_hw_description. h 中进行了定义,其源码如下。

```
static inline constexpr px4_spi_bus_device_t initSPIDevice(uint8_t devid_driver, uint8_t cs_index)
{
    px4_spi_bus_device_t ret{};                                           (1)
    ret. cs_gpio = 1;                                                     (2)
    ret. devid = PX4_SPIDEV_ID(PX4_SPI_DEVICE_ID, cs_index);             (3)
    ret. devtype_driver = devid_driver;                                  (4)
    return ret;
}
```

（1）SPI 总线设备初始化函数,定义 SPI 总线设备结构体。

（2）片选信号端口设置 1 表明启用。

（3）设定设备和片选信号索引。

（4）设定驱动设备类型。

```
static inline constexpr px4_spi_bus_t initSPIBus(int bus, const px4_spi_bus_devices_t &devices)
{
    px4_spi_bus_t ret{};                                                  (1)
    for (int i = 0; i < SPI_BUS_MAX_DEVICES; ++i)
    {
        ret. devices[i] = devices. devices[i];                            (2)
    }
    ret. bus = bus;
    ret. is_external = false;
    ret. requires_locking = false;                                        (3)
    return ret;
}
```

（1）内置 SPI 总线初始化,定义 SPI 总线结构体。

（2）对 SPI 总线设备进行赋值。

（3）SPI 总线结构体,包括总线索引号,是否外置和锁定等信息。

12.2　I2C 总线驱动

12.2.1　总线简介

I2C(Inter-Integrated Circuit)是一种简单、双向二线制同步串行总线,采用分组交换串行通信协议,允许多个主设备连接到多个从属设备,由一条数据线 SDA 与一条时钟线 SCL 组成,I2C 适用于短距离、板内通信中将低速外设连接到处理器和微控制器,具有引脚少,硬件实现简单,可扩展性强,不需要串口、CAN 等通信协议的外部收发设备等优点,目前广泛地应用在系统内多个集成电路间通信。I2C 总线有如下几个特点。

(1)在硬件上,I2C 总线只需要数据线和时钟线两根线,总线接口已经集成在芯片内部,不需要特殊的接口电路,且片上接口电路的滤波器可以滤去总线数据的毛刺。因此 I2C 总线简化了硬件电路布线,降低了系统成本,提高了系统可靠性。此外,因为 I2C 芯片除了这两根线和少量中断线外,与系统再无其他连接线,所以用户常用硬件设备可以很容易实现标准化和模块化,便于重复利用。

(2)I2C 总线是真正的多主机总线,每个连接到 I2C 总线上的设备都有唯一的地址,任何设备既可以作为主机也可以作为从机。数据传输和地址通过软件设定,非常灵活。总线上的设备增加和删除不影响其他设备的正常工作。但需要注意的是,同一时刻只允许有一个主机,如果有两个或多个主机同时初始化数据传输,可以通过冲突检测和仲裁防止数据被破坏。

(3)I2C 总线可以通过外部连线进行在线检测,便于系统故障诊断和调试,故障可以立即被寻址,软件也利于标准化和模块化,可以缩短开发周期。

(4)连接到相同总线上的设备数量仅受总线最大电容的限制,串行的 8 位双向数据传输位速率在标准模式下可达 100 kb/s,快速模式下可达 400 kb/s,高速模式下可达 3.4 Mb/s。

(5)总线具有极低的电流消耗,抗高噪声干扰,增加总线驱动器可以使总线电容扩大 10 倍,传输距离达到 15 m。它还能够兼容不同电压等级的设备,工作温度范围宽。

I2C 总线属于同步通信,I2C 总线设备连接如图 12 - 4 所示,需要两根信号线完成数据传输,SCL 为时钟信号线,SDA 为数据输入/输出线,输入和输出数据使用一根线,通信方向为半双工,可以支持多个从设备。I2C 的数据传输位于串口和 SPI 总线之间,大部分 I2C 设备支持 100 kHz 和 400 kHz 两种模式。一条 I2C 总线除去保留地址,最多可挂载 112 个设备。但和 SPI 总线不同的是,I2C 总线支持多主机系统,允许有多个主机并且每个主机都可以与所有的从机通信(主机之间不可通过 I2C 总线通信,并且每个主机只能轮流使用 I2C 总线）。

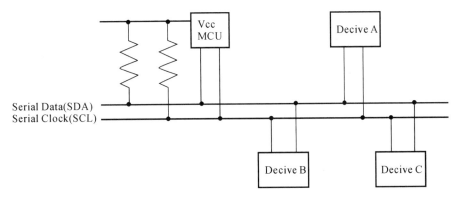

图 12－4　I2C 总线设备连线图

I2C 数据的基本结构如图 12－5 所示，以主机向从机写数据为例，依次为：起始信号—从机地址—读写信号—数据位—应答位—… … —停止位。

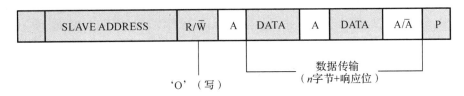

图 12－5　I2C 数据的基本结构

- 起始信号（S）：当 SCL 线是高电平时，SDA 线从高电平向低电平切换；
- 停止信号（P）：当 SCL 线是高电平时，SDA 线由低电平向高电平切换；
- 帧地址：I2C 总线上的每个设备都有自己的独立地址，当主机发起通信时，通过 SDA 信号线发送设备地址（SLAVE_ADDRESS）来查找从机。I2C 协议规定设备地址可以是 7 位或 10 位，实际应用中 7 位的地址应用比较广泛。

I2C 使用 SDA 信号线来传输数据，使用 SCL 信号线进行数据同步。SDA 数据线在 SCL 的每个时钟周期传输一位数据。传输过程中，当 SCL 为高电平时，SDA 表示的数据有效，即此时的 SDA 为高电平时表示数据"1"，为低电平时表示数据"0"。当 SCL 为低电平时，SDA 的数据无效，一般在这个时候 SDA 进行电平切换，为下一次传输数据做好准备。

I2C 的数据和地址传输都有响应。响应包括"应答（ACK）"和"非应答（NACK）"两种信号。I2C 的起始信号和终止信号如图 12－6 所示。作为数据接收端时，在设备（无论主从机）接收到 I2C 传输的一个字节数据或地址后，若希望对方继续发送数据，则需要向对方发送"应答（ACK）"信号，发送方会继续发送下一个数据；若接收端希望结束数据传输，则向对方发送"非应答（NACK）"信号，发送方接收到该信号后会产生一个停止信号，从而结束信号传输。

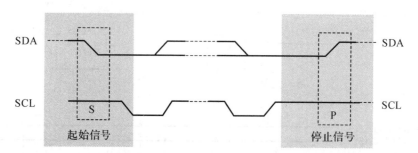

图 12－6　I2C 的起始信号和终止信号

I2C 功能框图如图 12－7 所示，SCL 线的时钟信号，由 I2C 接口根据时钟控制寄存器（CCR）控制，控制的参数主要为时钟频率。配置 I2C 的 CCR 寄存器可修改与通信速率相关的参数。可选择 I2C 通信的"标准/快速"模式，这两个模式分别为 I2C 对应 100/400 kb/s 的通信速率。在快速模式下可选择 SCL 时钟的占空比，可选 Tlow/Thigh＝2 或 Tlow/Thigh＝16/9 模式，I2C 协议在 SCL 高电平时对 SDA 信号采样，SCL 低电平时 SDA 准备下一个数据，修改 SCL 的高低电平比会影响数据采样。CCR 寄存器中还有一个 12 位的配置因子 CCR，它与 I2C 外设的输入时钟源共同作用，产生 SCL 时钟，STM32 的 I2C 外设都挂载在 APB1 总线上，使用 APB1 的时钟源 PCLK1，可通过计算得到 SCL 信号线的输出时钟。

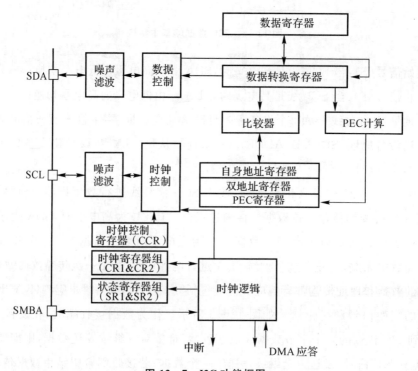

图 12－7　I2C 功能框图

I2C 的 SDA 信号主要连到数据移位寄存器上，数据移位寄存器的数据来源及目标是数据寄存器(DR)、地址寄存器(OAR)、PEC 寄存器以及 SDA 数据线。当向外发送数据时,数据移位寄存器以"数据寄存器"为数据源,把数据一位一位地通过 SDA 信号线发送出去;当从外部接收数据的时候,数据移位寄存器把 SDA 信号线采样到的数据一位一位地存储到"数据寄存器"中。若使能了数据校验,接收到的数据会经过 PCE 计算器运算,运算结果存储在"PEC 寄存器"中。当 STM32 的 I2C 工作在从机模式且接收到设备地址信号时,数据移位寄存器会把接收到的地址与 STM32 自身的"I2C 地址寄存器"值作比较,以便响应主机的寻址。STM32 自身的 I2C 地址可通过"自身地址寄存器"修改,支持同时使用两个 I2C 设备地址,两个地址分别存储在 OAR1 和 OAR2 中。

　　整体控制逻辑负责协调整个 I2C 外设,控制逻辑的工作模式根据配置"控制寄存器(CR1/CR2)"的参数而改变。在外设工作时,控制逻辑会根据外设的工作状态修改"状态寄存器(SR1 和 SR2)",只要读取与这些寄存器相关的寄存器位,就可以获取 I2C 的工作状态。除此之外,控制逻辑还根据要求,负责控制产生 I2C 中断信号、DMA 请求及各种 I2C 的通信信号(起始、停止、响应信号等)。

　　当使用 I2C 外设通信时,在通信的不同阶段会对"状态寄存器(SR1 及 SR2)"的不同数据位写入参数,通过读取这些寄存器标志可以获取通信状态,I2C 从发送模式和从接收模式示意图分别如图 12-8 和图 12-9 所示。

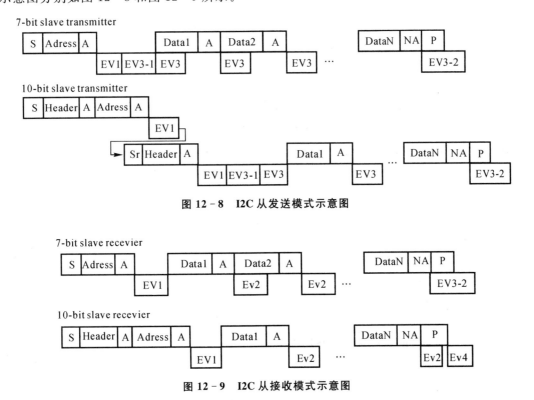

图 12-8　I2C 从发送模式示意图

图 12-9　I2C 从接收模式示意图

12.2.2 驱动实现

I2C 总线的底层设备驱动和接口在. /src/lib/drivers/device/nuttx/I2C. hpp 中，它定义了 I2C 总线的基类接口，用于操作 I2C 总线进行数据读写。与 SPI 类的继承关系类似，device∷I2C 继承了两个类：一个是 CDev 类；另外一个是 Device 类。任何以 I2C 为通信方式的传感器，在写驱动的时候都是对基类 I2C 的继承。

I2C 类有两种构造函数，一种依次传入设备类型、设备名、I2C 总线号、I2C 总线地址以及时钟频率，另一种对 I2CSPIDriverConfig 结构体进行赋值，该结构体定义了 PX4 系统中的 SPI 和 I2C 设备参数的定义，如总线地址、速度、操作等。

```
方式一：
I2C∷I2C(uint8_t device_type, const char * name, const int bus, const uint16_t address,
         const uint32_t frequency) : CDev(name, nullptr), _frequency(frequency)
{
    _device_id. devid_s. devtype = device_type;
    _device_id. devid_s. bus_type = DeviceBusType_I2C;
    _device_id. devid_s. bus = bus;
    _device_id. devid_s. address = address;
}
方式二：
I2C∷I2C(const I2CSPIDriverConfig &config): I2C(config. devid_driver_index, config. module_name,
config. bus, config. i2c_address, config. bus_frequency){}
```

通过 I2C 初始化函数可以对 I2C 设备总线驱动初始化，其接口函数说明如下。

```
intI2C∷init()
{
    int ret = PX4_ERROR;
    unsigned bus_index;
    _dev = px4_i2cbus_initialize(get_device_bus());                      (1)
    bus_index = get_device_bus() - 1;                                    (2)
    if (_bus_clocks[bus_index] == 0)
    {
        _bus_clocks[bus_index] = _frequency;                            (3)
    }
    ret = probe();                                                       (4)
    ret = CDev∷init();                                                   (5)
}
```

(1)将设备连接到 I2C 总线并进行初始化。

（2）获取设备总线索引号，对于不存在的总线索引，返回 ENOENT 表示无该目录或文件。

（3）首次设置此实例的总线频率。

（4）调用函数检测设备是否存在。

（5）对 CDEV 基类进行初始化，创建设备节点。

PX4 系统在目录 ./platforms/posix/src/px4/generic/generic/include/px4_arch/micro_hal.h 中对 I2C 总线初始化函数 px4_i2cbus_initialize 进行了定义，最终调用的函数是对应飞控板的 I2C 初始化函数 stm32_i2cbus_initialize。通过该函数获取 I2C 端口驱动配置，进行初始化得到 i2c_master_s 实例。

针对 PX4 系统平台，在 ./platforms/common/include/px4_platform_common/i2c.h 中对 I2C 总线的结构体定义如下。

```
struct px4_i2c_bus_t
{
    int bus{-1};                                          (1)
    bool is_external;                                     (2)
};
```

（1）物理 I2C 总线号，-1 表示未使用，宏定义 PX4_NUMBER_I2C_BUSES=4 表示集成 4 个 I2C 总线。

（2）使用函数 px4_i2c_bus_external 判断是否外部配置。

针对 PX4 系统平台，提供的典型接口函数说明如下。

```
bool px4_i2c_bus_external(int bus)                               (1)
bool px4_i2c_device_external(const uint32_t device_id)           (2)
```

· 检查 I2C 总线是否外置。

· 检查 I2C 总线设备是否外置。

I2C 基类提供的其他典型接口函数说明如下。

```
inttransfer(const uint8_t * send, const unsigned send_len, uint8_t * recv, const unsigned recv_len);
```

· 功能：I2C 实际数据传输函数。

· 参数：send 为指向需要发送到设备的数据；send_len 为需要发送的数据的长度；recv 指向接收数据的变量；recv_len 为要接收数据的长度。

· 返回：数据传输是否成功。

```
static intset_bus_clock(unsigned bus, unsigned clock_hz);
```

· 功能：设置总线时钟频率。

12.2.3　实现流程

本书采用的 x7+pro 硬件，在目录 ./boards/cuav/x7pro/nuttx-config/include/board.

h 中对其 I2C 总线各管脚进行了定义,包含 4 条 I2C 总线。

```
# define GPIO_I2C1_SCL GPIO_I2C1_SCL_2        /* PB8  */
# define GPIO_I2C1_SDA GPIO_I2C1_SDA_2        /* PB9  */
# define GPIO_I2C2_SCL GPIO_I2C2_SCL_2        /* PF1 */
# define GPIO_I2C2_SDA GPIO_I2C2_SDA_2        /* PF0 */
# define GPIO_I2C3_SCL GPIO_I2C3_SCL_2        /* PH7 */
# define GPIO_I2C3_SDA GPIO_I2C3_SDA_2        /* PH8 */
# define GPIO_I2C4_SCL GPIO_I2C4_SCL_2        /* PF14 */
# define GPIO_I2C4_SDA GPIO_I2C4_SDA_2        /* PF15 */
```

在目录. /platforms/posix/src/px4/generic/generic/include/px4_arch/i2c_hw_description. h 中定义了 PX4 系统平台对应的内置和外置 I2C 总线初始化函数。

```
static inline constexpr px4_i2c_bus_t initI2CBusInternal(int bus)
{
    px4_i2c_bus_t ret{};
    ret. bus = bus;
    ret. is_external = false;
    return ret;
}
```

```
static inline constexpr px4_i2c_bus_t initI2CBusExternal(int bus)
{
    px4_i2c_bus_t ret{};
    ret. bus = bus;
    ret. is_external = true;
    return ret;
}
```

在板载配置文件. /boards/cuav/x7pro/src/i2c. cpp 中初始化并定义了 I2C 内置和外置总线组 px4_i2c_buses。从代码中可以看出,除了 I2C 总线 3 为内置,其余为外置。

```
constexpr px4_i2c_bus_t px4_i2c_buses[I2C_BUS_MAX_BUS_ITEMS] =
{
    initI2CBusExternal(1),
    initI2CBusExternal(2),
    initI2CBusInternal(3),
    initI2CBusExternal(4),
};
```

为了方便用户使用 I2C 和 SPI 总线,PX4 系统在. /platforms/common/i2c_spi_buses. cpp 中提供了相关子类,类的继承关系如图 12 - 10 所示。

I2CSPIDriverBase 类继承了两个类:一个是 px4::ScheduledWorkItem;另外一个是 I2CSPIInstance。其中:I2CSPIInstance 类主要被 BusInstanceIterator 类调用,用于发现正

在运行的驱动实例。I2CSPIDriver 类继承了 I2CSPIDriverBase 类,主要实现驱动程序任务的初始化、启动、退出等,其运行函数如下。

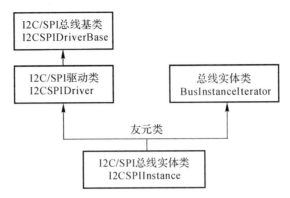

图 12 - 10　I2C 和 SPI 总线类继承关系

```
int I2CSPIDriverBase::module_start(const BusCLIArguments &cli, BusInstanceIterator &iterator,
void(* print_usage)(), instantiate_method instantiate)
{
    bool started = false;
    device::Device::DeviceId device_id{};
    device_id.devid_s.bus = iterator.bus();
    switch (iterator.busType())                                                     (1)
    {
    case BOARD_I2C_BUS:
        device_id.devid_s.bus_type = device::Device::DeviceBusType_I2C; break;
    case BOARD_SPI_BUS:
        device_id.devid_s.bus_type = device::Device::DeviceBusType_SPI; break;
    case BOARD_INVALID_BUS:
        device_id.devid_s.bus_type = device::Device::DeviceBusType_UNKNOWN; break;
    }
    const px4::wq_config_t &wq_config = px4::device_bus_to_wq(device_id.devid);      (2)
    I2CSPIDriverConfig driver_config{cli, iterator, wq_config};
    const int runtime_instance = iterator.runningInstancesCount();
    I2CSPIDriverInitializing initializer_data{driver_config, instantiate, runtime_instance};
    px4::WorkItemSingleShot initializer(wq_config, initializer_trampoline, &initializer_data);  (3)
    initializer.ScheduleNow();
    initializer.wait();
    I2CSPIDriverBase * instance = initializer_data.instance;
    iterator.addInstance(instance);                                                  (5)
    started = true;
    return started ? 0 : -1;
}
```

（1）判断设备总线类型为 I2C 还是 SPI。

（2）向 PX4 系统添加设备驱动的工作队列项。

（3）在工作队列线程中初始化设备和总线驱动。

（4）注册并增加应用程序实体。

12.3　CAN 总线驱动

12.3.1　总线简介

CAN 总线是控制器局域网络（Controller Area Network）的简称，是由研发和生产汽车电子产品著称的德国 BOSCH 公司开发的，并成为国际标准（ISO11519 以及 ISO11898），同时成为汽车计算机控制系统和嵌入式应用最广泛的标准总线之一。

CAN 总线通信与 I2C、SPI 等具有时钟信号的同步通信方式不同，并不是以时钟信号来进行同步的。它是一种异步通信，只有 CAN_High 和 CAN_Low 两条信号线，共同构成一组差分信号线，以差分信号的形式进行通信。CAN 总线上可以挂载多个通信节点，CAN 总线节点数据通信是以报文的形式广播给网络中所有节点，由各节点检查判断是不是所需数据。CAN 总线通信连接示意如图 12-11 所示，其中，图中左侧是遵循 ISO11519-2 标准的低速、远距离"CAN 开环总线网络"，两根总线是独立的、不形成闭环，要求每根总线上各串联有一个"2.2 kΩ"的电阻，最大传输距离为 1 km，最高通信速率为 125 kb/s；右侧是遵循 ISO11898 标准的高速、短距离"CAN 闭环总线网络"，总线的两端各要求有一个"120 Ω"的电阻，总线最大长度为 40 m，通信速度最高为 1 Mb/s。

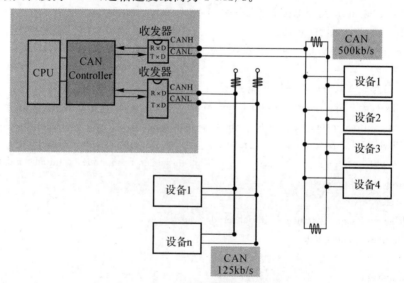

图 12-11　CAN 总线通信连接示意图

CAN 数据总线系统结构如图 12-12 所示。CAN 通信节点由一个 CAN 控制器及一个 CAN 收发器组成,控制器与收发器之间通过 CAN_Tx 及 CAN_Rx 信号线相连,收发器与 CAN 总线之间使用 CAN_High 及 CAN_Low 信号线相连。当 CAN 节点需要发送数据时,控制器把要发送的二进制编码通过 CAN_Tx 线发送到收发器,然后由收发器把这个普通的逻辑电平信号转化成差分信号,再通过差分线 CAN_High 和 CAN_Low 线输出到 CAN 总线网络。而通过收发器接收总线上的数据到控制器时是相反的过程,收发器把总线上收到的 CAN_High 及 CAN_Low 信号转化成普通的逻辑电平信号,通过 CAN_Rx 输出到控制器中。

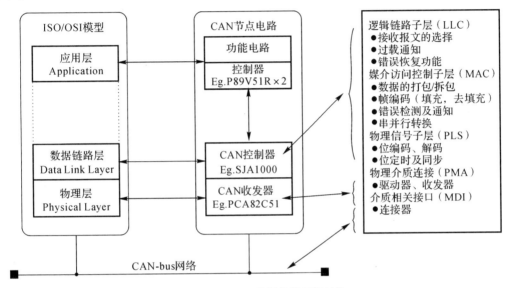

图 12-12　CAN 数据总线系统结构

与 SPI 和 I2C 总线能轻易进行数据同步或区分数据传输方向不同,CAN 属于异步通信,没有时钟信号线,不对节点进行地址编码,而是对数据内容进行编码。CAN-bus 数据帧结构定义如图 12-13 所示,通信帧共分为数据帧、远程帧、错误帧、过载帧和帧间隔五种类型。数据帧结构上由 7 个段组成,根据仲裁段 ID 码长度的不同,分为标准帧(CAN2.0A)和扩展帧(CAN2.0B),一个帧结构包含帧起始、仲裁段、控制段、帧结束等。

(1)帧起始和帧结束用于界定一个数据帧;

(2)帧起始由单个显性位组成(总线空闲时,发送节点发送起始帧,其他节点开始同步接收);

(3)帧结束由连续的 7 个隐性位组成;

(4)仲裁段用于解决总线竞争问题(多个节点同时发送数据冲突)。

CAN 整个链路层数据传输的流程如图 12-14 所示。

PX4 系统使用的 CAN 通信协议框架为 UAVCAN,是一种轻量级协议,使用的不是标准 11 位的 CAN 总线 ID,而是 29 位的扩展 ID,可以部分兼容标准 11 位的 CAN 总线,设计理念是为泛载具、机器类应用提供基础的、非领域限定的一种通信机制,并为该类应用中大量使用的设备定义了通用协议。目前,UAVCAN 已经分化为两个不同的高层协议,分别是 DroneCAN 和 OpenCyphal。读者可以查看上述两个高层协议的官网了解更多信息。

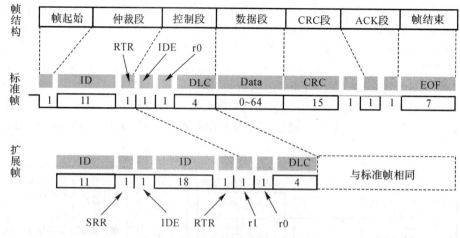

图 12－13　CAN-bus 数据帧结构定义

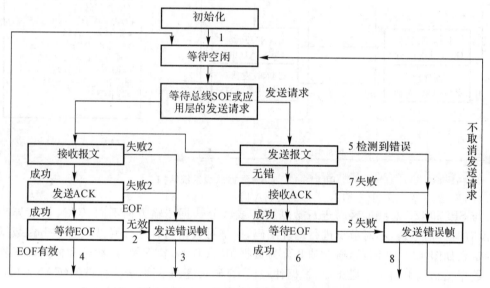

图 12－14　CAN 整个链路数据传输的流程

（1）OpenCyphal(https://opencyphal.org/或 https://github.com/OpenCyphal)

（2）DroneCAN(https://dronecan.github.io/或 https://github.com/DroneCAN)

目前 PX4 系统中支持 UAVCAN 协议的主要硬件如下。

（1）电机控制器，如 Pixhawk ESC、SV2740 ESC。

（2）空速管传感器，如 Thiemar 空速管。

（3）GPS 和 GLONASS 的 GNSS 接收器，如 Zubax GNSS。

PX4 项目从 V1.12 版本后就对 uavcan 通信协议进行了重大更改，目前协议由 V0.9 升级到 V1 版本，在 ./src/drivers/uavcan/libuavcan 目录下为当前使用的 V0.9 版本，在 ./src/drivers 目录下新增加的 uavcan_V1 为新的 V1 版本。从 can 拓展帧 ID 的定义上对比，这两个版本的协议在 Priority、Message type ID、Service not message、Source node ID 等

字段的定义上有很大的不同,两者并不兼容。V0.9 版本的 id 定义如图 12 - 15 所示。

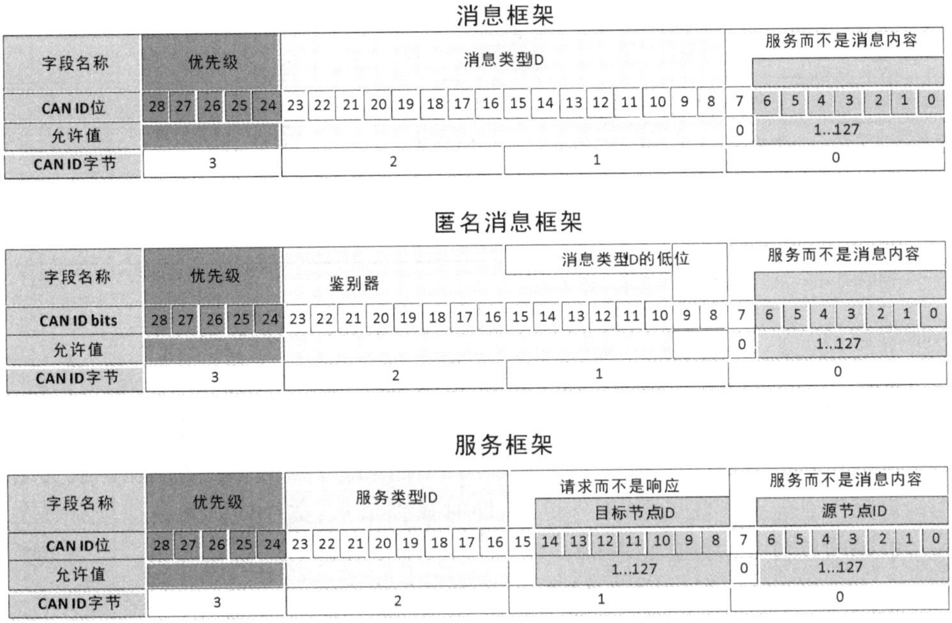

消息框架

字段名称	优先级	消息类型D		服务而不是消息内容
CAN ID位	28 27 26 25 24	23 22 21 20 19 18 17 16 15 14 13 12 11 10 9 8	7	6 5 4 3 2 1 0
允许值			0	1...127
CAN ID字节	3	2　　1		0

匿名消息框架

字段名称	优先级	鉴别器	消息类型D的低位	服务而不是消息内容
CAN ID bits	28 27 26 25 24	23 22 21 20 19 18 17 16	15 14 13 12 11 10 9 8	7	6 5 4 3 2 1 0
允许值				0	1...127
CAN ID字节	3	2　　1		0

服务框架

字段名称	优先级	服务类型D	请求而不是响应 / 目标节点D	服务而不是消息内容 / 源节点ID
CAN ID位	28 27 26 25 24	23 22 21 20 19 18 17 16	15 / 14 13 12 11 10 9 8	7 / 6 5 4 3 2 1 0
允许值			1...127	0 / 1...127
CAN ID字节	3	2	1	0

图 12 - 15　UAVCAN V0.9 版本的 id 结构定义

V1.0 版本的 ID 结构定义如图 12 - 16 所示。

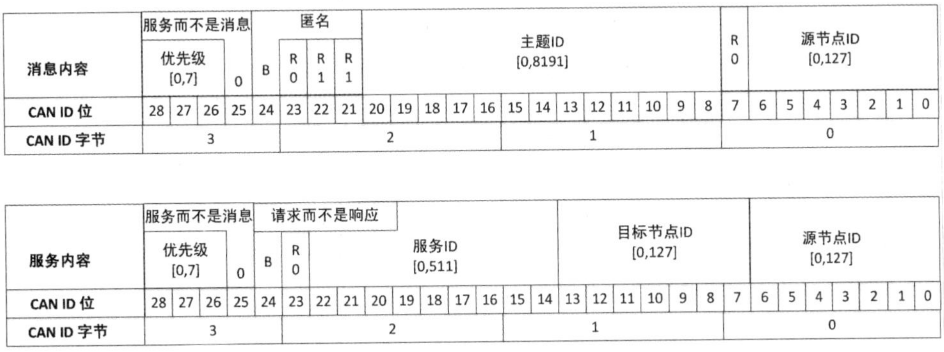

消息内容	服务而不是消息 / 优先级 [0,7]	0	匿名 / B	R 0	R 1	R 1	主题ID [0,8191]	R 0	源节点ID [0,127]
CAN ID 位	28 27 26 25	24	23	22	21	20 19 18 17 16 15 14 13 12 11 10 9 8	7	6 5 4 3 2 1 0
CAN ID 字节	3					2　　1		0

服务内容	服务而不是消息 / 优先级 [0,7]	0	请求而不是响应 / B	R 0	服务ID [0,511]	目标节点ID [0,127]	源节点ID [0,127]
CAN ID 位	28 27 26 25	24	23	22	21 20 19 18 17 16 15 14	13 12 11 10 9 8 7	6 5 4 3 2 1 0
CAN ID 字节	3				2	1	0

图 12 - 16　UAVCAN V1.0 版本的 ID 结构定义

UAVCAN 网络是分散的对等网络,其中每个对等体(节点)具有唯一的数字标识符(节点 ID)。由于每个发布的消息类型都有自己唯一的数据类型 ID,并且网络的每个节点都有自己唯一的节点 ID,所以可以使用一对数据类型 ID 和节点 ID 来支持同一网络内具有相同功能的冗余节点。UAVCAN 网络的节点可以使用以下 2 种通信机制进行通信。

1. 消息广播

消息广播是指通过 CAN 总线将序列化数据结构传输到其他节点,是一种与发布/订阅语义进行数据交换的主要方法和数据交换机制,节点可以以一个端口 ID 发布信息,也可以订阅任一端口对应的信息。典型的使用案例可能包括传输以下类型的数据(循环或基于临时）：传感器测量数据、执行器命令或设备状态信息。消息广播内容见表 12-2。

表 12-2　消息广播内容

领　域	内　容
有效载荷	序列化数据结构
数据类型 ID	数字标识符，指示应如何解释数据结构
源节点 ID	发送节点的节点 ID
传输 ID	一个小的溢出整数，随着来自给定节点的此类消息的每次传输而递增

2. 服务调用

服务调用是客户端和服务器两个节点之间的两步数据交换，是一种对等请求/响应交互的通信方法，一个节点可以向另一个节点发送请求消息，类似于 CS 架构。其步骤是：①客户端向服务器发送服务请求；②服务器采取适当的操作并向客户端发送响应。此类通信的典型用例包括节点配置参数更新、固件更新、即时操作请求、文件传输和其他服务任务。服务请求和服务响应包含的数据见表 12-3。

表 12-3　服务调用内容

领　域	内　容
有效载荷	序列化数据结构
数据类型 ID	数字标识符，指示应如何解释数据结构
客户端节点 ID	请求传输期间的源节点 ID，响应传输期间的目标节点 ID
服务器节点 ID	请求传输期间的目标节点 ID，响应传输期间的源节点 ID
传输 ID	一个小的溢出整数，随着每次从给定节点调用此服务而递增

请求和响应都包含除有效内容之外的所有字段的完全相同的值，其中内容是应用程序定义的。客户端可以使用以下字段将响应与相应的请求进行匹配：数据类型 ID、客户端节点 ID、服务器节点 ID 和传输 ID。

12.3.2　驱动实现

本书采用的 x7+pro 硬件，在目录 ./boards/cuav/x7pro/nuttx config/include/board.h 中。px4 程序中对其 CAN 总线各管脚进行了定义，包含 CAN1 和 CAN2。

```
##define GPIO_CAN1_RX    GPIO_CAN1_RX_5    /* PI9 */
#define GPIO_CAN1_TX     GPIO_CAN1_TX_4    /* PH13 */
#define GPIO_CAN2_RX     GPIO_CAN2_RX_1    /* PB12 */
#define GPIO_CAN2_TX     GPIO_CAN2_TX_1    /* PB13 */
```

在 ./src/drivers/uavcan/uavcan_driver.hpp 中定义了 PX4 的 UAVCAN 底层驱动，实际调用的是 ./src/drivers/uavcan/uavcan_drivers/stm32/driver/include/uavcan_stm32 目录下的 bxcan.hpp，can.hpp，clock.hpp 和 thread.hpp 文件。在 bxcan.hpp 中定义了 CAN

驱动使用的各种结构体,包括发送邮箱类型 TxMailboxType、接收邮箱类型 RxMailboxType、滤波器寄存器类型 FilterRegisterType、CAN 寄存器类型 CanType 以及各种 CAN 主控制寄存器、状态寄存器、传送状态寄存器、接收 FIFO 集成寄存器和中断使能寄存器等;在 can. hpp 中定义了接收队列结构体 CanRxItem 和发送队列结构体 TxItem,以及 CAN 驱动类 CanDriver。其初始化函数定义如下。

```cpp
int CanIface::init(const uavcan::uint32_t bitrate, const OperatingMode mode)
{
    CriticalSectionLocker lock;
    can_->MCR &= ~bxcan::MCR_SLEEP;                                          (1)
    can_->MCR |= bxcan::MCR_INRQ;                                            (2)
    can_->IER = 0;                                                           (3)
    rx_queue_. reset();
    error_cnt_ = 0;
    served_aborts_cnt_ = 0;
    uavcan::fill_n(pending_tx_, NumTxMailboxes, TxItem());
    peak_tx_mailbox_index_ = 0;
    had_activity_ = false;                                                   (4)
    Timings timings;
    const int timings_res = computeTimings(bitrate, timings);               (5)
    can_->MCR = bxcan::MCR_ABOM | bxcan::MCR_AWUM | bxcan::MCR_INRQ;
    can_->BTR = ((timings. sjw & 3U)  << 24) |((timings. bs1 & 15U) << 16) |((timings.
bs2 & 7U)<< 20) |(timings. prescaler & 1023U) |((mode == SilentMode) ? bxcan::BTR_SILM : 0);
    can_->IER = bxcan::IER_TMEIE | bxcan::IER_FMPIE0 | bxcan::IER_FMPIE1;
    can_->MCR &= ~bxcan::MCR_INRQ;                                           (6)
    if (self_index_ == 0)
    {
        can_->FMR |= bxcan::FMR_FINIT;
        can_->FMR &= 0xFFFFC0F1;
        can_->FMR |= static_cast<uavcan::uint32_t>(NumFilters) << 8;
        can_->FFA1R = 0;
        can_->FM1R = 0;
        can_->FS1R = 0x1fff;
        can_->FilterRegister[0]. FR1 = 0;
        can_->FilterRegister[0]. FR2 = 0;
        can_->FA1R = 1;
        can_->FMR &= ~bxcan::FMR_FINIT;                                      (7)
    }
    return 0;
}
```

(1)通过操作 CanType 结构体 can_的 MCR 主控制寄存器,退出睡眠模式。

(2)通过操作 CanType 结构体 can_的 MCR 主控制寄存器,进行初始化。

（3）在初始化过程中禁用中断。

（4）由于中断已禁用，所以可以安全地修改其他配置。

（5）根据 CAN 波特率计算 CAN 时序。

（6）操作 CANtype 结构体 can_进行硬件初始化后退出。

（7）默认滤波器配置。

利用函数 send 进行数据发送，其定义如下。

```
uavcan::int16_t CanIface::send(const uavcan::CanFrame &frame,
                        uavcan::MonotonicTime tx_deadline, uavcan::CanIOFlags flags)
{
    CriticalSectionLocker lock；
    uavcan::uint8_t txmailbox = 0xFF；
    if ((can_->TSR & bxcan::TSR_TME0) == bxcan::TSR_TME0)
    {
        txmailbox = 0；
    }
    else if ((can_->TSR & bxcan::TSR_TME1) == bxcan::TSR_TME1)
    {
        txmailbox = 1；
    }
    else if ((can_->TSR & bxcan::TSR_TME2) == bxcan::TSR_TME2) {
    txmailbox = 2；
    }
    else
    {
        return 0；
    }
    peak_tx_mailbox_index_ = uavcan::max(peak_tx_mailbox_index_, txmailbox)；     (1)
    bxcan::TxMailboxType &mb = can_->TxMailbox[txmailbox]；
    if (frame.isExtended())
    {
        mb.TIR = ((frame.id & uavcan::CanFrame::MaskExtID) << 3) | bxcan::TIR_IDE；
    }
    else
    {
        mb.TIR = ((frame.id & uavcan::CanFrame::MaskStdID) << 21)；
    }
    if (frame.isRemoteTransmissionRequest())
    {
        mb.TIR |= bxcan::TIR_RTR；
    }
```

```
        mb. TDTR = frame. dlc；
        mb. TDHR = (uavcan：：uint32_t(frame. data[7]) << 24) | (uavcan：：uint32_t(frame. data[6])
<< 16) | (uavcan：：uint32_t(frame. data[5]) << 8) | (uavcan：：uint32_t(frame. data[4]) << 0)；
        mb. TDLR = (uavcan：：uint32_t(frame. data[3]) << 24) | (uavcan：：uint32_t(frame. data[2])
<< 16) | (uavcan：：uint32_t(frame. data[1]) << 8)| (uavcan：：uint32_t(frame. data[0]) << 0)；
        mb. TIR |= bxcan：：TIR_TXRQ；                                                    (2)
        TxItem &txi = pending_tx_[txmailbox]；
        txi. deadline = tx_deadline；
        txi. frame = frame；
        txi. loopback = (flags & uavcan：：CanIOFlagLoopback) ！= 0；
        txi. abort_on_error = (flags & uavcan：：CanIOFlagAbortOnError) ！= 0；
        txi. pending = true；                                                            (3)
        return 1；
}
```

(1)根据 CAN 总线传输状态判断寄存器状态,对发送邮箱状态赋值,并寻找发送空隙。

(2)设置发送邮箱结构体 TxMailboxType,并进行赋值。

(3)注册待处理的传输,以便进行跟踪并根据需要进行追溯处理。

利用提供的 receive 函数进行数据的接收和解析,此函数的定义如下。

```
uavcan：：int16_t CanIface：：receive(uavcan：：CanFrame &out_frame, uavcan：：MonotonicTime &out_ts
                              _monotonic, uavcan：：UtcTime &out_ts_utc, uavcan：：CanIOFlags
                              &out_flags)
{
    out_ts_monotonic = clock：：getMonotonic()；                                         (1)
    uavcan：：uint64_t utc_usec = 0；
    CriticalSectionLocker lock；
    rx_queue_. pop(out_frame, utc_usec, out_flags)；                                     (2)
    out_ts_utc = uavcan：：UtcTime：：fromUSec(utc_usec)；
    return 1；
}
```

(1)调用 clock 类的函数 getMonotonic()得到时间戳。

(2)调用 CanIface 类中 pop 函数进行数据赋值,填充 CanRxItem 结构体 buf_。

12.3.3　实现流程

在 . /src/drivers/uavcan/uavcan_main. cpp 中有如下 UAVCAN 驱动的入口函数。

```
extern "C" __EXPORT int uavcan_main(int argc, char * argv[])
{
    if (!std：：strcmp(argv[1], "start"))
    {
        UavcanNode：：instance()；                                                        (1)
```

```
        int32_t node_id = 1;
        (void)param_get(param_find("UAVCAN_NODE_ID"), &node_id);
        uavcan::NodeID(node_id).isUnicast();                              (2)
        int32_t bitrate = 1000000;
        (void)param_get(param_find("UAVCAN_BITRATE"), &bitrate);          (3)
        return UavcanNode::start(node_id, bitrate);                       (4)
    }
}
```

（1）判断 UAVCAN 节点是否运行，并启动，默认 UAVCAN 未启动。

（2）获取并返回节点 ID 号。

（3）获取并返回 CAN 波特率。

（4）启动 UAVCAM 总线。

其中：UavcanNode 类在 ./src/drivers/uavcan/uavcan_main.hpp 中定义，公开继承了 CDev 类，工作队列 ScheduledWorkItem 类和程序参数 ModuleParams 类是 CAN 驱动的基类。

CAN 初始化函数的定义如下。

```
int can_devinit(void)
{
    static bool initialized = false;
    struct can_dev_s * can;                                              (1)
    int ret;
    if (!initialized)
    {
        can = stm32_caninitialize(CAN_PORT);                             (2)
        ret = can_register("/dev/can0", can);                           (3)
        initialized = true;
    }
    return OK;
}
```

（1）CAN 驱动结构，有 2 个 CAN 总线，默认使用 CAN1。

（2）检查是否 CAN 总线初始化，实际调用 stm32_caninitialize 进行初始化。

（3）注册 CAN 驱动，文件在"/dev/can0"下。

PX4 提供了 UavcanNode 类进行 CAN 总线设备数据处理，继承了工作队列 ScheduledWorkItem 类，提供的主要接口函数如下。

```
int UavcanNode::start(uavcan::NodeID node_id, uint32_t bitrate)
```

• 功能：启动 UAVCAN 节点。

• 参数：node_id 为节点 ID；bitrate 为波特率。

• 返回：启动是否成功。

```
int UavcanNode::init(uavcan::NodeID node_id, UAVCAN_DRIVER::BusEvent &bus_events)
```

• 功能：UAVCAN 节点初始化。

```
void UavcanNode∷Run()
```

· 功能：UAVCAN 节点定时运行，处理 CAN 总线上的数据。

```
void UavcanNode∷PrintInfo()
```

· 功能：打印节点信息，包括内存、UAVCAN 节点收发状态和误码率、CAN 设备状态等。

```
void UavcanNode∷print_usage()
```

· 功能：打印可用指令，主要包括 start│status│stop│arm│disarm。

12.4 串 口 驱 动

12.4.1 总 线 简 介

串口通信（Universal Asynchronous Receiver/Transmitter，UART）是一种波特率可配置使用的异步串行通信。异步意味着没有时钟信号来同步从发送设备进入接收端的输出位。UART 共有 2 根信号线，分别命名为 RX 和 TX，其主要作用是分别用于串行通信的串行数据的发送和接收。串口通信的串口连接关系示意图如图 12-17 所示。

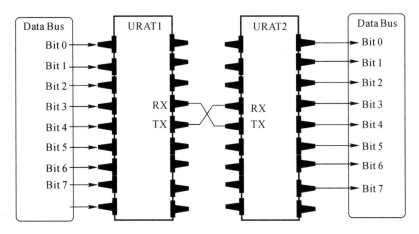

图 12-17 UART 串口连接关系示意图

对于 UART 串行通信，发送和接收设备需要将波特率设置为相同的值，波特率是指信息传输到信道的速率，典型值包括 9 600，19 200，38 400，57 600，115 200，230 400 等。对于串行端口，设定的波特率将用作每秒传输的最大位数。

UART 接口不使用时钟信号来同步发送器和接收器设备，而是以异步方式传输数据。发送器根据其时钟信号生成的位流取代了时钟信号，接收器使用其内部时钟信号对输入数据进行采样。同步点是通过两个设备的相同波特率来管理的。如果波特率不同，发送和接收数据的时序可能会受影响，导致数据处理过程出现不一致。允许的波特率差异最大值为10%，超过此值，位的时序就会脱节。

在 UART 中,传输模式为数据包形式。连接发送器和接收器的机制包括串行数据包的创建和物理硬件线路的控制。数据包由起始位、数据帧、奇偶校验位和停止位组成,如图 12-18 所示。

Start Bit (1 bit)	Data Frame (5 to 9 Data Bit)	Parity Bits (0 to 1 bit)	Stop Bits (1 to 2 bit)

图 12-18　UART 数据包定义

(1)起始位。当不传输数据时,UART 数据传输线通常保持高电压电平。若要开始数据传输,发送 UART 会将传输线从高电平拉至低电平并保持 1 个时钟周期。当接收 UART 检测到高电平到低电平跃迁时,便开始以波特率对应的频率读取数据帧中的位。

(2)数据帧。数据帧中包含所传输的实际数据。如果使用奇偶校验位,数据帧长度可以是 5~8 位。如果不使用奇偶校验位,数据帧长度可以是 9 位。在大多数情况下,数据都以最低有效位优先方式发送。

(3)奇偶校验。奇偶性描述数字是偶数还是奇数。通过奇偶校验位,接收 UART 判断传输期间是否有数据发生改变。电磁辐射、不一致的波特率或长距离数据传输都可能改变数据位。

接收 UART 读取数据帧后,将计数值为 1 的位,检查总数是偶数还是奇数。如果奇偶校验位为 0(偶数奇偶校验),则数据帧中的 1 或逻辑高位总计应为偶数;如果奇偶校验位为 1(奇数奇偶校验),则数据帧中的 1 或逻辑高位总计应为奇数。

当奇偶校验位与数据匹配时,UART 认为传输未出错。但是,如果奇偶校验位为 0,而总和为奇数,或者奇偶校验位为 1,而总和为偶数,则 UART 认为数据帧中的位已改变。

(4)停止位。为了表示数据包结束,发送 UART 将数据传输线从低电压驱动到高电压并保持 1 到 2 位时间。

UART 的一个关键特性是帧协议的实现,但还没有被充分使用。其主要用途和重要性是为每台设备提供安全和保护方面的增值。例如,当两个设备使用相同的 UART 帧协议时,有可能在没有检查配置的情况下连接到同一个 UART,设备会连接到不同的引脚,这可能导致系统故障。另一方面,实现帧协议可确保安全性,因为需要根据设计帧协议解析接收到的信息。每个帧协议都经过专门设计,以确保唯一性和安全性。在设计帧协议时,设计人员可以给不同设备设置期望的报头和报尾(包括 CRC)。如图 12-19 所示,帧协议中的 2 个字节被设置为报头的一部分。

报头1	报头2	命令	数据长度	数据1…数据n	报尾1	报尾2	循环冗余校验

图 12-19　UART 帧协议示意

(1)报头:报头是确定是否在与正确的设备通信的唯一标识符,通过报头识别数据包的起始位。

(2)命令:命令将取决于用于创建两个设备之间通信的命令列表。

（3）数据长度：数据长度将取决于所选的命令。可以根据所选的命令来使数据长度最大化，因此它会随选择的变化而变化。在这种情况下，数据长度可以调整。

（4）数据 n（可变数据）：数据是要从设备传输的有效载荷。

（5）报尾：报尾是在传输结束后添加的数据。就像报头一样，报尾也可以是唯一标识符。

（6）循环冗余校验：循环冗余校验（Cyclic Redundaxy Checking，CRC）公式是一种附加的错误检测模式，用于检测原始数据是否发生意外更改。发送设备的 CRC 值必须始终等于接收器端的 CRC 计算值。

12.4.2　驱动实现

本书采用的 x7＋pro 硬件，在目录 ./boards/cuav/x7pro/nuttx－config/include/board.h 中。PX4 程序中对其 UART 总线各管脚进行了定义，包含 UART1、UART2、UART4、UART6、UART7 和 UART8。

```
# define GPIO_USART1_RX      GPIO_USART1_RX_3          /* PB7 */
# define GPIO_USART1_TX      GPIO_USART1_TX_3          /* PB6 */
# define GPIO_USART2_RX      GPIO_USART2_RX_2          /* PD6 */
# define GPIO_USART2_TX      GPIO_USART2_TX_2          /* PD5 */
# define GPIO_USART2_RTS     GPIO_USART2_RTS_2         /* PD4 */
# define GPIO_USART2_CTS     GPIO_USART2_CTS_NSS_2     /* PD3 */
# define GPIO_UART4_RX       GPIO_UART4_RX_5           /* PD0 */
# define GPIO_UART4_TX       GPIO_UART4_TX_5           /* PD1 */
# define GPIO_USART6_RX      GPIO_USART6_RX_2          /* PG9 */
# define GPIO_USART6_TX      GPIO_USART6_TX_2          /* PG14 */
# define GPIO_USART6_RTS     GPIO_USART6_RTS_2         /* PG8 */
# define GPIO_USART6_CTS     GPIO_USART6_CTS_NSS_2     /* PG15 */
# define GPIO_UART7_RX       GPIO_UART7_RX_4           /* PF6 */
# define GPIO_UART7_TX       GPIO_UART7_TX_3           /* PE8 */
# define GPIO_UART8_RX       GPIO_UART8_RX_1           /* PE0 */
# define GPIO_UART8_TX       GPIO_UART8_TX_1           /* PE1 */
```

PX4 的串口设备驱动框架比 SPI/I2C 设备驱动简单不少，主要使用了两种底层实现方式：一种是系统使用自带的标准字符设备接口；另一种是直接使用 MCU 的底层资源通过自行配置中断和 DMA 的方式实现的串口收发。

1. 使用系统接口＋task 任务

通过 Nuttx 操作系统标准接口函数 open、close、read、write、ioctl 等操作，串口配置结构体定义如下。

```
struct termios
{
    tcflag_t c_iflag;                                              (1)
    tcflag_t c_oflag;                                              (2)
```

```
    tcflag_t c_cflag;                                                (3)
    tcflag_t c_lflag;                                                (4)
    cc_t c_line;                                                     (5)
    cc_t c_cc[NCCS];                                                 (6)
    speed_t c_ispeed;                                                (7)
    speed_t c_ospeed;                                                (8)
    #define _HAVE_STRUCT_TERMIOS_C_ISPEED 1
    #define _HAVE_STRUCT_TERMIOS_C_OSPEED 1
};
```

(1)串口配置输入模式标志。

(2)串口配置输出模式标志。

(3)串口配置控制模式标志。

(4)串口配置当地模式标志。

(5)串口配置控制规则。

(6)串口配置控制内容。

(7)串口配置输入速率。

(8)串口配置输出速率。

调用串口主要包括如下几步。

(1)初始化串口句柄。

```
int test_uart = open(uart_name, O_RDWR | O_NONBLOCK | O_NOCTTY);
```

· 功能:初始化串口句柄。

· 参数:uart_name 是 Linux 系统路径下的串口路径,具体内容参考如下。

```
TELEM1  :/dev/ttyS1
TELEM2  :/dev/ttyS2
GPS     :/dev/ttyS3
NSH     :/dev/ttyS5
```

```
SERIAL4 :/dev/ttyS6
N/A     :/dev/ttyS4
IO DEBUG (RX only):/dev/ttyS0
```

(2)获取串口配置函数的定义如下。

```
int tcgetattr (int __fd, struct termios * __termios_p)
```

· 功能:获取串口配置参数。

· 参数:_fd 为串口句柄,由 open 返回;__termios_p 为串口配置参数,如果设置某个选项,那么就使用"|="运算,如果关闭某个选项,就使用"&="和"~"运算。例如,在配置成无偶校验,并且有一个停止位时,uart_config. c_cflag &= ~(CSTOPB | PARENB)。

· 返回值:0 为获取成功,-1 为获取失败。

(3)串口波特率配置函数定义如下,分别对串口配置参数中的输入、输出和两个波特率进行配置。

```
int cfsetispeed (struct termios * __termios_p, speed_t __speed)

int cfsetospeed (struct termios * __termios_p, speed_t __speed)

int cfsetspeed (struct termios * __termios_p, speed_t __speed)
```

其中:参数 __termios_p 为串口配置参数;_speed 为波特率,如 B9600。

(4)配置完成后调用如下函数对串口参数进行设置。函数定义如下。

```
int tcsetattr (int __fd, int __optional_actions, const struct termios * __termios_p)
```

- 功能:设置与串口终端相关的参数。
- 参数:_fd 为串口句柄,由 open 返回;_actions 为可以执行参数;TCSANOW 为立刻改变参数。

(5)完成串口创建和波特率配置后,最终通过调用 read/write 进行串口数据的读取和写入。

```
ssize_t write (int __fd, const void * __buf, size_t __n)

ssize_t read (int __fd, void * __buf, size_t __nbytes)
```

使用上述方式创建串口的典型应用是 gps 驱动,gps 驱动独立开启了一个线程 task,采用 poll 阻塞方式读取。利用 pollfd 先写入监视句柄、监视动作 POLLIN,然后在死循环中反复利用 poll 函数读取是否有更新,timeout 是超时等待时长,其源码如下。

```
pollfd fds[1];
fds[0]. fd = _serial_fd;
fds[0]. events = POLLIN;
while(1)
{
    int ret = poll(fds, sizeof(fds) / sizeof(fds[0]), timeout);
    if (ret > 0)
    {
        if (fds[0]. revents & POLLIN)
        {
            ...
                //处理数据,read 之类
        }
    }
}
```

需要注意的是,当读取特别长的数据时,需要在 poll 触发后立刻进行读取,否则会产生只能读到开头一部分的问题,参考 gps 驱动中的驱动,可以根据波特率、读取数据长度计算传输时间,在进行微秒量级的等待后再进行读取,其具体的代码如下。

```
pollfd fds[1];
fds[0]. fd = _serial_fd;
fds[0]. events = POLLIN;
int ret = poll(fds, sizeof(fds) / sizeof(fds[0]), math::min(max_timeout, timeout));
```

```
if (ret > 0)
{
    if (fds[0]. revents & POLLIN)
    {
        const unsigned character_count = 32;
        unsigned baudrate = _baudrate == 0 ? 115200 : _baudrate;
        const unsigned sleeptime = character_count * 1000000 / (baudrate / 10);
        px4_usleep(sleeptime);
        ret = ::read(_serial_fd, buf, buf_length);
    }
}
```

采用上述读取方式的优点是在串口没有数据时任务可以自动挂起,在收到数据时由系统唤醒直接读取数据,延时也可以做到很小。

2. 使用 Nuttx 系统接口+工作队列

该方式串口驱动的具体实现方式可参考. /src/drivers/distance_ sensor/tfmini/ TFMINI. cpp,只有在调度周期达到时尝试读取一次,没有获取到数据则直接返回,延时最大为一个调度周期。

在读取实现过程中,较为重要的是初始化绑定串口,其中 serial_port_to_wq 是预先定义好的,传入参数为串口路径,如"/dev/ttyS3"。

```
TFMINI::TFMINI(const char * port, uint8_t rotation):
            ScheduledWorkItem(MODULE_NAME, px4::serial_port_to_wq(port))
```

设置读取间隔的代码如下。

```
voidTFMINI::start()
{
    ScheduleOnInterval(5_ms);
}
```

大多数的串口任务会使用工作队列的方式,比如距离传感器 distance_sensor 下的各种串口传感器,这些驱动的串口都采用轮询的方式读取,即非阻塞的定时获取。比较重要的是真正收集数据的 collect 函数,其定义如下。

```
int TFMINI::collect()
{
    int64_t read_elapsed = hrt_elapsed_time(&_last_read);
    char readbuf[sizeof(_linebuf)] {};
    unsigned readlen = sizeof(readbuf) - 1;
    int ret = 0;
    float distance_m = -1.0f;
    int bytes_available = 0;
    ::ioctl(_fd, FIONREAD, (unsigned long)&bytes_available);                    (1)
```

```
        const hrt_abstime timestamp_sample = hrt_absolute_time();
        do
        {
            ret = ::read(_fd, &readbuf[0], readlen);                              (2)
            _last_read = hrt_absolute_time();
            for (int i = 0; i < ret; i++)
            {
                tfmini_parse(readbuf[i], _linebuf, &_linebuf_index, &_parse_state, &distance_m);
                                                                                 (3)
            }
            bytes_available -= ret;
        }
        while (bytes_available > 0);
        _px4_rangefinder.update(timestamp_sample, distance_m);
        return PX4_OK;
}
```

(1)类似中断环形,bytes_available 表示有多少字节读入缓存等待处理。

(2)读取串口数据。

(3)串口数据按相应的协议进行解码。

从代码中可以发现,串口只有在周期调度函数 collect 执行到时尝试读取一次,没有获取到数据则直接返回,这样做的读取延时最大为一个调度周期,如果以 100 Hz 频率调度的话即为 10 ms。

由于 PX4 同时支持非常多的串口设备,而大多数的串口设备的实时性要求不高,采用工作队列非阻塞方式,所以可以降低系统的内存、堆栈、调度的消耗,同时也能满足应用需要。需要注意的是,采用工作队列方式时,不能使用阻塞方式进行串口读取,否则会影响工作队列中其他任务的运行。

3. 自定义串口驱动

自定义串口驱动主要用于单片机间的高速数据通信,其要求高带宽、低延时。PX4 系统选择自己实现该驱动,驱动源码在. /src/px4/stm/stm32f4/px4io_serial/px4io_serial. cpp 和. /src/drivers/px4io/px4io_serial. cpp 中。其基本过程包括:①初始化串口、DMA(时钟、管脚、DMA 到串口 stream 的映射等);②初始化串口 IDLE 空闲中断。串口使用到的主要寄存器,将其定义为自定义宏,定义如下。

```
# define F4REG(_x) ( * (volatile uint32_t * )(F4IO_SERIAL_BASE + (_x)))
# define F4rISR F4REG(STM32_USART_ISR_OFFSET)
# define F4rISR_ERR_FLAGS_MASK (0x1f)
# define F4rICR F4REG(STM32_USART_ICR_OFFSET)
# define F4rRDR F4REG(STM32_USART_RDR_OFFSET)
# define F4rTDR F4REG(STM32_USART_TDR_OFFSET)
# define F4rBRR F4REG(STM32_USART_BRR_OFFSET)
# define F4rCR1 F4REG(STM32_USART_CR1_OFFSET)
```

```
#define F4rCR2 F4REG(STM32_USART_CR2_OFFSET)
#define F4rCR3 F4REG(STM32_USART_CR3_OFFSET)
#define F4rGTPR F4REG(STM32_USART_GTPR_OFFSET)
```

自定义串口驱动主要操作 ICR 中断寄存器，CR1、CR3 串口配置寄存器。对于 DMA，有如下部分封装函数可以使用。

```
DMA_HANDLE stm32_dmachannel(unsigned int chan);                              (1)
void stm32_dmasetup(DMA_HANDLE handle, uint32_t paddr, uint32_t maddr, size_t ntransfers,
uint32_t ccr);                                                               (2)
void stm32_dmastart(DMA_HANDLE handle, dma_callback_t callback, void * arg, bool half);  (3)
```

（1）映射 DMA 通道到 UART。

（2）配置 DMA 参数。

（3）启动 DMA 线程。

对于没有函数封装部分，主要使用了如下寄存器。

```
#define STM32_DMA1_S2CR(STM32_DMA1_BASE+STM32_DMA_S2CR_OFFSET)
```

此外，为了操作寄存器，还使用了封装函数 modifyreg32 对 addr 寄存器 &= ~ clearbits，|= setbits，达到赋值和清除的目的。

```
void modifyreg32(unsigned int addr, uint32_t clearbits, uint32_t setbits)
```

相关的配置操作如下。

```
static DMA_HANDLE F4rx_dma;                                                  (1)
int interface_init(void)
{
    F4tx_dma = stm32_dmachannel(F4IO_SERIAL_TX_DMAMAP);
    F4rx_dma = stm32_dmachannel(F4IO_SERIAL_RX_DMAMAP);                      (2)
    stm32_dmasetup(F4rx_dma,(F4IO_SERIAL_BASE + STM32_USART_RDR_OFFSET),(uint32
_t)(&F4IORXBuffer[0]), BUFFER_SIZE, DMA_SCR_CIRC|DMA_SCR_DIR_P2M|DMA_SCR_
MINC|DMA_SCR_PSIZE_8BITS|DMA_SCR_MSIZE_8BITS|DMA_SCR_PBURST_SINGLE|DMA_
SCR_MBURST_SINGLE);
    stm32_dmastart(F4rx_dma, _dma_callback, NULL, false);
    stm32_dmasetup(F4tx_dma,F4IO_SERIAL_BASE + STM32_USART_TDR_OFFSET,(uint32_
t)F4IOTXBuffer, 14,DMA_SCR_DIR_M2P|DMA_SCR_MINC|DMA_SCR_PSIZE_8BITS|DMA_SCR
_MSIZE_8BITS|DMA_SCR_PBURST_SINGLE|DMA_SCR_MBURST_SINGLE);                   (3)
    stm32_dmastart(F4tx_dma, NULL, NULL, false);                            (4)
    modifyreg32(F4IO_SERIAL_RCC_REG, 0, F4IO_SERIAL_RCC_EN);                (5)
    px4_arch_configgpio(F4IO_SERIAL_TX_GPIO);
    px4_arch_configgpio(F4IO_SERIAL_RX_GPIO);                               (6)
    F4rCR1 = 0;
    F4rCR2 = 0;
    F4rCR3 = 0;
```

```
    if (F4rISR & USART_ISR_RXNE)                                          (7)
    {
        (void)F4rRDR;
    }
    F4rICR = F4rISR & F4rISR_ERR_FLAGS_MASK;
    uint32_t usartdiv32 = (F4IO_SERIAL_CLOCK + (F4IO_SERIAL_BITRATE) / 2) /
                          (F4IO_SERIAL_BITRATE);                          (8)
    F4rBRR = usartdiv32;
    int ret = irq_attach(F4IO_SERIAL_VECTOR, _interrupt, NULL);          (9)
    up_enable_irq(F4IO_SERIAL_VECTOR);
    F4rCR3 |= USART_CR3_DMAR;
    F4rCR3 |= USART_CR3_DMAT;                                            (10)
    F4rCR1 = USART_CR1_RE | USART_CR1_TE | USART_CR1_UE | USART_CR1_IDLEIE; (11)
    return 0;
}
```

（1）声明 DMA 句柄。

（2）配置 DMA 通道到串口 4。

（3）调用函数 stm32_dmasetup 进行接收和发送 DMA 寄存器配置参数，其中，DMA_SCR_DIR_P2M 为硬件向内存方向；DMA_SCR_DIR_M2P 为内存向硬件方向。

（4）启动发送 DMA 线程。

（5）启动串口时钟。

（6）配置串口发送和接收硬件管脚。

（7）清理中断寄存器、接收寄存器等寄存器。

（8）配置波特率 F4IO_SERIAL_BITRATE。

（9）添加自定义中断函数至 UART 中断函数。

（10）配置 DMA 串口的收发模式。

（11）配置串口中断模式。

写入串口中断配置函数定义如下。

```
int _interrupt(int irq, void * context, void * arg)
{
    _do_interrupt();
    return 0;
}
void _do_interrupt()
{
    uint32_t sr = F4rISR;
    if (sr & USART_ISR_IDLE)
    {
        modifyreg32(STM32_DMA1_S2CR,((uint32_t)0x00000001),0);
```

```
        if (sr & USART_ISR_RXNE)
        {
            (void)F4rRDR;
        }
        /* 自定义处理数据代码 */
        modifyreg32(STM32_DMA1_S2CR,0,((uint32_t)0x00000001));
        F4rICR = sr & F4rISR_ERR_FLAGS_MASK;

    }

}
```

需要注意的是,如果不写下面这些也能用,但是会把缓存变成 ring buffer 模式,即下一次数据跟在上一次数据后面,到末尾了又从缓存数组头部开始续写,这样就会给读取造成一定麻烦。

```
modifyreg32(STM32_DMA1_S2CR,((uint32_t)0x00000001),0)
modifyreg32(STM32_DMA1_S2CR,0,((uint32_t)0x00000001))
```

最后,该方式需要自定义一个 module task,在其中调用上面函数就可以配置自己的硬件外设中断了,这种实现方式几乎不占用 CPU 时间。

第13章 手动操纵输入

本书第8章曾经指出,PX4系统固定翼飞行模式分手动、辅助和自主三大类,其中手动和辅助类飞行模式直接来源于地面操作员通过遥控器进行指令输入,在自动类飞行模式中,地面操作员也可以利用遥控器等设备进行飞行模式切换等操作。所谓遥控器就是通过远距离无线通信,使用地面手持发射设备与PX4系统建立联系,达到对无人机进行控制的目的。这里所说的遥控器是广义的概念,既指传统意义的便携式航模遥控器(特点是轻便、操作简单,便于目视操纵),又指大型无人机通过数传电台上传的地面真实或虚拟摇杆操纵信号(通过增加发射功率可以实现远距离、超视距控制),这两类操纵本书均统称为手动操纵。本章主要讨论航模遥控器,包括其基本概念、原始数据的获取以及转化为PX4系统所需控制信号/命令的完整过程,对通过数传电台通信的摇杆操纵的实现过程仅进行简要介绍。

13.1　遥控器的基本概念

想实现遥控器与无人机通信的功能,需要地面发射器与空中接收机两部分相配合,遥控器的控制信号通过无线电波发送给接收机,接收机接收无线电波,通过解码后转换为数字信号并通过一定的协议发送给PX4系统,然后PX4系统以uORB主题形式将其转为无人机控制所需的操纵量和各类指令,从而控制无人机完成各类飞行动作。图13-1所示为一款常见的Futaba遥控器及其接收机的外观图。

图13-1　Futaba遥控器与接收机

13.1.1 基本概念

1. 通信频率

目前,用于无人机遥控器主流的无线电频率为 72 MHz 与 2.4 GHz 两种,但使用最多的是 2.4 GHz。2.4 GHz 属于微波领域,工作频段在 2 400～2 483 MHz 范围。该频段全世界都可免申请使用,其具有频率高、功耗低、体积小、距离远等优点,但由于微波属于直线发射,避障性能较差。

在使用过程中,发射器天线应尽量避免与接收机之间有较大的障碍物。也正是因为无线电波在传输过程中可能受到干扰或出现丢包等问题,所以当接收机无法接收到发射器的数据时,本书第 8 章曾指出,PX4 系统会自动将无人机当前的飞行模式切换为某种降级保护状态模式。

根据发射功率的不同,遥控器的通信距离也有所不同。普通 2.4 GHz 遥控器与接收机的通信距离在空旷地带大约在 1 km 以内。部分遥控器也可以使用功率放大模块以增加通信距离。

2. 控制通道

遥控器控制通道指的是遥控器可以同时控制的信号数量,一个通道对应一个信号,该信号可以使无人机做出前进/后退、上升/下降、飞行模式切换等相应的动作。一般遥控器有 6 通道、10 通道、14 通道等。通常情况下,通道数量越多、遥控器价格就越高。固定翼飞行器在控制过程中至少需要油门、偏航、俯仰和滚转四个控制通道。

(1)主控制通道。遥控器主控制面板的 2 个操纵杆可实现对油门、偏航、俯仰和滚转四个通道的控制。除油门控制通道的情况特殊外,其他 3 个控制通道在松开手指后都会自动回至中位。根据遥控器操纵杆对应的控制通道设置的差异,将遥控器分为日本手和美国手两种。日本手左手是俯仰和偏航通道,右手是油门与滚转通道,而美国手的左手是油门和偏航通道,右手是滚转和俯仰通道。国内习惯以美国手遥控器来操纵。日本手与美国手控制通道区别如图 13-2 所示。

图 13-2 日本手与美国手控制通道区别

在使用前,需要通过地面站对遥控器主控制通道进行校准,以确定通道中值、最大值、最小值以及是否反向等。为遥控器校准界面如图 13-3 所示。

(2)油门通道。油门通道操纵杆有两种设计方式,一种是油门杆不自动回至中位,其最低点为 0%油门,最高点为 100%油门,称为直接式油门;另一种是松开手指后,油门杆自动回至中位,属于增量式油门。一般情况下,增量式油门更适合无人车,因为其动力系统通常是有刷电调和有刷电机,油门回至中位代表停止,油门最大和最小分别可以控制无人车的前进和后退。

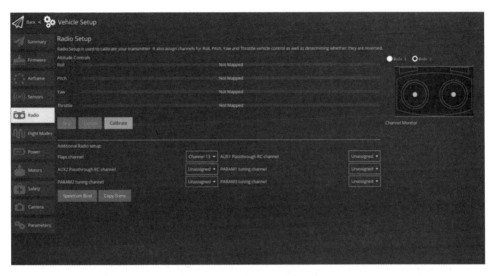

图 13 - 3　遥控器校准界面

　　(3)辅助通道。除了 4 个主控制通道以外,遥控器还有一些其他的控制拨杆或控制旋钮,用户可自行定义其功能。这些辅助通道通常用作无人机的一些特殊功能开关,如起落架收放、襟翼收放、飞行模式切换等。在使用前,需要通过地面站进行辅助通道功能映射,以确定每个辅助控制拨杆/旋钮的作用。遥控器飞行模式设置界面如图 13 - 4 所示。

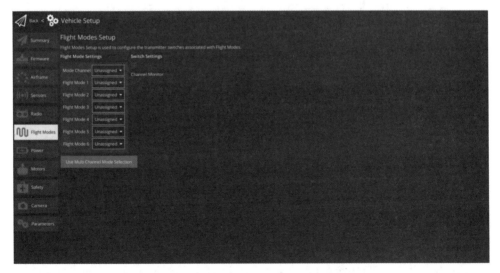

图 13 - 4　遥控器飞行模式设置界面

3. 常用数据传输协议

这里所说的通信协议是指接收机输出数据的协议。不同厂商在遥控器与接收机之间的

数据传输往往各自有一套互不兼容的协议,但接收机输出的信号是有通行标准协议的,PX4
支持的数据传输协议使用枚举变量 RC_SCAN 中的常量 RC_SCAN_XXX 表示,其中 XXX
表示协议名称。

```
enum RC_SCAN
{
    RC_SCAN_NONE = 0,
    RC_SCAN_PPM = 1,
    RC_SCAN_SBUS = 2,
    RC_SCAN_DSM = 3,
    RC_SCAN_ST24 = 5,
    RC_SCAN_SUMD = 4,
    RC_SCAN_CRSF = 6,
    RC_SCAN_GHST = 7,
}
```

下面对常用的数据传输协议进行简要介绍。

(1)PWM 协议。PWM 是 Pulse Width Modulation 的英文缩写,该信号主要是通过周
期性跳变的高低电平组成的方波来进行连续数据输出。PWM 信号控制参数包括周期和占
空比。无人机常用的 PWM 信号固定了周期,只使用高电平的宽度来进行信号通信,如图
13-5 所示。

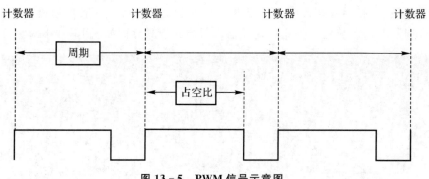

图 13-5 PWM 信号示意图

PWM 协议具有抗干扰能力强、能够传输模拟信号、发生和采集简单、电压不恒定条件
下不影响传输等优点,但它的一个明显缺陷就是,有多少个控制通道就需要多少根控制线。
但大部分时候不希望线路太多,希望通过一路通信传递多路控制信息,于是 PPM 协议诞
生了。

(2)PPM 协议。PPM 是 Pulse Position Modulation 的英文缩写,该协议将多个 PWM
脉冲信号作为一组,并以组为单位固定周期性发送,通过组内各脉冲之间的宽度来传输相应
通道的控制信息。其通信示意图如图 13-6 所示。

(3)SBUS 协议。SBUS 即 Serial Bus(串行总线协议),最早由厂商 Futaba 引入,目前很
多接收机也开始支持。该协议具有数字化和总线化特点。数字化是指该协议使用数字通信
接口作为硬件协议,并使用专用的软件协议。总线化是指一个物理接口可以连接多个设备,

这些设备通过 Hub 与 SBUS 总线连接,并能够得到各自的控制信息。

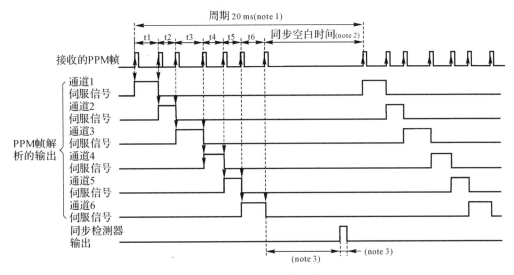

图 13 - 6　PPM 通信示意图

(4)DSM 协议。DSM 是 Digital Spread Spectrum Modulation 的英文缩写,该协议也是一种串行协议,使用标准串口定义。但该协议并不是一种总线化协议,要靠接收机才能将协议变为 PWM 信号。

13.1.2　数传递流

从遥控器接收机输出的原始码流变成 PX4 系统所需的用户手动操纵信号需要经过三个模块的处理。首先,原始数据通过模块解码获得遥控器接收机要输出的各通道原始数据,然后数据预处理模块对原始通道数据进行限幅、归一化、重映射和翻转等操作,将遥控器原始数据映射为操纵输入值,最后手动控制模块将数据预处理模块发布的用户操纵指令转为PX4 系统所需的控制命令。用户手动操纵数据传递流如图 13 - 7 所示。

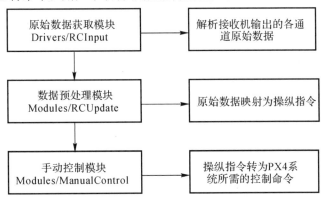

图 13 - 7　用户手动操纵数据传递流

13.2 原始数据获取模块

使用 SBUS 协议获取遥控器通道数据不仅效率高,而且节省硬件资源,只需要一根线即可获取所有通道数据,这非常适合在嵌入式系统中使用。本章仅讨论通过 SBUS 协议来讨论遥控器控制通道原始数据的获取过程。

13.2.1 SBUS 协议

1. 硬件协议

SBUS 使用 RS232C 串口作为硬件协议,但又不完全遵循标准的串口协议。

(1)使用 TTL 电平,即高电压为 3.3 V。

(2)8 位数据位,2 位停止位,无校验位,无流控制,即 8E2 串口通信。

(3)使用特殊的 100 K 波特率。注意:并不兼容标准的 115 200 波特率。

(4)使用反向电平传输,即低电平为"1",高电平为"0"。因此,SBUS 接收端需要硬件连接电平反向器,Pixhawk 系列兼容硬件已集成了反向器,可直接将接收机连接到飞控上。

(5)高速模式下每 4 ms 发送一次。

2. 软件协议

一帧 SBUS 数据的长度为 25 个字节,其具体协议如下。

(1)字节[0]:SBUS 数据帧头,固定为 0x0F。

(2)字节[1—22]:16 个控制通道,每个通道采用 11 位编码,共计 $16 \times 11 = 176$ 位 = 22 字节。11 位编码意味着每个通道可以表示的最大值为 $2^{11} - 1 = 2\ 047$,这也是其控制精度。

(3)字节[23]:标志位,位 0～3 暂时保留没用,位 4 为失效保护开关,位 5 为丢帧信息(为 1 时接收机红色 LED 灯亮起),位 6 为数字通道 18 的值,位 7 为数字通道 17 的值。

(4)字节[24]:SBUS 数据帧尾,固定为 0x00。

13.2.2 遥控器驱动

遥控器驱动程序位于源码目录 ./src/driver/rc_input,其中定义了驱动类 RCInput 用于遥控器原始数据获取。在启动脚本中用如下语句可启动驱动程序。

```
rc_input start −d ${SERIAL_DEV}
```

在板级配置文件 ./boards/cuav/x7pro/src/board_config.h 中定义了遥控器驱动文件名为 "/dev/ttyS5"。函数 RCInput::Run 是遥控器驱动的实际入口,其主要过程是调用 read 函数从串口读取数据,根据配置参数 RC_INPUT_PROTO 确定的遥控器协议调用不同的函数进行数据解析、填充并发布遥控器输入数据(uORB 主题 input_rc)。uORB 主题

input_rc 定义如下（删除部分与 SBUS 协议无关变量）：

uint64 timestamp_last_signal	♯ 接收到上一帧有效数据的时刻
uint8 channel_count	♯ 遥控器通道数量。PX4 系统支持的最大通道数，由常量 RC_INPUT_MAX_CHANNELS 确定。
int32 rssi	♯ 接收信号强度指示：< 0 是未定义、0 表示无信号、>100 表示完全接收
bool rc_failsafe	♯ 是否处于遥控器故障保护
bool rc_lost	♯ 遥控器信号是否丢失。为真表示在预期时间内接收机没有接收到数据帧
uint16 rc_lost_frame_count	♯ 丢失的遥控器数据帧数
uint16 rc_total_frame_count	♯ 接收到的数据总帧数
uint8 input_source	♯ 遥控器数据协议类型，由常量 RC_INPUT_SOURCE_XXX 表示
uint16[18] values	♯ 每个通道的输入值

在解析遥控器数据之前，需要调用 ./src/lib/rc/sbus.cpp 中的函数 sbus_config 进行串口配置，尤其是 100 K 波特率并不是标准波特率，需要通过操作系统 ioctl 函数配置硬件相关参数。配置完成后，在 sbus_parse 函数中调用函数 sbus_decode 进行遥控器输入数据解析，其源码如下。

```
bool sbus_decode(uint64_t frame_time, uint8_t * frame, uint16_t * values, uint16_t * num_values,
        bool * sbus_failsafe, bool * sbus_frame_drop, uint16_t max_values)        (1)
{
    unsigned chancount = (max_values > SBUS_INPUT_CHANNELS) ?
                    SBUS_INPUT_CHANNELS : max_values;
    for (unsigned channel = 0; channel < chancount; channel++)        (2)
    {
        unsigned value = 0;
        for (unsigned pick = 0; pick < 3; pick++)
        {
            const struct sbus_bit_pick * decode = &sbus_decoder[channel][pick];
            if (decode->mask != 0)
            {
                unsigned piece = frame[1 + decode->byte];
                piece >>= decode->rshift;
                piece &= decode->mask;
                piece <<= decode->lshift;
                value |= piece;
            }
        }
        values[channel] = (uint16_t)(value * SBUS_SCALE_FACTOR + .5f) +
                        SBUS_SCALE_OFFSET;        (3)
    }
```

```
    * num_values = chancount;                                           (4)
    if (frame[SBUS_FLAGS_BYTE] & (1 << SBUS_FAILSAFE_BIT))              (5)
    {
        * sbus_failsafe = true;
        * sbus_frame_drop = true;
    }
    else if (frame[SBUS_FLAGS_BYTE] & (1 << SBUS_FRAMELOST_BIT))
    {
        * sbus_failsafe = false;
        * sbus_frame_drop = true;
    }
    else
    {
        * sbus_failsafe = false;
        * sbus_frame_drop = false;
    }
    return true;
}
```

(1)参数 frame_time 表示当前时刻时间戳;参数 frame 表示从串口读取的接收机数据帧(由多帧串口数据打包而成);参数 values 表示解析出的遥控器各通道输入数据;参数 num_values 表示遥控器通道数;参数 sbus_failsafe 表示是否处于遥控器故障保护状态;参数 sbus_frame_drop 表示是否存在数据丢帧;参数 max_values 表示 PX4 系统支持的遥控器最大通道数。

(2)使用解码器矩阵 sbus_decoder 提取 16 个控制通道输入数据。解码器矩阵是事先准备好用于数据解码的 16 行、3 列(每个通道的 11 位数据最多使用 3 个字节表示)常值数组,每个元素都是结构体 sbus_bit_pick 类型的,其中结构体变量 byte 记录了各通道数据在整个数据帧的字节偏移量;rshift 记录了作用于数据字节的右移值;mask 记录了数据字节掩码;lshift 记录了作用于通道结果的左移值。

(3)将 0~2 048 范围的原始数据值映射为 PX4 系统使用的 1 000~2 000 范围的编码值。

(4)默认通道数量为 16(SBUS_INPUT_CHANNELS)。

(5)解析是否出现失效保护和数据丢帧等情况。

13.3　数据预处理模块

13.3.1　遥控器数据处理

获取到遥控器的原始数据后,接下来就需要根据用户设定的各种参数对原始通道数据进行限幅、归一化、重映射和翻转等操作,将遥控器原始数据映射为操纵输入值,同时,还需要根据辅助通道的配置,将相关开关输入量转为用户的期望操作。RCUpdate 类用于对遥控器原始数据进行预处理,源码位于目录. /src/modules/rc_update 下。在启动脚本中,用如下语句可启动遥控器数据预处理模块。

```
rc_update start
```

函数 RCUpdate::Run 是模块的实际入口,由 uORB 主题 input_rc 数据的更新触发执行,其主要功能就是将遥控器原始数据预处理后映射为用户期望的手动操纵量(包括连续量和开关量),输出的 uORB 主题为 manual_control_input(摇杆操纵杆位移,与消息 manual_control_setpoint 定义相同)以及 manual_control_switches(手动开关输入值)。

首先对 uORB 主题 manual_control_input 进行介绍。

uint8 data_source	♯ 遥控器输入来源,可来自正常遥控器,也可来源于 Mavlink 消息,由 SOURCE_XXX 类型常量表示
float32 x	♯ 俯仰通道操纵杆位移,映射到范围[−1,1]
float32 y	♯ 滚转通道操纵杆位移,映射到范围[−1,1]
float32 z	♯ 油门通道操纵杆位移,映射到范围[0,1]
float32 r	♯ 偏航通道操纵杆位移,映射到范围[−1,1]
float32 flaps	♯ 襟翼通道操纵杆位移
float32 aux1	♯ 各辅助通道操纵杆位移
float32 aux2	
float32 aux3	
float32 aux4	
float32 aux5	
float32 aux6	

遥控器数据预处理模块主函数的源码如下。

```
void RCUpdate::Run()                                                    (1)
{
    perf_begin(_loop_perf);
    perf_count(_loop_interval_perf);
    if (_parameter_update_sub.updated())                                (2)
    {
        parameter_update_s pupdate;
        _parameter_update_sub.copy(&pupdate);
        updateParams();
        parameters_updated();
    }
    rc_parameter_map_poll();                                            (3)
    input_rc_s input_rc;
    if (_input_rc_sub.update(&input_rc))                                (4)
    {
        const bool input_source_stable = (input_rc.input_source == _input_source_previous);  (5)
        const bool channel_count_stable = (input_rc.channel_count == _channel_count_previous);
```

```
    _input_source_previous = input_rc. input_source;
    _channel_count_previous = input_rc. channel_count;
    const uint8_t channel_count_limited = math::min(input_rc. channel_count,
                                              RC_MAX_CHAN_COUNT);
    if (channel_count_limited > _channel_count_max)
    {
        _channel_count_max = channel_count_limited;
    }
    for (unsigned int i = 0; i < channel_count_limited; i++)          (6)
    {
        input_rc. values[i] = math::constrain(input_rc. values[i],
                                     _parameters. min[i], _parameters. max[i]);
        if (input_rc. values[i] > (_parameters. trim[i] + _parameters. dz[i]))
        {
            _rc. channels[i] = (input_rc. values[i] — _parameters. trim[i] — _parameters. dz
            [i]) / (float)(_parameters. max[i] — _parameters. trim[i] — _parameters. dz[i]);
        }
        else if (input_rc. values[i] < (_parameters. trim[i] — _parameters. dz[i]))
        {
            _rc. channels[i] = (input_rc. values[i] — _parameters. trim[i] +
                          _parameters. dz[i]) / (float)(_parameters. trim[i] —
                          _parameters. min[i] — _parameters. dz[i]);
        }
        else
        {
            _rc. channels[i] = 0. f;
        }
    if (_parameters. rev[i])
    {
        _rc. channels[i] = —_rc. channels[i];
    }
    }
}
_rc_signal_lost_hysteresis. set_hysteresis_time_from(true, 100_ms);        (7)
_rc_signal_lost_hysteresis. set_state_and_update(signal_lost, hrt_absolute_time());
_rc. channel_count = input_rc. channel_count;
_rc. rssi = input_rc. rssi;
_rc. signal_lost = _rc_signal_lost_hysteresis. get_state();
_rc. timestamp = input_rc. timestamp_last_signal;
_rc. frame_drop_count = input_rc. rc_lost_frame_count;
_rc_channels_pub. publish(_rc);                                   (8)
if (input_source_stable && channel_count_stable && !_rc_signal_lost_hysteresis. get_state())
                                                                  (9)
{
```

```
    if ((input_rc. timestamp_last_signal > _last_timestamp_signal) && (input_rc. timestamp_
last_signal < _last_timestamp_signal + VALID_DATA_MIN_INTERVAL_US))
        {
            perf_count(_valid_data_interval_perf);
            bool rc_updated = false;
            for (unsigned i = 0; i < channel_count_limited; i++)                    (10)
                {
                    if (_rc_values_previous[i] != input_rc. values[i])
                        {
                            rc_updated = true;
                            break;
                        }
                }
            if (rc_updated || (hrt_elapsed_time(&_last_manual_control_input_publish) > 300_ms))
                                                                                    (11)
                {
                    UpdateManualControlInput(input_rc. timestamp_last_signal);      (12)
                }
            UpdateManualSwitches(input_rc. timestamp_last_signal);                  (13)
            if (hrt_elapsed_time(&_last_rc_to_param_map_time) > 1_s)
                {
                    set_params_from_rc();
                    _last_rc_to_param_map_time = hrt_absolute_time();
                }
        }
    _last_timestamp_signal = input_rc. timestamp_last_signal;
}
memcpy(_rc_values_previous, input_rc. values, sizeof(input_rc. values[0]) *
                                        channel_count_limited);
    }
    perf_end(_loop_perf);
}
```

(1)遥控器原始数据预处理模块主函数,由 uORB 主题 input_rc 数据的更新触发执行。

(2)更新模块配置参数,重点包括两类,一类是 RC%d_MIN(最小值)、RC%d_MAX(最大值)、RC%d_TRIM(中位值)、RC%d_DZ(死区值)、RC%d_REV(是否反向)等通道校准值,其中%d 表示通道号;另一类是 RC_MAP_ROLL(滚转)、RC_MAP_PITCH(俯仰)、RC_MAP_YAW(偏航)、RC_MAP_THROTTLE(油门)、RC_MAP_AUX1(辅助通道 1)等主/辅通道操纵杆位移以及 RC_MAP_RETURN_SW(一键返航)、RC_MAP_GEAR_SW(起落架收放)等辅助开关的通道号。值得注意的是,飞行模式(最多支持 MODE_SLOT_NUM = 6 种)切换可由多个遥控器开关共同负责,由配置参数 RC_MAP_FLTM_BTN 确定具体由哪些通道进行飞行模式切换。

(3)通过遥控器更改系统配置参数,本书不展开讨论。

（4）更新遥控器原始数据。

（5）如果遥控器输入源、通道数量与上一帧相同，则认为遥控器输入源和通道数稳定。

（6）对遥控器通道原始数据进行限幅、归一化和反向等处理，从而将原始数据映射为 PX4 系统控制所需的 [-1,1] 范围内的手动控制值。由于油门通道中位值和最小值相等，所以该通道原始值将被映射至 [0,1] 范围内。

（7）对遥控器信号是否丢失的判断需要进行时间常数为 100 ms 的滞环处理，防止由于信号偶然跳变、解码错误等引起的故障降级，从而避免使无人机飞行模式来回切换导致出现危险状态。

（8）即使在遥控器信号丢失的情况下也填充并发布 uORB 主题 rc_channels。该主题数据包括映射后的遥控器操纵杆位移、主/辅通道号、信号质量、信号是否丢失等信息，主要用于调试。

（9）在遥控器信号未丢失，且输入源和通道数稳定的条件下才发布相关 uORB 主题。

（10）判断遥控器原始数据是否发生实际更新。

（11）uORB 主题 input_rc 的发布频率非常高，在遥控器杆位移数据实际没有发生变化的情况下，将 uORB 主题 manual_control_input 的发布周期限制为 300 ms。

（12）填充并发布 uORB 主题 manual_control_input，其主要工作是通过调用函数 get_rc_value，然后根据通道号确定主/辅通道操纵杆位移。

（13）填充并发布 uORB 主题 manual_control_switches，其主要工作是根据辅助开关通道号确定开关位置，也即用户期望的操纵指令，如起落架收放（gear_switch）、解锁/上锁（arm_switch）等，函数 get_rc_sw2pos_position 用于确定开关位置。对于飞行模式的开关位置（mode_slot），此处只给出切换为哪一档飞行模式（MODE_SLOT_XX，模式挡位在 PX4 系统中被称为信号槽），而每一档飞行模式的具体含义由后续模块负责映射。值得注意的是，只有在 1/3 s 内最后两帧主题数据完全相同时才会发布该主题，目的是避免因为遥控器通信信号质量不高引起的非期望的操作指令。此外，当遥控器辅助开关通道的输入值实际没有发生变化时，该主题的发布周期被限制为 1 s。

13.3.2 摇杆数据处理

用户手动操纵数据除了可来源于传统遥控器外，还可来源于真实或虚拟的摇杆操纵信号，其借助地面站 Mavlink 协议将操纵信号上传至 PX4 系统。摇杆操纵数据的 Mavlink 消息 ID 为 MAVLINK_MSG_ID_MANUAL_CONTROL，当 PX4 系统接收到该消息帧时，会调用函数 MavlinkReceiver::handle_message_manual_control 将 Mavlink 消息转为 uORB 主题 manual_control_input 数据。

```
void MavlinkReceiver::handle_message_manual_control(mavlink_message_t * msg)
{
    mavlink_manual_control_t man;
    mavlink_msg_manual_control_decode(msg, &man);
    manual_control_setpoint_s manual{};
    manual.x = man.x / 1000.0f;
```

```
        manual. y = man. y / 1000. 0f;
        manual. r = man. r / 1000. 0f;
        manual. z = man. z / 1000. 0f;
        manual. data_source = manual_control_setpoint_s::SOURCE_MAVLINK_0 +
                            _mavlink->get_instance_id();
        manual. timestamp = manual. timestamp_sample = hrt_absolute_time();
        _manual_control_input_pub. publish(manual);
    }
```

该函数有以下三点值得注意:①Mavlink 消息帧仅包含俯仰、滚转、偏航和油门四个主控制通道的操纵杆位移数据,并不包含辅助通道的操纵杆位移;②Mavlink 消息和 uORB 消息中操纵杆位移的范围是不一样的,在数据转换时需要进行线性缩放处理;③uORB 主题属于多重发布的情形。

13.4 手动控制模块

源码目录. /src/modules/manual_control 下的 ManualControl 类用于 PX4 系统的手动控制,在启动脚本中可用如下语句启动该模块。

```
manual_control start
```

类内 Run 函数是模块的核心和实际入口,由 uORB 主题 manual_control_input 或 manual_control_switches 数据的更新触发执行,其主要功能就是将遥控器数据预处理模块发布的用户操作指令转换为 commander 模块所需的控制命令,输出的 uORB 主题为 manual_control_setpoint(摇杆操纵杆位移)以及 action_request(遥控器控制命令)。

```
void ManualControl::Run()
{
    if (_parameter_update_sub. updated())                                (1)
    {
        parameter_update_s param_update;
        _parameter_update_sub. copy(&param_update);
        updateParams();
        _stick_arm_hysteresis. set_hysteresis_time_from(false,
        _param_com_rc_arm_hyst. get() * 1_ms);
        _stick_disarm_hysteresis. set_hysteresis_time_from(false,
        _param_com_rc_arm_hyst. get() * 1_ms);
        _button_hysteresis. set_hysteresis_time_from(false,
        _param_com_rc_arm_hyst. get() * 1_ms);
        _selector. setRcInMode(_param_com_rc_in_mode. get());
        _selector. setTimeout(_param_com_rc_loss_t. get() * 1_s);
    }
    const hrt_abstime now = hrt_absolute_time();
    _selector. updateValidityOfChosenInput(now);
```

```
    for (int i = 0; i < MAX_MANUAL_INPUT_COUNT; i++)                        (2)
    {
        manual_control_setpoint_s manual_control_input;
        if (_manual_control_setpoint_subs[i]. update(&manual_control_input))
        {
            _selector. updateWithNewInputSample(now, manual_control_input, i);
        }
    }
    manual_control_switches_s switches;                                      (3)
    bool switches_updated = _manual_control_switches_sub. update(&switches);
    if (_selector. setpoint(). valid)
    {
        _published_invalid_once = false;
        processStickArming(_selector. setpoint());                          (4)
        if (switches_updated)
        {
            if (_selector. setpoint(). data_source == manual_control_setpoint_s::SOURCE_RC)
            {
                if (_previous_switches_initialized)
                {
                    if (switches. mode_slot != _previous_switches. mode_slot)    (5)
                    {
                        evaluateModeSlot(switches. mode_slot);
                    }
                    if (switches. return_switch != _previous_switches. return_switch)  (6)
                    {
                        if (switches. return_switch == manual_control_switches_s::SWITCH_POS_ON)
                        {
                            sendActionRequest(action_request_s::ACTION_SWITCH_MODE,
                            action_request_s::SOURCE_RC_SWITCH, commander_state_s::
                            MAIN_STATE_AUTO_RTL);
                        }
                        else if (switches. return_switch ==
                        manual_control_switches_s::SWITCH_POS_OFF)
                        {
                            evaluateModeSlot(switches. mode_slot);
                        }
                    }
                    （其他遥控器指令处理过程略）
                }
                else
                {
```

```
                    evaluateModeSlot(switches. mode_slot);
                }
                _previous_switches_initialized = true;
                _previous_switches = switches;
            }
            else
            {
                _previous_switches_initialized = false;
            }
        }
        _selector. setpoint(). timestamp = now;
        _manual_control_setpoint_pub. publish(_selector. setpoint());      (7)
        const int instance = _selector. instance();
        if (instance != _previous_manual_control_input_instance)           (8)
        {
            if ((0 <= _previous_manual_control_input_instance) &&
                (_previous_manual_control_input_instance < MAX_MANUAL_INPUT_COUNT))
            {
                _manual_control_setpoint_subs[_previous_manual_control_input_instance].
unregisterCallback();
            }
            if ((0 <= instance) && (instance < MAX_MANUAL_INPUT_COUNT))
            {
                _manual_control_setpoint_subs[instance]. registerCallback();
            }
            _previous_manual_control_input_instance = instance;
        }
        _manual_control_switches_sub. registerCallback();                  (9)
    }
    _last_time = now;
    ScheduleDelayed(200_ms);
    perf_end(_loop_perf);
}
```

（1）更新模块配置参数。

（2）更新 uORB 主题 manual_control_input 数据,该主题数据可能来源于多个模块,因此主题订阅句柄采用数组类型,最多支持三路不同来源。

（3）更新 uORB 主题 manual_control_switches 数据。

（4）利用操纵杆的特殊操纵组合进行无人机解锁或上锁。解锁的操纵组合是:俯仰和滚转操纵杆回至中位,油门杆最低,方向舵操纵杆最右。上锁的操纵组合是:俯仰和滚转操纵杆回至中位,油门杆最低,方向舵操纵杆最左。前提是将配置参数 MAN_ARM_GESTURE

置 1,即允许操纵杆进行解锁/上锁操纵。

（5）当切换飞行模式的操纵指令发生变化时,调用函数 evaluateModeSlot 发出飞行模式切换命令,即填充并发布 uORB 主题 action_request。配置参数 COM_FLTMODE1－6定义了每个信号槽的具体飞行模式,commander 模块接收到命令后会进行后续处理。

（6）当一键返航操纵指令发生变化时,如果一键返航开关处于开位置,则调用函数sendActionRequest 发出命令,否则根据飞行模式开关的当前位置发出飞行模式切换命令。

（7）填充并发布 uORB 主题 manual_control_setpoint。通常情况下,该主题和主题manual_control_input 数据是一致的。

（8）将工作队列注册到 manual_control_input 主题上,由于该主题来源不止一处,所以涉及注册主题的选择处理。

（9）将工作队列注册到 manual_control_switches 主题上。

第14章 传 感 器

为满足无人固定翼飞行器稳定飞行需求,首先需要确定自身在空间中的高度、速度和姿态等相关飞行状态,这些飞行状态信息的获取主要依靠安装在飞控系统上或外置的各类传感器。PX4 系统飞控内置了三轴陀螺仪、三轴加速度计、三轴磁力计和气压计等传感器,并通过外置接口集成 GPS、空速计等模块,用户还可选配超声波、光流等其他传感器等,PX4 系统借助这些传感器获得无人固定翼飞行器的飞行状态数据。飞控算法的核心就是通过传感器数据来估计飞行器的飞行状态,并采用一定的飞行控制算法对飞行器进行控制。本章主要讨论各类传感器的接口、原始数据的采集以及转换为 PX4 系统所需飞行状态信号的主要过程。

14.1 气 压 计

14.1.1 传感器原理

气压计的测量原理是在一定范围内大气压力随高度的增加而减小,因此可以将测量得到的大气压力换算为相对标准大气平面的气压高度。气压计测量结果容易受到天气影响,根据流体力学知识,气体流速越大,压强越小,因此在有风和无风环境下,气压计的测量数据会存在一定偏差。此外,大气压力与温度密切相关,气压计测量结果一般都需要进行温度补偿。

x7+pro 硬件采用两余度 MS5611 气压计。MS5611 气压计(见图 14-1)由 MEAS 公司(瑞士)推出,是集合 SPI 和 I2C 总线接口的高分辨率数字气压传感器,这款传感器采用 MEMS 技术并得益于 MEAS 的成熟设计以及大批量制造经验,产品具有高稳定性以及非常低的压力信号滞后。

MS5611 气压计基于压阻效应和温度补偿技术,其测量原理如图 14-2 所示,其

图 14-1 MS5611 气压计实物

结构主要由压阻微机械传感器、温度传感器、模数转换器和数字接口等组成。

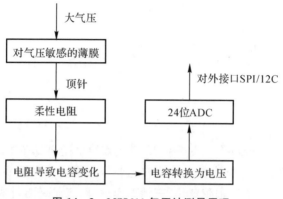

图 14 - 2　MS5611 气压计测量原理

（1）压阻微机械传感器。MS5611 气压计内部核心传感元件，是一个高线性度的气压传感器，包含强弱敏感的薄膜和一个顶针控制，电路方面它连接了一个柔性电阻器。当被测气体的压力降低或升高时，该薄膜变形带动顶针，电阻的阻值将会改变，通过测量电阻引起的电压变化可间接获得气体压力。

（2）温度传感器。为了提高测量的准确性，MS5611 气压计内置了温度传感器，通过测量环境温度可进行压力补偿。

（3）模数转换器（ADC）。模数转换器用于将模拟信号转换为数字信号，从传感元件取得 0-5V 的电压信号，由模数转换器采样并量化传感器输出的模拟信号，然后将其转换为数字信号供外部系统读取和处理。MS5611 气压计通过一个超低功耗的 24 位 ADC 获取数字压力值和温度值并实现不同的操作模式。

（4）数字接口。MS5611 气压计通过 I2C 或 SPI 总线与外部系统进行通信，无需在设备内部进行寄存器编程。MS5611 气压计的性能参数如表 14 - 1 所示。

表 14 - 1　MS5611 气压计的性能参数

参　数	条　件	最　小	典　型	最　大
电源电压		-0.3 V		$+4.0$ V
最大压力值				6 bar
工作电压		1.8 V	3.0 V	3.6 V
工作温度		-40 ℃	$+25$ ℃	$+85$ ℃
工作电流	OSR 4096		12.5 μA	
	2048		6.3 μA	
	1024		3.2 μA	
	512		1.7 μA	
输出字长			24	

续表

参　数	条　件	最　小	典　型	最　大
转换时间	OSR 4096	7.40	8.22	9.04
	2048	3.72	4.13	4.54
	1024	1.88	2.08	2.28
	1024	0.95	1.06	1.17
	512	0.48	0.54	0.60

x7＋pro 通过 SPI4 总线与 MS5611 气压计进行通信,微控制器通过输入 SCLK 和 MOSI 来传输数据,时钟极性和相位允许同时为模式 0 和模式 3,MOSO 引脚为传感器的响应输出,NSS 引脚用来控制芯片使能/禁用,其他设备可以共用同组 SPI 总线。

操作 MS5611 气压计的指令指如表 14-2 所示。从表中可以看出,MS5611 气压计有 5 个基本指令:复位(Reset)、D1 启动温度转换(Convert D1)、D2 启动气压转换(Convert D2)、读取 ADC 转换结果(ADC Read)以及读 PROM(存储器)校准值(PROM Read)。表中每个指令的大小数都是 8 位,执行 ADC Read 指令后会返回一个 24 位结果,执行 PROM Read 指令后会返回一个 16 位结果,PROM 的地址是 PROM Read 指令返回结果中的最低 3 位。MS5611 气压计工作基本流程如图 14-3 所示。

表 14-2　操作 MS5611 传感器的操纵指令

位序号	0	1	2	3	4	5	6	7	16 进制值
位名称	PRM	COV	—	Type	Ad2/Os2	Ad1/Os1	Ad0/Os0	Stop	
指令									
Reset	0	0	0	1	1	1	1	0	0x1E
Convert D1(OSR＝256)	0	1	0	0	0	0	0	0	0x40
Convert D1(OSR＝512)	0	1	0	0	0	0	1	0	0x42
Convert D1(OSR＝1024)	0	1	0	0	0	1	0	0	0x44
Convert D1(OSR＝2048)	0	1	0	0	0	1	1	0	0x46
Convert D1(OSR＝4096)	0	1	0	0	1	0	0	0	0x48
Convert D2(OSR＝256)	0	1	0	1	0	0	0	0	0x50
Convert D2(OSR＝512)	0	1	0	1	0	0	1	0	0x52
Convert D2(OSR＝1024)	0	1	0	1	0	1	0	0	0x54
Convert D2(OSR＝2048)	0	1	0	1	0	1	1	0	0x56
Convert D2(OSR＝4096)	0	1	0	1	1	0	0	0	0x58
ADC Read	0	0	0	0	0	0	0	0	0x00
PROM Read	1	0	1	0	Ad2	Ad1	Ad0	0	0XA0 to 0XAE

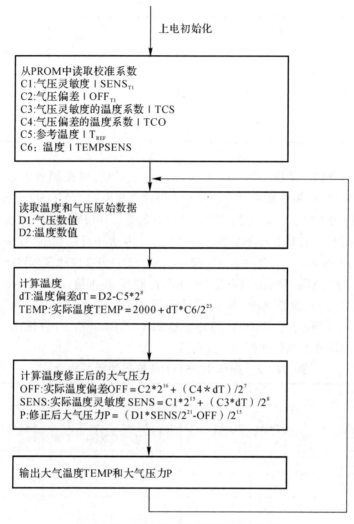

图 14 - 3 MS5611 气压计工作基本流程

14.1.2 MS5611 传感器源码

目录./src/drivers/barometer/ms5611 中 MS5611 类是 MS5611 气压计源码模块，MS5611 类的继承关系如图 14 - 4 所示。下面结合 MS5611 气压计工作原理对源码进行分析。

MS5611 气压计在出厂时进行了校准，校准系数存储在 PROM 寄存器中（PROM 寄存器起始地址 0XA0），每两个字节为一个系数，在 PX4 系统中以 prom_s 类型结构体校准系数。

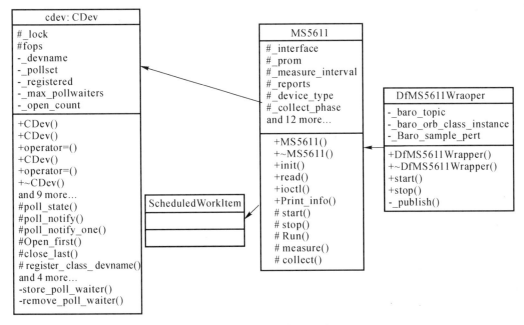

图 14 - 4　MS5611 类继承关系

```
struct prom_s
{
    uint16_t factory_setup;                          (1)

    uint16_t c1_pressure_sens;                       (2)

    uint16_t c2_pressure_offset;                     (3)

    uint16_t c3_temp_coeff_pres_sens;                (4)

    uint16_t c4_temp_coeff_pres_offset;              (5)

    uint16_t c5_reference_temp;                      (6)

    uint16_t c6_temp_coeff_temp;                     (7)

    uint16_t serial_and_crc;                         (8)
};
```

(1)第 1 个系数:由制造商确定,可以忽略。

(2)系数 C1:气压敏感度,简写为 SENS。

(3)系数 C2:气压偏差值,简写为 OFFSET。

(4)系数 C3:气压敏感度的温度系数,简写为 TCS。

(5)系数 C4:气压偏差值的温度系数,简写为 TCO。

(6)系数 C5:参考温度,简写为 Tref。

(7)系数 C6:温度系数,简写为 TEMPSENS。

(8)第 8 个系数:校验和,简写为 CRC。

在启动子脚本 rc. board_sensors 中可用如下语句启动 MS5611 气压计模块。

```
ms5611 -s -b 4 start
```

在 MS5611 类初始化过程中会调用 MS5611_SPI::init 函数,主要功能是在上电后执行复位指令,并确保校准值都加载到 PROM 的寄存器中。

```
int MS5611_SPI::init()
{
    int ret = SPI::init();                                          (1)
    for (int i = 0; i < 3; i++)
    {
        ret = _reset();                                             (2)
        ret = _read_prom();                                         (3)
        return PX4_OK;
    }
}
```

(1)SPI 总线接口初始化,包括确定 SPI 总线工作模式、频率等。

(2)发送复位指令,指令 CMD = ADDR_RESET_CMD | DIR_WRITE,其中 ADDR_RESET_CMD = 0x1E 为气压计复位指令,DIR_WRITE = (0<<7)为 SPI 总线写入指令。通过调用 MS5611_SPI 类的_transfer 函数写入指令。

(3)读取 PROM 寄存器中存储的校准值,等待 3 ms 后调用_reg16 函数依次读取各系数,并保存在结构体变量_prom 中。

MS5611 类内函数 RunImpl 是 MS5611 气压计模块的核心和实际入口,其在 PX4 系统工作队列上以一定的周期重复执行,主要功能是采集气压计测量的原始数据并进行校准,最后通过 uORB 消息 sensor_baro(气压计数据)发布,供其他模块使用。

```
void MS5611::RunImpl()
{
    int ret;
    unsigned dummy;
    if (_collect_phase)
    {
        ret = collect();                                           (1)
        _collect_phase = false;
    }
    ret = measure();                                               (2)
    _collect_phase = true;
    ScheduleDelayed(MS5611_CONVERSION_INTERVAL);                   (3)
}
```

(1)通过发送 ADC Read 指令,获取相应的 24 位 ADC 转换结果,并结合 PROM 寄存器中存储的校准值进行温度补偿,得到温度和气压值并发布,下文再展开讨论。

(2)在 measure 函数中依次发送 Convert D1 和 Convert D2 指令,对 MS5611 气压计进行相应配置,为气压计数据读取做准备,下文再展开讨论。

(3)以 MS5611_CONVERSION_INTERVAL = 10 ms 为周期,重复执行。

```
int MS5611::measure()
{
    unsigned addr = (_measure_phase == 0) ? ADDR_CMD_CONVERT_D2 :
                                             ADDR_CMD_CONVERT_D1;          (1)
    int ret = _interface->ioctl(IOCTL_MEASURE, addr);                     (2)
    return ret;
}
```

(1)通过测量状态变量_measure_phase 的值判断发送指令 ADDR_CMD_CONVERT_
D2 = 0X54 还是发送指令 ADDR_CMD_CONVERT_D1 = 0X44。

(2)通过基类 MS5611_SPI::_measure 函数最终调用 SPI 总线接口_transfer 发送操作
指令,实现相关配置,为气压计数据读取做准备。

```
int MS5611::collect()
{
    uint32_t raw;
    int ret = _interface->read(0, (void *)&raw, 0);                       (1)
    if (_measure_phase == 0)                                              (2)
    {
        int32_t dT = (int32_t)raw - ((int32_t)_prom.c5_reference_temp << 8);  (3)
        int32_t TEMP = 2000 + (int32_t)(((int64_t)dT * _prom.c6_temp_coeff_temp) >> 23);
                                                                          (4)

        if (_device_type == MS5611_DEVICE)
        {
            _OFF  = ((int64_t)_prom.c2_pressure_offset << 16) +
                    (((int64_t)_prom.c4_temp_coeff_pres_offset * dT) >> 7);   (5)
            _SENS = ((int64_t)_prom.c1_pressure_sens << 15) +
                    (((int64_t)_prom.c3_temp_coeff_pres_sens * dT) >> 8);     (6)
            if (TEMP < 2000)                                               (7)
            {
                int32_t T2 = POW2(dT) >> 31;
                int64_t f = POW2((int64_t)TEMP - 2000);
                int64_t OFF2 = 5 * f >> 1;
                int64_t SENS2 = 5 * f >> 2;
                if (TEMP < -1500)
                {
                    int64_t f2 = POW2(TEMP + 1500);
                    OFF2 += 7 * f2;
                    SENS2 += 11 * f2 >> 1;
                }
                TEMP -= T2;
                _OFF  -= OFF2;
                _SENS -= SENS2;
```

```
                }
            }
            _last_temperature = TEMP / 100.0f;
        }
        else
        {
            int32_t P = (((raw * _SENS) >> 21) − _OFF) >> 15;                    (8)
            _last_pressure = P;
            if (_initialized && PX4_ISFINITE(_last_pressure) && PX4_ISFINITE(_last_temperature))
                                                                                  (9)
            {
                sensor_baro_s sensor_baro{};
                sensor_baro. timestamp_sample = timestamp_sample;
                sensor_baro. device_id = _interface−>get_device_id();
                sensor_baro. pressure = P;
                sensor_baro. temperature = _last_temperature;
                sensor_baro. error_count = perf_event_count(_comms_errors);
                sensor_baro. timestamp = hrt_absolute_time();
                _sensor_baro_pub. publish(sensor_baro);
            }
        }
        INCREMENT(_measure_phase, MS5611_MEASUREMENT_RATIO + 1);                 (10)
        return OK;
}
```

(1)读取 24 位 ADC 原始测量数据。

(2)根据状态变量_measure_phase 值进行数据解析。当_measure_phase 值为 0 时,raw 为读取的温度数据 D2;当_measure_phase 值为 1 时,raw 为读取的气压数据 D1。

(3)根据数据手册计算温度偏差,$dT = D2 − C5 \times 2^8$。

(4)计算实际温度,$TEMP = 2000 + dT \times C6/2^{35}$,单位为 $1\,^{\circ}\!C$。

(5)计算温度偏差,$OFF = C2 \times 2^{16} + (C4 \times dT)/2^7$。

(6)计算敏感性系数,$SENS = C1 \times 2^{15} + (C3 \times dT)/2^8$。

(7)计算二阶温度补偿系数,计算过程如图 14−5 所示。

(8)计算实际压强,$P = (D1 \times SENS/2^{21} − OFF)/2^{15}$。

(9)填充并发布 uORB 消息 sensor_baro,包括采样时间、设备 ID、气压、温度和错误计数等信息。

(10)更新状态变量_measure_phase,$MS5611\_MEASUREMENT\_RATIO = 3$ 表示每采集 3 次温度值再采集 1 次气压值。

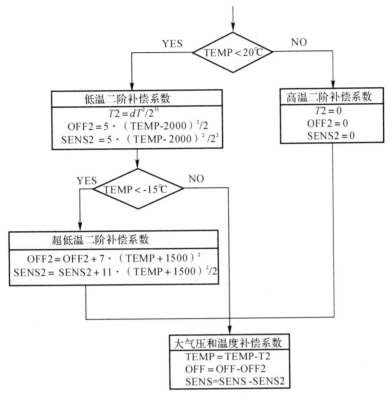

图 14 – 5　二阶温度补偿计算过程

14.1.3　大气数据模块

源码目录./src/modules/sensors/vehicle_air_data 中的 VehicleAirData 类是 PX4 系统大气数据模块主程序,类内函数 Run 是整个大气数据处理的核心和实际入口,主要由消息订阅、配置参数更新、冗余机制、大气数据发布等环节组成,其主要功能是接收多余度气压传感器模块发布的数据,投票选出各个传感器数据中最可信的一组,在空速传感器(下一节详细介绍)数据辅助下计算大气数据并通过 uORB 消息 vehicle_air_data 发布。uORB 主题 vehicle_air_data 定义如下。

uint64 timestamp	♯ 时间戳
uint64 timestamp_sample	♯ 原始数据时间戳
uint32 baro_device_id	♯ 投票选中的气压计设备 ID
float32 baro_alt_meter	♯ 气压高度(单位:米)
float32 baro_temp_celcius	♯ 大气温度(单位:℃)
float32 baro_pressure_pa	♯ 大气压力(单位:Pa)
float32 rho	♯ 空气密度
uint8 calibration_count	♯ 校准变化计数

VehicleAirData 类内函数 Run 是通过 Sensors 模块间接启动的，由 uORB 消息 sensor_baro 的更新触发执行，其源码如下。

```
void VehicleAirData::Run()                                                    (1)
{
    perf_begin(_cycle_perf);
    const hrt_abstime time_now_us = hrt_absolute_time();
    const bool parameter_update = ParametersUpdate();                         (2)
    AirTemperatureUpdate();                                                   (3)
    bool updated[MAX_SENSOR_COUNT] {};
    for (int uorb_index = 0; uorb_index < MAX_SENSOR_COUNT; uorb_index++)
    {
        const bool was_advertised = _advertised[uorb_index];
        if (!_advertised[uorb_index])
        {                                                                     (4)
            if ((_last_publication_timestamp[uorb_index] == 0) ||
                (time_now_us > _last_publication_timestamp[uorb_index] + 1_s))
            {
                if (_sensor_sub[uorb_index].advertised())
                {
                    _advertised[uorb_index] = true;
                }
                else
                {
                    _last_publication_timestamp[uorb_index] = time_now_us;
                }
            }
        }
        if (_advertised[uorb_index])
        {
            sensor_baro_s report;
            while (_sensor_sub[uorb_index].update(&report))                   (5)
            {
                if (_calibration[uorb_index].device_id() != report.device_id) (6)
                {
                    _calibration[uorb_index].set_device_id(report.device_id);
                    _priority[uorb_index] = _calibration[uorb_index].priority();
                }
                if (_calibration[uorb_index].enabled())
                {
                    if (!was_advertised)
                    {
```

```
                    if (_selected_sensor_sub_index < 0)
                    {
                         _sensor_sub[uorb_index]. registerCallback();
                    }
                    ParametersUpdate(true);                                              (7)
               }
               _calibration[uorb_index]. SensorCorrectionsUpdate();                       (8)
               const float pressure_corrected = _calibration[uorb_index]. Correct(report. pressure);
                                                                                         (9)
               float data_array[3] {pressure_corrected, report. temperature, PressureToAltitude
                         (pressure_corrected)};
               _voter. put(uorb_index, report. timestamp, data_array, report. error_count, _
                         priority[uorb_index]);                                          (10)
               _timestamp_sample_sum[uorb_index] += report. timestamp_sample;
               _data_sum[uorb_index] += pressure_corrected;
               _temperature_sum[uorb_index] += report. temperature;
               _data_sum_count[uorb_index]++;
               _last_data[uorb_index] = pressure_corrected;                              (11)
               updated[uorb_index] = true;

          }
     }
}
int best_index = 0;
_voter. get_best(time_now_us, &best_index);                                             (12)
if (best_index >= 0)
{
     if ((_selected_sensor_sub_index != best_index) && !parameter_update)
     {                                                                                   (13)
          for (auto &sub : _sensor_sub)
          {
               sub. unregisterCallback();
          }
          _selected_sensor_sub_index = best_index;
          _sensor_sub[_selected_sensor_sub_index]. registerCallback();                   (14)
     }
}
if (_param_sens_baro_rate. get() > 0)
{
     int interval_us = 1e6f / _param_sens_baro_rate. get();
     for (int instance = 0; instance < MAX_SENSOR_COUNT; instance++)
     {
```

```
        if (updated[instance] && (_data_sum_count[instance] > 0))
    {
        const hrt_abstime timestamp_sample = _timestamp_sample_sum[instance] /
                                _data_sum_count[instance];
        if (timestamp_sample >= _last_publication_timestamp[instance] + interval_us)
        {
            bool publish = (time_now_us <= timestamp_sample + 1_s);
            if (publish)
            {
                publish = (_selected_sensor_sub_index >= 0) && (instance == _selected_
                        sensor_sub_index) && (_voter. get_sensor_state(_selected_sensor_
                        sub_index) == DataValidator::ERROR_FLAG_NO_ERROR);
            }
            if (publish)
            {
                const float pressure_pa = _data_sum[instance] / _data_sum_count[instance];
                const float temperature = _temperature_sum[instance] / _data_sum_count[instance];
                                                                            (15)
                float altitude = PressureToAltitude(pressure_pa, temperature);       (16)
                float air_density = pressure_pa / (CONSTANTS_AIR_GAS_CONST * (_air_
                temperature_celsius - CONSTANTS_ABSOLUTE_NULL_CELSIUS)); (17)
                vehicle_air_data_s out{};                                           (18)
                out. timestamp_sample = timestamp_sample;
                out. baro_device_id = _calibration[instance]. device_id();
                out. baro_alt_meter = altitude;
                out. baro_temp_celcius = temperature;
                out. baro_pressure_pa = pressure_pa;
                out. rho = air_density;
                out. calibration_count = _calibration[instance]. calibration_count();
                out. timestamp = hrt_absolute_time();
                _vehicle_air_data_pub. publish(out);
            }
            _last_publication_timestamp[instance] = timestamp_sample;
            _timestamp_sample_sum[instance] = 0;
            _data_sum[instance] = 0;
            _temperature_sum[instance] = 0;
            _data_sum_count[instance] = 0;
        }
    }
}
```

```
    if （!parameter_update)
    {
        CheckFailover(time_now_us);                                    (19)
    }
    UpdateStatus();                                                    (20)
    ScheduleDelayed(50_ms);
    perf_end(_cycle_perf);
}
```

（1）大气数据程序主函数，Sensors 模块启动后调用 start 函数启动本模块。

（2）更新配置参数，包括传感器优先级、校准参数等。

（3）根据空速传感器模块发布的 uORB 消息 differential_pressure 得到大气温度，并将其限制在 $[-20\ ℃, 35\ ℃]$ 范围内，从而避免飞行时空速计发热引起误差。

（4）通过气压计消息时间戳和当前时刻的间隔是否超过 1 s 来判断气压计模块发布的数据是否更新，最多支持 MAX_SENSOR_COUNT = 4 路气压计。

（5）获取各气压计发布的 uORB 消息 sensor_baro 数据。

（6）判断当前气压计设备与校准设备 ID 是否一致，不一致时将校准设备 ID 置为发布消息对应气压计的设备 ID，同时更新设备优先级。在 PX4 系统中，传感器在经过校准后，会给每个同类的传感器生成一个优先级，该优先级在传感器余度表决机制中起着重要作用。

（7）强制更新校准参数。

（8）获取气压计校准数据，主要为气压热偏移 thermal_offset。

（9）获取修正后的大气压。修正后的大气压＝气压计测量气压 － 热偏移 thermal_offset － 常值偏差 offset。

（10）多余度传感器表决机制，主要通过气压计错误计数和传感器的优先级进行优选。put 函数将传感器数据处理后赋值到相应的 GROUP 中（PX4 系统里管理冗余传感器数据采用的是一种类似链表的数据结构，这里称之为 GROUP），主要处理内容包括根据传感器错误计数_error_count 计算错误密度_error_density、均方根误差_rms 等数据，为后面计算信任值 confidence 奠定基础。

（11）统计气压计数据，包括采样时间间隔、修正后的气压、温度、计数器以及上一帧修正后的气压。

（12）表决获得当前最优气压计的设备编号。根据最优传感器和当前传感器的信任值及优先级进行判断，其中，信任值 confidence = 1 － error_density/ERROR_DENSITY_WINDOW，error_density 是上述 put 函数里计算的错误密度，ERROR_DENSITY_WINDOW 为常数 100。当目前最优传感器失效且当前传感器优先级比最优传感器高或者相等的情况下，信任度高的传感器才可能取代目前的最优传感器。

（13）将工作队列触发消息源切换至最优气压计，在参数更新过程中不会切换。

（14）取消已注册的触发消息，重新将工作队列注册到最优传感器的 uORB 消息上。

（15）在采样周期内计算大气压力 P 和大气温度的平均值 T，并进行平滑处理。

（16）计算气压高度，$H = \left[\left(\dfrac{P}{P_1}\right)^{\frac{-aR}{g}} T_1 - T_1\right]/a$，其中：$P$ 为大气压（单位：KPa）；$P_1 =$

101.325 kPa 为标准海平面大气压；$a = -0.0065\ \dfrac{\text{K}}{\text{km}}$ 为温度梯度；$R = 287.1\ \dfrac{\text{J}}{(\text{kg} \cdot \text{K})}$；$T_1 = 288.15\ \text{K}$ 为标准海平面温度，g 为重力加速度。

（17）根据大气压强计算大气密度，$\rho = P / (R * T)$。

（18）填充并发布大气数据消息 vehicle_air_data。

（19）参数未更新时进行故障检测、定位、记录和报告，并将失效传感器的优先级降至最低。

（20）填充并发布 uORB 消息 sensors_status，主要包括当前使用气压计的优先级、设备 ID、健康状态、是否外置等信息。

14.2 空 速 计

14.2.1 传感器原理

空速是固定翼飞行器飞行控制中非常关键的参数。当无人机的空速发生改变时，其所受气动力和气动力矩均会改变，飞行控制律中的大量控制参数需要随空速调节，只有准确的空速才能正确地控制无人机。在无人机上，空速一般通过空速计（包含一般安装在机头的空速管和连接飞控板的空速处理单元两部分）来间接测量，其测量原理是通过对相对气流压力的测量解算得到飞行器的飞行速度流体力学中的伯努利方程是测量空速的基本方程，不可压缩流的具体形式如下。

$$p + \frac{\rho V^2}{2} = p_t = \text{const} \tag{14-1}$$

从伯努利方程中可以看出，只要测量出流场中某处压力 p、密度 ρ 和总压 p_t，即可算出真空速 V。空速管测量原理如图 14-6 所示，其由一个迎着气流开口的内管（称为总压管）和侧面有若干小孔的外管（称为静压管）组成，两管通过密封的导管与空速处理单元连接。

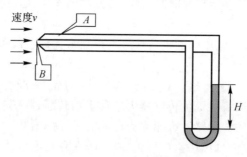

图 14-6 空速管测量原理

气流流经空速管后分成两股，一股气流受到阻滞，完全失去动能并转为压力，图中 B 点测量的就是总压 p_t。另一股气流继续流动经过静压孔，可认为这股气流完全未受扰动，图

中 A 点测量的就是静压 p。由式(14 - 1)可得

$$V = \sqrt{\frac{2(p_{\mathrm{t}} - p)}{\rho}} = \sqrt{\frac{2\Delta p}{\rho}} \qquad (14 - 2)$$

式中：Δp 即空速管直接测量得到的压力差(简称压差)；V 为解算得到的真空速；ρ 为当地的空气密度。PX4 系统将空气视为理想大气,根据当地的大气压力和温度可以计算出当地的空气密度。

由指示空速与真空速的关系可得

$$V_i = \sqrt{\frac{\rho}{\rho_0}} V = \sqrt{\frac{2\Delta p}{\rho_0}} \qquad (14 - 3)$$

式中：ρ_0 为标准海平面的大气密度,固定为 1.225 kg/m³,也即空速管测量的压差直接对应于指示空速 V_i。

PX4 系统支持的常用空速计包括 Sensirion SDP3X (SENS_EN_SDP3X)、TE MS4525 (SENS_EN_MS4525DO)、TE MS5525 (SENS_EN_MS5525DS)、Eagle Tree Airspeed Sensor (SENS_EN_ETSASPD),括号内为启用该空速计的配置参数,将对应的配置参数值置成 1 即可。如果有多个空速传感器,则可以使用配置参数 ASPD_PRIMARY 进行配置,其中 ASPD_PRIMARY 为-1 表示禁用空速,为 0 表示合成空速估计,为 1、2 和 3 反映了空速传感器的启动顺序。本书以 MS4525DO 空速计为例介绍空速数据的获取过程,其实物如图 14 - 7 所示。

图 14 - 7　MS4525DO 空速计实物图

MS4525DO 空速计是一种小型、低成本、高性能传感器,通过使用板载专用集成电路针对传感器偏移、灵敏度、温度效应和非线性进行了充分校准和温度补偿。经校准的压力输出值(14 位数字压力输出)会以 1 kHz 左右频率更新,并在 0～60 ℃温度(11 位数字温度输出)范围内进行校准。该传感器可在 3.3～5.0 V 直流电源条件下工作,通过 SPI 或 I2C 总线与主机连接。

x7+pro 通过 I2C 总线与 MS4525DO 空速计进行通信。作为 I2C 接口的设备都会有一个设备地址,MS4525DO 空速计也不例外,其 I2C 地址在出厂时已设定(不同尾号的空速计地址不同,MS4525DO 空速计的地址为 0X48H)。

在 I2C 通信模式下,MS4525DO 空速计有 Read_MR、Read_DF2、Read_DF3 和 Read_DF4 四个操作指令,想要获取 MS4525DO 空速计的数据需要通过上述指令来实现,不同指令获取不同的数据,这些指令的具体报文格式如图 14 - 8 所示。从报文格式可以看出,这些指令本质上没有区别,读多少数据完全由主机(即驱动程序)控制。需要注意的是,上述报文

中最高两位存储的是数据包状态信息,用于表示获取的数据是最新的还是旧的或者错误报警,通过判断这两位数据可以确定数据解析时如何处理相应的报文。上述指令中最重要的是 Read_DF4,通过该指令可获取压差和温度等具体测量数据,报文总长为 4 字节 32 位,其中最高两位(30 和 31 位)存储的是状态信息,紧接着的 14 位(16~29 位)存储的是压差信息,再接着的是 11 位(5~15 位)存储的大气温度信息,最低的 5 位(0~4 位)是无效位。

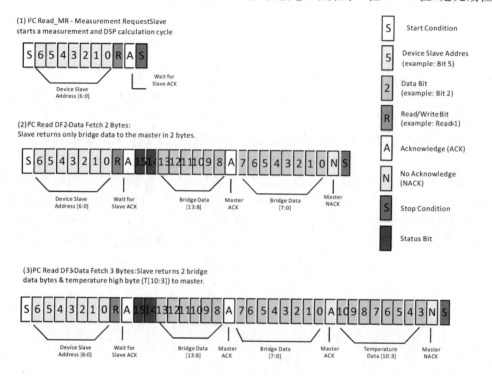

图 14-8 空速计数据报文格式

14.2.2 MS4525DO 传感器源码

目录 ./src/drivers/differential_pressure/ms4525do 中的 MS4525DO 类是 MS4525DO 空速计模块主程序,其继承自基类 device::I2C 和 I2CSPIDriver。在启动子脚本 rc.sensors 中用如下语句启动空速计模块。

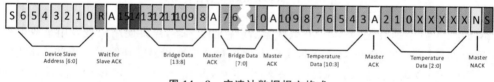

```
ms4525do start - X
```

MS4525DO 类内函数 RunImpl 是空速计模块的核心和实际入口,在 PX4 系统工作队列上以 10 ms 的固定周期重复执行,作用是采集传感器测量数据并通过 uORB 消息 differential_pressure(压差)发布,供其他模块使用。

```cpp
void MS4525DO::RunImpl()
{
    switch (_state)                                                          (1)
    {
    case STATE::MEASURE:
        {
            uint8_t cmd = ADDR_READ_MR;
            if (transfer(&cmd, 1, nullptr, 0) == OK)                         (2)
            {
                _timestamp_sample = hrt_absolute_time();
                _state = STATE::READ;
                ScheduleDelayed(2_ms);
            }
        }
        break;
    case STATE::READ:                                                        (3)
        perf_begin(_sample_perf);
        uint8_t data_1[4] {};
        int ret1 = transfer(nullptr, 0, &data_1[0], sizeof(data_1));
        uint8_t data_2[4] {};
        int ret2 = transfer(nullptr, 0, &data_2[0], sizeof(data_2));
        perf_end(_sample_perf);
        if (ret1 != PX4_OK || ret2 != PX4_OK)
        {
            perf_count(_comms_errors);
        }
        else                                                                (4)
        {
            const uint8_t status_1 = (data_1[0] & 0b1100'0000) >> 6;         (5)
            const uint8_t status_2 = (data_2[0] & 0b1100'0000) >> 6;
            const uint8_t bridge_data_1_msb = (data_1[0] & 0b0011'1111);     (6)
            const uint8_t bridge_data_2_msb = (data_2[0] & 0b0011'1111);
            const uint8_t bridge_data_1_lsb = data_1[1];
            const uint8_t bridge_data_2_lsb = data_2[1];
            int16_t bridge_data_1 = (bridge_data_1_msb << 8) + bridge_data_1_lsb;
            int16_t bridge_data_2 = (bridge_data_2_msb << 8) + bridge_data_2_lsb;
            int16_t temperature_1 = ((data_1[2] << 8) + (0b1110'0000 & data_1[3])) /
                                    (1 << 5);                               (7)
            int16_t temperature_2 = ((data_2[2] << 8) + (0b1110'0000 & data_2[3])) /
                                    (1 << 5);
```

```
        if ((status_1 == (uint8_t)STATUS::Normal_Operation) && (status_2 == (uint8_
t)STATUS::Stale_Data) && (bridge_data_1_msb == bridge_data_2_msb) && (temperature_1 =
= temperature_2))                                                            (8)
        {
            float temperature_c = ((200.f * temperature_1) / 2047) - 50.f;       (9)
            static constexpr float P_min = -1.f;
            static constexpr float P_max = 1.f;
            const float diff_press_PSI = -((bridge_data_1 - 0.1f * 16383.f) *
                        (P_max - P_min) / (0.8f * 16383.f) + P_
                        min);                                                    (10)
            static constexpr float PSI_to_Pa = 6894.757f;
            float diff_press_pa = diff_press_PSI * PSI_to_Pa;                    (11)
            if (hrt_elapsed_time(&_timestamp_sample) < 20_ms)
            {
                differential_pressure_s differential_pressure{};                (12)
                differential_pressure.timestamp_sample = _timestamp_sample;
                differential_pressure.device_id = get_device_id();
                differential_pressure.differential_pressure_pa = diff_press_pa;
                differential_pressure.temperature = temperature_c;
                differential_pressure.error_count = perf_event_count(_comms_errors);
                differential_pressure.timestamp = hrt_absolute_time();
                _differential_pressure_pub.publish(differential_pressure);
                _timestamp_sample = 0;
            }
        }
    }
    _state = STATE::MEASURE;                                                     (13)
    ScheduleDelayed(10_ms);                                                      (13)
    break;
    }
}
```

（1）判断传感器工作状态，先发空速计测量指令，再进行数据读取。

（2）发送测量指令 ADDR_READ_MR = 0x00，发送成功后传感器工作状态变为读取，并延迟 2 ms。

（3）分两次发送 Read_DF4 指令读取数据，每次读取 4 字节数据。第一次读取全面数据，第二次把读取的数据与第一次读取的数据相比较，提高置信度。

（4）两次读取均成功后再进行传感器原始数据解析。

（5）数据包中的最高两位存储的为状态信息。

（6）解析桥接数据 bridge_data，即原始数据包中的 16～29 位的压差信息 Δp_0，需要经过转换后变成压差值。

(7)解析大气温度信息T_0,即原始数据包中的5~15位数据,需要经过转换后变成大气温度值。

(8)判断空速计反馈的状态是否为故障状态。空速计正常的标准是:第一次为正常操作数据,第二次为已提取数据,且两次桥接数据和温度应一致。

(9)根据大气温度信息转换得到大气温度值,$T=(200\times T_0)/2\,047-50$,单位为℃。

(10)根据压差信息换算得到压差值,$\Delta p=\dfrac{0.1\times16\,383-\Delta p_0}{0.8\times16\,383}(\Delta p_{max}-\Delta p_{min})+$

Δp_{min},单位为PSI。空速计有两个端口,端口1为总压,端口2为静压,当端口1的压力大于端口2的压力时产生正压差,原始压差信息是反向的。

(11)将压差值的单位转换为Pa。

(12)填充并发布uORB消息differential_pressure,包括设备ID、大气温度、压差、采样时间等。

(13)完成读取后,将空速计工作状态置为测量,重复进行"测量—读取"的处理循环。

(14)以10 ms为周期重复执行。

14.2.3 空速数据模块

Sensors模块的主函数会调用diff_pres_poll函数,其根据压差消息differential_pressure计算指示空速、真空速等各类空速信息,并通过uORB消息airspeed发布相应的结果。

```
void Sensors::diff_pres_poll()
{
    differential_pressure_s diff_pres{};
    if (_diff_pres_sub.update(&diff_pres))                                      (1)
    {
        vehicle_air_data_s air_data{};
        _vehicle_air_data_sub.copy(&air_data);                                 (2)
        float air_temperature_celsius = NAN;
        if (PX4_ISFINITE(diff_pres.temperature) && (diff_pres.temperature >= -40.f) &&
          (diff_pres.temperature <= 125.f))                                     (3)
        {
            air_temperature_celsius = diff_pres.temperature;
        }
        else
        {
            if ((air_data.timestamp != 0) && PX4_ISFINITE(air_data.baro_temp_celcius) &&
              (air_data.baro_temp_celcius >= -40.f) && (air_data.baro_temp_celcius <= 125.f))
            {
```

```
                    air_temperature_celsius = air_data. baro_temp_celcius − PCB_TEMP_ESTIMATE_DEG；
        }
    }
    float airspeed_input[3] { diff_pres. differential_pressure_pa, air_temperature_celsius，0. 0f }；
    _airspeed_validator. put(diff_pres. timestamp_sample，airspeed_input,
                    diff_pres. error_count，100)；                                    (4)
    _diff_pres_timestamp_sum += diff_pres. timestamp_sample；
    _diff_pres_pressure_sum += diff_pres. differential_pressure_pa；
    _diff_pres_temperature_sum += air_temperature_celsius；
    _baro_pressure_sum += air_data. baro_pressure_pa；
    _diff_pres_count++；
    if ((_diff_pres_count > 0) && hrt_elapsed_time(&_airspeed_last_publish) >= 50_ms)
    {
        const uint64_t timestamp_sample = _diff_pres_timestamp_sum / _diff_pres_count；  (5)
        const float differential_pressure_pa = _diff_pres_pressure_sum / _diff_pres_count − _
        parameters. diff_pres_offset_pa；
        const float baro_pressure_pa = _baro_pressure_sum / _diff_pres_count；
        const float temperature = _diff_pres_temperature_sum / _diff_pres_count；
        _diff_pres_timestamp_sum = 0；
        _diff_pres_pressure_sum = 0；
        _diff_pres_temperature_sum = 0；
        _baro_pressure_sum = 0；
        _diff_pres_count = 0；
        enum AIRSPEED_SENSOR_MODEL smodel = AIRSPEED_SENSOR_MODEL_
                                            MEMBRANE；
        float indicated_airspeed_m_s = calc_IAS_corrected((enum AIRSPEED_COMPENSATION_
MODEL) _parameters. air_cmodel, smodel，_parameters. air_tube_length，_parameters. air_tube_
diameter_mm, differential_pressure_pa, baro_pressure_pa, temperature)；          (6)
        float true_airspeed_m_s = calc_TAS_from_CAS(indicated_airspeed_m_s,
                                    baro_pressure_pa, temperature)；   (7)
        if (PX4_ISFINITE(indicated_airspeed_m_s) && PX4_ISFINITE(true_airspeed_m_s))
        {
            airspeed_s airspeed；                                              (8)
            airspeed. timestamp_sample = timestamp_sample；
            airspeed. indicated_airspeed_m_s = indicated_airspeed_m_s；
            airspeed. true_airspeed_m_s = true_airspeed_m_s；
            airspeed. air_temperature_celsius = temperature；
            airspeed. confidence = _airspeed_validator. confidence(hrt_absolute_time())；
```

```
                    airspeed. timestamp = hrt_absolute_time();
                    _airspeed_pub. publish(airspeed);
                    _airspeed_last_publish = airspeed. timestamp;
                }
            }
        }
}
```

（1）获取 uORB 压差消息包。

（2）获取 uORB 大气数据消息包。

（3）获取大气温度。当压差消息包中温度在[－40 ℃，125 ℃]正常范围内时，则大气温度直接取压差消息包中的温度，否则大气温度为大气数据消息包中的温度减去 PCB 升温修正温度（5 ℃）。

（4）同大气数据程序一样，需要对各个空速计测量数据进行表决，此处计算并准备表决数据。

（5）在 50 ms 周期内对大气温度、大气压力和压差值取平均值。

（6）计算指示空速，$V_i = \sqrt{2 \times \Delta p / 1.225}$。

（7）根据指示空速计算真空速，$V_c = V_i \times \sqrt{1.225 \times \rho}$，其中 ρ 表示当地空气密度。这里不考虑校准空速和马赫数修正，仅根据大气压力和温度计算当地空气密度，$\rho = p / [287.1 \times (T + 273.1)]$。

（8）填充并发布空速消息 airspeed，包括指示空速、校准空速、大气温度等信息。

目录. /src/modules/airspeed_selector 中的 AirspeedModule 类给出了 PX4 系统最优空速处理模块，在启动脚本中用如下语句启动该模块。

```
airspeed_selector start
```

AirspeedModule 类内函数 Run 是整个模块的核心和实际入口，在 PX4 系统工作队列上以 10 ms 为固定周期重复执行，主要作用是获取最优空速，并以 uORB 消息 airspeed_validated 发布。uORB 主题 airspeed_validated 的定义如下。

uint64 timestamp	♯ 时间戳
float32 indicated_airspeed_m_s	♯ 指示空速（单位：m/s）
float32 calibrated_airspeed_m_s	♯ 校准空速（单位：m/s），即考虑仪器位置安装误差修正后的指示空速
float32 true_airspeed_m_s	♯ 真空速（单位：m/s）
float32 calibrated_ground_minus_wind_m_s	♯ 根据地速和风速计算得到的校准空速（单位：m/s）
float32 true_ground_minus_wind_m_s	♯ 根据地速和风速计算得到的真空速（单位：m/s）
bool airspeed_sensor_measurement_valid	♯ 空速计测量值是否有效。如果有至少 1 个空速计测量值有效即为真
int8 selected_airspeed_index	♯ 空速传感器索引。特殊情况是：0 表示采用地速和风速计算空速，－1 表示空速无效

最优空速处理模块主函数的源码如下。

```
void AirspeedModule::Run()
{
    _time_now_usec = hrt_absolute_time();
    perf_begin(_perf_elapsed);
    if (!_initialized)
    {
        init();                                                                         (1)
        for (int i = 0; i < MAX_NUM_AIRSPEED_SENSORS; i++)
        {
            _airspeed_validator[i].set_CAS_scale_validated(_param_airspeed_scale[i]);   (2)
            _airspeed_validator[i].set_scale_init(_param_airspeed_scale[i]);
        }
        _initialized = true;
    }
    parameter_update_s update;
    if (_parameter_update_sub.update(&update))
    {
        update_params();                                                                (3)
    }
    poll_topics();                                                                      (4)
    update_wind_estimator_sideslip();                                                   (5)
    update_ground_minus_wind_airspeed();                                                (6)
    if (_number_of_airspeed_sensors > 0)
    {
        const bool in_air_fixed_wing = !_vehicle_land_detected.landed && _position_setpoint.type
                            != position_setpoint_s::SETPOINT_TYPE_LAND;
        const matrix::Vector3f vI(_vehicle_local_position.vx, _vehicle_local_position.vy,
                            _vehicle_local_position.vz);
        struct airspeed_validator_update_data input_data = {};                          (7)
        input_data.timestamp = _time_now_usec;
        input_data.ground_velocity = vI;
        input_data.lpos_valid = _vehicle_local_position_valid;
        input_data.lpos_evh = _vehicle_local_position.evh;
        input_data.lpos_evv = _vehicle_local_position.evv;
        input_data.att_q[0] = _vehicle_attitude.q[0];
        input_data.att_q[1] = _vehicle_attitude.q[1];
        input_data.att_q[2] = _vehicle_attitude.q[2];
        input_data.att_q[3] = _vehicle_attitude.q[3];
        input_data.air_pressure_pa = _vehicle_air_data.baro_pressure_pa;
        input_data.accel_z = _accel.xyz[2];
        input_data.vel_test_ratio = _estimator_status.vel_test_ratio;
```

```
            input_data. mag_test_ratio = _estimator_status. mag_test_ratio;
            for (int i = 0; i < _number_of_airspeed_sensors; i++)
            {
                airspeed_s airspeed_raw;
                if (_airspeed_subs[i]. update(&airspeed_raw))                        (8)
                {
                    input_data. airspeed_indicated_raw = airspeed_raw. indicated_airspeed_m_s;
                    input_data. airspeed_true_raw = airspeed_raw. true_airspeed_m_s;
                    input_data. airspeed_timestamp = airspeed_raw. timestamp;
                    input_data. air_temperature_celsius = airspeed_raw. air_temperature_celsius;
                    if (_in_takeoff_situation && (airspeed_raw. indicated_airspeed_m_s > _param_fw_
                        airspd_stall. get() ||_ground_minus_wind_CAS > _param_fw_airspd_stall. get()))
                    {
                        _in_takeoff_situation = false;
                    }
                    if (!in_air_fixed_wing)
                    {
                        _in_takeoff_situation = true;
                    }
                    input_data. in_fixed_wing_flight = (armed && in_air_fixed_wing &&
                                                        !_in_takeoff_situation);
                    _airspeed_validator[i]. update_airspeed_validator(input_data);            (9)
                    _time_last_airspeed_update[i] = _time_now_usec;
                }
            }
        select_airspeed_and_publish();                                               (10)
        perf_end(_perf_elapsed);
}
```

(1)在初始化函数 init 中检查已连接的空速计并初始化可用的空速计索引号,PX4 系统最多支持连接 3 个空速计。

(2)设置校准空速和风速修正系数,也是指示空速转为校准空速的校准系数。

(3)更新配置参数。

(4)更新最优空速估计所需的所有消息,包括当前大气温度、加速度、当前位置等。

(5)调用 WindEstimator 类估计风场,即根据地速、空速和姿态四元数数据,通过卡尔曼滤波算法估计风速和空速校准系数,填充 uORB 消息 airspeed_wind。卡尔曼滤波算法的相关介绍见本书下一章。

(6)根据地速和估计的水平风速,计算校准空速和真空速,真空速等于地速减风速。

(7)根据订阅的相关消息,填充结构体变量 airspeed_validator_update_data。

(8)获取空速消息数据。

（9）计算空速相关数据，主要是根据空速消息中的指示空速计算校准空速和真空速。

（10）根据空速计失效或切换状态以及飞机所处的阶段（地面或者空中）表决最优空速传感器，填充并发布最优空速消息 airspeed_validated 和风场消息 airspeed_wind。

14.3 磁 力 计

14.3.1 传感器原理

地球空间分布有大约 $0.5 \sim 0.6$ Gs 的磁场，磁力计是测量地球磁场（简称地磁）强度和方向的仪器，从而可获取飞机相对于地磁线的偏转方位，也即飞机磁航向。由于地磁强度非常弱，所以磁力计容易受周围环境的干扰。飞机上的钢铁物质和工作的用电设备会形成局部磁场，会对磁力计指示产生误差。因此，磁力计的安装应尽可能远离大电流通过的线缆或钢铁物质。

地磁线在地球表面的水平投影与地轴系 Ox_g 轴并不重合，两者之间存在磁偏角 ψ_0。磁偏角是地磁强度的水平投影与地理正北方向之间的夹角，地球各地的磁偏角不同。地磁强度向量指向偏向地理正北方向以东磁偏角为正，偏向地理正北方向以西磁偏角为负。此外，地磁线收敛于南北极，因此地磁强度向量与水平面不平行。地磁强度向量与水平面的夹角称为磁倾角 θ_0，也称为磁纬度。一般而言，越靠近地磁极，磁倾角越大，即磁纬度越高。

x7＋pro 硬件内置 RM3100 磁力计（见图 14－9），可提供 24 位高分辨率、低功耗、无滞后、无偏移、大动态范围和高采样率地磁强度数据，非常适合需要精确磁航向或高精度磁场强度测量值的应用。

图 14－9 RM3100 磁力计实物

x7＋pro 通过 SPI2 总线与 RM3100 磁力计进行通信，在. /boards/cuav/x7pro/src/spi. cpp 中进行 RM3100 磁力计的 SPI 总线初始化。

```
initSPIBus(SPI::Bus::SPI2,
{
initSPIDevice(DRV_MAG_DEVTYPE_RM3100, SPI::CS{GPIO::PortF, GPIO::Pin2}, SPI::DRDY
{GPIO::PortE, GPIO::Pin4}),
```

下面结合 RM3100 数据手册简述其数据采集过程,RM3100 主要的寄存器见表 14 - 3,
在源码文件 rm3100.h 中进行了相关定义。

表 14 - 3   RM3100 磁力计寄存器

名称	寄存器 (Hex)	读/写 (RW)	默认值 (Hex)	数据 格式	描 述
POLL	00	RW	00	[7:0]	单个测量的轮询
CMM	01	RW	00	[7:0]	启动连续测量模式
CCX	04—05	RW	00C8	UInt16	X 轴循环计数寄存器
CCY	06—07	RW	00C8	UInt16	Y 轴循环计数寄存器
CCZ	08—09	RW	00C8	Uint16	Z 轴循环计数寄存器
TMRC	0B	RW	96	[7:0]	设置连续测量模式数据速率
ALLX	OC—OE	RW	000000	Uint24	X 轴值下限报警
AULX	OF—11	RW	000000	Uint24	X 轴值上限报警
ALLY	12—14	RW	000000	Uint24	Y 轴值下限报警
AULY	15—17	RW	000000	Uint24	Y 轴值上限报警
ALLZ	18—1A	RW	000000	Uint24	Z 轴值下限报警
AULZ	18—10	RW	000000	Uint24	Z 轴值上限报警
ADLX	1E—1F	RW	0000	UInt16	X 轴值滞后报警
ADLY	20—21	RW	0000	UInt16	Y 轴值滞后报警
ADLZ	22—23	RW	0000	UInt16	Z 轴值滞后报警
MX	24—26	R	000000	Uint24	X 轴测量值
MY	27—29	R	000000	Uint24	Y 轴测量值
MZ	2A—2C	R	000000	Uint24	Z 轴测量值
BIST	33	RW	00	[7:0]	内置自检测
STATUS	34	R	00	[7:0]	自身工作状态
HSHAKE	35	RW	1B	[7:0]	信号交换寄存器
REVID	36	R	—	Unit8	磁力计的 I2C 版本 ID

首先在 rm3100_main.cpp 中调用 RM3100::instantiate 函数进行初始化。

```
I2CSPIDriverBase * RM3100::instantiate(const I2CSPIDriverConfig &config, int runtime_instance)
{
    device::Device * interface = nullptr;
```

```
interface = RM3100_SPI_interface(config. bus, config. spi_devid, config. bus_frequency,
                        config. spi_mode);                                        (1)
interface->init();                                                                (2)
RM3100 * dev = new RM3100(interface, config);                                     (3)
dev->init();                                                                      (4)
return dev;
}
```

（1）RM3100 初始化，创建 rm3100_spi 类。

（2）调用 RM3100_SPI∷init() 进行 SPI 总线初始化，调用 RM3100_SPI∷read 函数通过寄存器 ADDR_REVID=0x36 读取 RM3100 设备 ID，默认为 0x22。

（3）创建 RM3100 类。

（4）RM3100 类初始化，通过 RM3100∷self_test() 进行自检测是否正常，主要调用 RM3100_SPI∷write 函数进行测量和转换周期设置，执行测试程序，直到获得有效结果或测试超时。

完成初始化后可以对测量数据进行循环读取的，详见 RM3100∷RunImpl() 函数。

14.3.2　RM3100 传感器源码

目录. /src/drivers/magnetometer/rm3100 中的 RM3100 类是 RM3100 磁力计模块主程序，其继承自基类 device∷I2C 和 I2CSPIDriver。在启动子脚本 rc. sensors 中用如下语句启动磁力计模块。

```
rm3100 - s - b 2 start
```

RM3100 类内函数 RunImpl 是磁力计模块的核心和实际入口，在 PX4 系统工作队列上以 13 ms 的固定周期重复执行，作用是采集传感器测量数据并通过 uORB 消息 sensor_mag（磁力计测量值）发布，供其他模块使用。

```
void RM3100∷RunImpl()
{
    struct
    {
        uint8_t x[3];
        uint8_t y[3];
        uint8_t z[3];
    } rm_report{};                                                                (1)
    const hrt_abstime timestamp_sample = hrt_absolute_time();
    int ret = _interface->read(ADDR_MX, (uint8_t *)&rm_report, sizeof(rm_report));  (2)
    int32_t xraw = ((rm_report. x[0] << 16) | (rm_report. x[1] << 8) | rm_report. x[2]);  (3)
    int32_t yraw = ((rm_report. y[0] << 16) | (rm_report. y[1] << 8) | rm_report. y[2]);
    int32_t zraw = ((rm_report. z[0] << 16) | (rm_report. z[1] << 8) | rm_report. z[2]);
    convert_signed(&xraw);                                                        (4)
```

```
    convert_signed(&yraw);
    convert_signed(&zraw);
    if (_raw_data_prev[0] != xraw || _raw_data_prev[1] != yraw || _raw_data_prev[2] != zraw)
    {
        _px4_mag. set_error_count(perf_event_count(_bad_transfer_perf) +
                                perf_event_count(_range_error_perf));
        _px4_mag. update(timestamp_sample, xraw, yraw, zraw);                    (5)
        _raw_data_prev[0] = xraw;
        _raw_data_prev[1] = yraw;
        _raw_data_prev[2] = zraw;
    }
}
```

(1)磁罗盘输出的 3 轴原始数据将存储在结构体变量 rm_report 中。

(2)发送指令 ADDR_MX = 0x24 读取磁力计原始数据。

(3)解析得到 3 轴原始磁场强度数据。

(4)将获取的传感器 24 位有符号数据转换为 32 位有符号数据。

(5)当磁力计测量数据出现变化时,调用 PX4Magnetometer 类的 update 函数填充并发布 uORB 消息 sensor_mag。

14.3.3　地磁强度数据模块

目录. /src/modules/sensors/vehicle_magnetometer 中的 VehicleMagnetometer 类给出了 PX4 系统的地磁强度数据模块,函数 Run 是整个模块的核心和实际入口,由 uORB 消息 sensor_mag 的更新触发执行,主要进行磁力计原始数据处理,最终发布 uORB 消息 vehicle_magnetometer(地磁强度值)供其他模块使用。uORB 主题 vehicle_magnetometer 的定义如下。

uint64 timestamp	♯ 时间戳
uint64 timestamp_sample	♯ 原始数据时间戳
uint32 device_id	♯ 投票选中的磁力计设备 ID
float32[3] magnetometer_ga	♯ 地磁强度向量在体轴系 3 轴分量(单位:Gauss)
uint8 calibration_count	♯ 校准变化计数

地磁强度数据模块主函数的源码如下。

```
void VehicleMagnetometer::Run()
{
    perf_begin(_cycle_perf);
    const hrt_abstime time_now_us = hrt_absolute_time();
    const bool parameter_update = ParametersUpdate();                         (1)
    UpdatePowerCompensation();                                                (2)
    UpdateMagBiasEstimate();                                                  (3)
```

```cpp
bool updated[MAX_SENSOR_COUNT] {};
for (int uorb_index = 0; uorb_index < MAX_SENSOR_COUNT; uorb_index++)
{
    const bool was_advertised = _advertised[uorb_index];
    if (_advertised[uorb_index])
    {
        sensor_mag_s report;
        while (_sensor_sub[uorb_index].update(&report))                          (4)
        {
            if (_calibration[uorb_index].device_id() != report.device_id)
            {
                _calibration[uorb_index].set_device_id(report.device_id);
                _priority[uorb_index] = _calibration[uorb_index].priority();     (5)
            }
            const Vector3f vect{_calibration[uorb_index].Correct(Vector3f{report.x, report.y,
                report.z}) - _calibration_estimator_bias[uorb_index]};           (6)
            float mag_array[3] {vect(0), vect(1), vect(2)};
            _voter.put(uorb_index, report.timestamp, mag_array, report.error_count,
                _priority[uorb_index]);                                          (7)
            _timestamp_sample_sum[uorb_index] += report.timestamp_sample;
            _data_sum[uorb_index] += vect;
            _data_sum_count[uorb_index]++;
            _last_data[uorb_index] = vect;
            updated[uorb_index] = true;
        }
    }
}
int best_index = 0;
_voter.get_best(time_now_us, &best_index);                                       (8)
if (_param_sens_mag_rate.get() > 0)
{
    int interval_us = 1e6f / _param_sens_mag_rate.get();
    const bool multi_mode = (_param_sens_mag_mode.get() == 0);
    for (int instance = 0; instance < MAX_SENSOR_COUNT; instance++)
    {
        if (updated[instance] && (_data_sum_count[instance] > 0))
        {
            const hrt_abstime timestamp_sample = _timestamp_sample_sum[instance] /
                                                 _data_sum_count[instance];
            if (timestamp_sample >= _last_publication_timestamp[instance] + interval_us)
            {
```

```
                bool publish = (time_now_us <= timestamp_sample + 1_s);              (9)
                if (!multi_mode && publish)
                {
                        publish = (_selected_sensor_sub_index >= 0) && (instance == _selected_
                        sensor_sub_index) && (_voter. get_sensor_state(_selected_sensor_sub_index)
                        == DataValidator::ERROR_FLAG_NO_ERROR);
                }
                if (publish)
                {
                        const Vector3f magnetometer_data = _data_sum[instance] /
                                                _data_sum_count[instance];           (10)
                        vehicle_magnetometer_s out{};
                        out. timestamp_sample = timestamp_sample;
                        out. device_id = _calibration[instance]. device_id();
                        magnetometer_data. copyTo(out. magnetometer_ga);
                        out. calibration_count = _calibration[instance]. calibration_count();
                        out. timestamp = hrt_absolute_time();                        (11)
                        if (multi_mode)
                        {
                                _vehicle_magnetometer_pub[instance]. publish(out);
                        }
                        else
                        {
                                _vehicle_magnetometer_pub[0]. publish(out);          (12)
                        }
                }
                _last_publication_timestamp[instance] = timestamp_sample;
                _timestamp_sample_sum[instance] = 0;
                _data_sum[instance]. zero();
                _data_sum_count[instance] = 0;
                }
        }
    }
}
if (!_armed)
{
    calcMagInconsistency();                                                          (13)
}
UpdateMagCalibration();                                                              (14)
UpdateStatus();                                                                      (15)
ScheduleDelayed(50_ms);
perf_end(_cycle_perf);
}
```

（1）磁力计参数更新，包括配置参数、磁力计补偿类型和优先级、校准偏差系数等。

（2）更新磁力计动力补偿系数，根据补偿类型 MagCompensationType（油门 Throttle 或电流 Current_inst0/1）计算并赋值给校准类 calibration∶∶Magnetometer 中的 UpdatePower 函数。

（3）获取磁力计偏差系数估计消息 magnetometer_bias_estimate，通过 calibration∶∶Magnetometer 类中的 BiasCorrectedSensorOffset 函数进行偏差修正。

（4）磁力计原始测量数据更新触发后续数据处理。

（5）磁力计设备号不同时，对校准后的磁力计序号和优先级赋值。

（6）调用 calibration∶∶Magnetometer 类中的 Correct 函数对磁力计原始数据进行修正，包括零偏、校准系数和动力补偿，并旋转至体轴系下。

（7）传感器多余度表决机制，和气压计处理方式类似。

（8）检查确认当前最优磁力计编号，根据目前最优和当前传感器信任值以及传感器优先级进行判断。

（9）判断是否发布 uORB 消息，磁力计更新周期为 1 s。

（10）在 50 ms 周期内对磁力计数据进行均值处理。

（11）填充并发布 uORB 消息 vehicle_magnetometer。

（12）根据发布类型，只发布第一个或多个磁力计数据。

（13）无人机未解锁时计算磁力计最大角度偏差，填充并发布消息 sensor_preflight_mag。

（14）通过卡尔曼滤波，使用方差比计算权重并更新磁力计存储的偏差值。

14.4　IMU

14.4.1　传感器原理

IMU（Inertial Measurement Unit）即惯性测量单元，一般采用微机电系统（Micro Electro Mechanical System，MEMS）方式，由三轴陀螺仪和三轴加速度计两部分组成。

陀螺仪是通过测量科氏力来测量载体相对于惯性系的角速度或者角度增量，当一个物体在坐标系中直线移动时，假设坐标系进行旋转，则在旋转的过程中物体会在其叉乘方向（线速度与角速度叉乘）感受到科氏力的作用，测量这个力便能得到旋转角速度的大小。实际传感器中，会将科氏力的大小转换为电容的变化，测量电容即可得到旋转角速度的大小，其测量原理如图 14-10 所示。

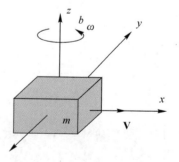

图 14-10　陀螺仪测量角速度原理图

陀螺仪测量角速度具有高动态特性,它是一个间接测量角度的器件,需要将角速度对时间积分才能得到角度。由于误差的存在,对陀螺仪测量角速度的积分并不能得到完全准确的姿态角,尤其是运行一段时间后,积分误差的累加会使得计算的姿态角和实际值相差甚远。陀螺仪常见的误差包括零点漂移、白噪声、温度/振动引起的偏差等。由于陀螺仪解算姿态角存在较大的误差,所以必须融合其他传感器进行辅助校正,姿态角融合估计原理及方法的讲解见本书下一章。

加速度计是一种机电设备,可感应静态或动态加速度。加速度计的测量原理较为简单,就是通过牛顿第二定律来测量三轴的加速度。实际传感器中,当物体受到加速度的作用会引起传感器内质量块位移的变化,产生正比于比力的电容变化,从而计算出加速度的大小。值得注意的是,加速度计测量结果是比力(去除重力加速度影响)而非线加速度,其测量原理图如图 14 - 11 所示。

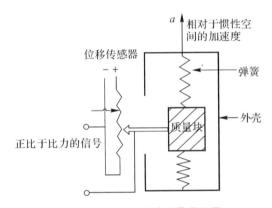

图 14 - 11　加速度计测量原理图

x7＋pro 板载 3 余度的 IMU,包括 ADIS16470、ICM－42688－P 和 ICM－20689。本书以 ADIS16470 传感器为例介绍 IMU 数据的获取过程,其实物如图 14 - 12 所示。

ADIS16470 传感器是亚德诺半导体技术有限公司生产的一款宽动态范围、微型 IMU,内置一个三轴陀螺仪和一个三轴加速度计。出厂时针传感器的灵敏度、偏置、对准和线性加速度已经进行校准,可提供高精度的传感器测量数据。x7＋pro 通过 SPI1 总线与 ADIS16470 传感器进行通信。

图 14 - 12　ADIS16470 传感器实物图

14.4.2　ADIS16470 传感器源码

目录./src/drivers/imu/analog_devices/adis16470 中的 ADIS16470 类是 ADIS16470 传感器模块主程序,其继承自基类 device::SPI 和 I2CSPIDriver。在启动子脚本 rc.sensors 中用如下语句启动传感器模块。

```
adis16470 - s - b 1 - R 2 start
```

ADIS16470 类内函数 RunImpl 是 IMU 模块的核心和实际入口，在 PX4 系统工作队列上以固定周期重复执行，作用是采集 IMU 测量的原始数据并通过 uORB 消息 sensor_accel（加速度计测量值）和 sensor_gyro（陀螺仪测量值）发布，供其他模块使用。

```
void ADIS16470::RunImpl()
{
    const hrt_abstime now = hrt_absolute_time();
    switch (_state)
    {
    case STATE::RESET:                                                    (1)
        perf_count(_reset_perf);
        RegisterWrite(Register::GLOB_CMD, GLOB_CMD_BIT::Software_reset);  (2)
        _reset_timestamp = now;
        _failure_count = 0;
        _state = STATE::WAIT_FOR_RESET;
        ScheduleDelayed(193_ms);
        break;
    case STATE::WAIT_FOR_RESET:                                           (3)
        if (_self_test_passed)
        {
            if ((RegisterRead(Register::PROD_ID) == Product_identification))  (4)
            {
                _state = STATE::CONFIGURE;
                ScheduleNow();
            }
        }
        else
        {
            RegisterWrite(Register::GLOB_CMD, GLOB_CMD_BIT::Sensor_self_test);  (5)
            _state = STATE::SELF_TEST_CHECK;
            ScheduleDelayed(14_ms);
        }
        break;
    case STATE::SELF_TEST_CHECK:                                          (6)
        {
            const uint16_t DIAG_STAT = RegisterRead(Register::DIAG_STAT);  (7)
            _self_test_passed = true;
            _state = STATE::RESET;
            ScheduleNow();
        }
        break;
```

```
case STATE::CONFIGURE:                                              （8）
    if (Configure())                                               （9）
    {
        _state = STATE::READ;
        if (DataReadyInterruptConfigure())
        {
            _data_ready_interrupt_enabled = true;
            ScheduleDelayed(100_ms);
        }
        else
        {
            _data_ready_interrupt_enabled = false;
            ScheduleOnInterval(SAMPLE_INTERVAL_US, SAMPLE_INTERVAL_US);
        }
    }
    ScheduleDelayed(100_ms);
    break;
case STATE::READ:                                                  （10）
    {
        hrt_abstime timestamp_sample = now;
        bool success = false;
        struct BurstRead
        {
            uint16_t cmd;
            uint16_t DIAG_STAT;
            int16_t X_GYRO_OUT;
            int16_t Y_GYRO_OUT;
            int16_t Z_GYRO_OUT;
            int16_t X_ACCL_OUT;
            int16_t Y_ACCL_OUT;
            int16_t Z_ACCL_OUT;
            int16_t TEMP_OUT;
            uint16_t DATA_CNTR;
            uint16_t checksum;
        } buffer{};
        static_assert(sizeof(BurstRead) == (176 / 8), "ADIS16470 report not 176 bits");
        buffer.cmd = static_cast<uint16_t>(Register::GLOB_CMD) << 8;
        set_frequency(SPI_SPEED_BURST);
        if (transferhword((uint16_t *)&buffer, (uint16_t *)&buffer,
                    sizeof(buffer) / sizeof(uint16_t)) == PX4_OK)      （11）
```

```
        {
            uint8_t * checksum_helper = (uint8_t *)&buffer.DIAG_STAT;
            uint16_t checksum = 0;
            for (int i = 0; i < 18; i++)
            {
                checksum += checksum_helper[i];
            }
            const float temperature = buffer.TEMP_OUT * 0.1f;
            _px4_accel.set_temperature(temperature);
            _px4_gyro.set_temperature(temperature);
            int16_t accel_x = buffer.X_ACCL_OUT;
            int16_t accel_y = buffer.Y_ACCL_OUT;
            int16_t accel_z = buffer.Z_ACCL_OUT;
            accel_y = (accel_y == INT16_MIN) ? INT16_MAX : -accel_y;
            accel_z = (accel_z == INT16_MIN) ? INT16_MAX : -accel_z;
            _px4_accel.update(timestamp_sample, accel_x, accel_y, accel_z);      (12)
            int16_t gyro_x = buffer.X_GYRO_OUT;
            int16_t gyro_y = buffer.Y_GYRO_OUT;
            int16_t gyro_z = buffer.Z_GYRO_OUT;
            gyro_y = (gyro_y == INT16_MIN) ? INT16_MAX : -gyro_y;
            gyro_z = (gyro_z == INT16_MIN) ? INT16_MAX : -gyro_z;
            _px4_gyro.update(timestamp_sample, gyro_x, gyro_y, gyro_z);          (13)
            success = true;
        }
    }
    break;
}
}
```

(1)根据状态变量_state 依次进行判断和操作控制,操作指令包括重置 RESET、等待重置 WAIT_FOR_RESET、自检测 SELF_TEST_CHECK、配置 CONFIGURE 和读取 READ。

(2)按传感器要求发送重置指令,GLOB_CMD = 0x3E。

(3)传感器进入等待重置状态。

(4)在自检测通过后,读取已验证指令 PROD_ID = 0x56 的结果。如果与产品标志符 Product_identification = 0x4040 一致,转入配置状态。

(5)如果自检测未通过,转入自检测状态。

(6)进入自检测状态。

(7)读取自检测状态,其中根据指令 Register::DIAG_STAT = 0x3C 的返回值判断陀螺仪、加速度计是否异常,从而判断 IMU 自检测是否通过。

(8)进入配置状态。

(9)发送指令 Register::LOT_ID1 = 0x52 读取 16 位校验和,检测所有的配置参数,包括配置加速度计 PX4Accelerometer 和陀螺仪 PX4Gyroscope 的校准系数和范围。

(10)进入读取状态。

(11)读取 IMU 原始数据。

(12)填充并更新加速度计参数,包括设置温度、传感器轴系定义转换和加速度计数据更新。调用 PX4Accelerometer::update 函数,先进行坐标系转换,再填充并发布 uORB 消息 sensor_accel。

(13)填充并更新陀螺仪参数,包括设置温度、传感器轴系定义转换和陀螺仪数据更新,调用 PX4Gyroscope::update 函数,先进行坐标系转换,再填充并发布 uORB 消息 sensor_gyro。

14.4.3　IMU 数据模块

目录./src/modules/sensors/vehicle_imu 中的 VehicleIMU 类给出了 PX4 系统 IMU 数据程序,主要进行 IMU 原始数据处理,最终发布 IMU 数据消息 vehicle_imu 供其他模块使用。类内函数 Run 是整个模块的核心和实际入口,由 Sensors 模块间接启动并由 uORB 消息 sensor_gyro 的更新触发执行。

```
void VehicleIMU::Run()
{
    const hrt_abstime now_us = hrt_absolute_time();
    const bool parameters_updated = ParametersUpdate();                    (1)
    ScheduleDelayed(_backup_schedule_timeout_us);
    _data_gap = false;
    while (_sensor_gyro_sub.updated() || _sensor_accel_sub.updated())       (2)
    {
        bool updated = false;
        bool consume_all_gyro = !_intervals_configured || _data_gap;
        if (_sensor_gyro_sub.updated() && (_gyro_update_latency_mean.count() > 100) &&
           (_gyro_update_latency_mean.mean()(1) > _gyro_interval_us * 1e-6f))
        {
            consume_all_gyro = true;                                        (3)
        }
        if (!_gyro_integrator.integral_ready() || consume_all_gyro)         (4)
        {
            if (UpdateGyro())                                               (5)
            {
                updated = true;
            }
        }
```

```
    while (_sensor_accel_sub. updated() && (!_accel_integrator. integral_ready() || !_
        intervals_configured || _data_gap || (_accel_timestamp_sample_last < (_gyro_
        timestamp_sample_last - 0.5f * _accel_interval_us))))                      (6)
    {
        if (UpdateAccel())                                                          (7)
        {
            updated = true;
        }
    }
    if (_update_integrator_config || !_intervals_configured)                        (8)
    {
        UpdateIntegratorConfiguration();
    }
    if ((consume_all_gyro || _data_gap) && _sensor_gyro_sub. updated())
    {
        continue;
    }
    if(_intervals_configured && _accel_integrator. integral_ready() &&
        _gyro_integrator. integral_ready())                                         (9)
    {
        if (Publish())
        {
            if (_gyro_update_latency_mean. count() > 10000)
            {
                _gyro_update_latency_mean. reset();                                 (10)
            }
            const float time_run_s = now_us * 1e-6f;
            _gyro_update_latency_mean. update(Vector2f{time_run_s - _gyro_timestamp_
                sample_last * 1e-6f, time_run_s - _gyro_timestamp_last * 1e-6f});
            break;
        }
    }
    if (!updated)
    {
        break;
    }
}
if (_param_sens_imu_autocal. get() && !parameters_updated)
{
    if ((_armed || !_accel_calibration. calibrated() || !_gyro_calibration. calibrated()) && (now
        _us > _in_flight_calibration_check_timestamp_last + 1_s))
```

```
            {
                SensorCalibrationUpdate();                                    (11)
                _in_flight_calibration_check_timestamp_last = now_us;
            }
            else if (!_armed)                                                 (12)
            {
                SensorCalibrationSaveAccel();
                SensorCalibrationSaveGyro();
            }
        }
}
```

(1)配置参数更新,包括加速度计和陀螺仪校准参数。

(2)由原始加速度计消息或者陀螺仪消息的更新触发执行。

(3)监控调度延迟,并在落后时强制赶上最新的陀螺仪数据。

(4)当积分器准备就绪且不存在滞后时再更新陀螺仪数据,即使用最新陀螺仪数据进行数据处理。

(5)陀螺仪数据更新,计算并填充 vehicle_imu_status 消息中与陀螺仪采样率相关的数据。

(6)当积分器准备就绪并赶上最新陀螺仪数据时再更新加速度计数据。

(7)加速度计数据更新,计算并填充 vehicle_imu_status 消息中与加速度计采样率相关的数据。

(8)如果计算的传感器数据处理时间间隔发生变化,则重新配置积分器。

(9)如果加速度计和陀螺仪积分器都准备就绪,则填充并发布 uORB 消息 vehicle_imu_status 和 vehicle_imu,包括加速度计和陀螺仪设备编号、平均值、原始数据、温度和采样率等。

(10)记录陀螺仪发布时间延迟和积分值。

(11)在无人机锁定状态下更新 IMU 校准参数。

(12)在无人机锁定状态下保存加速度计和陀螺仪数据校准。

目录./src/modules/sensors/vehicle_acceleration 中的 VehicleAcceleration 类给出了 PX4 系统加速度计数据处理,主要对原始加速度计进行校准、修正和滤波处理,最终发布 uORB 消息 vehicle_acceleration(飞机加速度)供其他模块使用。uORB 主题 vehicle_acceleration 的定义如下。

uint64 timestamp	# 时间戳
uint64 timestamp_sample	# 原始数据时间戳
float32[3] xyz	# 体轴系下经偏差修正后的三轴加速度(包含重力加速度)(单位:m/s^2)

类内函数 Run 是整个模块的核心和实际入口,由 Sensors 模块间接启动并由 uORB 消息 sensor_accel 的更新触发执行。

```
void VehicleAcceleration::Run()
{
    ScheduleDelayed(10_ms);
    bool selection_updated = SensorSelectionUpdate();                               (1)
    _calibration.SensorCorrectionsUpdate(selection_updated);                        (2)
    SensorBiasUpdate(selection_updated);                                            (3)
    ParametersUpdate();
    if (!PX4_ISFINITE(_filter_sample_rate))
    {
        CheckAndUpdateFilters();                                                    (4)
    }
    sensor_accel_s sensor_data;
    while (_sensor_sub.update(&sensor_data))                                        (5)
    {
        const Vector3f accel_raw{sensor_data.x, sensor_data.y, sensor_data.z};
        if (math::isFinite(accel_raw))
        {
            const Vector3f accel_corrected = _calibration.Correct(accel_raw) - _bias;   (6)
            const Vector3f accel_filtered = _lp_filter.apply(accel_corrected);      (7)
            _acceleration_prev = accel_corrected;
            if (!_sensor_sub.updated())
            {
                vehicle_acceleration_s v_acceleration;
                v_acceleration.timestamp_sample = sensor_data.timestamp_sample;
                accel_filtered.copyTo(v_acceleration.xyz);
                v_acceleration.timestamp = hrt_absolute_time();
                _vehicle_acceleration_pub.publish(v_acceleration);                  (8)
                return;
            }
        }
    }
}
```

(1)判断被选择的加速度计是否需要偏差修正。

(2)更新对应加速度计的偏差修正比例因子。

(3)更新相应的加速度计的零位偏差。

(4)检查并更新低通滤波器。

(5)由加速度计测量值消息 sensor_accel 更新触发后续数据处理。

(6)对加速度计原始数据进行修正。

(7)对修正后的数据进行低通滤波处理。

(8)填充并发布修正后的加速度计消息 vehicle_acceleration。

目录. /src/modules/sensors/vehicle_angular_velocity 中的 VehicleAngularVelocity 类给出了 PX4 系统陀螺仪数据处理,主要对原始陀螺仪进行校准、修正和滤波处理,最终发布 uORB 消息 vehicle_angular_velocity(飞机角速度)和 vehicle_angular_acceleration(飞机角加速度)供其他模块使用。uORB 主题 vehicle_angular_velocity 和 vehicle_angular_acceleration 的定义如下。

vehicle_angular_velocity	
uint64 timestamp	♯ 时间戳
uint64 timestamp_sample	♯ 原始数据时间戳
float32[3] xyz	♯ 体轴系下经偏差修正后的三轴角速度(单位:rad/s)

vehicle_angular_acceleration	
uint64 timestamp	♯ 时间戳
uint64 timestamp_sample	♯ 原始数据时间戳
float32[3] xyz	♯ 体轴系下经偏差修正后的三轴角加速度(单位:rad/s^2)

类内函数 Run 是整个模块的核心和实际入口,由 Sensors 模块间接启动并由 uORB 消息 sensor_gyro 的更新触发执行。

```
void VehicleAngularVelocity::Run()
{
    perf_begin(_cycle_perf);
    ScheduleDelayed(10_ms);
    const hrt_abstime time_now_us = hrt_absolute_time();
    const bool selection_updated = SensorSelectionUpdate(time_now_us);        (1)
    ParametersUpdate();                                                        (2)
    _calibration. SensorCorrectionsUpdate(selection_updated);                  (3)
    SensorBiasUpdate(selection_updated);                                       (4)
    UpdateDynamicNotchEscRpm(time_now_us);                                     (5)
    UpdateDynamicNotchFFT(time_now_us);                                        (6)
    sensor_gyro_s sensor_data;
    while (_sensor_sub. update(&sensor_data))                                  (7)
    {
        if (PX4_ISFINITE(sensor_data. x) && PX4_ISFINITE(sensor_data. y) &&
            PX4_ISFINITE(sensor_data. z))
        {
            const float inverse_dt_s = 1. f / math::constrain((((sensor_data. timestamp_sample − _
            timestamp_sample_last) * 1e−6f),0. 00002f, 0. 02f);
            _timestamp_sample_last = sensor_data. timestamp_sample;
            Vector3f angular_velocity_uncalibrated;
```

```
        Vector3f angular_acceleration_uncalibrated；
        float raw_data_array[] {sensor_data. x, sensor_data. y, sensor_data. z}；
        for (int axis ＝ 0；axis ＜ 3；axis＋＋)
        {
            float data[1] {raw_data_array[axis]}；
            angular_velocity_uncalibrated(axis) ＝ FilterAngularVelocity(axis, data)；        (8)
            angular_acceleration_uncalibrated(axis) ＝ FilterAngularAcceleration(axis, inverse_
            dt_s, data)；                                                                      (9)
        }
        if (!_sensor_sub. updated())
        {
          if (CalibrateAndPublish(sensor_data. timestamp_sample, angular_velocity_uncalibrated,
            angular_acceleration_uncalibrated))                                                (10)
          {
              perf_end(_cycle_perf)；
              return；
          }
        }
      }
    }
  perf_end(_cycle_perf)；
}
```

(1)判断被选择的陀螺仪是否要偏差修正。

(2)更新相关配置参数。

(3)更新对应陀螺仪偏差修正的比例因子。

(4)更新相应陀螺仪的零位偏差。

(5)动态更新动力转速引起的谐波滤波器参数,由于陀螺仪受动力振动耦合影响。

(6)动态更新谐波快速傅里叶变换参数。

(7)由陀螺仪测量值消息 sensor_gyro 更新触发后续数据处理。

(8)对陀螺仪 3 轴原始角速度数据进行滤波。

(9)对陀螺仪 3 轴原始角加速度数据进行滤波。

(10)对角速度/角加速度数据进行偏差修正并通过 uORB 消息发布。角加速度修正主要为坐标轴转换,对应的 uORB 消息为 vehicle_angular_acceleration。角速度修正包括比例因子、零位偏差以及时预计偏差,对应的 uORB 消息为 vehicle_angular_velocity。

14.5　GPS

14.5.1　传感器原理

全球定位系统(GPS)是授时、测距导航系统/全球定位系统(Navigation systerm Timing and Ranging/Global Positioning System)的简称。全球四大卫星定位系统分别是：中国北斗卫星导航系统(BDS)、美国全球定位系统(GPS)、俄罗斯格洛纳斯卫星导航系统(GNSS)和欧盟研制伽利略卫星导航系统(GSNS)。GPS 利用卫星发射的无线电信号进行导航定位，具有全球性、全天候、高精度、快速实时三维导航、定位、测速和授时功能，还具有良好的保密性和抗干扰性。

GPS 的定位原理是三角定位法。简单来说，就是通过在不同的位置测量卫星和接收器之间的距离，从而确定接收器的位置。

1. 伪距测量原理

卫星测距实施的是"到达时间差"(时延)的概念。利用每一颗 GPS 卫星的精确位置和连续发送的星上原子钟生成的导航信息可获得从卫星至接收机的到达时间差。

GPS 卫星在空中连续发送带有时间和位置信息的无线电信号，供 GPS 接收机接收。由于传输的距离因素，接收机接收到信号的时刻要比卫星发送信号的时刻延迟，通常称之为时延，所以也可以通过时延来确定距离。卫星和接收机同时产生同样的伪随机码，一旦两个码实现时间同步，接收机便能测定时延，然后将时延乘上光速便能得到距离 $d = c(T_x - T)$，其中 c 表示光速。GPS 系统的测距原理如图 14-13 所示。

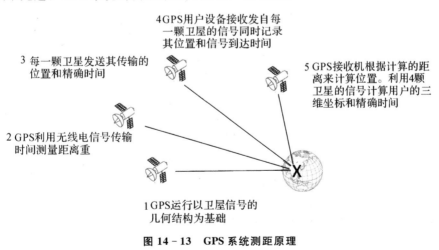

图 14-13　GPS 系统测距原理

2. 载波相位测量

通过测量计算从 GPS 卫星发射的原始载波相位与待测设备接收的载波相位之差，可以得到载波传输距离。和测试伪距原理一样计算待测点和卫星之间的距离，利用多个方程式可分别计算待测点的 X,Y,Z 坐标。GPS 载波相位测量原理如图 14-14 所示。

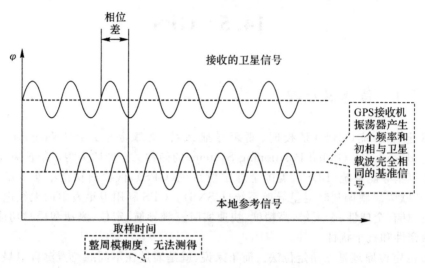

图 14-14　GPS 载波相位测量原理

3. 接收机位置解析原理

先测量出已知位置的卫星到用户接收机之间的距离,然后综合多颗卫星的数据就可知道接收机的具体位置。正常情况下需要知道笛卡尔坐标系下的 (X,Y,Z) 三个坐标分量,同时还有一个时间 t_0 的分量,那么这样算起来就有 4 个未知数,4 个未知数至少需要 4 个方程才能解出来,即至少需要 4 颗卫星才能组成 4 个方程,其计算原理及计算公式如图 14-15 所示。

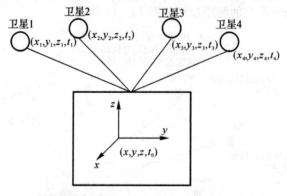

计算方法如下:

$$[(x_1-x)^2+(y_1-y)^2+(z_1-z)^2]^{1/2}+c(t_1-t_0)=d_1$$
$$[(x_2-x)^2+(y_2-y)^2+(z_2-z)^2]^{1/2}+c(t_2-t_0)=d_2$$
$$[(x_3-x)^2+(y_3-y)^2+(z_3-z)^2]^{1/2}+c(t_1-t_0)=d_3$$
$$[(x_4-x)^2+(y_4-y)^2+(z_4-z)^2]^{1/2}+c(t_4-t_0)=d_4$$

图 14-15　GPS 定位和授时计算原理

下面是接收机在搜到不同卫星数量时的工作状态,在搜到 1 颗卫星的时候就可以更新

时间和日期,要实现经纬度和高度定位则至少需要 4 颗以上卫星。GPS 搜星与定位状态的
关系见表 14-4。

表 14-4　GPS 搜星与定位状态关系

使用卫星数	能否定位	备　注
0	无法定位	
1	无法定位	可以更新 UTC 时间和日期
2	无法定位	
3	实现 2D Fix 定位,输出经纬度	不可输出海拔
4	实现 3D Fix 定位	可输出海拔
>4	实现 3D Fix 定位	可输出伪距

　　PX4 系统通常集成瑞士 U-blox 公司研发的 GPS 芯片,包括 M8N、M9N、UBLOX 模
块(见图 14-16),其特点如下:

　　(1)功耗低于 25 mW,不影响 GNSS 性能;

　　(2)同时接收 4 个 GNSS 星座的信号,确保高定位可用性;

　　(3)适用于小型天线;

　　(4)强大的反欺骗和干扰检测功能;

　　(5)产品引脚兼容输出数据可配置。

图 14-16　M8N、M9N UBLOX 模块实物

　　PX4 系统中 U-blox 的 GPS 输出协议主要为以下三种:NMEA、RTCM 和 UBLOX,此
外还可通过 MTK Ashtech、Emlid 协议或通过与 UAVCAN 进行通信的 GPS 接收器来支
持全球导航卫星系统。下面介绍几种常用的 GPS 输出协议。

14.5.2 GPS 输出协议

1. NMEA 协议

GPS 协议标准常用到的是 NMEA － 0183 协议。NMEA 是 National Marine Electronics Association，即美国国家海洋电子协会的缩写。NMEA － 0183 是一个基于 ASCII 的串行通信协议，它由一个个的语句组成，常用的输出语句见表 14 － 5。

表 14 － 5　NMEA 协议常用的输出语句

序　号	命　令	说　明	最大帧长
1	$ GPGGA	全球定位数据	72
2	$ GPGSA	卫星 PRN 数据	65
3	$ GPGSV	卫星状态信息	210
4	$ GPRMC	运输定位数据	70
5	$ GPVTG	地面速度信息	34
6	$ GPGLL	大地坐标信息	
7	$ GPZDA	UTC 时间和日期	

注：发送次序为 $ GPZDA、$ GPGGA、$ GPGLL、$ GPVTG、$ GPGSA、$ GPGSV3、$ GPRMC。

2. UBLOX 协议

UBLOX 协议帧结构见表 14 － 6，其主要包括以下几部分。

表 14 － 6　UBLOX 协议帧结构格式

帧　头 （2 位）	消息 ID （2 位）	消息长度 （2 位）	负　载	校验和 （2 位）

- 帧头：由两个字节组成，即 0xB5 0x62；
- 消息 ID：由一个字节的 CLASS ID 和 MESSAGE ID 信息组成；
- 消息长度：由两个字节组成，表示后面发送的 PAYLOAD 消息的长度，字节序为低字节序；
- PAYLOAD：输出的 GPS 信息；
- 校验位：两个字节的校验，CK_A、CK_B。

UBLOX 协议主要是以下四种，即 UBX-RXM-SFRBX（0x02 0x13）、UBX-RXM-RAWX（0x02 0x15）、UBX-NAV-PVT（0x01 0x07）和 UBX-TIM-TP（0x0D 0x01）。UBLOX 协议的四种报文信息见表 14 － 7。

表 14 - 7　UBX 协议的四种报文信息

报文名称	帧　头	类型和消息 ID	消息长度	数据内容	校验和
UBX-RXM-SFRBX	0xB5 0x62	0x02 0x13	8＋4＊numWords		CK_ACK_B
UBX-RXM-RAWX	0xB5 0x62	0x02 0x15	16＋ 32＊numMeas		CK_A CK_B
UBX-NAV-PVT	0xB5 0x62	0x01 0x07	92		CKA CK_B
UBX-TIM-TP	0xB5 0x62	0x0D 0x01	16		CKA CK_B

3. RTCM 协议

RTCM 协议是国际标准的无线电导航卫星系统数据传输格式,用于传输 GNSS 观测值,如伪距、载波相位、多普勒频移和信噪比等。RTCM 消息的帧结构见表 14 - 8,其主要包括以下几个部分。

表 14 - 8　RTCM 消息的帧结构格式

前导符	保留位	消息长度	消息体 (变长度数据)	校验位
8 位	6 位	10 位	变长度,整数字节	24 位
11010011	未定义,设为 000000	消息长度	0～1 023 位	标准 24—CRC 校验算法

- 前导符(Preamble):由 8 个 bit 组成 0xD3;
- 消息长度(Message Length):不包括前导符,保留位,消息长度和校验位的 6 个字节;
- 消息体(Variable Length Data Message):为 0～1 023 个字节不等,这取决于具体的消息类型,另外对于同类型的消息,消息体的大小也不一定是相等的;
- 校验位:校验算法的输入位从前导符到变长数据体。采用标准 24 位 CRC 校验算法。

14.5.3　GPS 传感器源码

GPS 程序源码目录在. /src/drivers/gps,其中源文件 GPS. cpp 是 GPS 底层驱动控制主文件,在启动脚本中启动了 GPS 控制模块,其中主 GPS 默认使用串口“/dev/ttyS3”,第二个 GPS 串口为“/dev/ttyS4”。

```
gps start －d /dev/ttyS3 －e /dev/ttyS4
```

PX4 系统支持的 GPS 输出协议驱动类型包括如下几个类型。

```
enum class gps_driver_mode_t
{
    None = 0,
    UBX,
    MTK,
    ASHTECH,
    EMLIDREACH,
    FEMTOMES,
    NMEA
};
```

GPS 底层驱动类的继承关系如下,通过 GPSHelper 继承 ubox 等子类,继承关系如图 14-17 所示,并通过创建子类对象(多态)和回调函数 callback 实现不同 GPS 输出协议的解析,主要包括定义回调函数、定义实现回调函数的"调用函数"以及实现函数回调。

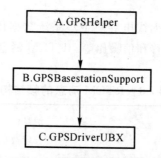

图 14-17　GPS 底层驱动类的继承关系

通过回调函数的"调用函数"实现 GPS 数据读取的源码如下。

```
int GPS::callback(GPSCallbackType type, void * data1, int data2, void * user)
{
    GPS * gps = (GPS *)user;
    timespec rtc_system_time;
    switch (type)                                                         (1)
    {
    case GPSCallbackType::readDeviceData:                                 (2)
    {
        int timeout;
        memcpy(&timeout, data1, sizeof(timeout));
        int num_read = gps->pollOrRead((uint8_t *)data1, data2, timeout); (3)
        if (num_read > 0)
        {
            gps->dumpGpsData((uint8_t *)data1, (size_t)num_read,
                            gps_dump_comm_mode_t::Full, false);           (4)
        }
```

```
        return num_read；
    }
    （源码略）
    }
    return 0；
}
```

（1）根据回调函数的名称，调用相应的函数。

（2）GPSCallbackType 类型包括 readDeviceData 读设备数据，writeDeviceData 写设备数据、setBaudrate 设置波特率，gotRTCMMessage 得到 RTCM 消息，gotRelativePosition Message 得到相对位置消息等。

（3）调用 pollOrRead 读取相应串口上的数据。

（4）转存 GPS 数据，发布消息 gps_dump_s。

GPS 启动后，实际调用 GPS 的 run_trampoline 函数或者 run_trampoline_secondary 函数（配置好第二个 GPS 时使用），然后再通过调用 instantiate 函数进行初始化。下面的源码是 GPS 构造函数的实现过程，主要实现 GPS 通信接口相关初始化。

```
GPS：：GPS (const char * path, gps_driver_mode_t mode, GPSHelper：：Interface interface, Instance
            instance, unsigned configured_baudrate)：Device(MODULE_NAME)，_configured_baudrate
            (configured_baudrate)，_mode(mode)，_interface(interface)，_instance(instance)
{
    strncpy(_port, path, sizeof(_port) - 1)；                                          (1)
    _port[sizeof(_port) - 1] = '\0'；
    _report_gps_pos. heading = NAN；
    _report_gps_pos. heading_offset = NAN；
    int32_t enable_sat_info = 0；
    param_get(param_find("GPS_SAT_INFO")，&enable_sat_info)；
    if (enable_sat_info)
    {
        _sat_info = new GPS_Sat_Info()；
        _p_report_sat_info = &_sat_info->_data；
        memset(_p_report_sat_info, 0, sizeof( * _p_report_sat_info))；            (2)
    }
    if (_interface == GPSHelper：：Interface：：UART)
    {
        set_device_bus_type(device：：Device：：DeviceBusType：：DeviceBusType_SERIAL)；
        char c = _port[strlen(_port) - 1]；
        set_device_bus(atoi(&c))；
    }
    else if (_interface == GPSHelper：：Interface：：SPI)
    {
```

```
        set_device_bus_type(device::Device::DeviceBusType::DeviceBusType_SPI);     (3)
    }
    if (_mode == gps_driver_mode_t::None)
    {

        char protocol_param_name[16];
        snprintf(protocol_param_name, sizeof(protocol_param_name),
                                "GPS_%i_PROTOCOL", (int)_instance + 1);
        int32_t protocol = 0;
        param_get(param_find(protocol_param_name), &protocol);
        switch (protocol)                                                          (4)
        {
        case 1: _mode = gps_driver_mode_t::UBX; break;
        case 2: _mode = gps_driver_mode_t::MTK; break;
        case 3: _mode = gps_driver_mode_t::ASHTECH; break;
        case 4: _mode = gps_driver_mode_t::EMLIDREACH; break;
        case 5: _mode = gps_driver_mode_t::FEMTOMES; break;
        case 6: _mode = gps_driver_mode_t::NMEA; break;
        }
    }
    _mode_auto = _mode == gps_driver_mode_t::None;
}
```

(1)保存 GPS 串口名称,主 GPS 默认为"/dev/ttyS3"。

(2)根据配置参数 GPS_SAT_INFO 确定是否创建卫星信息数据。

(3)调用 GPSHelper 类中的接口 Interface 配置为串口或者 SPI 通信,并设置设备总线类型。

(4)通过配置参数 plotocol 来配置输出协议和驱动协议,包括 UBX、MTK 等。

函数 Run 是整个 GPS 的核心和实际入口,更新率为 1 Hz 或 5 Hz,主要订阅消息 gps_inject_data,通过串口或者 SPI 接口读取 GPS 更新数据后,填充并发布消息 sensor_gps、satellite_info 和 sensor_gnss_relative,供后续姿态和位置估计使用。

```
void GPS::run()
{
    param_t handle = param_find("GPS_YAW_OFFSET");
    param_get(handle, &heading_offset);
    heading_offset = matrix::wrap_pi(math::radians(heading_offset));           (1)
    int32_t gps_ubx_dynmodel = 7;
    handle = param_find("GPS_UBX_DYNMODEL");
    param_get(handle, &gps_ubx_dynmodel);                                       (2)
    handle = param_find("GPS_UBX_MODE");
    GPSDriverUBX::UBXMode ubx_mode{GPSDriverUBX::UBXMode::Normal};
    int32_t gps_ubx_mode = 0;
```

```
    param_get(handle, &gps_ubx_mode);                                          (3)
    if (gps_ubx_mode == 1)
    {
        if (_instance == Instance::Main)
        {
            ubx_mode = GPSDriverUBX::UBXMode::RoverWithMovingBase;
        }
        else
        {
            ubx_mode = GPSDriverUBX::UBXMode::MovingBase;
        }
    }
    else if (gps_ubx_mode == 2)
    {
        ubx_mode = GPSDriverUBX::UBXMode::MovingBase;
    }
    else if (gps_ubx_mode == 3)
    {
        if (_instance == Instance::Main)
        {
            ubx_mode = GPSDriverUBX::UBXMode::RoverWithMovingBaseUART1;
        }
        else
        {
            ubx_mode = GPSDriverUBX::UBXMode::MovingBaseUART1;
        }
    }
    else if (gps_ubx_mode == 4)
    {
        ubx_mode = GPSDriverUBX::UBXMode::MovingBaseUART1;
    }
    int32_t gnssSystemsParam = static_cast<int32_t>(GPSHelper::GNSSSystemsMask::
                                    RECEIVER_DEFAULTS);
    if (_instance == Instance::Main)
    {
        handle = param_find("GPS_1_GNSS");
        param_get(handle, &gnssSystemsParam);                                   (4)
    }
    else if (_instance == Instance::Secondary)
    {
        handle = param_find("GPS_2_GNSS");
```

```
        param_get(handle, &gnssSystemsParam);
    }
    initializeCommunicationDump();                                          (5)
    uint64_t last_rate_measurement = hrt_absolute_time();
    unsigned last_rate_count = 0;
    while (!should_exit())                                                  (6)
    {
        _serial_fd = ::open(_port, O_RDWR | O_NOCTTY);                      (7)
        switch (_mode)                                                      (8)
        {
        case gps_driver_mode_t::None:
            _mode = gps_driver_mode_t::UBX;
        case gps_driver_mode_t::UBX:
            _helper = new GPSDriverUBX(_interface, &GPS::callback, this, &_report_gps_pos, _
                        p_report_sat_info, gps_ubx_dynmodel, heading_offset, ubx_
                        mode);
            set_device_type(DRV_GPS_DEVTYPE_UBX);
            break;
        case gps_driver_mode_t::MTK:
            _helper = new GPSDriverMTK(&GPS::callback, this, &_report_gps_pos);
            set_device_type(DRV_GPS_DEVTYPE_MTK);
            break;
(……略)
        default:
            break;
        }
        _baudrate = _configured_baudrate;
    GPSHelper::GPSConfig gpsConfig{};
    gpsConfig.gnss_systems = static_cast<GPSHelper::GNSSSystemsMask>(gnssSystemsParam);
    if (_instance == Instance::Main && _dump_communication_mode ==
                                gps_dump_comm_mode_t::RTCM)
    {
        gpsConfig.output_mode = GPSHelper::OutputMode::GPSAndRTCM;
    }
    else
    {
        gpsConfig.output_mode = GPSHelper::OutputMode::GPS;
    }
    if (_helper && _helper->configure(_baudrate, gpsConfig) == 0)
    {
        memset(&_report_gps_pos, 0, sizeof(_report_gps_pos));
```

```
        _report_gps_pos. heading = NAN;
        _report_gps_pos. heading_offset = heading_offset;
        if (_mode == gps_driver_mode_t::UBX)
        {
            _helper->resetUpdateRates();
            if (get_device_type() == DRV_GPS_DEVTYPE_UBX)
            {
                GPSDriverUBX * driver_ubx = (GPSDriverUBX * )_helper;          (9)
                switch (driver_ubx->board())
                {
                case GPSDriverUBX::Board::u_blox6:
                    set_device_type(DRV_GPS_DEVTYPE_UBX_6);
                    break;
                case GPSDriverUBX::Board::u_blox7:
                    set_device_type(DRV_GPS_DEVTYPE_UBX_7);
                    break;
                case GPSDriverUBX::Board::u_blox8:
                    set_device_type(DRV_GPS_DEVTYPE_UBX_8);
                    break;
                case GPSDriverUBX::Board::u_blox9:
                    set_device_type(DRV_GPS_DEVTYPE_UBX_9);
                    break;
                case GPSDriverUBX::Board::u_blox9_F9P:
                    set_device_type(DRV_GPS_DEVTYPE_UBX_F9P);
                    break;
                default:
                    set_device_type(DRV_GPS_DEVTYPE_UBX);
                    break;
                }
            }
        }
        int helper_ret;
        unsigned receive_timeout = TIMEOUT_5HZ;
        if ((ubx_mode == GPSDriverUBX::UBXMode::RoverWithMovingBase) ||
                (ubx_mode == GPSDriverUBX::UBXMode::RoverWithMovingBaseUART1))
        {
            receive_timeout = TIMEOUT_1HZ;
        }
        while ((helper_ret = _helper->receive(receive_timeout)) > 0 && ! should_exit())
        {
            if (helper_ret & 1)
```

```
        {
            publish();                                                      (10)
            last_rate_count++;
        }
        if (_p_report_sat_info && (helper_ret & 2))
        {
            publishSatelliteInfo();                                         (11)
        }
        reset_if_scheduled();                                               (12)
        if (hrt_absolute_time() - last_rate_measurement > RATE_MEASUREMENT_PERIOD)
                                                                            (13)
        {
            float dt = (float)((hrt_absolute_time() - last_rate_measurement)) / 1000000.0f;
            _rate = last_rate_count / dt;
            _rate_rtcm_injection = _last_rate_rtcm_injection_count / dt;
            _rate_reading = _num_bytes_read / dt;
            last_rate_measurement = hrt_absolute_time();
            last_rate_count = 0;
            _last_rate_rtcm_injection_count = 0;
            _num_bytes_read = 0;
            _helper->storeUpdateRates();
            _helper->resetUpdateRates();
        }
      }
    }
    if (_mode_auto)                                                         (14)
    {
        switch (_mode)
        {
        case gps_driver_mode_t::UBX:
            _mode = gps_driver_mode_t::UBX;
            px4_usleep(500000);
            break;
        default:
            break;
        }
    }
    else
    {
        px4_usleep(500000);
    }
  }
}
```

（1）获取 GPS 航向偏差，并限制在±180°范围内，用于支持双天线 GPS 航向估计，0 为主天线,指向机体 X 轴方向,顺时针为正。

(2)设置 UBlox GPS 接收器动态平台模型,将导航引擎调整为预期的应用环境,范围为 [0,9],其中:2 为静态环境;4 为汽车环境;6 为<1 g 加速度环境;7 为<2 g 加速度环境;8 为<4 g 加速度环境。

(3)设置 UBlox GPS 接收器模式 0~4,包括 Normal(无 GPS 航向配置)、RoverWithMovingBase、MovingBase、RoverWithMovingBaseUART1 和 MovingBaseUART1,通过串口 1 或 2 配置得到 GPS 航向和 RTCM 输出数据。

(4)设置 2 个 GPS 系统接收参数 GNSSSystemsMask,在 0~4 位上置 1 表示支持 GPS、SBAS、GALILEO、北斗和 GLONASS 系统。

(5)初始化通信转换和存储,包括配置 GPS_DUMP_COMM,用于记录 GPS 通信数据,其中:0 表示不记录;1 表示所有 GPS 数据通过 uORB 发布并写入到记录文件;2 表示主 GPS 配置为 RTCM 格式,并记录和用于 PPK,发布消息 gps_dump_s,该方式对内存空间要求较大。

(6)循环用于配置和接收 GPS 串口数据。

(7)打开 GPS 通信串口/SPI。

(8)参考 5.2 节 GPS 驱动输出协议,创建相应的 GPS 驱动类,通过回调函数 callback,填充得到 GPS 位置消息 sensor_gps_s、satellite_info_s 和 GPS 航向等。

(9)配置特定的 u_blox 板卡模型,包括 u_blox6 至 u_blox9_F9P 等型号。

(10)发布 GPS 消息 sensor_gps_s,其中 GPS 航向更新速率相对其他导航数据较低,NAN 为无效数据。

(11)发布卫星状态消息 satellite_info_s。

(12)判断 GPS 是否重置。

(13)每隔 5 s 更新一次测量值。

(14)当自适应输出协议时,遍历所有可能的驱动程序。

14.5.4　GPS 数据模块

在./src/modules/sensors/vehicle_gps_position 里通过 VehicleGPSPosition 对所有 GPS 实例消息进行处理,并发布消息 vehicle_gps_position_s。类内函数 Run 是整个模块的核心和实际入口,由 GPS 模块间接启动并由 uORB 消息 sensor_gps_s 的更新触发执行。主函数 Run 的源码如下。

```
void VehicleGPSPosition::Run()
{
    perf_begin(_cycle_perf);
    ParametersUpdate();
    bool any_gps_updated = false;
    bool gps_updated = false;
    for (uint8_t i = 0; i < GPS_MAX_RECEIVERS; i++)
    {
```

```
    gps_updated = _sensor_gps_sub[i].updated();                                    (1)
    sensor_gps_s gps_data;
    if (gps_updated)
    {
        any_gps_updated = true;
        _sensor_gps_sub[i].copy(&gps_data);                                        (2)
        _gps_blending.setGpsData(gps_data, i);                                     (3)
    }
}
if (any_gps_updated)
{
    _gps_blending.update(hrt_absolute_time());                                     (4)
    if (_gps_blending.isNewOutputDataAvailable())                                  (5)
    {
        Publish(_gps_blending.getOutputGpsData(), _gps_blending.getSelectedGps()); (6)
    }
}
ScheduleDelayed(300_ms);
perf_end(_cycle_perf);
}
```

(1)检查所有 GPS 实例是否对数据进行更新。

(2)各 GPS 数据更新后,获取其发布的消息 sensor_gps。

(3)利用 GPS 混合类 GpsBlending 进行 GPS 数据的融合和综合判断。

(4)调用 GpsBlending 的数据更新,根据定位状态和搜星数进行 GPS 数据更新。

(5)判断 GPS 的最新数据是否可用。

(6)发布最终的 GPS 数据消息 vehicle_gps_position。

第 15 章　姿态和位置估计

上一章已经介绍了无人机在飞行过程中依靠特定的传感器获取了无人机的部分状态信息,但无人机的姿态和速度/位置信息要么无法通过传感器直接测量,要么测量数据的更新率无法满足飞行控制需要。无人机姿态角需要由陀螺仪测量得到的角速度积分获取,磁力计、加速度计、GPS 能获取到无人机姿态、位置信息,其测量没有累计误差,但其动态特性较差。高刷新率的无人机的速度和位置信息需要由加速度计测量得到的加速度进行一次或二次积分获取。但包括 PX4 系统在内的市面上绝大多数飞控 IMU 都是采用 MEMS 传感器,其测量噪声较大,加上无人机在飞行中的不确定性,直接将测量结果积分获取的姿态、速度/位置信息,与无人机实际状态偏差很大。

姿态和位置估计算法的本质就是融合各类传感器信息,从而获取无人机高精度和高动态性能的姿态、速度/位置信息。PX4 系统有两类姿态/位置估计算法,分别是卡尔曼滤波(Kalman Filter,KF)算法和互补滤波算法。互补滤波算法简单且计算量少,但性能相对较差,卡尔曼滤波算法的优、缺点则正好相反。具体而言,PX4 系统支持基于互补滤波的姿态估计、基于卡尔曼滤波的 LPE(Local Position Estimator,本地位置估计)估计和基于扩展卡尔曼滤波(Extended Kalman Filter,EKF)的全状态估计三种算法,本章分别予以介绍。

15.1　基于互补滤波的姿态估计

15.1.1　算法原理

由陀螺仪、加速度计组成的惯性测量单元 IMU,再加上磁力计,就可实现无人机姿态估计。加速度计可同时对重力加速度和运动加速度进行测量,利用加速度计和磁力计的测量值解算的姿态角漂移小,但由于磁力计易受铁磁性物质干扰,所以解算得到的姿态角噪声大。利用陀螺仪测得的角速度积分求姿态角在短时间内精度较高,但由于陀螺仪长时间工作会引起漂移、存在零偏问题,所以根据陀螺仪解算得到的姿态角长时间内存在较大误差。

互补滤波算法的基本思想是利用各自优势,通过设置两个滤波器的截止频率,确保融合后的信号能够覆盖需求频率,从而得到更精确的姿态角。陀螺仪短时间内精度高、加速度计和磁力计长时间内能保持稳定,也即从频域上看陀螺仪表现为高通特性,加速度计与磁力计表现为低通特性,因此它们在频域上可以相互补充。基于互补滤波算法的姿态估计就是用于滤除加速度计存在的线加速度,以及磁力计受到干扰等因素引起的测量信息中的高频噪声,同时消除陀螺零偏及其他误差造成的积分低频噪声漂移,使两种来源的姿态信息可以互补,从而得到高精度的姿态输出。

PX4 系统中基于互补滤波器的姿态估计算法总体分为 3 步,第 1 步是利用加速度计和磁力计测量值求取初始四元数作为姿态估计的初始状态;第 2 步是利用互补滤波器对陀螺仪测量角速度进行校正;第 3 步是对四元数进行更新,更新后的四元数即对应最终的姿态角。基于互补滤波的姿态估计算法原理如图 15 - 1 所示。

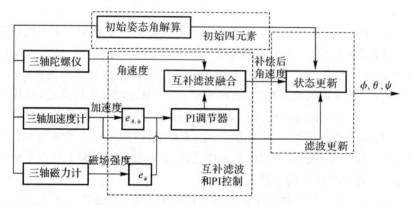

图 15 - 1 基于互补滤波的姿态估计算法原理

1. 初始四元数

加速度计的测量值在体轴系可表示为

$$\boldsymbol{n} = \begin{bmatrix} n_x & n_y & n_z \end{bmatrix}^{\mathrm{T}} \tag{15-1}$$

飞机重力加速度向量始终指向地轴系的 Oz_g 轴。在飞机静止条件下,加速度计测量的过载向量与重力加速度向量互为反向量。对向量 $\boldsymbol{n}$ 取反、归一化处理后得到向量 $\boldsymbol{n}_0$。由转换矩阵的性质可知,向量 $\boldsymbol{n}_0$ 在体轴系的分量就是旋转矩阵 $\boldsymbol{R}_g^b$ 的第三列。

磁力计的测量值在体轴系可表示为

$$\boldsymbol{m} = \begin{bmatrix} m_x & m_y & m_z \end{bmatrix}^{\mathrm{T}} \tag{15-2}$$

在忽略磁偏角的情况下,磁力计测量向量指向地轴系的 Ox_g 轴。对向量 $\boldsymbol{m}$ 归一化处理后得到向量 $\boldsymbol{m}_0$,向量 $\boldsymbol{m}_0$ 在体轴系的分量是旋转矩阵 $\boldsymbol{R}_g^b$ 的第一列。

由此可得到旋转矩阵 $\boldsymbol{R}_g^b$ 的第一和第三列,矩阵的第二列可通过正交化处理得到。这样就可完整确定初始旋转矩阵,也就确定了对应四元数的初始值。

值得注意的有如下几点。

(1)由于测量误差的存在,向量 $\boldsymbol{m}_0$ 和向量 $\boldsymbol{n}_0$ 未必完全正交。为了满足旋转矩阵列向量的正交性,需要对 $\boldsymbol{m}_0$ 进行施密特正交化处理,使得向量 $\boldsymbol{m}_0$ 和向量 $\boldsymbol{n}_0$ 正交。施密特正交化表达式如下为

$$\boldsymbol{m}_0 = \boldsymbol{m}_0 - (\boldsymbol{m}_0 * \boldsymbol{n}_0) \boldsymbol{m}_0 \tag{15-3}$$

(2)由于磁偏角 ψ_0 的存在,上述矩阵还需沿 z 轴经过一次旋转才能得到最终的旋转矩阵,所以此次旋转对应的旋转矩阵为

$$\boldsymbol{R}_{\text{g磁}}^{\text{g}} = \begin{bmatrix} \cos\boldsymbol{\psi}_0 & -\sin\boldsymbol{\psi}_0 & 0 \\ \sin\boldsymbol{\psi}_0 & \cos\boldsymbol{\psi}_0 & 0 \\ 0 & 0 & 1 \end{bmatrix} \quad (15-4)$$

（3）单位化四元数在表征旋转时是不会对向量进行缩放的，因此，旋转矩阵对应的四元数应该是规范化的四元数。但由于数值积分采用有限时间步长和有限采样率的数据并假设在每个时间步长内旋转速度恒定不变，所以这将引入正比于旋转加速度的误差。此外，无论使用哪种方法表示量值，这些表达都是有限的，存在量化误差，而且量化误差都将不断累积，从而使得在计算过程中四元数会逐渐失去规范化特性，也即四元数的模不再等于 1，因此在处理四元数的各个环节必须做规范化处理。

2. 互补滤波校正

PX4 系统互补滤波算法的思想是：把加速度计和磁力计的偏差向量作为 PI 控制器的输入，把其校正陀螺仪的角速度作为输出。由于 PI 控制器的低通特性，从而消除加速度计和磁力计的高频噪声，使姿态信息中陀螺仪的高频特性和加速度计/磁力计的高频特性互补，所以能够得到精确的姿态角。

（1）磁力计计算偏差校正。磁力计计算偏差的基本思想是：对于同一确定的向量用不同的坐标系表示时，它们所表示的向量在空间中的大小和方向也一定是相同的，但由于这两个坐标系的旋转矩阵存在误差，所以当向量经过含误差的旋转矩阵变换后，在另一个坐标系中肯定存在和理论值之间的偏差，可以通过该偏差来修正旋转矩阵。将磁力计测量向量从体轴转换至地轴的式子为

$$\boldsymbol{h} = \begin{bmatrix} h_x & h_y & h_z \end{bmatrix}^{\text{T}} = \boldsymbol{R}_{\text{b}}^{\text{g}} \boldsymbol{m} \quad (15-5)$$

磁力计所表示向量的水平投影应当指向地磁北极，也即下式理论上应恒成立。

$$e = \arctan\left(\frac{h_y}{h_x}\right) - \boldsymbol{\psi}_0 \equiv 0 \quad (15-6)$$

由于 $\boldsymbol{R}_{\text{b}}^{\text{g}}$ 存在误差，所以 e 可用于修正偏差。但由于 e 属于地轴偏差，所以还需转为体轴偏差向量才能用于陀螺仪误差修正，即

$$\boldsymbol{e}_{\text{磁}} = \boldsymbol{R}_{\text{b}}^{\text{g T}} \begin{bmatrix} 0 & 0 & -e \end{bmatrix}^{\text{T}} \quad (15-7)$$

（2）加速度计计算偏差校正。无人机加速度向量 $\boldsymbol{a}$ 是加速度计测量的过载向量 $\boldsymbol{n}$ 和重力加速度向量 $\boldsymbol{g}$ 之和，在体轴系可表示为

$$\boldsymbol{a} = \boldsymbol{n} + \boldsymbol{R}_{\text{g}}^{\text{b}} \begin{bmatrix} 0 & 0 & g \end{bmatrix}^{\text{T}} \quad (15-8)$$

从上式可以看出，理论上向量 $\boldsymbol{a}$ 与向量 $\boldsymbol{n}$ 的差经单位化后应与单位化的重力加速度向量相同，也即应与旋转矩阵第三列的列向量相同。向量间的误差可以用向量叉积来表示，也即

$$\boldsymbol{e}_{\text{加}} = \begin{bmatrix} 2(q_1q_3 + q_0q_2) & 2(q_2q_3 - q_0q_1) & 1-2(q_1^2 + q_2^2) \end{bmatrix}^{\text{T}} \times (\boldsymbol{a}_0 - \boldsymbol{n}_0) \quad (15-9)$$

此处需要解释一点，误差并不是指向量差，而是用向量叉积表示误差。向量叉积是指将带有误差的向量与理想向量重合，需要绕什么轴转多少角度。该叉积在体轴系的投影，就是加速度计计算的偏差。也就是说，如果陀螺仪按向量 $\boldsymbol{e}_{\text{加}}$ 旋转就能消除偏差；如果陀螺仪完全按叉积误差旋转，就是完全信任加速度计；如果陀螺仪一点也不旋转，就是完全信任陀螺

仪。简单而言,如果把这个叉积乘以一定的系数修正陀螺仪测量值就是互补滤波了。

(3)PI 控制器。完整的偏差包含磁力计偏差和加速度计偏差两部分,偏差公式如下。

$$e = k_{加} e_{加} + k_{磁} e_{磁} \tag{15-10}$$

陀螺仪测量角速度经过 PI 控制修正后变为

$$\boldsymbol{\omega} = \boldsymbol{\omega}_0 + e + k_i \int e \, \mathrm{d}t \tag{15-11}$$

3. 姿态更新

由第 7 章式(7-17)可计算四元数的微分值,并根据上一帧的四元数积分可得到当前的四元数,也就可得到更新的姿态角。

15.1.2 源码分析

PX4 系统基于互补滤波的姿态估计程序源码的目录为./src/modules/attitude_estimator_q,目录中的源文件 attitude_estimator_q_main.cpp 是 PX4 系统基于互补滤波的姿态估计的主文件。PX4 系统已不再默认支持该算法,如需使用该模块,需要用户在启动子脚本 rc.fw_apps 中增加如下语句以启动该模块。

```
attitude_estimator_q start
```

函数 Run 是整个姿态估计的核心和实际入口,由 uORB 主题 sensor_combined 数据的更新触发执行,主要由消息订阅、配置参数更新、姿态估计初始化、姿态估计迭代更新等环节组成,最终发布飞机姿态角(uORB 主题 vehicle_attitude,主要包含姿态角对应的四元数)数据供飞行控制模块使用。基于互补滤波的姿态估计主函数的源码如下。

```
void AttitudeEstimatorQ::Run()                                          (1)
{
    sensor_combined_s sensors;
    if (_sensors_sub.update(&sensors))                                  (2)
    {
        update_parameters();                                            (3)
        _gyro(0) = sensors.gyro_rad[0];                                 (4)
        _gyro(1) = sensors.gyro_rad[1];
        _gyro(2) = sensors.gyro_rad[2];
        _accel(0) = sensors.accelerometer_m_s2[0];                      (5)
        _accel(1) = sensors.accelerometer_m_s2[1];
        _accel(2) = sensors.accelerometer_m_s2[2];
        vehicle_magnetometer_s magnetometer;
        if (_magnetometer_sub.copy(&magnetometer))
        {
            _mag(0) = magnetometer.magnetometer_ga[0];                  (6)
            _mag(1) = magnetometer.magnetometer_ga[1];
            _mag(2) = magnetometer.magnetometer_ga[2];
        }
```

```
        if (_gps_sub. updated())                                              (7)
        {
            vehicle_gps_position_s gps;
            if (_gps_sub. copy(&gps))
            {
                update_mag_declination(get_mag_declination_radians(gps. lat, gps. lon));
            }
        }
        if (_local_position_sub. updated())                                   (8)
        {
            vehicle_local_position_s lpos;
            if (_local_position_sub. copy(&lpos))
            {
                if (_param_att_acc_comp. get() && (hrt_elapsed_time(&lpos. timestamp) <
                20_ms) && lpos. v_xy_valid && lpos. v_z_valid &&
                (lpos. eph < 5. 0f) && _inited)
                {
                    const Vector3f vel(lpos. vx, lpos. vy, lpos. vz);
                    if (_vel_prev_t != 0 && lpos. timestamp != _vel_prev_t)
                    {
                        float vel_dt = (lpos. timestamp — _vel_prev_t) / 1e6f;
                        _pos_acc = _q. rotateVectorInverse((vel — _vel_prev) / vel_dt);
                    }
                    _vel_prev_t = lpos. timestamp;
                    _vel_prev = vel;
                }
                else
                {
                    _pos_acc. zero();
                    _vel_prev. zero();
                    _vel_prev_t = 0;
                }
            }
        }
        hrt_abstime now = hrt_absolute_time();
        const float dt = math::constrain((now — _last_time) / 1e6f, _dt_min, _dt_max);
        _last_time = now;
        if (update(dt))                                                        (9)
        {
            vehicle_attitude_s att = {};                                       (10)
            att. timestamp_sample = sensors. timestamp;
```

```
                    _q. copyTo(att. q);
                    att. timestamp = hrt_absolute_time();
                    _att_pub. publish(att);
                }
            }
        }
```

（1）基于互补滤波的姿态估计主函数，由 uORB 主题 sensor_combined 数据的更新触发执行。

（2）获取 uORB 主题 sensor_combined 数据。

（3）更新配置参数。

（4）获取体轴系陀螺仪测量角速度向量 $\boldsymbol{\omega}_0$。

（5）获取体轴系加速度计测量过载向量 $\boldsymbol{n}$。

（6）获取体轴系磁力计测量值向量 $\boldsymbol{m}$。

（7）获取飞机当前的 GPS 位置，并据此计算当地磁偏角 ψ_0。

（8）获取飞机在地轴系的位置向量，并据此计算飞机在体轴系的加速度向量 $\boldsymbol{a}$。

（9）函数 update 是互补滤波姿态估计的核心，下文再展开讨论。

（10）填充并发布 uORB 主题 vehicle_attitude。

```
bool AttitudeEstimatorQ::update(float dt)                                    (1)
{
    if (!_inited)
    {
        return init_attq();                                                 (2)
    }
    Quatf q_last = _q;
    Vector3f corr;                                                          (3)
    float spinRate = _gyro. length();
    if (_param_att_ext_hdg_m. get() == 0)
    {
        Vector3f mag_earth = _q. rotateVector(_mag);                        (4)
        float mag_err = wrap_pi(atan2f(mag_earth(1), mag_earth(0)) − _mag_decl);  (5)
        float gainMult = 1. 0f;
        const float fifty_dps = 0. 873f;
        if (spinRate > fifty_dps)
        {
            gainMult = math::min(spinRate / fifty_dps, 10. 0f);
        }
        corr += _q. rotateVectorInverse(Vector3f(0. 0f, 0. 0f, −mag_err)) *
                            _param_att_w_mag. get() * gainMult;             (6)
    }
    _q. normalize();                                                        (7)
    Vector3f k(2. 0f * (_q(1) * _q(3) − _q(0) * _q(2)),
               2. 0f * (_q(2) * _q(3) + _q(0) * _q(1)),
               (_q(0) * _q(0) − _q(1) * _q(1) − _q(2) * _q(2) + _q(3) * _q(3)));  (8)
```

```
const float accel_norm_sq = _accel.norm_squared();
    const float upper_accel_limit = CONSTANTS_ONE_G * 1.1f;
    const float lower_accel_limit = CONSTANTS_ONE_G * 0.9f;
    if (_param_att_acc_comp.get() || ((accel_norm_sq > lower_accel_limit * lower_accel_limit)
        &&(accel_norm_sq < upper_accel_limit * upper_accel_limit)))
    {
        corr += (k % (_accel − _pos_acc).normalized()) * _param_att_w_acc.get();            (9)
    }
    if (spinRate < 0.175f)
    {
        _gyro_bias += corr * (_param_att_w_gyro_bias.get() * dt);                            (10)
        for (int i = 0; i < 3; i++)
        {
            _gyro_bias(i) = math::constrain(_gyro_bias(i), −_bias_max, _bias_max);          (11)
        }
    }
    _rates = _gyro + _gyro_bias;                                                             (12)
    corr += _rates;                                                                          (13)
    _q += _q.derivative1(corr) * dt;                                                         (14)
    _q.normalize();                                                                          (15)
    return true;
}
```

(1)函数用于迭代更新姿态的四元数。

(2)如果姿态滤波算法未初始化,则调用函数 init_attq 构造初始四元数,下文再展开讨论。

(3)变量 corr 即式(15-11)中的 $\boldsymbol{\omega}$,包含磁力计修正和加速度计修正。

(4)采用式(15-5)将磁力计测量向量从体轴系转换至地轴系。

(5)采用式(15-6)计算地轴系磁力计偏差 e。

(6)计算体轴系磁力计偏差 $k_磁 e_磁$,其中 $k_磁$ 由配置参数 ATT_W_MAG 给定。

(7)四元数归一化。

(8)变量 k 即旋转矩阵 $\boldsymbol{R}_b^g$ 的第三列。

(9)采用式(15-9)计算加速度计偏差并进行 P 控制,得到偏差向量 $k_加 e_加$,其中 $k_加$ 由配置参数 ATT_W_ACC 给定。

(10)对总偏差向量 e 进行积分控制,其中积分增益 k_i 由配置参数 ATT_W_GYRO_BIAS 给定。

(11)对积分器输出进行限幅,限幅值由配置参数 ATT_BIAS_MAX 给定。

(12)变量 _rates 即式(15-11)中的 $\boldsymbol{\omega}_0+\boldsymbol{e}$。

(13)计算修正后的角速度向量 $\boldsymbol{\omega}$。

(14)由式(7-17)得到四元数微分值,并根据上一帧的四元数积分可得到当前四元数。

(15)归一化后得到最终的四元数。

```
    bool AttitudeEstimatorQ::init_attq()                           (1)
{

    Vector3f k = −_accel;                                          (2)
    k.normalize();
    Vector3f i = (_mag − k * (_mag * k));                          (3)
    i.normalize();                                                 (4)
    Vector3f j = k % i;                                            (5)
    Dcmf R;                                                        (6)
    R.row(0) = i;
    R.row(1) = j;
    R.row(2) = k;
    _q = R;                                                        (7)
    Quatf decl_rotation = Eulerf(0.0f, 0.0f, _mag_decl);           (8)
    _q = _q * decl_rotation;
    _q.normalize();                                                (9)
    _inited = true;
    return _inited;

}
```

（1）函数用于构建初始四元数，函数仅执行 1 次。

（2）对用加速度计测量的向量 n 取反、归一化处理后得到的向量 n_0。在体轴系的分量就是旋转矩阵 $\boldsymbol{R}_g^b$ 的第三列。

（3）采用式(15-3)对用磁力计测量的向量 m 进行施密特正交化处理。

（4）向量 m 归一化处理后得到的向量 m_0。在体轴系的分量就是旋转矩阵 $\boldsymbol{R}_g^b$ 的第一列。

（5）正交化处理后可得旋转矩阵 $\boldsymbol{R}_g^b$ 的第二列。

（6）构造旋转矩阵 $\boldsymbol{R}_g^b$。

（7）将旋转矩阵转化为四元数表示。

（8）采用式(15-4)进行再次旋转可以得到最终的旋转矩阵。

（9）归一化后得到初始四元数。

15.2   LPE 估计

15.2.1   卡尔曼滤波

确定性动态系统在特定的输入和初始条件下，状态变量的时间历程是通过求解状态方程获得的。但对于随机系统，状态方程包含随机变量，因此必须使用统计类方法估计状态变量的值。卡尔曼滤波就是一种状态估计算法，它利用线性系统状态方程，并通过系统的输入和输出观测数据，对系统状态进行最优估计。卡尔曼滤波是目前应用最为广泛的滤波方法，在通信、导航、制导与控制等多领域得到了较好的应用。通常情况下，观测一个系统的状态有两种方法：一种是通过系统的状态方程，根据系统上一时刻的状态计算下一时刻状态；另一种是借助测量系统直接观测得到系统状态。这两种方式都有各自的不确定性，卡尔曼滤波可以将这两者做到最优结合，使估计系统状态的不确定性最小。对于飞机速度/位置估计这一典型实例，可以通过加速度积分得到速度/位置，也可以通过 GPS、气压计等手段测量得到。这两种手段观测出来的系统状态都有噪声，卡尔曼滤波就是从这两组包含噪声的数据中，设法去掉噪声的影响，从而得到关于飞机当前速度和位置的最优估计。

下面对基本卡尔曼滤波模型及算法的介绍不作过程推导，只引用最终结论，详细过程推导请读者自行查阅相关文献。

卡尔曼滤波模型假设目标 k 时刻的状态是从 $k-1$ 时刻状态演化而来，即系统状态方程为

$$x_k = F_k x_{k-1} + G_k u_k + w_k \tag{15-12}$$

其中：x_k 是状态向量；u_k 是控制输入向量，假定其协方差矩阵为 T_k；w_k 是过程噪声，假定其符合均值为零、协方差矩阵为 Q_k 的多元正态分布，即

$$w_k \sim N(0, Q_k) \tag{15-13}$$

k 时刻的测量 z_k 包含噪声，即系统观测方程为

$$z_k = H_k x_k + v_k \tag{15-14}$$

其中：H_k 是观测转移矩阵，将系统状态值映射为测量值；v_k 是观测噪声，假定其符合均值为零、协方差矩阵为 R_k 的多元正态分布，即

$$v_k \sim N(0, R_k) \tag{15-15}$$

根据上述状态、观测方程以及噪声假设，卡尔曼滤波算法包括预测与修正两个阶段。在预测阶段，卡尔曼滤波使用前一状态的估计，做出当前状态的估计；在修正阶段，利用当前状态的观测值优化预测阶段获得的预测值，以获得更精确的新估计值。

1. 预测阶段

根据状态方程进行系统状态预测

$$\hat{x}_{k|k-1} = F_k \hat{x}_{k-1|k-1} + G_k u_k \tag{15-16}$$

其中：$\hat{x}_{k-1|k-1}$ 是 $k-1$ 时刻状态估计值；$\hat{x}_{k|k-1}$ 是 k 时刻系统状态预测值。

系统状态协方差矩阵预测

$$P_{k|k-1} = F_k P_{k-1|k-1} F_k^{\mathrm{T}} + G_k T_k + Q_k \tag{15-17}$$

其中：$P_{k-1|k-1}$ 是 $k-1$ 时刻系统状态协方差矩阵；$P_{k|k-1}$ 是 k 时刻系统状态协方差矩阵预测值。

2. 修正阶段

根据系统观测方程计算观测残差

$$y_k = z_k - H_k \hat{x}_{k|k-1} \tag{15-18}$$

残差协方差矩阵为

$$S_k = H_k P_{k|k-1} H_k^{\mathrm{T}} + R_k \tag{15-19}$$

最优卡尔曼增益为

$$K_k = P_{k|k-1} H_k^{\mathrm{T}} S_k^{-1} \tag{15-20}$$

系统状态最优估计为

$$\hat{\boldsymbol{x}}_{k|k} = \hat{\boldsymbol{x}}_{k|k-1} + \boldsymbol{K}_k \boldsymbol{y}_k \qquad (15-21)$$

更新的系统状态协方差矩阵为

$$\boldsymbol{P}_{k|k} = (\boldsymbol{I} - \boldsymbol{K}_k \boldsymbol{H}_k) \boldsymbol{P}_{k|k-1} \qquad (15-22)$$

从上述过程可以看出,卡尔曼滤波具有如下 4 个优点。

(1)卡尔曼滤波是一种递归估计,即只需要获知上一时刻的估计值以及当前状态的观测值就可以计算出当前状态的最优估计值,不需要记录历史信息,其优点就是内存占用较小、速度快,是嵌入式系统的理想选择。

(2)能够综合各类传感器的测量噪声特性,得到每一时刻方差最小的最优估计,并且能够在保证精度的前提下达到最大的平滑性。

(3)卡尔曼滤波是一种纯粹的时域滤波器,无须像其他频域滤波器那样,先在频域设计,再转换到时域实现。

(4)每一时刻都会计算系统状态协方差,便于用户评估系统估计的质量。

15.2.2　LPE 算法原理

PX4 系统 LPE 位置估计是基于卡尔曼滤波算法,其系统状态是 10 维向量,表示为

$$\boldsymbol{x} = \begin{bmatrix} \boldsymbol{P} & \boldsymbol{V} & \boldsymbol{b} & h_{\mathrm{t}} \end{bmatrix} \qquad (15-23)$$

其中:$\boldsymbol{P}$ 表示飞机位置向量在地轴系三维分量;$\boldsymbol{V}$ 表示飞机地速向量在地轴系三维分量;$\boldsymbol{b}$ 表示飞机加速度偏差向量在地轴系三维分量;标量 h_{t} 表示地形在地轴系 Oz_{g} 轴坐标。

输入向量 $\boldsymbol{u} = \boldsymbol{a}$,$\boldsymbol{a}$ 表示飞机加速度向量在地轴系中的三维分量。在 LPE 估计中,加速度测量值仅用于预测阶段的加速度计算,不用于更新阶段。

略去推导过程,系统状态方程可表示为

$$\dot{\boldsymbol{x}}_k = \boldsymbol{F}_k \boldsymbol{x}_{k-1} + \boldsymbol{G}_k \boldsymbol{u}_k + \boldsymbol{w}_k \qquad (15-24)$$

其中:

$$\boldsymbol{F}_k = \begin{bmatrix} \boldsymbol{0}_{3\times3} & \boldsymbol{I}_{3\times3} & \boldsymbol{0}_{3\times3} & \boldsymbol{0}_{3\times1} \\ \boldsymbol{0}_{3\times3} & \boldsymbol{0}_{3\times3} & -\boldsymbol{R}_b^g & \boldsymbol{0}_{3\times1} \\ \boldsymbol{0}_{4\times3} & \boldsymbol{0}_{4\times3} & \boldsymbol{0}_{4\times3} & \boldsymbol{0}_{4\times1} \end{bmatrix}_{10\times10} \qquad (15-25)$$

$$\boldsymbol{G}_k = \begin{bmatrix} \boldsymbol{0}_{3\times3} \\ \boldsymbol{I}_{3\times3} \\ \boldsymbol{0}_{4\times3} \end{bmatrix}_{10\times3} \qquad (15-26)$$

协方差矩阵 $\boldsymbol{T}_k$、$\boldsymbol{Q}_k$ 以及初始系统状态协方差矩阵 $\boldsymbol{P}_{0|0}$ 均为对角方阵:

$$\boldsymbol{P}_{0|0} = \mathrm{diag}\left(\begin{bmatrix} 2\sigma_{xy}^2 & 2\sigma_{xy}^2 & 2\sigma_z^2 & 2\sigma_{v_{xy}}^2 & 2\sigma_{v_{xy}}^2 & 2\sigma_{v_z}^2 & 1e^{-6} & 1e^{-6} & 1e^{-6} & 2\sigma_{h_t}^2 \end{bmatrix}\right)_{10\times10}$$

$$(15-27)$$

$$\boldsymbol{T}_k = \mathrm{diag}\left(\begin{bmatrix} 2\sigma_{a_{xy}}^2 & 2\sigma_{a_{xy}}^2 & 2\sigma_{a_z}^2 \end{bmatrix}\right)_{3\times3} \tag{15-28}$$

$$\boldsymbol{Q}_k = \mathrm{diag}\left(\begin{bmatrix} 2\sigma_p^2 & 2\sigma_p^2 & 2\sigma_p^2 & 2\sigma_v^2 & 2\sigma_v^2 & 2\sigma_v^2 & 2\sigma_b^2 & 2\sigma_b^2 & 2\sigma_b^2 & 2\sigma_{h_{t1}}^2 \end{bmatrix}\right)_{10\times10} \tag{15-29}$$

由于系统状态方程采用微分形式,属于连续(状态方程)—离散(观测方程)卡尔曼滤波问题,所以预测过程需要表示为积分形式,即

$$\hat{\boldsymbol{x}}_{k|k-1} = \int (\boldsymbol{F}_k \hat{\boldsymbol{x}}_{k-1|k-1} + \boldsymbol{G}_k \boldsymbol{u}_k)\,\mathrm{d}t \tag{15-30}$$

$$\boldsymbol{P}_{k|k-1} = \int (\boldsymbol{F}_k \boldsymbol{P}_{k-1|k-1} \boldsymbol{F}_k^T + \boldsymbol{G}_k \boldsymbol{T}_k + \boldsymbol{Q}_k)\,\mathrm{d}t \tag{15-31}$$

用于飞机位置和速度状态测量的传感器有很多,包括气压计、GPS、超声波、视觉等,飞机着陆状态探测结果也可作为地形高度的测量值,这里给出气压计、GPS 和着陆状态探测结果的测量方程。

1)气压计。将相对气压高度作为测量向量

$$\boldsymbol{z}_k = H_p - H_{p0} \tag{15-32}$$

对应的矩阵 $\boldsymbol{H}_k$ 和 $\boldsymbol{R}_k$ 分别为

$$\boldsymbol{H}_k = \begin{bmatrix} \boldsymbol{0}_{1\times2} & -1 & \boldsymbol{0}_{1\times7} \end{bmatrix}_{1\times10} \tag{15-33}$$

$$\boldsymbol{R}_k = \begin{bmatrix} \sigma_{baro}^2 \end{bmatrix}_{1\times1} \tag{15-34}$$

2)GPS。将 GPS 测量的位置和速度作为测量向量

$$\boldsymbol{z}_k = \begin{bmatrix} \boldsymbol{P} & \boldsymbol{V} \end{bmatrix}_{6\times1} \tag{15-35}$$

对应的矩阵 $\boldsymbol{H}_k$ 和 $\boldsymbol{R}_k$(对角方阵)分别为

$$\boldsymbol{H}_k = \begin{bmatrix} \boldsymbol{I}_{6\times6} & \boldsymbol{0}_{6\times4} \end{bmatrix}_{6\times10} \tag{15-36}$$

$$\boldsymbol{R}_k = \mathrm{diag}\left(\begin{bmatrix} \sigma_{xy_{gps}}^2 & \sigma_{xy_{gps}}^2 & \sigma_{z_{gps}}^2 & \sigma_{v_{xy_{gps}}}^2 & \sigma_{v_{xy_{gps}}}^2 & \sigma_{v_{z_{gps}}}^2 \end{bmatrix}\right)_{6\times6} \tag{15-37}$$

3)着陆状态。将水平面速度和离地高度作为测量向量

$$\boldsymbol{z}_k = \begin{bmatrix} v_x & v_y & h_z \end{bmatrix}_{3\times1} \tag{15-38}$$

对应的矩阵 $\boldsymbol{H}_k$ 和 $\boldsymbol{R}_k$(对角方阵)分别为

$$\boldsymbol{H}_k = \begin{bmatrix} \boldsymbol{0}_{2\times2} & \boldsymbol{I}_{2\times2} & \boldsymbol{0}_{2\times4} & 0 \\ \boldsymbol{0}_{1\times2} & -1 & \boldsymbol{0}_{1\times4} & 1 \end{bmatrix}_{3\times10} \tag{15-39}$$

$$\boldsymbol{R}_k = \mathrm{diag}\left(\begin{bmatrix} \sigma_{v_{xy_{land}}}^2 & \sigma_{v_{xy_{land}}}^2 & \sigma_{z_{land}}^2 \end{bmatrix}\right)_{3\times3} \tag{15-40}$$

对于卡尔曼滤波的更新采用逐个传感器测量值分步修正的方式,除系统状态最优估计采用积分形式外,其余计算方法和式(15-18)~式(15-20)及式(15-22)一致。

$$\hat{\boldsymbol{x}}_{k|k} = \int (\boldsymbol{F}_k \hat{\boldsymbol{x}}_{k|k-1} + \boldsymbol{G}_k \boldsymbol{u}_k)\,\mathrm{d}t \tag{15-41}$$

15.2.3　源码分析

PX4 系统 LPE 位置估计程序源码的目录为 ./src/modules/local_position_estimator，目录中的源文件 BlockLocalPositionEstimator.cpp 是 PX4 系统 LPE 位置估计的主文件。该算法 PX4 系统已不再默认支持，如需使用该模块，需要用户在启动子脚本 rc.fw_apps 中增加如下语句以启动该模块。

```
local_position_estimator start
```

函数 Run 是整个姿态估计的核心和实际入口，由 uORB 主题 sensor_combined 数据的更新触发执行，主要由消息订阅、配置参数更新、卡尔曼滤波状态预测、卡尔曼滤波状态修正等环节组成，最终发布飞机本地位置（uORB 主题 vehicle_local_position）和飞机全球位置（uORB 主题 vehicle_global_position）数据供飞行控制模块使用。

首先对 uORB 主题 vehicle_local_position 和 vehicle_global_position 的主要成员进行介绍。

vehicle_local_position	
uint64 timestamp	# 时间戳
uint64 timestamp_sample	# 原始数据时间戳
bool xy_valid	# 水平位置是否有效
bool z_valid	# 垂直位置是否有效
bool v_xy_valid	# 水平速度是否有效
bool v_z_valid	# 垂直速度是否有效
float32 x	# 飞机位置在地轴系 x 轴坐标（单位：米）
float32 y	# 飞机位置在地轴系 y 轴坐标（单位：米）
float32 z	# 飞机位置在地轴系 z 轴坐标（单位：米）
float32 vx	# 飞机地速在地轴系 x 轴分量（单位：米/秒）
float32 vy	# 飞机地速在地轴系 y 轴分量（单位：米/秒）
float32 vz	# 飞机地速在地轴系 z 轴分量（单位：米/秒）
float32 z_deriv	# 飞机位置在地轴系 z 轴坐标对时间的导数（单位：米/秒）
float32 ax	# 飞机加速度在地轴系 x 轴分量（单位：米~2）
float32 ay	# 飞机加速度在地轴系 y 轴分量（单位：米~2）
float32 az	# 飞机加速度在地轴系 z 轴分量（单位：米~2）
float32 heading	# 航迹方位角（单位：弧度，[−pi,pi]范围）
bool xy_global	# 地轴系原点水平位置是否有效
bool z_global	# 地轴系原点垂直位置是否有效
uint64 ref_timestamp	# 地轴系原点位置生效时刻
float64 ref_lat	# 地轴系原点纬度（单位：度）
float64 ref_lon	# 地轴系原点经度（单位：度）
float32 ref_alt	# 地轴系原点海高（单位：米）
float32 eph	# 水平位置误差协方差（单位：米）
float32 epv	# 垂直位置误差协方差（单位：米）
float32 evh	# 水平速度误差协方差（单位：米/秒）
float32 evv	# 垂直速度误差协方差（单位：米/秒）

vehicle_global_position	
uint64 timestamp	♯ 时间戳
uint64 timestamp_sample	♯ 原始数据时间戳
float64 lat	♯ 飞机当前位置纬度(单位:度)
float64 lon	♯ 飞机当前位置经度(单位:度)
float32 alt	♯ 飞机当前位置海高(单位:米)
float32 alt_ellipsoid	♯ 飞机当前位置相对地球标准椭球面高度(单位:米)
float32 eph	♯ 水平位置误差协方差(单位:米)
float32 epv	♯ 垂直位置误差协方差(单位:米)
float32 terrain_alt	♯ 地形高度(单位:米)
bool terrain_alt_valid	♯ 地形高度估计是否有效

LPE 估计主函数的源码如下(受篇幅限制,这里仅分析 GPS 测量修正过程)。

```
void BlockLocalPositionEstimator::Run()                                          (1)
{
    sensor_combined_s imu;
    _sensors_sub. update(&imu);                                                  (2)
    uint64_t newTimeStamp = hrt_absolute_time();
    float dt = (newTimeStamp - _timeStamp) / 1.0e6f;                             (3)
    _timeStamp = newTimeStamp;
    setDt(dt);
    const bool paramsUpdated = _parameter_update_sub. updated();
    _baroUpdated = false;
    if ((_param_lpe_fusion. get() & FUSE_BARO) && _sub_airdata. update())        (4)
    {
        if (_sub_airdata. get(). timestamp ! = _timeStampLastBaro)
        {
            _baroUpdated = true;
            _timeStampLastBaro = _sub_airdata. get(). timestamp;
        }
    }
    _gpsUpdated = (_param_lpe_fusion. get() & FUSE_GPS) && _sub_gps. update();
    _landUpdated = landed() && ((_timeStamp - _time_last_land) > 1.0e6f / LAND_RATE);
    bool targetPositionUpdated = _sub_landing_target_pose. update();
    _sub_att. update();                                                          (5)
    _sub_angular_velocity. update();                                             (6)
    if (paramsUpdated)                                                           (7)
    {
        parameter_update_s pupdate;
        _parameter_update_sub. copy(&pupdate);
```

```
        SuperBlock::updateParams();
        ModuleParams::updateParams();
        updateSSParams();
    }
    bool vxy_stddev_ok = true;
    _estimatorInitialized |= EST_XY;
    _estimatorInitialized |= EST_Z;
    _estimatorInitialized |= EST_TZ;
    checkTimeouts();
    predict(imu);                                              (8)
    if (_gpsUpdated)                                           (9)
    {
        if (_sensorTimeout & SENSOR_GPS)
        {
            gpsInit();
        }
        else
        {
            gpsCorrect();
        }
    }
    if (_baroUpdated)                                          (10)
    {
        if (_sensorTimeout & SENSOR_BARO)
        {
            baroInit();
        }
        else
        {
            baroCorrect();
        }
    }
    if (_landUpdated)                                          (11)
    {
        if (_sensorTimeout & SENSOR_LAND)
        {
            landInit();
        }
        else
        {
            landCorrect();
```

```
        }
    }
    if (_altOriginInitialized)                                              (12)
    {
        publishLocalPos();
        publishEstimatorStatus();
        _pub_innov.get().timestamp_sample = _timeStamp;
        _pub_innov.get().timestamp = hrt_absolute_time();
        _pub_innov.update();
        _pub_innov_var.get().timestamp_sample = _timeStamp;
        _pub_innov_var.get().timestamp = hrt_absolute_time();
        _pub_innov_var.update();
        if ((_estimatorInitialized & EST_XY) && (_map_ref.isInitialized() || _param_lpe_fake_origin.get()))
        {
            publishGlobalPos();
        }
    }
    float dt_hist = 1.0e-6f * (_timeStamp - _time_last_hist);
    if (_time_last_hist == 0 || (dt_hist > HIST_STEP))                      (13)
    {
        _tDelay.update(Scalar<uint64_t>(_timeStamp));
        _xDelay.update(_x);
        _time_last_hist = _timeStamp;
    }
}
```

(1)LPE 估计主函数,由 uORB 主题 sensor_combined 数据的更新触发执行。

(2)获取 uORB 主题 sensor_combined 数据。

(3)计算算法迭代时间间隔 dt。

(4)依次判断是否进行 GPS、气压计、着陆状态的测量修正,判断标准是测量数据发生更新。

(5)获取飞机姿态角数据。

(6)获取飞机角加速度数据。

(7)更新配置参数。

(8)函数 predict 用于 KF 算法的预测过程计算,下面再展开分析。

(9)利用 GPS 测量数据进行 KF 修正过程计算分为初始化和修正迭代两步,初始化仅执行 1 次。下文再展开分析。

(10)利用气压计测量数据进行 KF 修正过程计算,和 GPS 测量修正过程类似,这里不再详述。

(11)利用着陆状态数据进行 KF 修正过程计算,和 GPS 测量修正过程类似,这里不再详述。

（12）填充并发布飞机本地位置（uORB 主题 vehicle_local_position）、飞机全球位置（uORB 主题 vehicle_global_position）和估计器状态（uORB 主题 estimator_status）等信息。

（13）状态向量延迟处理，属于卡尔曼滤波的处理细节，这里不再详述。

```
void BlockLocalPositionEstimator::predict(const sensor_combined_s &imu)    (1)
{
    _R_att = matrix::Dcm<float>(matrix::Quatf(_sub_att.get().q));          (2)
    Vector3f a(imu.accelerometer_m_s2);                                   (3)
    _u = _R_att * a;
    _u(U_az) += CONSTANTS_ONE_G;
    updateSSStates();                                                     (4)
    float h = getDt();
    Vector<float, n_x> k1, k2, k3, k4;                                    (5)
    k1 = dynamics(0, _x, _u);
    k2 = dynamics(h / 2, _x + k1 * h / 2, _u);
    k3 = dynamics(h / 2, _x + k2 * h / 2, _u);
    k4 = dynamics(h, _x + k3 * h, _u);
    Vector<float, n_x> dx = (k1 + k2 * 2 + k3 * 2 + k4) * (h / 6);
    _x += dx;
    Matrix<float, n_x, n_x> dP = (m_A * m_P + m_P * m_A.transpose() + m_B * m_R * m_
B.transpose() + m_Q) * getDt();                                           (6)
    m_P += dP;
    _xLowPass.update(_x);                                                 (7)
    _aglLowPass.update(agl());
}
```

（1）KF 算法的预测过程计算。

（2）由四元数换算旋转矩阵 $\boldsymbol{R}_b^g$。

（3）变量 _u 为飞机加速度向量在地轴系的 3 维分量，其获取过程是加速度计在体轴系测量值转换至地轴系后加上重力加速度。

（4）根据式（15-25）~式（15-29）构建矩阵 $\boldsymbol{F}_k$、$\boldsymbol{G}_k$、$\boldsymbol{T}_k$、$\boldsymbol{Q}_k$ 以及 $\boldsymbol{P}_{0|0}$。

（5）根据式（15-30），采用四阶龙格-库塔算法计算系统状态预测值 $\hat{\boldsymbol{x}}_{k|k-1}$。

（6）根据式（15-31），采用直接积分法计算系统状态协方差矩阵预测值 $\boldsymbol{P}_{k|k-1}$。

（7）对系统状态量及飞机离地高度进行低通滤波处理。

```
void BlockLocalPositionEstimator::gpsInit()                               (1)
{
    uint8_t nSat = _sub_gps.get().satellites_used;
    float eph = _sub_gps.get().eph;
    float epv = _sub_gps.get().epv;
    uint8_t fix_type = _sub_gps.get().fix_type;
    Vector<double, n_y_gps> y;
    gpsMeasure(y);                                                        (2)
```

```
if (_gpsStats. getCount() > REQ_GPS_INIT_COUNT)                          (3)
{
    double gpsLat = _gpsStats. getMean()(0);
    double gpsLon = _gpsStats. getMean()(1);
    float gpsAlt = _gpsStats. getMean()(2);
    _sensorTimeout &= ~SENSOR_GPS;
    _sensorFault &= ~SENSOR_GPS;
    _gpsStats. reset();
    if (!_receivedGps)
    {
        _receivedGps = true;
        _gpsAltOrigin = gpsAlt + _x(X_z);                               (4)
        if (!_map_ref. isInitialized())
        {
            double gpsLatOrigin = 0;
            double gpsLonOrigin = 0;
            _map_ref. initReference(gpsLat, gpsLon);                     (5)
            _map_ref. reproject(-_x(X_x), -_x(X_y), gpsLatOrigin, gpsLonOrigin);
            _map_ref. initReference(gpsLatOrigin, gpsLonOrigin);
            _time_origin = _timeStamp;
            _altOrigin = _gpsAltOrigin;
            _altOriginInitialized = true;
            _altOriginGlobal = true;
        }
    }
}
```

(1)GPS 传感器测量初始化。

(2)函数 gpsMeasure 用于获取 GPS 测量数据。

(3)求取 REQ_GPS_INIT_COUNT 次(默认 10 次)GPS 测量数据平均值作为测量初始值。

(4)初始 GPS 高度值为 GPS 高度测量平均值加上飞机当前垂直位置估计值。

(5)通过以下 3 步确定初始经纬度:①将 GPS 初始值作为地轴系原点;②将飞机当前水平位置估计值映射为经纬度表达形式;③将上一步计算得到的经纬度作为地轴系原点。

```
void BlockLocalPositionEstimator::gpsCorrect()                           (1)
{
    Vector<double, n_y_gps> y_global;
    gpsMeasure(y_global);
    double lat = y_global(Y_gps_x);
    double lon = y_global(Y_gps_y);
    float alt = y_global(Y_gps_z);
```

```
    float px = 0;
    float py = 0;
    float pz = -(alt - _gpsAltOrigin);                                      (2)
    _map_ref.project(lat, lon, px, py);                                     (3)
    Vector<float, n_y_gps> y;                                               (4)
    y.setZero();
    y(Y_gps_x) = px;
    y(Y_gps_y) = py;
    y(Y_gps_z) = pz;
    y(Y_gps_vx) = y_global(Y_gps_vx);
    y(Y_gps_vy) = y_global(Y_gps_vy);
    y(Y_gps_vz) = y_global(Y_gps_vz);
    Matrix<float, n_y_gps, n_x> C;                                          (5)
    C.setZero();
    C(Y_gps_x, X_x) = 1;
    C(Y_gps_y, X_y) = 1;
    C(Y_gps_z, X_z) = 1;
    C(Y_gps_vx, X_vx) = 1;
    C(Y_gps_vy, X_vy) = 1;
    C(Y_gps_vz, X_vz) = 1;
    SquareMatrix<float, n_y_gps> R;                                         (6)
    R.setZero();
    float var_xy = _param_lpe_gps_xy.get() * _param_lpe_gps_xy.get();
    float var_z = _param_lpe_gps_z.get() * _param_lpe_gps_z.get();
    float var_vxy = _param_lpe_gps_vxy.get() * _param_lpe_gps_vxy.get();
    float var_vz = _param_lpe_gps_vz.get() * _param_lpe_gps_vz.get();
    R(0, 0) = var_xy;
    R(1, 1) = var_xy;
    R(2, 2) = var_z;
    R(3, 3) = var_vxy;
    R(4, 4) = var_vxy;
    R(5, 5) = var_vz;
    uint8_t i_hist = 0;
    Vector<float, n_x> x0 = _xDelay.get(i_hist);                           (7)
    Vector<float, n_y_gps> r = y - C * x0;                                  (8)
    Matrix<float, n_y_gps, n_y_gps> S = C * m_P * C.transpose() + R;        (9)
    Matrix<float, n_y_gps, n_y_gps> S_I = inv<float, n_y_gps>(S);
    Matrix<float, n_x, n_y_gps> K = m_P * C.transpose() * S_I;             (10)
    Vector<float, n_x> dx = K * r;
    _x += dx;                                                              (11)
    m_P -= K * C * m_P;                                                    (12)
}
```

（1）采用 GPS 测量数据对系统状态进行修正。

（2）将飞机当前 GPS 经纬度映射为地轴系水平位置坐标。

（3）飞机垂直位置测量值为 GPS 初始高度减去当前测量值。

（4）根据式（15-35）构建测量向量 $\boldsymbol{z}_k$。

（5）根据式（15-36）构建矩阵 $\boldsymbol{H}_k$。

（6）根据式（15-37）构建矩阵 $\boldsymbol{R}_k$。

（7）根据式（15-18）计算观测残差 $\boldsymbol{y}_k$。

（8）对系统状态向量进行延迟处理。

（9）根据式（15-19）计算残差协方差矩阵 $\boldsymbol{S}_k$。

（10）根据式（15-20）计算最优 KF 增益 $\boldsymbol{K}_k$。

（11）根据式（15-35）计算系统状态最优估计 $\widehat{\boldsymbol{x}}_{k|k}$。

（12）根据式（15-22）更新系统协方差矩阵 $\boldsymbol{P}_{k|k}$。

15.3　EKF2 状态估计

15.3.1　扩展卡尔曼滤波

基本卡尔曼滤波算法是基于线性系统假设，但在某些情况下，状态方程或观测方程是非线性的。EKF 算法就是为了解决标准卡尔曼滤波不适用于非线性系统而提出的，其不要求状态方程或观测方程是状态、操纵量的线性函数，仅要求其对操纵量可导即可。EKF 算法的核心思想是将非线性系统线性化，通常采用一阶泰勒展开进行线化处理，然后再对线性系统采用标准卡尔曼滤波算法进行迭代滤波。同前文一致，下文对 EKF 算法的介绍不作过程推导，详细过程请读者自行查阅相关文献。

系统状态方程为

$$\boldsymbol{x}_k = \boldsymbol{f}(\boldsymbol{x}_{k-1}, \boldsymbol{u}_k) + \boldsymbol{w}_k \tag{15-42}$$

系统观测方程为

$$\boldsymbol{z}_k = \boldsymbol{h}(\boldsymbol{x}_k) + \boldsymbol{v}_k \tag{15-43}$$

EKF 算法同样包括预测和修正两个阶段。

1. 预测阶段

状态预测

$$\widehat{\boldsymbol{x}}_{k|k-1} = \boldsymbol{f}(\widehat{\boldsymbol{x}}_{k-1|k-1}, \boldsymbol{u}_k) \tag{15-44}$$

系统状态协方差矩阵预测

$$\boldsymbol{P}_{k|k-1} = \boldsymbol{F}_k \boldsymbol{P}_{k-1|k-1} \boldsymbol{F}_k^{\mathrm{T}} + \boldsymbol{G}_k \boldsymbol{T}_k + \boldsymbol{Q}_k \tag{15-45}$$

其中：$\boldsymbol{F}_k$ 是状态转移雅可比矩阵；$\boldsymbol{G}_k$ 是操纵输入雅可比矩阵。两者可通过以下偏导数计算获得。

$$\boldsymbol{F}_k = \left. \frac{\partial \boldsymbol{f}}{\partial \boldsymbol{x}} \right|_{(\widehat{\boldsymbol{x}}_{k-1|k-1}, \boldsymbol{u}_k)} \tag{15-46}$$

$$G_k = \frac{\partial f}{\partial u}\bigg|_{(\hat{x}_{k-1|k-1}, u_k)} \tag{15-47}$$

2. 修正阶段

观测值残差

$$y_k = z_k - h(\hat{x}_{k|k-1}) \tag{15-48}$$

残差协方差矩阵

$$S_k = H_k P_{k|k-1} H_k^T + R_k \tag{15-49}$$

其中：H_k 是观测转移雅可比矩阵，可以通过以下偏导数计算获得。

$$H_k = \frac{\partial h}{\partial x}\bigg|_{\hat{x}_{k|k-1}} \tag{15-50}$$

最优卡尔曼增益、系统状态最优估计和更新的系统状态协方差矩阵与式(15-20)~式(15-22)的计算方法相同。

15.3.2 EKF2 算法原理

PX4 系统 EKF2 状态估计是基于扩展卡尔曼滤波算法，同样略去推导过程，其系统状态是 24 维向量，表示为

$$x = \begin{bmatrix} q & V & P & \Delta\theta & \Delta V & M_I & M_b & V_{wind} \end{bmatrix}^T \tag{15-51}$$

其中：q 表示旋转矩阵对应的四元数；V 表示飞机地速向量在地轴系中的三维分量；P 表示飞机位置向量在地轴系中的三维分量；$\Delta\theta$ 表示飞机角度增量偏差向量在体轴系中的三维分量；ΔV 表示飞机地速增量偏差向量在体轴系中的三维分量；M_I 表示磁场强度向量在地轴系中的三维分量；M_b 表示磁场强度偏差向量在体轴系中的三维分量；V_{wind} 表示北向和东向风速。

输入向量由 IMU 测量的角度增量和速度增量表示为

$$u = \begin{bmatrix} \Delta\theta_m & \Delta V_m \end{bmatrix}^T = \begin{bmatrix} \omega\Delta t & n\Delta t \end{bmatrix}^T \tag{15-52}$$

协方差矩阵 T_k 和 Q_k 为对角方阵：

$$T_k = \text{diag}\left(\begin{bmatrix} \sigma_{\Delta\theta}^2 & \sigma_{\Delta V}^2 \end{bmatrix} \right)_{6\times6} \tag{15-53}$$

$$Q_k = \text{diag}\left(\begin{bmatrix} \mathbf{0}_{1\times10} & \sigma_{\Delta\theta}^2 & \sigma_{\Delta V}^2 & \sigma_{M_I}^2 & \sigma_{M_b}^2 & \sigma_{V_{wind}}^2 \end{bmatrix} \right)_{24\times24} \tag{15-54}$$

1. 预测阶段

(1)系统状态方程。

$$q_{k+1} = q_k \times \Delta q = q_k \times \begin{bmatrix} 1 & \dfrac{\Delta\theta_m - \Delta\theta}{2} \end{bmatrix}^T \tag{15-55}$$

$$V_{k+1} = V_k + R_b^g(\Delta V_m - \Delta V) + \begin{bmatrix} 0 & 0 & g \end{bmatrix}^T \Delta t \tag{15-56}$$

$$P_{k+1} = P_k + V_k \Delta t \tag{15-57}$$

$$\begin{bmatrix} \Delta\theta & \Delta V & M_I & M_b & V_{wind} \end{bmatrix}_{k+1}^T = \begin{bmatrix} \Delta\theta & \Delta V & M_I & M_b & V_{wind} \end{bmatrix}_k^T \tag{15-58}$$

（2）状态转移雅可比矩阵。

$$\boldsymbol{F}_k = \frac{\partial \boldsymbol{x}_{k+1}}{\partial \boldsymbol{x}_k} = \begin{bmatrix} \boldsymbol{F}_{q_k}^{q_{k+1}} & \boldsymbol{0}_{4\times3} & \boldsymbol{0}_{4\times3} & \boldsymbol{F}_{\Delta\boldsymbol{\theta}_k}^{q_{k+1}} & \boldsymbol{0}_{4\times3} & \boldsymbol{0}_{4\times3} & \boldsymbol{0}_{4\times3} & \boldsymbol{0}_{4\times2} \\ \boldsymbol{F}_{q_k}^{V_{k+1}} & \boldsymbol{I}_{3\times3} & \boldsymbol{0}_{3\times3} & \boldsymbol{0}_{3\times3} & \boldsymbol{F}_{\Delta V_k}^{V_{k+1}} & \boldsymbol{0}_{3\times3} & \boldsymbol{0}_{3\times3} & \boldsymbol{0}_{3\times2} \\ \boldsymbol{0}_{3\times4} & \boldsymbol{F}_{V_k}^{P_{k+1}} & \boldsymbol{I}_{3\times3} & \boldsymbol{0}_{3\times3} & \boldsymbol{0}_{3\times3} & \boldsymbol{0}_{3\times3} & \boldsymbol{0}_{3\times3} & \boldsymbol{0}_{3\times2} \\ \boldsymbol{0}_{3\times4} & \boldsymbol{0}_{3\times3} & \boldsymbol{0}_{3\times3} & \boldsymbol{I}_{3\times3} & \boldsymbol{0}_{3\times3} & \boldsymbol{0}_{3\times3} & \boldsymbol{0}_{3\times3} & \boldsymbol{0}_{3\times2} \\ \boldsymbol{0}_{3\times4} & \boldsymbol{0}_{3\times3} & \boldsymbol{0}_{3\times3} & \boldsymbol{0}_{3\times3} & \boldsymbol{I}_{3\times3} & \boldsymbol{0}_{3\times3} & \boldsymbol{0}_{3\times3} & \boldsymbol{0}_{3\times2} \\ \boldsymbol{0}_{3\times4} & \boldsymbol{0}_{3\times3} & \boldsymbol{0}_{3\times3} & \boldsymbol{0}_{3\times3} & \boldsymbol{0}_{3\times3} & \boldsymbol{I}_{3\times3} & \boldsymbol{0}_{3\times3} & \boldsymbol{0}_{3\times2} \\ \boldsymbol{0}_{3\times4} & \boldsymbol{0}_{3\times3} & \boldsymbol{0}_{3\times3} & \boldsymbol{0}_{3\times3} & \boldsymbol{0}_{3\times3} & \boldsymbol{0}_{3\times3} & \boldsymbol{I}_{3\times3} & \boldsymbol{0}_{3\times2} \\ \boldsymbol{0}_{2\times4} & \boldsymbol{0}_{2\times3} & \boldsymbol{0}_{2\times3} & \boldsymbol{0}_{2\times3} & \boldsymbol{0}_{2\times3} & \boldsymbol{0}_{2\times3} & \boldsymbol{0}_{3\times3} & \boldsymbol{I}_{2\times2} \end{bmatrix}_{24\times24}$$

$$(15-59)$$

其中：

$$\boldsymbol{F}_{q_k}^{q_{k+1}} = \boldsymbol{M}\left(\frac{\Delta\boldsymbol{\theta}_m - \Delta\boldsymbol{\theta}}{2}\right), \quad \boldsymbol{M}(\boldsymbol{\theta}) = \begin{bmatrix} 1 & -\theta_x & -\theta_y & -\theta_z \\ \theta_x & 1 & \theta_z & -\theta_y \\ \theta_y & -\theta_z & 1 & \theta_x \\ \theta_z & \theta_y & -\theta_x & 1 \end{bmatrix}, \quad (15-60)$$

$$\boldsymbol{F}_{\Delta\boldsymbol{\theta}_k}^{q_{k+1}} = -\frac{1}{2}\begin{bmatrix} -q_1 & -q_2 & -q_3 \\ q_0 & -q_3 & q_2 \\ q_3 & q_0 & -q_1 \\ -q_2 & q_1 & q_0 \end{bmatrix}, \quad (15-61)$$

$$\boldsymbol{F}_{q_k}^{V_{k+1}} = 2\begin{bmatrix} (\boldsymbol{\Phi}_1 \times (\Delta\boldsymbol{V}_m - \Delta\boldsymbol{V}))^{\mathrm{T}} \\ (\boldsymbol{\Phi}_2 \times (\Delta\boldsymbol{V}_m - \Delta\boldsymbol{V}))^{\mathrm{T}} \\ (\boldsymbol{\Phi}_3 \times (\Delta\boldsymbol{V}_m - \Delta\boldsymbol{V}))^{\mathrm{T}} \end{bmatrix},$$

$$\boldsymbol{\Phi}_1 = \begin{bmatrix} q_0 & -q_3 & q_2 \\ q_1 & q_2 & q_3 \\ -q_2 & q_1 & q_0 \\ -q_3 & -q_0 & q_1 \end{bmatrix}, \boldsymbol{\Phi}_2 = \begin{bmatrix} q_3 & q_0 & -q_1 \\ q_2 & -q_1 & -q_0 \\ q_1 & q_2 & q_3 \\ q_0 & -q_3 & q_2 \end{bmatrix}, \boldsymbol{\Phi}_3 = \begin{bmatrix} -q_2 & q_1 & q_0 \\ q_3 & q_0 & -q_1 \\ -q_0 & q_3 & -q_2 \\ q_1 & q_2 & q_3 \end{bmatrix}$$

$$(15-62)$$

$$\boldsymbol{F}_{\Delta v_k}^{V_{k+1}} = -\boldsymbol{R}_b^g \quad (15-63)$$

$$\boldsymbol{F}_{V_k}^{P_{k+1}} = \boldsymbol{I}_{3\times3}\Delta t \quad (15-64)$$

（3）操纵输入雅可比矩阵。

$$\boldsymbol{G}_k = \frac{\partial \boldsymbol{x}_{k+1}}{\partial \boldsymbol{u}_k} = \begin{bmatrix} \boldsymbol{G}_{\Delta\boldsymbol{\theta}_m^k}^{q_{k+1}} & \boldsymbol{0}_{4\times3} \\ \boldsymbol{0}_{3\times3} & \boldsymbol{G}_{\Delta v_m^k}^{V_{k+1}} \\ \boldsymbol{0}_{17\times3} & \boldsymbol{0}_{17\times3} \end{bmatrix}_{24\times6} \quad (15-65)$$

其中：

$$G^{q_{k+1}}_{\Delta\theta^k_m} = \frac{1}{2}\begin{bmatrix} -q_1 & -q_2 & -q_3 \\ q_0 & -q_3 & q_2 \\ q_3 & q_0 & -q_1 \\ -q_2 & q_1 & q_0 \end{bmatrix} \tag{15-66}$$

$$G^{v_{k+1}}_{\Delta v^k_m} = R^g_b \tag{15-67}$$

其余按 EKF 预测阶段所需的信息已全部准备完毕。

2. 修正阶段

EKF2 算法最大的特点就是可以使用传感器组合进行状态修正，优势是系统具有很高的容错性，但对读者而言会带来算法复杂以及难以理解的问题。为方便读者对 EKF2 算法进行整体把握，这里仅讨论典型传感器组合的典型使用，包括磁力计、GPS、空速计和气压计。

（1）气压计。气压计的测量量相对于状态向量 x 是线性关系，其观测转移矩阵为

$$H_k = \begin{bmatrix} \mathbf{0}_{1\times9} & 1 & \mathbf{0}_{1\times14} \end{bmatrix}_{1\times24} \tag{15-68}$$

（2）空速计。空速计观测方程为

$$V_T = |\mathbf{V}_T| = |\mathbf{V} - \begin{bmatrix} \mathbf{V}_{\text{wind}} & 0 \end{bmatrix}^T| \tag{15-69}$$

观测转移雅可比矩阵为

$$H_k = \frac{\partial V_T}{\partial x} = \begin{bmatrix} \mathbf{0}_{1\times4} & G^{V_T}_V & \mathbf{0}_{1\times15} & G^{V_T}_{V_{\text{wind}}} \end{bmatrix}_{1\times24} \tag{15-70}$$

其中：

$$G^{V_T}_V = \begin{bmatrix} \dfrac{V_x - V_{\text{wind}x}}{|\mathbf{V} - \begin{bmatrix}\mathbf{V}_{\text{wind}} & 0\end{bmatrix}^T|} & \dfrac{V_y - V_{\text{wind}y}}{|\mathbf{V} - \begin{bmatrix}\mathbf{V}_{\text{wind}} & 0\end{bmatrix}^T|} & \dfrac{V_z}{|\mathbf{V} - \begin{bmatrix}\mathbf{V}_{\text{wind}} & 0\end{bmatrix}^T|} \end{bmatrix}_{1\times3} \tag{15-71}$$

$$G^{V_T}_{V_{\text{wind}}} = \begin{bmatrix} \dfrac{V_x - V_{\text{wind}x}}{|\mathbf{V} - \begin{bmatrix}\mathbf{V}_{\text{wind}} & 0\end{bmatrix}^T|} & \dfrac{V_y - V_{\text{wind}y}}{|\mathbf{V} - \begin{bmatrix}\mathbf{V}_{\text{wind}} & 0\end{bmatrix}^T|} \end{bmatrix}_{1\times2} \tag{15-72}$$

（3）GPS。GPS 速度和位置都是直接观测，GPS 的垂直位置测量误差较大，不用于数据修正，其测量量相对于状态向量 x 是线性关系，其观测转移矩阵为

$$H_k = \begin{bmatrix} \mathbf{0}_{3\times4} & \mathbf{I}_{3\times3} & \mathbf{0}_{3\times2} & \mathbf{0}_{3\times15} \\ \mathbf{0}_{2\times4} & \mathbf{0}_{2\times3} & \mathbf{I}_{2\times2} & \mathbf{0}_{3\times15} \end{bmatrix}_{5\times24} \tag{15-73}$$

（4）磁力计。磁力计有两种用法：一种是用三轴磁力计测量数据作为三维观测值；另一种是将磁力计的测量数据转换为偏航角作为一维观测值。第二种方法的鲁棒性更强，是启动期间和在地面时的默认方法。第一种方法有更好的精度，但当存在显著外部磁场异常时表现较差。这里仅给出第二种方法的修正方法。

首先将磁力计在体轴系测量向量 M_m 转换至地轴系

$$M = R^g_b(M_m - M_b) \tag{15-74}$$

则偏航角测量值为

$$\psi = -\arctan\left(\frac{M_y}{M_x}\right) + \psi_0 \tag{15-75}$$

其中：ψ_0 表示磁偏角。

此外，偏航角还可根据姿态四元数进行计算

$$\psi = \arctan\left(\frac{2(q_0 q_3 + q_1 q_2)}{q_0^2 + q_1^2 - q_2^2 - q_3^2}\right) \tag{15-76}$$

观测转移雅可比矩阵为

$$\boldsymbol{H}_k = \frac{\partial \psi}{\partial x} = \begin{bmatrix} \boldsymbol{H}_q^\psi & \boldsymbol{0}_{1\times 20} \end{bmatrix}_{1\times 24} \tag{15-77}$$

其中：

$$\boldsymbol{H}_q^\psi = \begin{bmatrix} \dfrac{2(-2q_0(q_0 q_3 + q_1 q_2) + q_3(q_0^2 + q_1^2 - q_2^2 - q_3^2))}{4(q_0 q_3 + q_1 q_2)^2 + (q_0^2 + q_1^2 - q_2^2 - q_3^2)^2} \\[2ex] \dfrac{2(-2q_1(q_0 q_3 + q_1 q_2) + q_2(q_0^2 + q_1^2 - q_2^2 - q_3^2))}{4(q_0 q_3 + q_1 q_2)^2 + (q_0^2 + q_1^2 - q_2^2 - q_3^2)^2} \\[2ex] \dfrac{2(2q_2(q_0 q_3 + q_1 q_2) + q_1(q_0^2 + q_1^2 - q_2^2 - q_3^2))}{4(q_0 q_3 + q_1 q_2)^2 + (q_0^2 + q_1^2 - q_2^2 - q_3^2)^2} \\[2ex] \dfrac{2(2q_3(q_0 q_3 + q_1 q_2) + q_0(q_0^2 + q_1^2 - q_2^2 - q_3^2))}{4(q_0 q_3 + q_1 q_2)^2 + (q_0^2 + q_1^2 - q_2^2 - q_3^2)^2} \end{bmatrix}^{\mathrm{T}}_{1\times 4} \tag{15-78}$$

15.3.3　源码分析

PX4 系统 EKF2 状态估计程序源码目录为 ./src/modules/ekf2，在启动子脚本 rc.fw_apps 中有如下启动固定翼姿态控制模块。

```
ekf2 start &
```

目录中的源文件 EKF2.cpp 是 PX4 系统 EKF2 状态估计的主文件，函数 Run 是整个状态估计的核心和实际入口，由 uORB 主题 sensor_combined 数据的更新触发执行，主要由消息订阅、配置参数更新、滤波器初始化、状态预测、协方差预测、状态修正、状态平滑等环节组成，最终发布飞机姿态角、飞机本地位置、飞机全球位置数据供飞行控制模块使用。

EKF2 模块已经在大量项目中得到广泛验证，无论是在仿真还是在实际飞行环境中，它的估计精度和算法鲁棒性都经受了检验。但 EKF2 算法复杂度很高，有很多对数据和协方差矩阵质量判断、上下限限幅、容错等各类细节的处理，这些都是多年项目经验的总结。本书受篇幅限制，仅分析算法实现的主过程，相关细节请读者自行查阅相关源码。EKF2 状态估计主函数的源码如下。

```
void EKF2::Run()
{
    if (_parameter_update_sub.updated() || !_callback_registered)          (1)
    {
        ...
    }
    if (!_callback_registered)                                             (2)
```

```
{
        _callback_registered = _sensor_combined_sub. registerCallback();
}
bool imu_updated = false;
imuSample imu_sample_new{};
hrt_abstime imu_dt = 0;
const unsigned last_generation = _sensor_combined_sub. get_last_generation();
sensor_combined_s sensor_combined;
imu_updated = _sensor_combined_sub. update(&sensor_combined);                    (3)
if (imu_updated)
{
        imu_sample_new. time_us = sensor_combined. timestamp;
        imu_sample_new. delta_ang_dt = sensor_combined. gyro_integral_dt * 1. e−6f;
        imu_sample_new. delta_ang = Vector3f{sensor_combined. gyro_rad} *
                                        imu_sample_new. delta_ang_dt;
        imu_sample_new. delta_vel_dt = sensor_combined. accelerometer_integral_dt * 1. e−6f;
        imu_sample_new. delta_vel = Vector3f{sensor_combined. accelerometer_m_s2} *
                                        imu_sample_new. delta_vel_dt;
        imu_dt = sensor_combined. gyro_integral_dt;
}
if (imu_updated)
{
        const hrt_abstime now = imu_sample_new. time_us;
        _ekf. setIMUData(imu_sample_new);
        PublishAttitude(now);                                                    (4)
        if (_start_time_us > 0)
        {
                _integrated_time_us += imu_dt;
                _last_time_slip_us = (imu_sample_new. time_us − _start_time_us) − _integrated_time_us;
        }
        if (_vehicle_land_detected_sub. updated())
        {
                ...
        }
        ekf2_timestamps_s ekf2_timestamps
        {
                . timestamp = now,
                . airspeed_timestamp_rel = ekf2_timestamps_s::
                                        RELATIVE_TIMESTAMP_INVALID,
                . distance_sensor_timestamp_rel = ekf2_timestamps_s::
                                        RELATIVE_TIMESTAMP_INVALID,
                . vehicle_air_data_timestamp_rel = ekf2_timestamps_s::
                                        RELATIVE_TIMESTAMP_INVALID,
```

```
                . vehicle_magnetometer_timestamp_rel = ekf2_timestamps_s::
                                    RELATIVE_TIMESTAMP_INVALID,
        };
        UpdateAirspeedSample(ekf2_timestamps);                            (5)
        UpdateAuxVelSample(ekf2_timestamps);
        UpdateBaroSample(ekf2_timestamps);
        UpdateGpsSample(ekf2_timestamps);
        UpdateMagSample(ekf2_timestamps);
        const hrt_abstime ekf_update_start = hrt_absolute_time();
        if (_ekf. update())                                              (6)
        {
            perf_set_elapsed(_ecl_ekf_update_full_perf, hrt_elapsed_time(&ekf_update_start));
            PublishLocalPosition(now);                                   (7)
            PublishGlobalPosition(now);
            PublishWindEstimate(now);
            PublishBaroBias(now);
            PublishEventFlags(now);
            PublishGpsStatus(now);
            PublishInnovations(now);
            PublishInnovationTestRatios(now);
            PublishInnovationVariances(now);
            PublishStates(now);
            PublishStatus(now);
            PublishStatusFlags(now);
            PublishYawEstimatorStatus(now);
            UpdateAccelCalibration(now);
            UpdateGyroCalibration(now);
            UpdateMagCalibration(now);
            PublishSensorBias(now);
        }
        _ekf2_timestamps_pub. publish(ekf2_timestamps);
    }
    ScheduleDelayed(100_ms);
}
```

（1）更新配置参数。

（2）向 uORB 主题 sensor_combined 注册 EKF2 估计主函数，实现 uORB 主题数据的更新触发执行。

（3）获取 IMU 数据，并处理成 EKF2 模块所需的数据形式。这里简要介绍一下，EKF2 模块构造了一个环形缓冲数据结构，传感器测量数据存储在各自环形缓冲数据结构中，便于 EKF2 模块进行延迟、滤波等各种处理。

（4）填充并发布飞机姿态角数据，实际是上一帧的输出值，后续各类矩阵的计算都需要使用飞机姿态角数据。

(5)准备空速计、气压计、GPS、磁力计测量结果数据。

(6)EKF2 状态估计核心过程。

(7)填充并发布飞机本地位置、飞机全球位置、估计器状态、协方差等各类数据。

```
bool Ekf::update()
{
    bool updated = false;
    if (!_filter_initialised)
    {
        _filter_initialised = initialiseFilter();            (1)
    }
    if (_imu_updated)
    {
        predictState();                                      (2)
        predictCovariance();                                 (3)
        controlFusionModes();(4)
        runTerrainEstimator();                               (5)
        updated = true;
    }
    calculateOutputStates(_newest_high_rate_imu_sample);     (6)
    return updated;
}
```

(1)滤波器初始化,将四元数以外的其他状态量置零。通过静止情况下的加速度计和磁力计输出计算构造初始四元数并初始化状态协方差矩阵。

(2)EKF 的状态预测部分。

(3)状态协方差矩阵预测。

(4)利用各类传感器进行状态修正。

(5)单独运行额外的地形高度状态估计器。

(6)采用互补滤波器对状态估计的结果进行平滑处理。

第16章 执行机构输出

PX4 系统执行机构输出指的是把从姿态控制模块获取的各通道控制指令以及从飞机命令中提取的各类辅助通道控制指令转换为控制电机或伺服舵机的执行指令。PX4 系统将执行机构输出逻辑与飞行控制律分离，因此不同气动布局的机型核心控制代码可以通用，极大提高了代码可复用性。执行机构输出系统的作用是将姿态控制模块的输出转换为执行机构的输出值。在旧版本 PX4 系统中采用静态"混控"模块来控制这一转换过程，用户需要根据飞机特性编写以 .mix 为后缀的混控文件，当执行结构输出分配比较复杂时，需要用户熟悉混控文件的编写规则并非常仔细地编写和检查混控文件，这很烦琐并容易出错。在 V1.13 版本中新引入了动态分配模式，允许用户通过地面站软件非常灵活地配置复杂的控制指令分配方案。PX4 系统将在后续版本中删除静态混控模块，因此，本书只讨论动态分配模式的执行机构输出过程。

16.1 概　　述

动态分配模式的数据流如图 16-1 所示，通过姿态控制模块输出的各通道控制指令以及舵机控制指令向量和油门控制指令向量，由控制分配模块（Control Allocation）根据飞机的舵面、动力分布形式解算每个执行机构的控制量，再由输出控制模块映射为具体设备的输出控制量。对于一些辅助控制信号和通过飞机命令给出的控制信号，则不经过控制分配模块，直接由输出控制模块给出输出控制量。根据硬件条件或执行机构接口的不同，输出控制可以由 PWMOut、PX4IO 或 DSHOT 等不同模块实现其功能，本书只讨论 PWMOut 实现的输出控制模块。

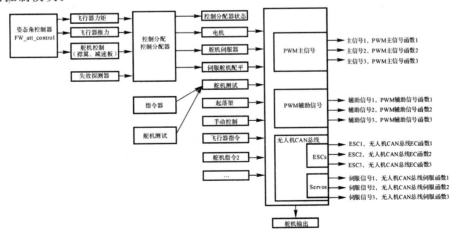

图 16-1　动态分配模式数据流

用户若想使用动态分配模式,首先需要将配置参数 SYS_CTRL_ALLOC 设置为 1(默认为 0,即使用传统的静态混控方式)。参数配置完成后,重启飞控系统,在地面站飞行器设置界面会出现"Actuators"选项卡,单击该选项卡即出现动态分配模式的用户自定义界面。整个界面分为三个区域:控制分配模块配置区(左上区域)、输出控制模块配置区(右侧区域)和执行机构控制指令测试区(左下区域),其中控制分配模块配置区是核心区域,如图 16 - 2 所示。

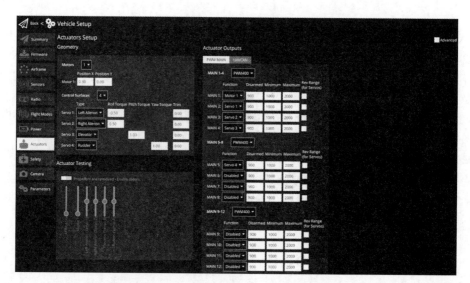

图 16 - 2　动态分配模式用户配置界面

16.1.1　控制分配

1. 操纵效能矩阵定义

PX4 系统固定翼姿态控制模块发布了 6 个通道控制指令,包括 3 个通道舵机控制指令向量和 3 个通道油门控制指令向量(襟翼、减速板等控制通道除外,y 和 z 方向油门指令默认为 0),但往往执行机构的输出通道比控制指令通道数量多,这就引出了控制指令分配的问题,即如何把控制指令分配至各个执行机构。

假设无人机执行机构通道数量为 M,其中包括 M_m 个电机通道和 M_c 个舵机通道,则执行机构输出控制量构成了 M 维向量 $\boldsymbol{\Delta}$。控制通道指令固定是 6 维向量,用 $\boldsymbol{D}$ 表示。存在 $6 \times M$ 维矩阵 $\boldsymbol{G}$ 用于向量 $\boldsymbol{D}$ 与 $\boldsymbol{\Delta}$ 之间的转换,即

$$\boldsymbol{G}_{6 \times M} \times \boldsymbol{\Delta}_{M \times 1} = \boldsymbol{D}_{6 \times 1} \tag{16-1}$$

将上式中的矩阵 $\boldsymbol{G}$ 称为操纵效能矩阵,矩阵中的元素称为操纵效能分配系数。操纵效能矩阵中的元素按行绝对值求和必须等于 1,也就是说,每个通道的控制指令必须被执行机构分配完,y 和 z 方向油门控制通道除外。

不失一般性,PX4 系统规定在向量 $\boldsymbol{\Delta}$ 中电机通道指令排列在前,舵机通道指令排列在后。在向量 $\boldsymbol{D}$ 中,舵机控制指令向量排列在前,油门控制指令排列在后。在正常情况下,电

机通道和舵机通道不存在耦合关系、发动机推力总是向前的,因此式(16-1)可扩展为

$$\begin{bmatrix} \mathbf{0}_{3\times M_m} & \mathbf{G}_{3\times M_c} \\ \mathbf{G}_{1\times M_m} & \mathbf{0}_{1\times M_c} \\ \mathbf{0}_{2\times M_m} & \mathbf{0}_{2\times M_c} \end{bmatrix} \times \begin{bmatrix} \delta_1 & \cdots & \delta_{M_m} & \delta_{M_m+1} & \cdots & \delta_M \end{bmatrix}^{\mathrm{T}} = \begin{bmatrix} d_x & d_y & d_z & d_{T_x} & d_{T_y} & d_{T_z} \end{bmatrix}^{\mathrm{T}}$$

$$(16-2)$$

(1)某布局无人机操纵效能矩阵。地面站控制分配模块配置区实际就是通过软件界面给定矩阵 G 中各个元素的过程。下面以某双发 V 尾布局固定翼无人机(见图 16-3)为例,给出操纵效能矩阵 G 和地面站配置。

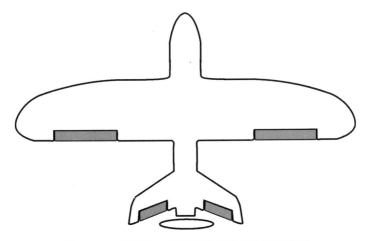

图 16-3　某双发 V 尾布局固定翼无人机示意图

对于上述布局无人机,其执行机构通道数量为 $M=6$,其中 $M_m=2$,$M_c=4$。这里将左油门电机输出控制量定义为 δ_{T1},右油门电机输出控制量定义为 δ_{T2}。若两油门产生的推力相同,则有

$$d_{T_x} = \frac{\delta_{T1}+\delta_{T2}}{2} \qquad (16-3)$$

规定舵面下偏为正,将左副翼输出控制量定义为 δ_{a1};右副翼输出控制量定义为 δ_{a2};左 V 尾舵机输出控制量定义为 δ_{v1};右 V 尾舵机输出控制量定义为 δ_{v2}。由于对称舵面在同一轴产生的效能相同(同向或反向),所以有

$$d_x = \frac{-\delta_{a1}+\delta_{a2}}{2} \qquad (16-4)$$

$$d_y = \frac{\delta_{v1}+\delta_{v2}}{2} \qquad (16-5)$$

$$d_z = \frac{\delta_{v1}-\delta_{v2}}{2} \qquad (16-6)$$

通过上述关系,式(16-2)可改写为

$$\begin{bmatrix} 0 & 0 & -0.5 & 0.5 & 0 & 0 \\ 0 & 0 & 0 & 0 & 0.5 & 0.5 \\ 0 & 0 & 0 & 0 & 0.5 & -0.5 \\ 0.5 & 0.5 & 0 & 0 & 0 & 0 \\ 0 & 0 & 0 & 0 & 0 & 0 \end{bmatrix} \times \begin{bmatrix} \delta_{T1} \\ \delta_{T2} \\ \delta_{a1} \\ \delta_{a2} \\ \delta_{v1} \\ \delta_{v2} \end{bmatrix} = \begin{bmatrix} d_x \\ d_y \\ d_z \\ d_{T_x} \\ d_{T_y} \\ d_{T_z} \end{bmatrix} \qquad (16-7)$$

也即

$$G = \begin{bmatrix} 0 & 0 & -0.5 & 0.5 & 0 & 0 \\ 0 & 0 & 0 & 0 & 0.5 & 0.5 \\ 0 & 0 & 0 & 0 & 0.5 & -0.5 \\ 0.5 & 0.5 & 0 & 0 & 0 & 0 \\ 0 & 0 & 0 & 0 & 0 & 0 \\ 0 & 0 & 0 & 0 & 0 & 0 \end{bmatrix}$$

$$G_{M_m} = G_{1 \times M_m} = \begin{bmatrix} 0.5 & 0.5 \end{bmatrix}$$

$$G_{M_c} = G_{3 \times M_c} = \begin{bmatrix} -0.5 & 0.5 & 0 & 0 \\ 0 & 0 & 0.5 & 0.5 \\ 0 & 0 & 0.5 & -0.5 \end{bmatrix} \qquad (16-8)$$

2. 某布局无人机操纵效能矩阵配置

该无人机控制分配模块配置结果如图 16-4 所示,其相关的说明如下。

(1)Motors 表示电机通道数量,此处设为 2。

(2)PositionX/Y 表示电机相对无人机重心的纵向/横向安装位置。对于固定翼而言,用户可任意填写,不影响操纵效能矩阵的结果。

(3)Control Surfaces 表示舵机通道数量,此处设为 4。

(4)Type 表示舵面类型,默认类型包括左/右副翼、左/右升降舵、升降舵、方向舵、左/右 V 尾舵面等。

(5)Roll Torque 表示该舵机在滚转控制通道的操纵效能。以右副翼为例,该值对应矩阵 G_{M_c} 中的第 1 行第 2 列元素,即 0.5,也就意味着右副翼在滚转通道贡献了 50% 的效能。

(6)Pitch Torque 表示该舵机在俯仰控制通道的操纵效能。以左 V 尾舵面为例,该值对应矩阵 G_{M_c} 中的第 2 行第 3 列元素,即 0.5。

(7)Yoll Torque 表示该舵机在偏航控制通道的操纵效能。以右 V 尾舵面为例,该值对应矩阵 G_{M_c} 中的第 3 行第 3 列元素,即 -0.5。

(8)Trim 表示舵机中立位置。需要根据无人机的舵机安装实际情况进行调节,仿真情况下值为 0。

3. 控制分配

控制指令向多执行机构的分配问题实际上是多解的,不同求解方法获得的解也是不相同的。如果考虑执行机构偏转范围、控制能力以及控制效果等各类因素,解的优劣性也有差

别,因此相关学者开发了多种多样的控制分配算法以满足不同的使用要求。这里介绍 PX4
系统支持的两种控制分配方法。

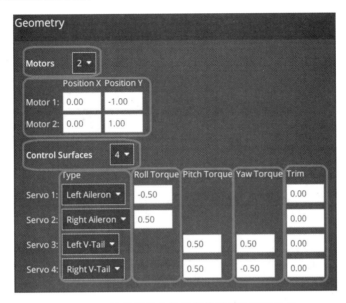

图 16-4　某布局无人机控制分配模块配置结果

(1)直接伪逆法。控制分配算法本质是已知操纵效能矩阵 G 和控制通道指令向量 D,
求解执行机构控制向量 $\mathbf{\Delta}$。对式(16-1)进行求伪逆之后即可进行快速求解,求解公式为

$$\mathbf{\Delta}_{M\times1}=\mathbf{G}^+_{6\times M}\times\mathbf{D}_{6\times1} \tag{16-9}$$

在给定操纵效能矩阵时,如果认为各执行机构的操纵效率是不相同的,也即通过不同的
权值来决定不同的操纵机构的控制权限,就将直接伪逆法变成了加权伪逆法。这类方法最
大的优点是简单可靠,直接对矩阵求逆即可求解,缺点是该方法不考虑执行机构本身的物理
限制,会出现一些执行机构饱和而一些执行机构几乎不动的情况,也即实际输出与期望之间
的差别很大,从而影响飞机控制效果。

(2)链式法。该方法是考虑执行机构操纵效能或者使用环境,将控制量按优先级分为若
干组,每一组均可以产生期望的控制力和力矩。链式法是一种主次优先级的分配算法,首先
将期望的控制指令优先分配到主要的执行机构上,如果不能达到相应的控制要求或出现饱
和,再依次启用后续组的执行机构来产生剩余的期望控制力和力矩。该方法可弥补直接伪
逆法存在的问题,但也存在使用复杂、分组对使用者要求较高等方面的缺点。

16.1.2　输出控制

固定翼无人机执行机构主要分为驱动发动机螺旋桨工作的电机以及驱动各类舵面连续
运动的舵机两大类。电机需要通过电子调速器(简称电调,实物见图 16-5)进行驱动,其大
致工作流程是通过电池组为电调供电使其正常工作,然后接收飞控系统给出的 PWM 弱电
信号并据此调节输出电压/电流,最终驱动电机产生不同的转速从而完成整个控制过程。根

据电机不同,电调分为有刷电调和无刷电调,其中有刷电调输出直流电,无刷电调输出交流电。舵机是指操纵飞机舵面转动的执行部件,常见的有电动舵机、液压舵机和电液复合舵机。舵机是一种位置伺服驱动器,主要适用于角度不断变化并需要保持的控制系统,它根据接收到的飞控系统给出的 PWM 控制信号输出对应的角度。由此可以看出,无论哪类执行机构都需要飞控系统给出 PWM 控制信号。

图 16 – 5　电调和舵机实物图

经过控制分配步骤,已经获取到[−1,1]范围内的输出控制量,输出控制的主要工作是将输出控制量和硬件输出通道建立映射关系,并将输出控制量的结果转化为硬件驱动所需的 PWM 值。地面站配置输出控制过程的界面如图 16 – 6 所示,其说明如下。

(1)Function 表示每个硬件输出通道对应的输出控制量,"MAIN X"表示第 X 个硬件输出通道。

(2)Disarmed 表示该通道解锁对应的 PWM 值。

(3)Minimum 和 Maximum 分别表示该通道 PWM 的最小值和最大值。

(4)Rev Range 表示是否需要对输出控制量进行反向处理。

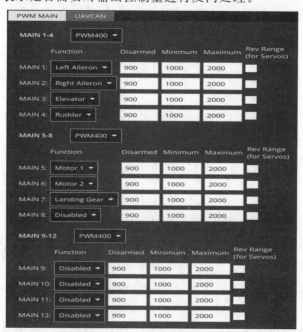

图 16 – 6　输出控制的地面站配置

16.2　控制分配实现过程

16.2.1　源码文件简介

控制分配模块源码目录为 ./src/modules/control_allocator。

(1)目录下的 ControlAllocator 类为 PX4 系统控制分配模块主文件,在启动子脚本 rc.fw_apps 中用如下语句启动该模块。

```
control_allocator start
```

(2)子目录 ActuatorEffectiveness 中的 ActuatorEffectiveness 类用于构建无人机操纵效能矩阵。该类是个虚拟类,不同类型无人机操纵效能矩阵构建方法差别很大,具体构建方法由 ActuatorEffectivenessFixedWing(固定翼)等子类实现。目录中的 ActuatorEffectivenessControlSurfaces 类和 ActuatorEffectivenessRotors 类分别提供了舵机和电机两类不同执行结构的操纵效能子矩阵元素的构造。

(3)子目录 ControlAllocation 中的 ControlAllocation 类用于根据操纵效能矩阵实现控制分配。该类同样是个虚类,由子类实现不同方式的控制分配方法。PX4 系统支持直接伪逆法(ControlAllocationPseudoInverse 类)和链式法(ControlAllocationSequentialDesaturation 类)两种方式,固定翼无人机默认使用直接伪逆法进行控制分配。

16.2.2　操纵效能矩阵的生成过程

操纵效能矩阵以及执行机构数量等信息由 ActuatorEffectiveness 类中的结构体类型 Configuration 定义,操纵效能矩阵定义的过程实际就是生成 Configuration 的过程。

```
struct Configuration
{
    int addActuator(ActuatorType type, const matrix::Vector3f &torque,
                const matrix::Vector3f &thrust);                              (1)
    void actuatorsAdded(ActuatorType type, int count);                       (2)
    int totalNumActuators() const;                                            (3)
    EffectivenessMatrix effectiveness_matrices[MAX_NUM_MATRICES];            (4)
    int num_actuators_matrix[MAX_NUM_MATRICES];                              (5)
    ActuatorVector trim[MAX_NUM_MATRICES];                                   (6)
    ActuatorVector linearization_point[MAX_NUM_MATRICES];                    (7)
    int selected_matrix;                                                     (8)
    uint8_t matrix_selection_indexes[NUM_ACTUATORS * MAX_NUM_MATRICES];      (9)
    int num_actuators[(int)ActuatorType::COUNT];                            (10)
};
```

(1)给操纵效能矩阵增加一个执行机构的效能,也就是给矩阵对应列填上相应元素。

（2）在手动添加多个执行机构后,调用该函数用于更新执行机构数量等信息。

（3）执行机构总数量。

（4）操纵效能矩阵。构造时生成 NUM_AXES = 6 行、NUM_ACTUATORS = 16 列的零矩阵,后续定义操纵效能矩阵的过程是更改相应元素的过程。最多定义 MAX_NUM_MATRICES 个操纵效能矩阵,不同的操纵效能矩阵主要用于链式控制分配法,本书默认使用直接伪逆法,即只构造一个操纵效能矩阵。

（5）不同操纵效能矩阵中执行机构的数量。对于本书而言,该数组第一个元素等于执行机构总数量。

（6）执行机构中立位置组成的数组。

（7）线化点,直接伪逆法无需使用。

（8）当前使用的操纵效能矩阵标号,本书默认一直等于 0。

（9）不同执行机构所在操纵效能矩阵的标号数组。

（10）不同类型执行机构的数量。执行机构类型由枚举变量 ActuatorType 表示,包括 MOTORS(电机)和 SERVOS(舵机)两类。

操纵效能矩阵是在 ControlAllocator 类的构造过程中生成的。下面按顺序给出了操纵效能矩阵定义的主要过程。

1. ActuatorEffectivenessFixedWing∷getEffectivenessMatrix

```
bool ActuatorEffectivenessFixedWing∷getEffectivenessMatrix(Configuration &configuration)    (1)
{

    _rotors. enablePropellerTorque(false);
    const bool rotors_added_successfully = _rotors. addActuators(configuration);            (2)
    _first_control_surface_idx = configuration. num_actuators_matrix[0];
    const bool surfaces_added_successfully = _control_surfaces. addActuators(configuration);  (3)
    return (rotors_added_successfully && surfaces_added_successfully);

}
```

（1）变量 configuration 通过引用形式传递参数,生成的操纵效能矩阵就是通过该变量返回的。

（2）添加电机类型执行机构操纵效能矩阵,核心工作是通过调用 ActuatorEffectivenessRotors 类内函数 computeEffectivenessMatrix 完成的。

（3）添加舵机类型执行机构操纵效能矩阵,核心工作是调用函数 ActuatorEffectiveness∷Configuration∷addActuator 完成的。

2. ActuatorEffectivenessRotors∷computeEffectivenessMatrix

```
int ActuatorEffectivenessRotors∷computeEffectivenessMatrix(const Geometry &geometry,
                                        Effectivene-ssMatrix &effectiveness,
                                        int actuator_start_index)                          (1)
{

    int num_actuators = 0;
```

```
    for (int i = 0; i < math::min(NUM_ROTORS_MAX, geometry.num_rotors); i++)        (2)
    {
        ++num_actuators;
        Vector3f axis = geometry.rotors[i].axis;                                     (3)
        const Vector3f &position = geometry.rotors[i].position;
        float ct = geometry.rotors[i].thrust_coef;                                   (4)
        matrix::Vector3f thrust = ct * axis;                                         (5)
        for (size_t j = 0; j < 3; j++)                                               (6)
        {
            effectiveness(j, i + actuator_start_index) = 0.0f;
            effectiveness(j + 3, i + actuator_start_index) = thrust(j);
        }
    }
    return num_actuators;
}
```

（1）变量 geometry 主要用于表示用户通过地面站界面配置的电机安装位置、电机数量等参数，其中拉力系数通过配置参数界面修改；变量 effectiveness 即操纵效能矩阵；变量 actuator_start_index 表示起始电机的标号。

（2）按电机数量修改操纵效能矩阵相应的元素，geometry.num_rotors 表示电机数量。

（3）geometry.rotors[i].axis 表示各个电机推力方向向量。对于固定翼无人机而言，推力方向固定向前，因此该向量默认为[1,0,0]。

（4）geometry.rotors[i].thrust_coef 表示各个电机的推力系数，通过配置参数 CA_ROTOR${i}_CT 修改，默认值为 6.5。对于固定翼无人机而言，仅需保证其大于零即可。此外，如果多个电机的推力效能相同，则需要保证这些电机的推力系数相同。

（5）推力系数按推力方向向三轴分解。

（6）添加电机类型执行机构操纵效能矩阵。这里操纵效能矩阵元素并不满足按行绝对值求和等于 1 的要求，油门通道控制指令的完全分配是在控制分配过程中完成的。

3. ActuatorEffectiveness::Configuration::addActuator

```
int ActuatorEffectiveness::Configuration::addActuator(ActuatorType type, const matrix::Vector3f
&torque, const matrix::Vector3f &thrust)                                            (1)
{
    int actuator_idx = num_actuators_matrix[selected_matrix];
    effectiveness_matrices[selected_matrix](ControlAllocation::ControlAxis::ROLL, actuator_idx)
        = torque(0);                                                                (2)
    effectiveness_matrices[selected_matrix](ControlAllocation::ControlAxis::PITCH, actuator_idx)
        = torque(1);
    effectiveness_matrices[selected_matrix](ControlAllocation::ControlAxis::YAW, actuator_idx) =
    torque(2);
    effectiveness_matrices[selected_matrix](ControlAllocation::ControlAxis::THRUST_X,
                                    actuator_idx) = thrust(0);
```

```
effectiveness_matrices[selected_matrix](ControlAllocation::ControlAxis::THRUST_Y,
                                        actuator_idx) = thrust(1);
effectiveness_matrices[selected_matrix](ControlAllocation::ControlAxis::THRUST_Z,
                                        actuator_idx) = thrust(2);
matrix_selection_indexes[totalNumActuators()] = selected_matrix;
++num_actuators[(int)type];
return num_actuators_matrix[selected_matrix]++;
}
```

（1）参数 type 表示执行机构类型，对于舵机而言，这里是 SERVOS；变量 torque 表示执行机构在三轴舵面通道的操纵效能分配系数，向量值通过地面站界面给定；变量 thrust 表示该执行机构在三轴油门通道的操纵效能分配系数，对固定翼无人机而言，该向量为 **0** 向量。

（2）舵机类型执行机构操纵效能矩阵生成过程非常简单，就是将相应元素填充至矩阵对应位置即可。

16.2.3　控制分配过程

固定翼无人机默认使用的控制分配算法是通过调用 ControlAllocationPseudoInverse 类的 allocate 函数实现的。

```
void ControlAllocationPseudoInverse::allocate()
{
    updatePseudoInverse();                                                   (1)
    _prev_actuator_sp = _actuator_sp;
    _actuator_sp = _actuator_trim + _mix * (_control_sp - _control_trim);     (2)
}
```

（1）函数核心是通过直接伪逆法求解操纵效能矩阵的逆矩阵 G^+。

（2）根据式（16-8），由各通道控制指令解算执行机构的控制量。变量 _mix 即 G^+，_actuator_trim 表示执行机构中立位置；_control_trim 表示控制指令配平量（空向量）；_actuator_sp 表示执行机构控制量。

```
void ControlAllocationPseudoInverse::updatePseudoInverse()
{
    if (_mix_update_needed)                                                   (1)
    {
        matrix::geninv(_effectiveness, _mix);                                 (2)
        if (_normalization_needs_update)
        {
            updateControlAllocationMatrixScale();                             (3)
            _normalization_needs_update = false;
```

```
        }
        normalizeControlAllocationMatrix();                                        (4)
        _mix_update_needed = false;
    }
}
```

（1）如果用户配置参数未发生改变，则对操纵效能矩阵求伪逆仅需执行 1 次。

（2）对操纵效能矩阵_effectiveness 求伪逆，逆矩阵保存在类内变量_mix 中。

（3）求逆矩阵的列缩放量。前文提过，电机类执行机构操纵效能矩阵元素并不满足按行绝对值求和等于 1 的要求，这里对逆矩阵中电机类执行机构所在的列进行缩放处理，缩放系数 $\sigma = M_m / \sum_{i=1}^{M_m} \mathbf{G}^+(i,4)$。

（4）根据缩放系数对逆矩阵的相应列进行缩放处理。

16.2.4 模块运行过程

ControlAllocator 类内函数 Run 是整个模块的核心和实际入口，由姿态控制模块输出的 uORB 主题 vehicle_torque_setpoint 和 vehicle_thrust_setpoint 的更新触发执行，进行控制分配解算后发布每个执行机构的控制量，包括电机类（uORB 主题 actuator_motors）和舵机类（uORB 主题 actuator_servos）。

```
void ControlAllocator::Run()
{
    perf_begin(_loop_perf);
    ScheduleDelayed(50_ms);                                                        (1)
    if (_parameter_update_sub.updated() && !_armed)                                (2)
    {
        parameter_update_s param_update;
        _parameter_update_sub.copy(&param_update);
        updateParams();
        parameters_updated();
    }
    vehicle_status_s vehicle_status;
    if (_vehicle_status_sub.update(&vehicle_status))
    {
        _armed = vehicle_status.arming_state == vehicle_status_s::ARMING_STATE_ARMED;
        ActuatorEffectiveness::FlightPhase flight_phase {ActuatorEffectiveness::FlightPhase::
        HOVER_FLIGHT};
        flight_phase = ActuatorEffectiveness::FlightPhase::FORWARD_FLIGHT;
        _actuator_effectiveness->setFlightPhase(flight_phase);
    }
```

```
const hrt_abstime now = hrt_absolute_time();
const float dt = math::constrain(((now - _last_run) / 1e6f), 0.0002f, 0.02f);
bool do_update = false;
vehicle_torque_setpoint_s vehicle_torque_setpoint;
vehicle_thrust_setpoint_s vehicle_thrust_setpoint;
if (_vehicle_torque_setpoint_sub. update(&vehicle_torque_setpoint))          (3)
{
    _torque_sp = matrix::Vector3f(vehicle_torque_setpoint. xyz);
    do_update = true;
    _timestamp_sample = vehicle_torque_setpoint. timestamp_sample;
}
if (_vehicle_thrust_setpoint_sub. update(&vehicle_thrust_setpoint))          (4)
{
    _thrust_sp = matrix::Vector3f(vehicle_thrust_setpoint. xyz);
    if (dt > 5_ms)
    {
        do_update = true;
        _timestamp_sample = vehicle_thrust_setpoint. timestamp_sample;
    }
}
if (do_update)
{
    _last_run = now;
    update_effectiveness_matrix_if_needed(EffectivenessUpdateReason::
                            NO_EXTERNAL_UPDATE);
     matrix:: Vector < float, NUM _ AXES >  c [ ActuatorEffectiveness:: MAX _ NUM _
                            MATRICES];
    c[0](0) = _torque_sp(0);
    c[0](1) = _torque_sp(1);
    c[0](2) = _torque_sp(2);
    c[0](3) = _thrust_sp(0);
    c[0](4) = _thrust_sp(1);
    c[0](5) = _thrust_sp(2);
    for (int i = 0; i < _num_control_allocation; ++i)
    {
        _control_allocation[i]->setControlSetpoint(c[i]);                   (5)
        _control_allocation[i]->allocate();                                 (6)
        _actuator_effectiveness->updateSetpoint(c[i], i, _control_allocation[i]->
                            _actuator_sp);                                  (7)
        if (_has_slew_rate)
        {
```

```
            _control_allocation[i]−>applySlewRateLimit(dt);                          (8)
        }
            _control_allocation[i]−>clipActuatorSetpoint();
    }
}
    publish_actuator_controls();                                                      (9)
    if (now − _last_status_pub >= 5_ms)
    {
        publish_control_allocator_status();                                          (10)
        _last_status_pub = now;
    }
    perf_end(_loop_perf);
}
```

(1)uORB 主题更新后,延迟 50 ms 执行模块循环主体。

(2)当配置参数发生更新,且无人机当前处于锁定状态时,获取更新的配置参数并重新计算操纵效能矩阵,并将结果向 ControlAllocationPseudoInverse 类进行传递。

(3)更新舵机控制指令向量。

(4)更新油门控制指令向量。

(5)设定控制通道的控制指令。

(6)进行控制分配。

(7)获取执行机构控制量。

(8)在必要情况下对执行机构控制量输出速率进行限制。

(9)对执行机构控制量进行限幅处理。舵机类执行机构控制量限制在[−1,1]范围内,电机类执行机构控制量限制在[0,1]范围内。

(10)填充并发布 uORB 主题 actuator_motors 和 actuator_servos。

(11)填充并发布 uORB 主题 control_allocator_status(控制分配模块状态)。

16.3 输出控制实现过程

16.3.1 源码文件简介

输出控制涉及如下 4 个目录。

(1)./src/drivers/pwm_out,其中的 PWMOut 类是 PX4 系统输出控制模块的主文件。一方面,PWMOut 类一方面继承自 CDev 类,属于字符驱动,设备名称为"/dev/pwm_output1";另一方面,它继承自 ScheduledWorkItem,属于挂载到高优先级的 PX4 工作队列。在启动子脚本 rc.interface 中用如下语句启动该模块。

```
pwm_out start
```

（2）./src/lib/mixer_module，其中的 MixingOutput 类主要用于将控制分配过程的输出值映射到具体 PWM 硬件通道以驱动对应的电调/舵机，同时将输出控制值转化为 PWM 输出值。

（3）./platforms/nuttx/src/px4/stm/stm32_common/io_pins，其中的源码文件 pwm_servo.c 是 STM32 系列 MCU 最底层的 PWM 驱动函数，主要供 PWMOut 类调用，从而封装成 PX4 系统字符驱动程序或直接驱动硬件工作。

（4）./src/systemcmds/pwm，其中的源码文件 pwm.cpp 主要通过驱动接口 px4_ioctl 来配置 PWM 控制频率、脉宽等参数。在启动子脚本 rc.interface 中用如下语句配置 PWM 参数。

```
pwm rate – c 1234 – r 50 – d /dev/pwm_output1
```

16.3.2　实现过程

PWMOut 类内 Run 函数是输出控制模块的核心和实际入口。

```
void PWMOut::Run()
{
    SmartLock lock_guard(_lock);
    perf_begin(_cycle_perf);
    perf_count(_interval_perf);
    _mixing_output.update();                                    (1)
    if (_parameter_update_sub.updated())
    {
        parameter_update_s pupdate;
        _parameter_update_sub.copy(&pupdate);
        update_params();                                        (2)
    }
    _mixing_output.updateSubscriptions(true, true);             (3)
    perf_end(_cycle_perf);
}
```

（1）整个输出控制模块的实际工作是调用 MixingOutput 类的 update 函数完成的，其间接调用 updateDynamicMixer 函数，下面将展开讨论。

（2）更新配置参数，主要是获取地面站配置界面给出的 PWM 解锁，最大、最小值以及是否需要反向等信息。

（3）每一个硬件输出通道都对应一个 OutputFunction 类，用于在输出控制量和硬件输出通道之间建立映射关系，其类中变量_topic 用于存储对应的输出控制量的 uORB 主题；函数 update 用于更新 uORB 主题数据；函数 value 用于获取对应的输出控制量。updateSubscriptions 函数用于确定工作队列对应的 uORB 触发主题，通常情况下由第 1 个 PWM 硬件通道对应输出控制量的 uORB 主题触发。例如，"MAIN 1"通道对应"Motor 1"，则该任务由 uORB 主题 actuator_motors 触发；"MAIN 1"通道对应"Servo 1"，则该任务由

uORB 主题 actuator_servos 触发；"MAIN 1"通道对应"Landing Gear"，则该任务由 uORB
主题 landing_gear 触发（该主题由 ManualControl 模块直接给出，无需经过控制分配过程）。

```
bool MixingOutput::updateDynamicMixer()
{
    bool has_updates = _subscription_callback && _subscription_callback->updated();
    for (int i = 0; i < MAX_ACTUATORS && _function_allocated[i]; ++i)          (1)
    {
        _function_allocated[i]->update();
    }
    float outputs[MAX_ACTUATORS];
    bool all_disabled = true;
    _reversible_mask = 0;
    for (int i = 0; i < _max_num_outputs; ++i)                                 (2)
    {
        if (_functions[i])
        {
            all_disabled = false;
            if (_armed.armed || (_armed.prearmed && _functions[i]->allowPrearmControl()))
            {
                outputs[i] = _functions[i]->value(_function_assignment[i]);
            }
            _reversible_mask |= (uint32_t)_functions[i]->reversible(_function_assignment[i]) << i;
        }
    }
    if (!all_disabled)
    {
        limitAndUpdateOutputs(outputs, has_updates);                           (3)
    }
    return true;
}
```

（1）更新所有硬件通道对应的输出控制量的 uORB 主题数据。

（2）更新所有硬件通道对应的输出控制量。

（3）将输出控制量的结果转换为硬件控制所需的 PWM 值并实际驱动硬件工作，下面将
展开讨论。

```
void MixingOutput::limitAndUpdateOutputs(float outputs[MAX_ACTUATORS], bool has_updates)
{
    output_limit_calc(_throttle_armed || _actuator_test.inTestMode(), _max_num_outputs,
                      outputs);                                                (1)
    if (_interface.updateOutputs(stop_motors, _current_output_value, _max_num_outputs,
                      has_updates))                                            (2)
```

```
    {
        actuator_outputs_s actuator_outputs{};
        setAndPublishActuatorOutputs(_max_num_outputs, actuator_outputs);          (3)
        updateLatencyPerfCounter(actuator_outputs);
    }
}
```

（1）将输出控制量的结果转换为硬件控制所需的 PWM 值。PWM 输出信号共存在四种工作状态，由枚举变量 OutputLimitState 标记，其中：OFF 表示锁定状态；INIT 表示初始化状态；RAMP 表示过渡状态；ON 表示开启状态。在锁定和初始化状态下，应将 PWM 值设定为用户在地面站配置的解锁值。在过渡状态下，将 PWM 值从锁定值以一定的时间（500 ms）增加到用户在地面站配置的最小值，过渡完成后就会进入开启状态。在开启状态下，通过调用函数 output_limit_calc_single 将输出控制量线性映射为 PWM 值，输出控制量 −1 对应的 PWM 最小值；输出控制量 1 对应的 PWM 最大值；输出控制量 0 对应 PWM 最小值与最大值的中间值。

（2）根据 PWM 值驱动硬件工作，下面将展开讨论。

（3）填充并发布 uORB 主题 actuator_outputs，用于记录各硬件通道的 PWM 值。

```
bool PWMOut::updateOutputs(bool stop_motors, uint16_t outputs[MAX_ACTUATORS],
                           unsigned num_outputs, unsigned num_control_groups_updated)
{
    if (_pwm_initialized)
    {
        for (size_t i = 0; i < num_outputs; i++)
        {
            if (_pwm_mask & (1 << (i + _output_base)))
            {
                up_pwm_servo_set(_output_base + i, outputs[i]);          (1)
            }
        }
    }
    return true;
}
```

（1）核心函数，功能是根据 PWM 值使用 STM32 定时器驱动 IO 口生成实际的 PWM 波形，从而驱动硬件工作。

附录 PX4 系统启动脚本

移除判断和参数配置,根据默认配置参数确定分支语句,引用并展开启动子脚本,PX4 系统固定翼飞行器最终启动脚本(含注释)为

```
#! /bin/sh
set +e                                              #模块失效不终止 PX4 系统的启动

ver all                                             #打印完整的系统信息
mount-t vfat /dev/mmcsd0 /fs/microsd                #加载 SD 卡
hardfault_log check                                 #硬件错误日志检查
mft query -q -k MTD -s MTD_PARAMETERS
-v /fs/mtd_params                                   #查询 MTD 设备、挂载 SPI-EEPRO
param select /fs/mtd_params                         #设置配置参数存储位置
param import                                         #加载配置参数
param select-backup /fs/microsd/parameters_backup.bson    #设置配置参数备份存储位置


# 从/etc/init.d/rc.board_defaults 加载的启动脚本
rgbled_pwm start                                    #启动 RGB 三色 LED 灯
safety_button start                                 #启动安全开关

tone_alarm start                                    #启动声调报警模块
dataman start                                       #启动飞行任务参数存取模块
send_event start                                    #启动 socket 通信和事件发送模块
load_mon start                                      #启动资源载入监控
uavcan start                                        #启动 CAN 总线控制
rc_update start                                     #启动遥控器数据预处理
manual_control start                                #启动手动控制模块

if param greater SYS_HITL 0                         #硬件在环仿真模式
then
    sensors start -h                                # 启动传感器融合模块
    commander start -h                              # 启动 commander 模块
else                                                #正常模式
    # 从/etc/init.d/rc.board_sensors 加载的启动脚本
```

```
    board_adc start                              # 启动模数转换
    adis16470 -s -b 1 -R 2 start                 # 启动陀螺仪/加速度计组合 adis16470
    rm3100 -s -b 2 start                         # 启动磁罗盘 rm3100
    icm42688p -R 2 -s start                      # 启动陀螺仪/加速度计组合 icm42688p
    ms5611 -s -b 4 start                         # 启动气压传感器 ms5611
    icm20689 -s -b 6 -R 2 start                  # 启动陀螺仪/加速度计组合 icm20689
    ms5611 -s -b 6 start                         # 启动气压传感器 ms5611

    # 从/etc/init.d/rc.sensors 加载的启动脚本,主要用于加载通用外部传感器
    heater start                                 # 启动 IMU 温度补偿驱动
    ms4525do start -X                            # 启动 MS4525DO 型空速计模块

    sensors start                                # 启动传感器融合模块
    commander start                              # 启动 commander 模块
fi

# 从/etc/init.d/rc.interface 加载的启动脚本
pwm_out start                                    # 启动 PWM 输出模块
dshot start                                      # 启动 DShot 输出模块
pwm rate -c 1234 -r 50 -d /dev/pwm_output1       # PWM 参数配置

# 从/etc/init.d/rc.fw_apps 加载的启动脚本
ekf2 start &                                     # 启动姿态和位置卡尔曼滤波估计模块
control_allocator start                          # 启动控制分配模块
fw_att_control start                             # 启动姿态控制模块
fw_pos_control_l1 start                          # 启动位置控制模块
airspeed_selector start                          # 启动空速数据模块
fw_autotune_attitude_control start               # 启动 PID 参数自动调整模块
land_detector start fixedwing                    # 启动着陆探测模块

mag_bias_estimator start                         # 启动磁偏估计模块

# 从/etc/init.d/rc.serial、/etc/init.d/rc.serial_port 加载的启动脚本
# rc.serial 由源码工具./Tools/serial/generate_config.py 自动生成
gps start -d /dev/ttyS0 -b p:${SER_GPS1_BAUD} ${DUAL_GPS_ARGS}        # 启动 GPS 模块
mavlink start -d /dev/ttyS1 -b p:${SER_TEL1_BAUD} -m p:MAV_0_MODE -r p:MAV_0_
RATE -f -s -x                                     # 启动 mavlink 模块
rc_input start -d ${SERIAL_DEV}                   # 启动遥控器原始数据获取模块
navigator start                                  # 启动导航模块
gyro_fft start                                   # 启动陀螺仪滤波模块
```

gyro_calibration start	♯ 启动陀螺仪校准模块
♯ 从/etc/init. d/rc. logging 加载的启动脚本	
logger start —b 64 —t	♯ 启动飞行日志模块
mavlink boot_complete	♯ 通知 mavlink 启动完成

参 考 文 献

[1] 张明廉.飞行控制系统[M].北京:航空工业出版社,1994.

[2] 李德强.一本书看懂多旋翼无人机[M].北京:化学工业出版社,2020.

[3] 张培田,韩意新,张喆.飞机系统辨识理论与实践[M].北京:航空工业出版社,2019.

[4] 方振平,陈万春,张曙光.航空飞行器飞行动力学[M].北京:北京航空航天大学出版社,2005.

[5] 夏路.无人机编队导航与控制系统研究[D].哈尔滨:哈尔滨工业大学,2014.

[6] 周伟,李五洲,王旭东,等.多无人机协同控制技术[M].北京:北京大学出版社,2019.

[7] 秦永元.惯性导航[M].3版.北京:科学出版社,2020.

[8] 林庆峰,谌力,奚海蛟.多旋翼无人飞行器嵌入式飞控开发指南[M].北京:清华大学出版社,2017.

[9] 秦永元,张洪钺,汪叔华.卡尔曼滤波与组合导航原理[M].4版.西安:西北工业大学出版社,2021.

[10] 蔡鹏,沈宝国,沈朝萍,等.Pixhawk 开源飞控与 PC 机的无线通信系统设计[J].单片机与嵌入式系统应用,2020,20(2):65 – 69.

[11] 杨小川,刘刚,王运涛,等.Pixhawk 开源飞控项目概述及其航空应用展望[J].飞航导弹,2018(4):25 – 32.

[12] 吴森堂.飞行控制系统[M].2版.北京:北京航空航天大学出版社,2013.

[13] 苏奔.小型固定翼无人机飞控建模与控制律设计[D].哈尔滨:哈尔滨工业大学,2020.

[14] MEIER L, HONEGGER D, POLLEFEYS M. PX4:A node-based multithreaded open source robotics framework for deeply embedded platforms[C]//IEEE International Conference on Robotics & Automation. IEEE, 2015:6235 – 6240.

[15] LORENZ M,PETRI T,LIONEL H,et al. Pixhawk:a micro aerial vehicle design for autonomous flight using onboard computer vision[J]. Autonomous Robots (AURO),2012(33):21 – 39.

[16] 武张静,曹泽,史禹龙,等.基于 PX4 的山火侦察固定翼无人机[J].自动化应用,2022(5):83 – 85.

[17] 阳尧.飞控系统在无人机中的应用与发展[J].山东工业技术,2022(1):112 – 116.

[18] 张旭.基于 AirSim 的无人机导航卡尔曼滤波算法改进与仿真实验[D].南昌:东华理工大学,2021.

[19] 鲍珂.基于 PX4 的无人机通信与定位软件的设计与实现[D].西安:西安电子科技大学,2021.

[20] 刘洪森.四旋翼无人机姿态解算与控制器研究[D].哈尔滨:哈尔滨工程大学,2021.

[21] 王英勋,蔡志浩.无人机的自主飞行控制[J].航空制造技术,2009(8):26 - 31.

[22] 刘彦博.小型固定翼无人机自主飞行控制律设计[D].哈尔滨:哈尔滨工业大学,2015.

[23] 张立珍.无人机自主飞行控制系统的设计[D].南京:南京航空航天大学,2011.

[24] 杨轻.无人机自主起飞,着陆控制系统设计[D].南京:南京航空航天大学,2011.

[25] 黄永豪.小型固定翼无人机自动起降控制技术研究[D].北京:北京理工大学,2016.

[26] 苏延旭.嵌入式飞行控制系统设计、实现与验证[D].南京:南京航空航天大学,2015.

[27] 陈天华,郭培源.小型无人机自主飞行控制系统的实现[J].航天控制,2006(5):86 - 90.

[28] 王恺.小型固定翼无人机飞行控制系统的实现[D].北京:北京工业大学,2013.